JN265435

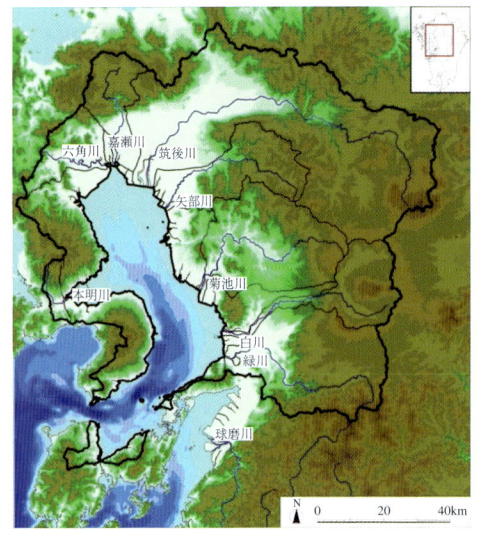

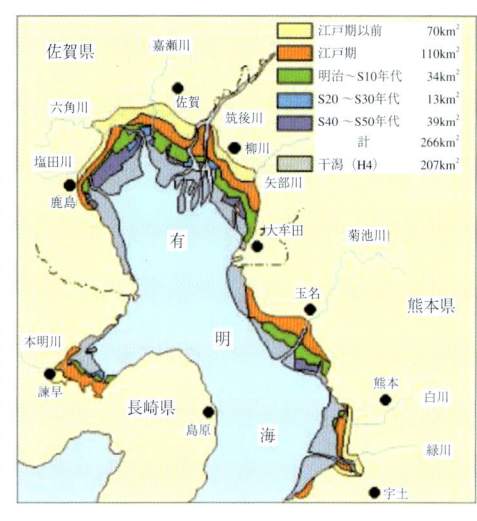

図 1.1　有明海流域の地形

図 1.16　有明海における干拓の歴史（環境省[6]）より引用）

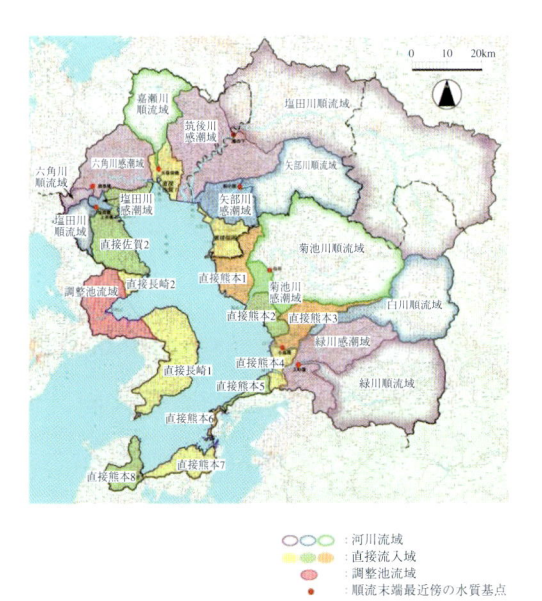

図 1.2　有明海流域の詳細

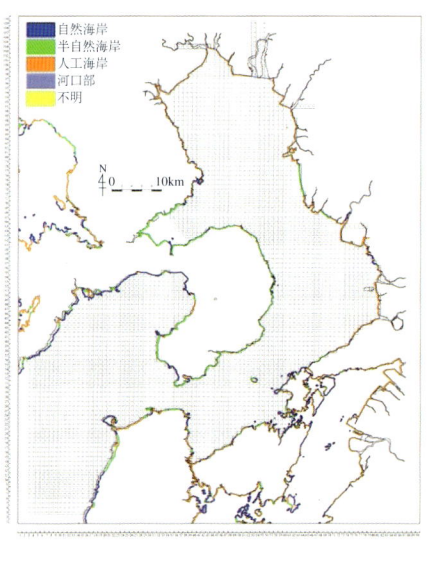

図 1.23　有明海の海岸線区分（1996 年）
環境省「自然環境保全基礎調査」より作成

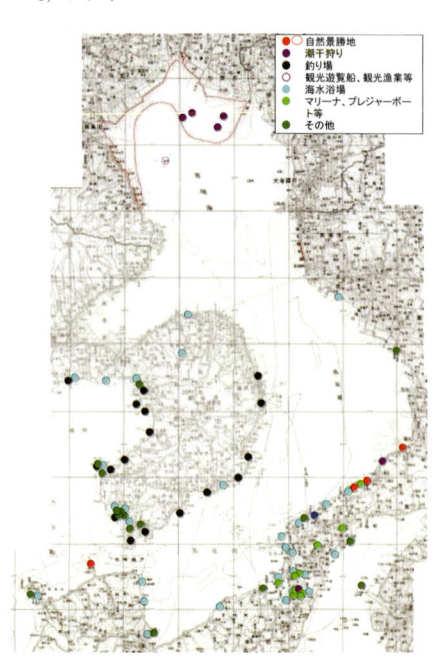

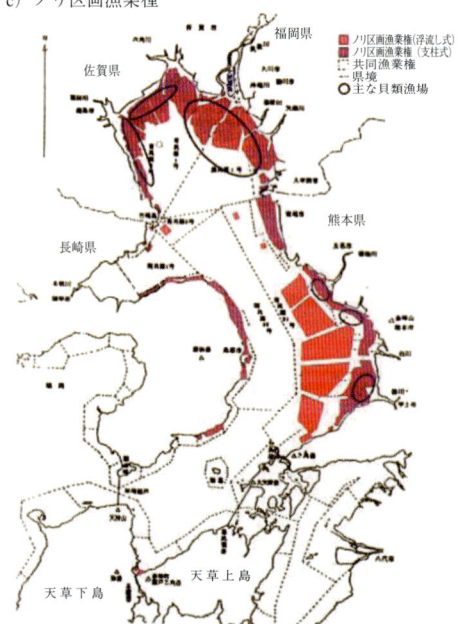

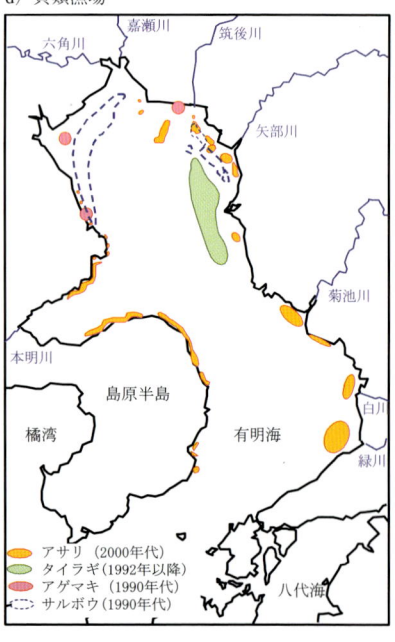

図1.25 有明海の海域利用　a), b) 環境省「脆弱沿岸海域図」より作成, c) 環境省資料, d) 環境省「第15回有明海・八代海総合調査評価委員会」資料より作成

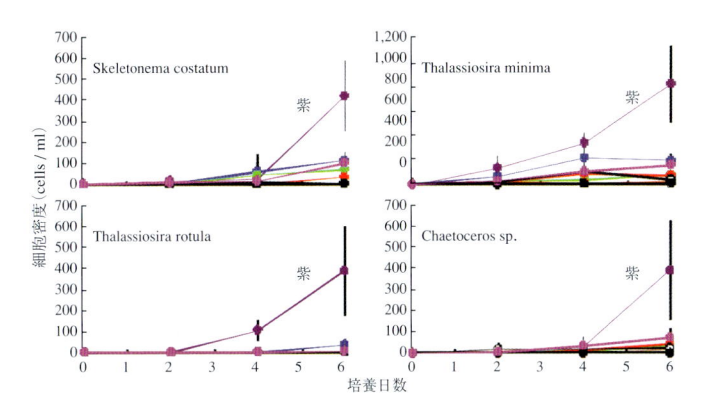

図 2.27　小型珪藻類の休眠胞子と栄養細胞の発芽・増殖への光スペクトル
（紫，青，緑，橙，赤，近赤外）の影響

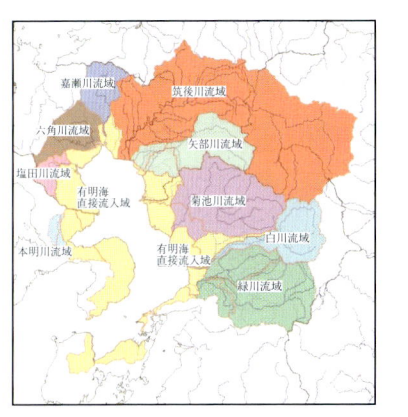

図 4.1　有明海流域ブロック

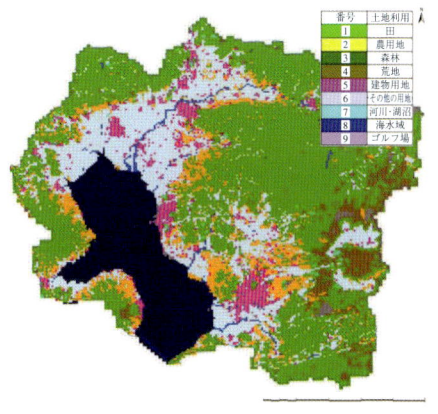

図 4.9　有明海全集水域の土地利用状況

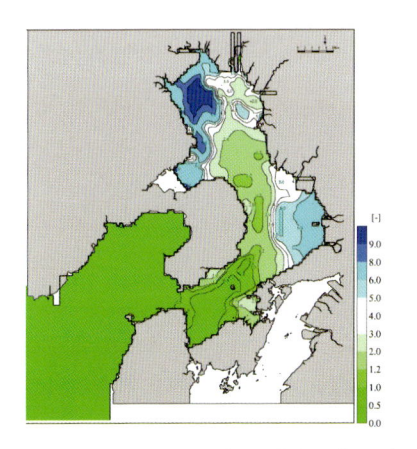

図 4.20　有明海における中央粒径値(Mdφ)の分布

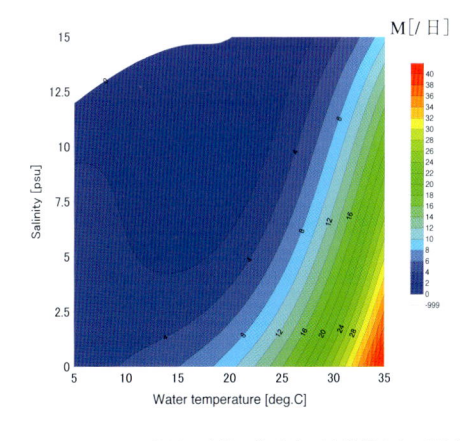

図 4.39　アサリ稚貝の水温・塩分と死亡係数(M)の関係

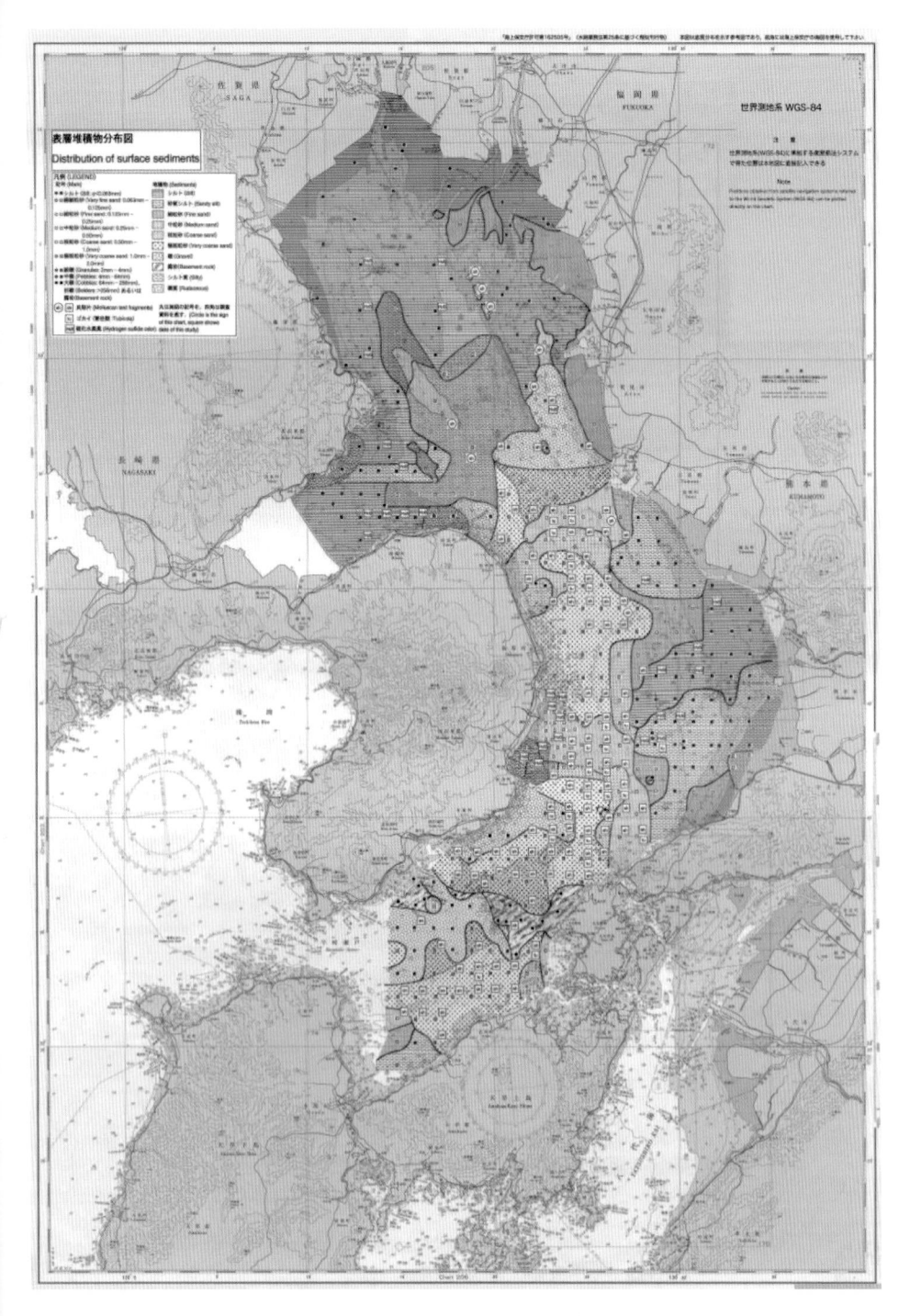

図 2.21　2002-2003 年の底質分布 [77)]

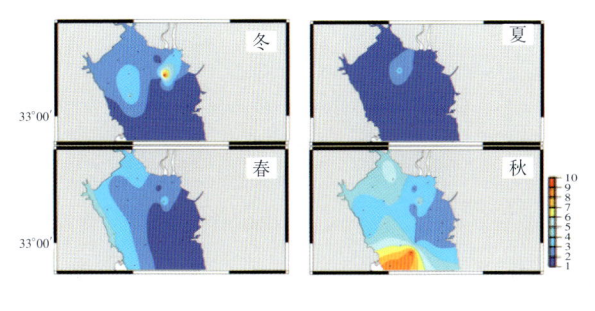

図 2.16　表層 NO_3/NH_4 の水平分布
　　　　冬：1〜3月，春：4〜6月，夏：7〜9月，秋：10〜12月
　　　　（2000 年〜2004 年の浅海定線調査より作成）

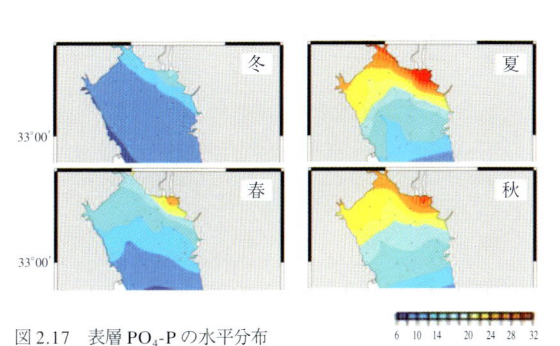

図 2.17　表層 PO_4-P の水平分布
　　　　冬：1〜3月，春：4〜6月，夏：7〜9月，秋：10〜12月
　　　　（2000 年〜2004 年の浅海定線調査より作成）

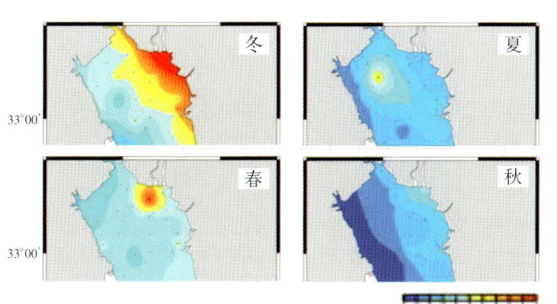

図 2.19　表層 DIN/DIP の水平分布
　　　　冬：1〜3月，春：4〜6月，夏：7〜9月，秋：10〜12月
　　　　（2000 年〜2004 年の浅海定線調査より作成）

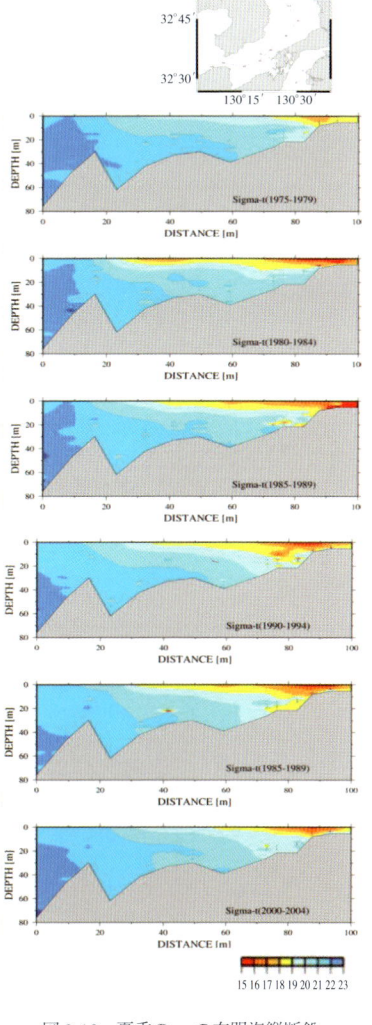

図 2.12　夏季の σ_T の有明海縦断鉛
　　　　直分布の推移（浅海定線
　　　　調査 7 〜 9 月より作成）

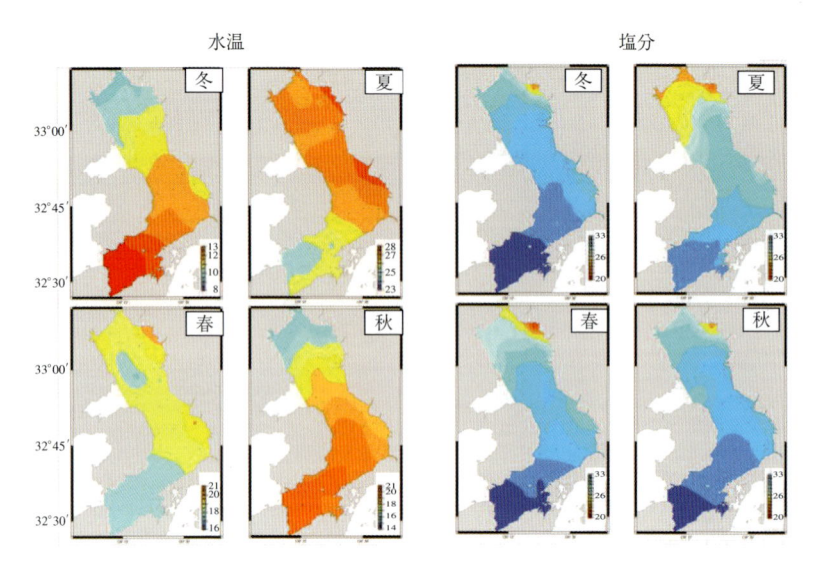

図 2.10　表層の水温・塩分の水平分布
　　　　冬：1〜3月，春：4〜6月，夏：7〜9月，秋：10〜12月
　　　　（2000年〜2004年の浅海定線調査より作成）

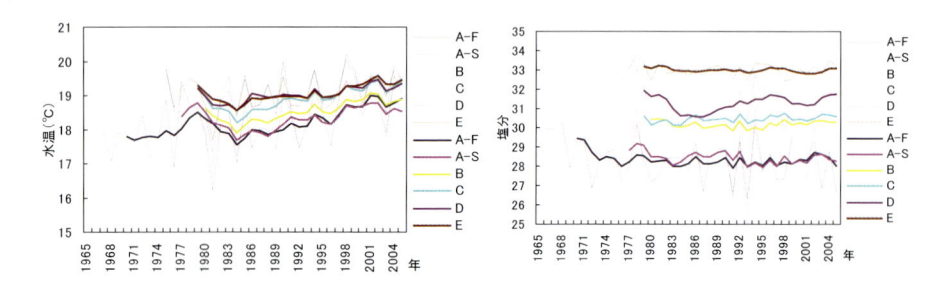

図 2.11　水温・塩分（表層の年平均値）の経年変化
　　　　太線は5ヵ年移動平均を示す．浅海定線調査より作成

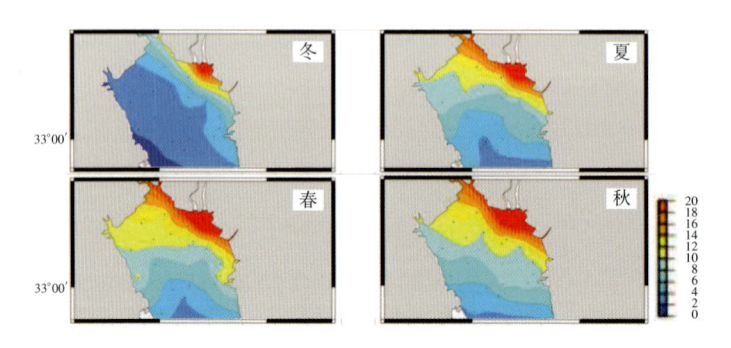

図 2.14　表層 DIN の水平分布
　　　　冬：1〜3月，春：4〜6月，夏：7〜9月，秋：10〜12月
　　　　（2000年〜2004年の浅海定線調査より作成）

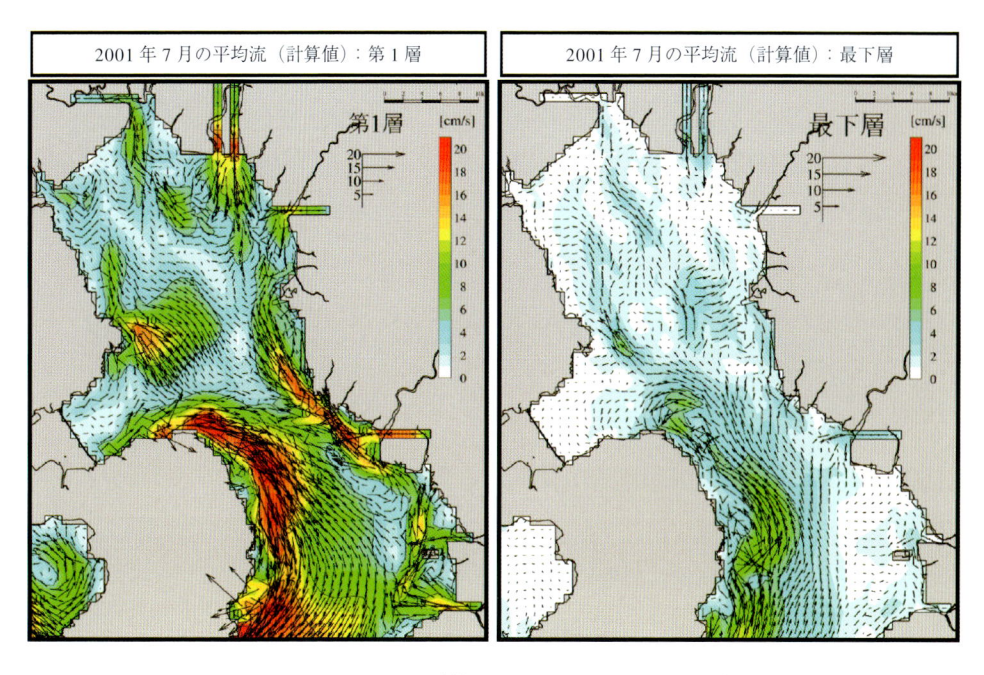

図 4.49　モデルにより計算された有明海における平均流分布

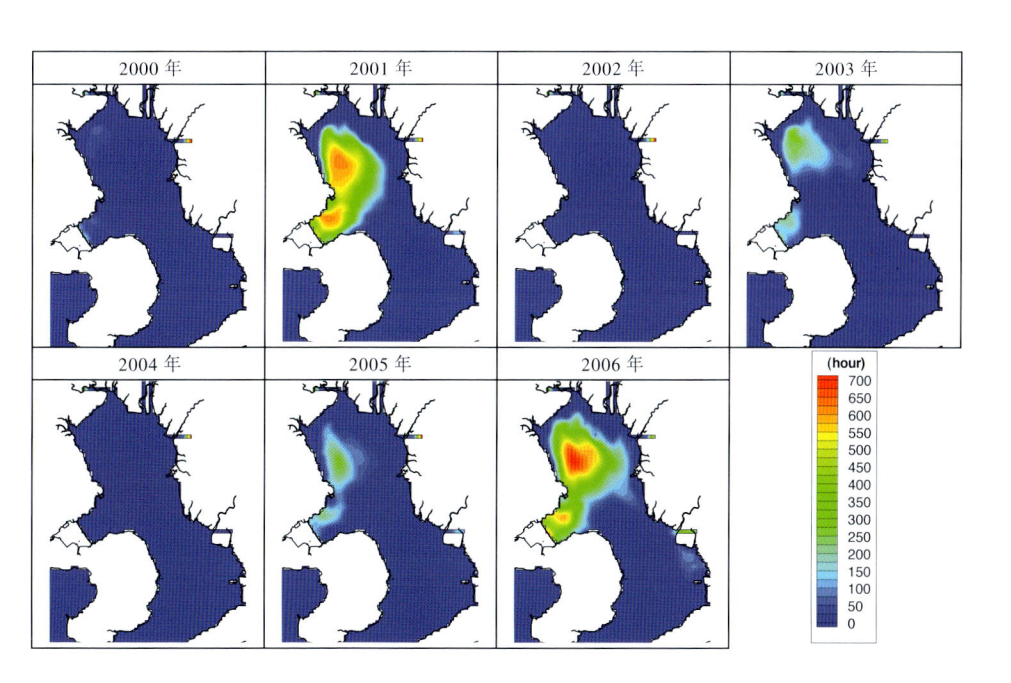

図 4.52　各年の貧酸素水塊の継続時間（DO＜2.1 mg/l の水塊）の分布

図 5.51 動物門別の個体数変化

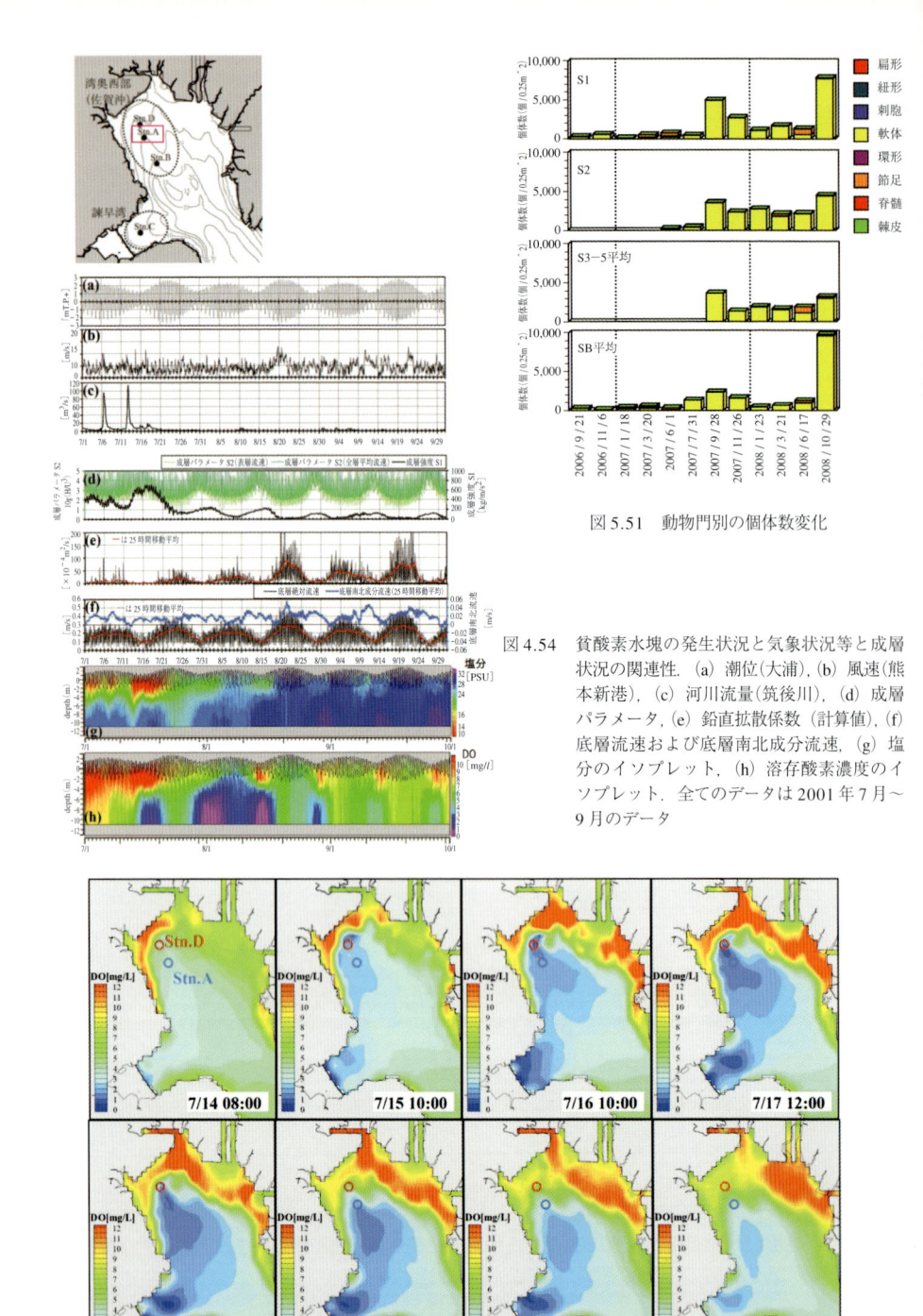

図 4.54 貧酸素水塊の発生状況と気象状況等と成層状況の関連性．(a) 潮位(大浦)，(b) 風速(熊本新港)，(c) 河川流量(筑後川)，(d) 成層パラメータ，(e) 鉛直拡散係数（計算値），(f) 底層流速および底層南北成分流速，(g) 塩分のイソプレット，(h) 溶存酸素濃度のイソプレット．全てのデータは 2001 年 7 月～9 月のデータ

図 4.55 モデルにより計算された底層溶存酸素濃度の分布（2001 年 7 月）

蘇る有明海
―― 再生への道程

楠田 哲也　編著

恒星社厚生閣

まえがき

　わが国の東京湾，伊勢湾，瀬戸内海，有明海のような閉鎖性水域を始めとする各地の沿岸域の環境質，生態系，生物生産基盤の劣化は留まるところを知らない．わが国が，安心して生活できる国，安全な国であり続けるには，生物生産基盤を維持して国民のための食料を常に確保し，合わせて，生態系を健全に保ちうるようにしなければならない．このための努力は，かなりなされているが，効果が明示的に現れるまでには至っていない．このような環境や生態系の再生は，これらが自己回復機能を有している間になされなければならない．

　本書の対象である有明海では，陸域からの栄養塩や有機物の流入量は既に減少気味にもかかわらず回復の兆候を見せず悪化の傾向を示している．このことは，有明海の自己修復機能はかなり低下していることを意味している．海域で生物生産を持続的にするには，自然現象の変動を踏まえた上で，海域を利用する各分野の関係者の努力に加えて，陸域からの各種物質の発生・輸送・負荷の過程全域にわたり制御する技術システムと社会システムを生み出していくことが必要である．具体的な改善目標を設定し，それを達成するために俯瞰的立場から科学的知見を駆使することが，焦眉の急である．

　有明海では，有明海・八代海再生のための特別措置法が実施されたものの，その効果はあまり現れていない．各府省の施策は行政の目的が個別的であるために相互の連携性が少ない．さらに，実態として現象解明や基幹技術開発のような基礎的な研究成果が環境改善に直接応用されていない．

　有明海についての書は少なくない．しかし，有明海の現状を物理学的，地学的，生物学的のいずれかの視点で著したものがほとんどであり，回復のための技術とその効果について記されたものは皆無である．本書は，このような状況に鑑み，俯瞰的手法をもとに，環境改善目標像を設定し，改善すべき環境条件を明示し，それに必要な技術を提案，実証する研究として，科学技術振興調整費により実施された，プロジェクト「有明海の生物生息空間の俯瞰的再生と実証試験」の成果をもとに，再生への全体像を描いたものである．なお，本プロジェクトは，有明海に適用可能な俯瞰的再生方法論を開発すること，再生方策・技術と再生

過程を具体的に提示すること，再生支援ツールとして生物生息モデルを開発・利用すること，再生のための技術を開発し実証することなどを目的としたものである．有明海の再生には，経済学的，社会学的検討も欠かせないが，本書では対象としていない．本書が有明海の再生のみならず，他の沿岸域の再生に役立つことができれば幸いである．

　上梓に至ることが可能になったのは，本プロジェクトに参画頂いた，九州大学，熊本大学，佐賀大学，長崎大学，熊本県立大学，佐賀県水産振興センター，日本建設技術株式会社，いであ株式会社の尽力によるところが大きい．また，研究遂行に際し科学技術振興機構の関係各位から多大なるご支援をいただいた．さらに，出版に際して文部科学省の研究成果出版助成を受けた．記して謝意を表する．

　　　平成23年8月

　　　　　　　プロジェクト「有明海の生物生息空間の俯瞰的再生と実証試験」代表

　　　　　　　　　　　　　　　　　　楠　田　哲　也

編者・執筆者一覧（五十音順）
※は編者

秋元和實　1956年生，東北大学大学院理学研究科地学専攻博士課程修了，熊本大学沿岸域環境科学教育研究センター准教授．

荒木宏之　1952年生，佐賀大学大学院土木工学専攻修士課程修了，佐賀大学低平地沿岸海域研究センター教授．

五十嵐学　1978年生，横浜国立大学大学院工学府社会空間システム学専攻修士課程建設システム工学コース修了，東亜建設工業株式会社 技術研究開発センター水圏，環境技術グループ主任研究員．

伊豫岡宏樹　1980年生，九州大学大学院工学研究科都市環境工学専攻博士課程単位取得退学，福岡大学工学部社会デザイン工学科助手．

大嶋雄治　1958年生，九州大学大学院農学研究科水産学専攻博士課程修了，九州大学大学院農学研究院資源生物科学部門教授．

大槻恭一　1957年生，京都大学大学院農学研究科農業工学専攻博士課程単位取得退学，九州大学大学院農学研究院環境農学部門教授．

亀井勇統　1956年生，北海道大学大学院水産学専攻博士課程修了，佐賀大学海浜台地生物環境研究センター准教授．

川村嘉応　1955年生，長崎大学大学院水産学研究科修士課程修了，佐賀県有明水産振興センター副所長．

木田建次　1946年生，大阪大学大学院工学研究科醱酵工学専攻修士課程修了，熊本大学大学院自然科学研究科教授．

木村奈保子　1973年生，京都大学大学院農学研究科応用生物学専攻修士課程修了，いであ(株)大阪支社生態，保全部主査研究員．

※楠田哲也　1942年生，九州大学大学院工学研究科土木工学専攻博士課程単位取得退学，北九州市立大学国際環境工学部教授．

久野勝利　1962年生，鹿児島大学大学院水産学研究科修士課程修了，佐賀県庁水産課副課長．

熊谷朝臣　1966年生，東京大学大学院農学生命科学研究科修士課程修了，名古屋大学地球水循環研究センター准教授．

久米元　1974年生，東京大学大学院農学生命科学研究科水圏生物科学専攻博士課程修了，長崎大学大学院水産，環境科学総合研究科産学官連携研究員．

小松利光　1948年生，九州大学大学院工学研究科土木工学専攻博士課程単位取得退学，九州大学工学研究院環境都市部門教授．

齋田倫範	1976年生，九州大学大学院工学府海洋システム学専攻博士後期課程修了，鹿児島大学大学院理工学研究科（工学系）海洋土木工学専攻助教．
紫加田知幸	1980年生，九州大学大学院生物資源環境科学府生物機能科学専攻博士課程修了，（独）水産総合研究センター瀬戸内海区水産研究所研究員．
島崎洋平	1973年生，九州大学大学院農学研究科水産学専攻博士課程修了，九州大学大学院農学研究院資源生物科学部門助教．
神野健二	1947年生，九州大学大学院工学研究科水工土木学専攻修士課程修了，九州大学名誉教授．
末次大輔	1974年生，九州大学大学院水工土木学専攻修士課程修了，佐賀大学低平地沿岸海域研究センター准教授．
田井 明	1981年生，九州大学大学院工学府海洋システム工学専攻博士後期課程修了，九州大学工学研究院環境都市部門特任助教．
髙木強治	1960年生，九州大学農学部農業工学科卒業，農業・食品産業技術総合研究機構農村工学研究所水利工学研究領域基幹施設水理担当統括上席研究員．
滝川 清	1948年生，熊本大学大学院工学研究科修士課程修了，熊本大学沿岸域環境科学教育研究センター長教授．
竹内一浩	1970年生，北海道大学大学院理学研究科地球物理学専攻修士課程修了，いであ(株)国土環境研究所水環境解析部グループ長．
智和正明	1973年生，広島大学大学院生物圏科学研究科博士後期課程修了，九州大学大学院農学研究院環境農学部門助教．
永尾謙太郎	1981年生，広島大学大学院工学研究科社会環境システム専攻修士課程修了，いであ(株)国土環境研究所水環境解析部研究員．
長副 聡	1977年生，九州大学大学院生物資源環境科学府生物機能科学専攻博士課程修了，（独）水産総合研究センター日本海区水産研究所資源生産部資源増殖グループ研究員．
中 達雄	1954年生，東京農工大学農学研究科修士課程修了，農業・食品産業技術総合研究機構農村工学研究所水利工学研究領域領域長．
中田晴彦	1969年生，愛媛大学大学院連合農学研究科博士課程修了，熊本大学大学院自然科学研究科准教授．
濵田康治	1975年生，九州大学大学院工学府都市環境システム工学博士課程単位取得退学，農業・食品産業技術総合研究機構農村工学研究所水利工学研究領域水環境担当主任研究員．
林 重徳	1945年生，九州大学大学院土木工学専攻博士課程修了，佐賀大学名誉教授．

東　　直　子	1977年生，鳥取大学大学院連合農学研究科博士課程修了，JA西日本肥料研究所職員.
広　城　吉　成	1962年生，九州大学工学部工学研究科水工土木学科卒業，九州大学工学研究院環境都市部門准教授.
古　満　啓　介	1982年生，長崎大学大学院生産科学研究科博士後期課程修了，長崎大学大学院水産，環境科学総合研究科産学官連携研究員.
堀　家　健　司	1952年生，三重大学水産学部水産学科卒業，いであ(株)大阪支社技師長.
本　城　凡　夫	1944年生，九州大学大学院農学研究科水産学専攻博士課程修了，香川大学瀬戸内圏研究センター特任教授.
増　田　龍　哉	1978年生，熊本大学大学院自然科学研究科複合新領域科学専攻博士後期課程修了，熊本大学大学院先導機構特任助教.
松　原　　賢	1979年生，九州大学大学院生物資源環境科学府生物機能科学専攻博士課程修了，佐賀県有明水産振興センター技師.
森　村　　茂	1957年生，大阪大学工学部醗酵工学科卒業，上智大学文学部言語学専攻修士課程修了，熊本大学大学院自然科学研究科准教授.
森　本　剣太郎	1973年生，九州大学大学院工学研究科海洋システム工学専攻博士課程修了,熊本大学沿岸域環境科学教育研究センター,特定事業研究員.
安　元　　純	1977年生，愛媛大学大学院連合農学研究科生物環境保全学専攻博士後期課程修了，琉球大学農学部地域農業工学科助教.
矢　野　真一郎	1967年生，九州大学大学院工学研究科水工土木学専攻博士後期課程単位取得退学，九州大学工学研究院環境都市部門准教授.
山　口　敦　子	1968年生，東京大学大学院農学生命科学研究科水圏生物科学専攻博士課程修了，長崎大学大学院水産，環境科学総合研究科教授.
山　崎　康　裕	1980年生，九州大学大学院生物資源環境科学府生物機能科学専攻博士課程修了，(独)水産大学校助教.
山　西　博　幸	1964年生，九州大学大学院水工土木学専攻修士課程修了，佐賀大学低平地沿岸海域研究センター教授.
吉　田　幸　史	1980年生，九州大学生物資源環境科学府生物機能科学専攻修士課程修了，佐賀県玄海水産振興センター副主査.

蘇る有明海—再生への道程—
目　次

まえがき··楠田哲也············

1章　有明海流域圏の自然と文化··1
　1.1　自然環境··(楠田哲也・伊豫岡宏樹)············1
　　1.1.1　地形・地質··1
　　1.1.2　気候··3
　　1.1.3　植生··3
　　1.1.4　土地利用··5
　1.2　社会環境··(堀家健司・木村奈保子)············6
　　1.2.1　人口変化··6
　　1.2.2　産業構造··6
　　1.2.3　干拓··13
　　1.2.4　河川工作物··14
　　1.2.5　港湾··15
　　1.2.6　沿岸域の構造物··18
　　1.2.7　海域利用··19
　　1.2.8　経済環境··20
　1.3　文化・歴史··(末次大輔)············24
　　1.3.1　干拓の歴史··24
　　1.3.2　有明海流域圏に伝わる信仰と神事・祭事··26
　　1.3.3　神事・祭事に関わる伝統芸能··30

2章　有明海の環境と水産業··37
　2.1　わが国の閉鎖性海域と有明海····································(滝川　清)············37
　2.2　潮汐振幅の変化··(小松利光・田井　明)············41

	2.2.1	有明海で日本一の潮差が生じる理由 …… 41
	2.2.2	潮汐振幅の長期変化とその要因 …… 41
	2.2.3	諫早湾干拓事業による潮汐の変化 …… 45
2.3	潮流の変化 …………………………（小松利光・齋田倫範）…… 45
	2.3.1	流動構造に関する研究 …… 45
	2.3.2	潮流速減少系としての有明海 …… 46
	2.3.3	諫早湾干拓事業による潮流の変化 …… 48
	2.3.4	諫早湾口の流動特性 …… 49
	2.3.5	干潟の物理的機能と有明海奥部並びに諫早湾内の物理環境 …… 51
2.4	水質・水温の変化 ………………（堀家健司・木村奈保子）…… 52
	2.4.1	水温・塩分 …… 52
	2.4.2	懸濁物質 …… 54
	2.4.3	栄養塩 …… 56
2.5	底質の変化 …… 59
	2.5.1	底質の調査史 ……………………………（秋元和實）…… 59
	2.5.2	底質の分布特性 ……………………………（秋元和實）…… 60
	2.5.3	地形・底質の経年変化 ……………………（秋元和實）…… 61
	2.5.4	水中・底質環境の変遷 ……………………（秋元和實）…… 65
	2.5.5	海水循環・底質分布への新たな取り組み …（秋元和實）…… 67
	2.5.6	重金属と化学物質 ………………（伊豫岡宏樹・楠田哲也）…… 68
2.6	貧酸素水塊 ……………………………………（堀家健司）…… 71
2.7	赤潮 ………（本城凡夫・島崎洋平・長副 聡・松原 賢・紫加田知幸・ …… 73 川村嘉応・吉田幸史・久野勝利・山崎康裕・大嶋雄治）
	2.7.1	スケレトネマ赤潮 …… 73
	2.7.2	サンギネア赤潮 …… 75
	2.7.3	シャットネラ赤潮 …… 76
2.8	有明海の水産業 …………（久米 元・古満啓介・山口敦子）…… 82
	2.8.1	生産基盤の変遷 …… 82
	2.8.2	海面漁業の変遷 …… 82

3 章	有明海再生の考え方 ··(楠田哲也)········ 101
3.1	再生目標および再生指標の考え方 ······································ 101
3.2	再生計画の立て方 ··· 103
3.3	再生に関わる社会・経済環境と再生手法 ···························· 104

4 章　有明海の環境解析 ··· 107
　4.1　有明海への物質の流入 ·· 107
　　4.1.1　陸域からの負荷 ···(堀家健司)········ 107
　　4.1.2　地下水による負荷 ·······················(神野健二・広城吉成・安元　純)········ 112
　4.2　有明海の生物生息モデル
　　　　···(堀家健司・竹内一浩・木村奈保子・永尾謙太郎)········ 117
　　4.2.1　モデルの全体構造 ··· 117
　　4.2.2　流域水流出モデル ··· 123
　　4.2.3　流動サブモデル ·· 128
　　4.2.4　懸濁物輸送サブモデル ··· 134
　　4.2.5　水質-底質-底生生物サブモデル ·· 139
　　4.2.6　干潟モデル ·· 150
　　4.2.7　指標種評価モデル（生活史モデル）······································ 154
　　4.2.8　シミュレーション方法 ··· 177
　　4.2.9　指標種評価モデルとの結合手法 ··· 179
　　4.2.10　シミュレーション結果 ·· 181

5 章　有明海再生のための技術と評価 ·· 215
　5.1　技術の体系 ·· 215
　　5.1.1　はじめに ··(滝川　清)········ 215
　　5.1.2　流域改善 ············(大槻恭一・東　直子・智和正明・熊谷朝臣・中　達雄・········ 217
　　　　　　　　　　　　　濱田康治・荒木宏之・山西博幸)
　　5.1.3　潮流改善 ···································(小松利光・矢野真一郎)········ 243
　　5.1.4　水質改善 ············(髙木強治・濱田康治・森村　茂・木田建次・中田晴彦・········ 249
　　　　　　　　　　　　　亀井勇統)
　　5.1.5　底質改善 ········(林　重徳・山西博幸・森村　茂・木田建次・五十嵐学・········ 270
　　　　　　　　　　　　　森本剣太郎)

5.1.6 囲繞堤による浅海域の底質再生……………………（林　重徳・末次大輔）……… 289
5.1.7 なぎさ線の再生…………………………………（滝川　清・増田龍哉）……… 300
5.1.8 水産生物利用型栄養塩系外取り出し効果……………（伊豫岡宏樹）……… 306
5.1.9 有害赤潮の制御
　　　………………（本城凡夫・島崎洋平・山崎康裕・松原　賢・紫加田知幸）……… 315
　　　川村嘉応・吉田幸史・久野勝利・長副　聡・大嶋雄治）
5.2 改善技術の評価………………………………（堀家健司・楠田哲也）……… 323
5.2.1 生物生息モデルによる再生技術の評価手法 …………………………… 323
5.2.2 設定した計算条件 …………………………………………………… 323
5.2.3 低次生態系モデルによる再生技術の予測結果 ……………………… 330
5.2.4 指標種評価モデルによる再生技術の予測結果 ……………………… 334
5.2.5 有明海再生に向けてのシステム的方策 ……………………………… 343

6章　有明海の再生のための方策
　　　―持続可能な社会の実現に向けて……………（楠田哲也）……… 351
6.1 調査・解析・研究体制………………………………………………… 351
6.2 技術的方策と評価……………………………………………………… 352
6.3 社会的方策と評価……………………………………………………… 353
6.4 今後の展開シナリオ…………………………………………………… 353

　終わりに……………………………………………………（楠田哲也）……… 355

1章　有明海流域圏の自然と文化

1.1　自然環境

　有明海流域は長崎,佐賀,福岡,熊本,大分の各県にわたり,流域面積 8,420 km^2 である（図 1.1　カラー口絵）.流域内人口は 330 万人（2009 年）である.縄文の海進により,佐賀平野は有明海と化していて,東名遺跡として知られる貝塚は現在の海岸線よりかなり陸側に位置している.同じ有明海周辺であっても地質はかなり異なるが,気候はおしなべて温和であり,植生もかなり類似している.

　有明海に流入する一級河川は,有明海の南西端の島原半島より時計回りに,本明川,六角川,嘉瀬川,筑後川,矢部川,菊池川,白川,緑川の 8 河川である.2 級河川は 104 ある.これらの 1 級河川だけで有明海流域の 80％を占める.有明海への年平均淡水流入量は 1 級河川のものを足し合わせると年間 8.2 km^3 となる.

　同じく時計回りに自然環境を概観する.

1.1.1　地形・地質
　島原半島には雲仙岳があり,その中の最高峰は普賢岳 1,483 m である.この半島には大きな河川はないが,河川による土砂輸送はかなり多い.

　諫早湾に注ぐ本明川は多良岳（五家原岳）に端を発している.多良岳付近は凝灰角礫岩,安山岩,中流部は砂岩泥岩（諫早層群）,下流部は沖積層で軟弱地盤となっている.諫早湾沿岸部は微細粘土である「ガタ土」が堆積している.

　多良山系が終わる北部を流れる六角川は神六山に端を発する.上流域には,北部に天山,脊振山系が位置し,福岡県との県境になっている.中流部は短く,下流部は干拓地である白石平野を海岸線に平行に緩やかに蛇行して流れている.低平地のため,水害常襲地帯となっている.また,有明海湾奥に位置する河口部には,江湖（えご）と呼ばれる入江状の空間が点在している.江湖を含め海岸部には「ガタ土」が連続して筑後川河口まで堆積している.六角川の東には

南北に嘉瀬川が流れている.

　嘉瀬川は，その源を背振山系に発し，山間部を流下し，途中多布施川に分派したのち，佐賀平野を流下し，有明海に注いでいる．感潮域の嘉瀬川大堰までは干潟が広がり，人工草地や公園が作られている．上流域は花崗岩類，中下流部は沖積層であり，表面を有明粘土層が覆っている．

　筑後川は長さ143 kmで九州最長である．阿蘇外輪山の熊本県瀬の本高原に端を発し，山岳地帯を流下して日田市にて，九重連山から流れてきている玖珠川と合流して山間盆地を形成し，夜明渓谷を通過して筑紫平野を貫流して有明海に注いでいる．日田盆地（荒瀬）までは阿蘇山の火山噴出物と溶岩で構成され，それ以降は沖積層となり，河口部（筑後大堰より下流）には「ガタ土」が堆積している．感潮域はかつて久留米市南部の瀬ノ下まで約31 kmまで及んでいたが，1985年の筑後大堰の建設によって現在では23 kmのこの堰まで塩水の浸入がみられる．流域面積は，2,863 km^{2}あり有明海の流域面積の約35％を占める．2010年の流域人口はほぼ200万人である．

　矢部川は三国山に源を発し，日向神峡谷を西流したのち，山ノ井川，花宗川，沖端川を分派し筑紫平野を蛇行しながら有明海に注いでいる．上・中流部は輝石安山岩からなり，下流部は有明粘土層からなる．

　菊池川は阿蘇山に端を発し，菊池渓谷を形作り，沖積平野の玉名平野を流れ，有明海に注いでいる．阿蘇山噴火の影響で上流域は溶結凝灰岩からなる火砕流堆積物からなる．

　白川は，その源を阿蘇山根子岳に発し，阿蘇外輪山の立野付近において黒川をあわせ，熊本平野を貫流し，有明海に注いでいる．上流域は阿蘇溶岩と「ヨナ」と呼ばれる火山灰で覆われている．阿蘇カルデラを抜けた中流域は，黒色ローム層，下流域は沖積層になっている．1953年（昭和28年）6月26日の大洪水を機に現在のように有明海に真っすぐ注ぐよう改修された．

　緑川は，その源を三方山に発し，熊本平野を貫流して有明海に注いでいる．上流域は古生層，中生層の古期岩類からなり，中流域は片麻岩，花崗閃緑岩，下流域は沖積層である．加藤清正の治水工事によって，湿地帯が広大な耕作地帯として利用されるようになっている．

1.1.2 気候

本明川流域の年平均気温は16〜17℃,年降水量は2,200 mmである.北部の有明海流域の境界線が多良山系となっており,梅雨期末の湿舌による集中豪雨が起こりやすい.六角川流域の年平均気温は16〜17℃,年降水量は2,000 mmである.嘉瀬川流域の年平均気温は16〜17℃,年降水量は2,200 mmである.筑後川流域の平均気温は15〜16℃,年間降水量は2,050 mmで,梅雨期,台風期に集中する.なお,上流の山岳部では3,000 mmを超える.矢部川流域の年平均気温は16〜17℃,年降水量は2,500 mmである.菊池川流域の年平均気温は16〜17℃,年降水量は2,200 mmである.白川は上流部の阿蘇山では,年間平均気温9℃,年降水量は3,250 mm,下流域は年間平均気温16℃,年降水量は2,000 mmである.緑川流域の年降水量は2,100 mmである.図1.2(カラー口絵),表1.1に流域の詳細と面積及び流量を示す.図1.3は主要河川からの流入水量を示す.

1.1.3 植生

有明海流域は1,000 mより高いところでは照葉樹林体(ヤブツバキクラス帯),1,000 m以下では夏緑林帯(ブナクラス帯)と大別される.島原半島も同様である.雲仙普賢岳からの溶岩流出後,状況は大きく変化した.本明川上流部はスギ,ヒノキの植林がほとんどであるが,モミ個体群やスダジイも存在する.諫早湾沿岸部は微細粘土である「ガタ土」が堆積し,ヨシが繁茂していたが,現

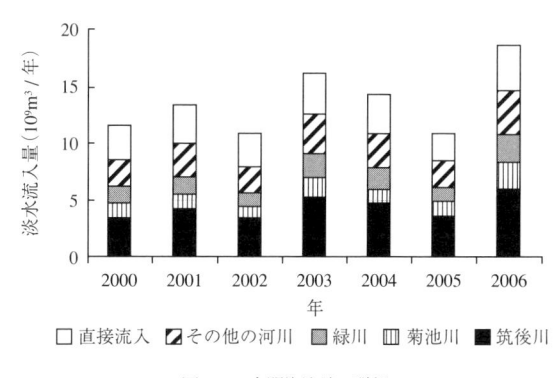

図1.3 有明海流域の詳細

表 1.1 有明海流域の詳細区分と流入水量

No.	流域	流量観測所	降水量観測所	流量観測地点流域面積 (km²)	順流域面積 (km²)	感潮域・直接流入域面積 (km²)	淡水流入量 (10⁶m³/年)							
							2000年	2001年	2002年	2003年	2004年	2005年	2006年
1	木明川	裏山	嬉野	35.99	35.99	46.25	145	147	141	180	160	121	204
2	六角川	妙見橋	嬉野	95.00	322.30	322.05	683	764	706	856	803	532	890
3	嘉瀬川	川上	—	225.40	225.40	0.00	104	195	94	216	181	86	270
4	筑後川	瀬ノ下	佐賀	2283.71	2283.71	581.48	3,463	4,275	3,426	5,441	4,763	3,662	6,056
5	矢部川	船小屋	大牟田	474.59	474.59	159.78	679	1,008	634	994	910	687	1,169
6	菊池川	玉名	菊池	910.77	910.77	107.80	1,163	1,292	954	1,579	1,253	1,185	2,181
7	白川	代継橋	—	477.00	480.00	0.00	689	696	610	947	841	748	1,074
8	緑川	城南	熊本	678.53	678.53	367.53	1,611	1,547	1,326	2,092	1,833	1,478	2,596
9	塩田川	六角川	嬉野	95.00	101.82	19.59	139	190	157	235	192	117	296
10	直接長崎1	本明川	嬉野	—	—	299.33	606	667	622	741	703	469	755
11	直接長崎2	本明川	嬉野	—	—	31.76	64	71	66	79	75	50	80
12	直接長崎3(諫早湾)	本明川	嬉野	—	—	133.74	271	298	278	331	314	210	337
13	直接佐賀1	嘉瀬川	佐賀	—	—	103.89	177	200	170	197	206	141	232
14	直接佐賀2	六角川	嬉野	—	—	258.75	523	577	538	640	608	405	653
15	直接福岡	矢部川	大牟田	—	—	92.80	138	189	130	170	148	140	208
16	直接熊本1	菊池川	菊池	—	—	152.89	228	311	214	280	243	230	343
17	直接熊本2	菊池川	大牟田	—	—	78.72	132	132	108	149	129	115	198
18	直接熊本3	白川	熊本	—	—	20.21	37	36	31	46	36	27	57
19	直接熊本4	緑川	熊本	—	—	180.95	330	326	281	408	327	240	507
20	直接熊本5	緑川	熊本	—	—	39.52	72	71	61	89	71	52	111
21	直接熊本6	緑川	熊本	—	—	16.81	31	30	26	38	30	22	47
22	直接熊本7	緑川	熊本	—	—	105.50	192	190	164	238	190	140	295
23	直接熊本8	緑川	熊本	—	—	90.82	166	163	141	205	164	120	254
					(計)		11,644	13,373	10,880	16,152	14,081	10,977	18,812

在は締め切られ，セイタカアワダチソウやオオブタクサが増えている．六角川上流部はスギ，ヒノキの植林とシイ林がほとんどである．下流部，沿岸部にはヨシ原が形成され，シチメンソウやヒロハナツナなどの塩生植物が生育している．河口部には筑後川とともに有明海特有のエツが生息している．沿岸部にはムツゴロウ（ハゼ科）やワラスボ（ハゼ科）シオマネキ（スナガニ科）が生息している．筑後川の源流から夜明渓谷まではスギ，ヒノキの森林となっている．魚類ではオイカワ，カワムツ，アユ，オヤニラミが生息し，その他，ゲンジボタル，カジカガエル，サワガニなどが生息している．夜明渓谷から筑後大堰までの田園地帯では，オイカワ，ウグイ，フナなどが生息する．筑後大堰から，河口まではクリーク地帯となっており，エツ，アリアケヒメシラウオなどが生息する．干潟には，ムツゴロウ，シオマネキ，ハラグクレチゴガニなどが生息している（図1.4）．矢部川上流域にある日向神峡谷一帯は，豊かな自然を残しており，クスノキ林が川沿いに群生し，ゲンジボタルもクスノキ同様，国の天然記念物に指定されている．菊池川上流域は，ケヤキ，ブナ，モミのような広葉樹林におおわれ，中流では天然記念物のチスジノリの発祥地がある．下流部ではヤマトシジミが生息している．白川にはあまり多くの魚類は生息しないが，オイカワなどがみられる．緑川の上流部には，アラカシやツブラジイの群落がみられ，中流部でもアラカシの群落がみられる．河口域はアサリが多く生育する．

1.1.4 土地利用

有明海流域では，おしなべて85〜96％が農林地，市街地が2〜10％程度になっている．本明川流域，六角川流域は農地が85％程度で，嘉瀬川の中下流部流域

図1.4 有明海の生物（左：シオマネキ，右：ムツゴロウ）

は水田地帯になっている．筑後川流域では，夜明渓谷に至るまでの上流域は80％が森林であり農地は8％である．上流域では途中に日田盆地を経由するため山地などから供給される砂礫の多くが河川内に堆積し，中下流に供給される土砂は少なく，下流へ供給される土砂の多くが微細土砂である[1]．夜明渓谷から筑後大堰までの中流域は主要農業地帯を形成し，その平野部は肥沃な水田地帯である．筑後大堰から，河口までの下流域は低平なクリーク灌漑農業地帯であり，稲，小麦などの土地利用型などの農業が盛んな大規模穀倉地帯である[1]．白川流域は熊本の地下水の源として「ザル田」への水供給が進められている．

（楠田哲也・伊豫岡宏樹）

1.2 社会環境

1.2.1 人口変化

わが国の主要な半閉鎖性内湾の流域面積と流域人口の関係を図1.5に示す．有明海は，大阪湾，伊勢湾，東京湾などと同規模であるが，これらの湾と比べて有明海の人口密度は非常に低い．また，流域人口に占める一次産業の就業者数は10％以上と高くなっている．したがって，海域へは流域の自然環境が人為活動に比べて相対的には大きく影響している．

流域内の人口は，図1.6に示すように，1975年から1990年代半ばまで増加傾向にあり，全国の推移とほぼ一致している．その後も全国の人口は微増しているが，有明海流域では1997年の336万人をピークに減少に転じ，特に2005年以降の減少率が大きくなっている．2006年の流域内人口は331万人で，熊本県が40.7％，福岡県が31.0％，佐賀県が18.8％を占めている．1975年に対する各県の人口の増減は，図1.7に示すように，熊本県の伸びが大きく，福岡県と佐賀県は同程度に増えている．

1.2.2 産業構造

有明海流域における産業別の事業所数の推移を図1.8に，従業者数の推移を図1.9に示す．1975年から1996年にかけて事業所数，従業員数とも増加しているが，それ以降は減少している．1990年代後半以降の減少は全国の推移とほぼ同

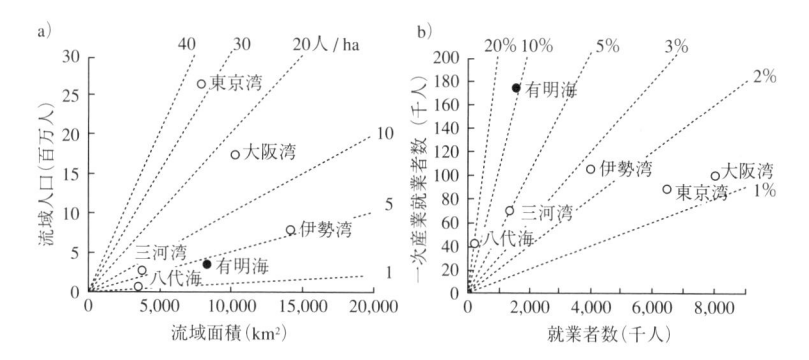

図1.5　わが国の主要な内湾の流域面積と流域人口，一次産業就業者数の関係

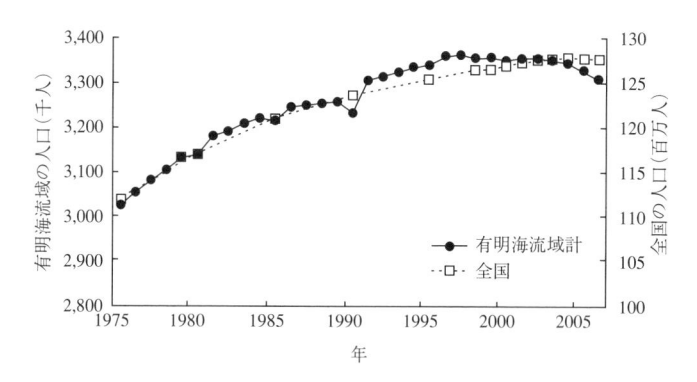

図1.6　有明海流域および全国の人口の推移（総務省「事業所・企業統計調査報告」より作成）

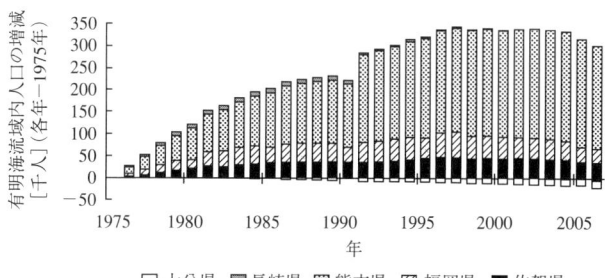

図1.7　有明海流域内人口の県別増減の推移（総務省「事業所・企業統計調査報告」より作成）

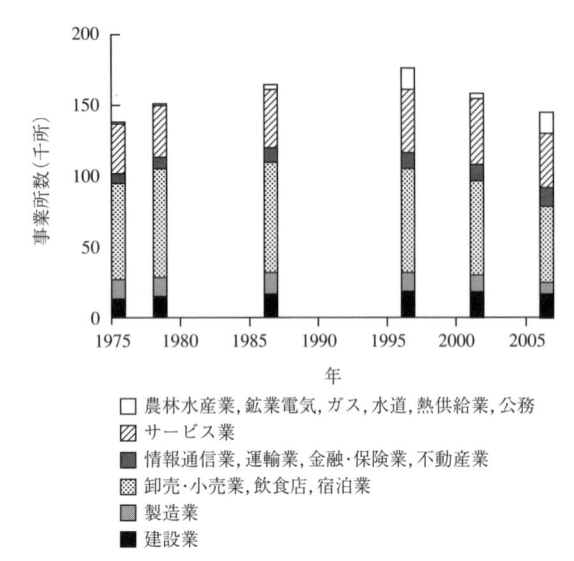

図 1.8　有明海流域の産業別事業所数の推移（関係県「統計年鑑」より作成）

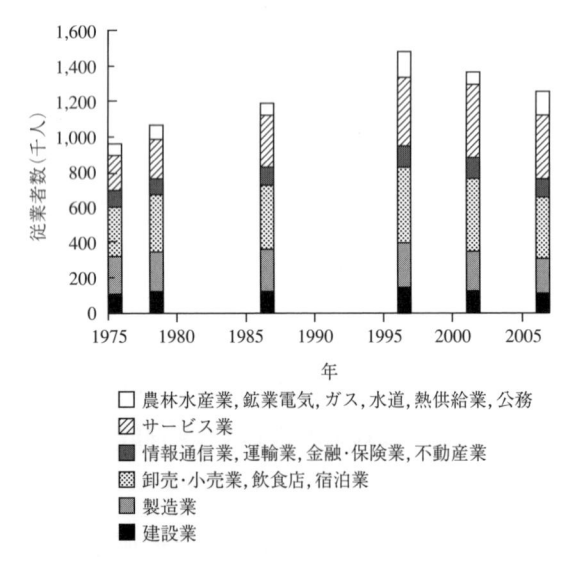

図 1.9　有明海流域の産業別の従業者数の推移（関係県「統計年鑑」より作成）

様である．産業別には事業者数では卸売・小売業などの割合が高く，従業者数では卸売・小売業などとサービス業の割合が高い．有明海流域では全国に比べて情報通信業などの割合がやや低い．

工業の製造出荷額は，図1.10に示すように，1975年から1990年代初めまで順調に伸びているが，その後は横ばいで，1990年代終わりから2002年までは減少傾向にある．2002年では食料品製造業などと電気機械器具製造業の割合が高く,電気機械器具製造業は1980年代に急増している．工業従事者数は,図1.11に示すように，1990年代に減少している．1980年代に食料品製造業に次いで多かった繊維工業関係，木材・木製品製造業が減少したことによる．1990年代からは電気機械器具製造業が食料品製造業に次いで多くなっている．各年代を通じ

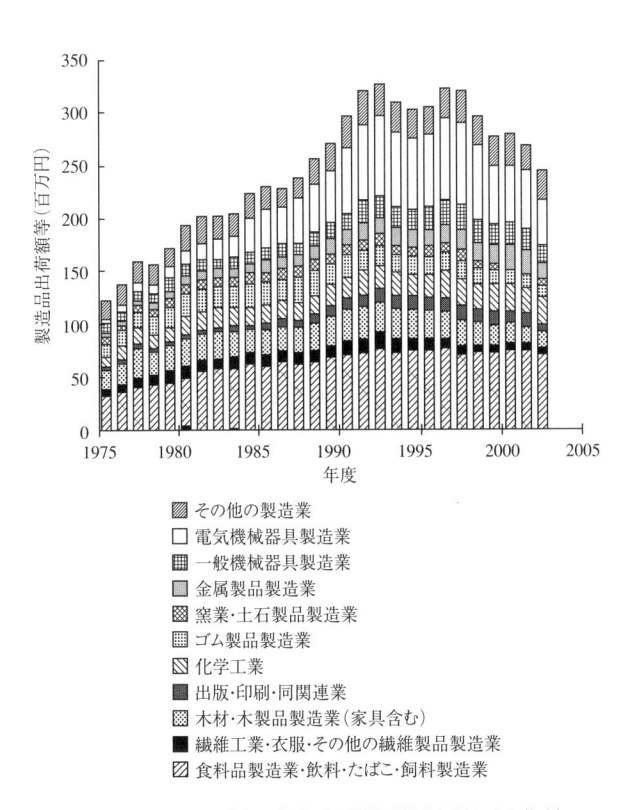

図1.10 製造品出荷額の推移（関係県「統計年鑑」より作成）

て最も多い食料品製造関係は大きな年変動はない.

有明海流域における主要農産物収穫量の推移を図1.12に示す.農作物収穫量は1980年代では毎年250万トン前後を収穫していたが,1990年代では200万トン前後に減少している.主要な農作物収穫量は稲,野菜,果樹であるが,1990年以降は稲と果樹が減少し,野菜が増え,2000年代には花卉が増えている.農業総産出額は,図1.13に示すように,1980年以降,毎年8〜9千億円台で推移しており,年変動は全国とほぼ同様である.2000年代では野菜,畜産,米の順に多く,総産出額に占める割合をみると,野菜は増加傾向,畜産はやや減少,米は減少傾向にある.

佐賀県と福岡県を合計した有明海海区での漁業生産額の推移を図1.14に示す.総生産額は年により増減はあるが,1980年以降は400億円前後でほぼ横ばいで

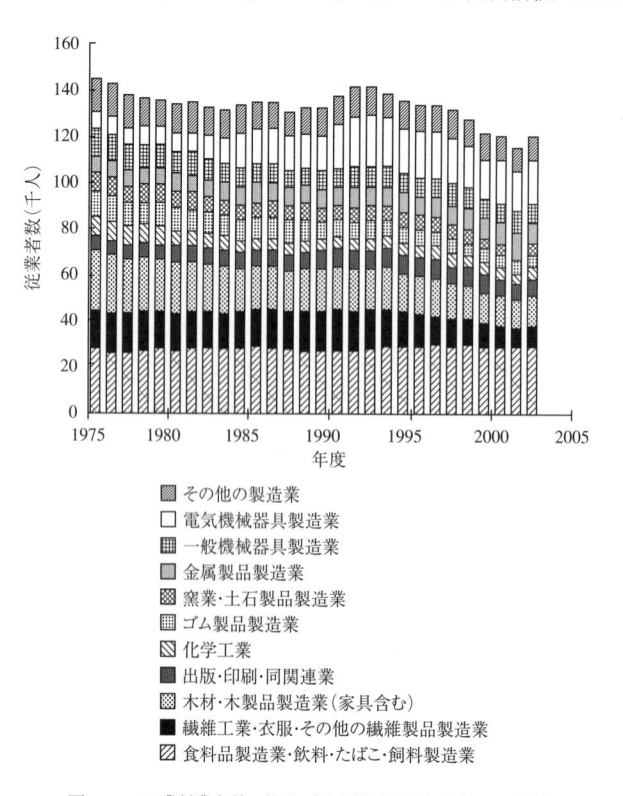

図1.11 工業従業者数の推移(関係県「統計年鑑」より作成)

ある.そのうち87％が海面養殖,13％が海面漁業であり,海面養殖の98％がノリ養殖である.したがって,有明海の漁業経営はノリ養殖への依存度が極めて高いのが特徴である.有明海は本来,多種多様な魚種からなる高い生物生産力を有しているので,ノリ養殖への過度な依存を見直し,伝統的な干潟漁労や浅海漁業へ戻し,また水質浄化が期待できるカキ養殖を復活するなど,有明海の潜在力,ブランドをもっと引き出す漁業政策が望ましいと考えられる.それ

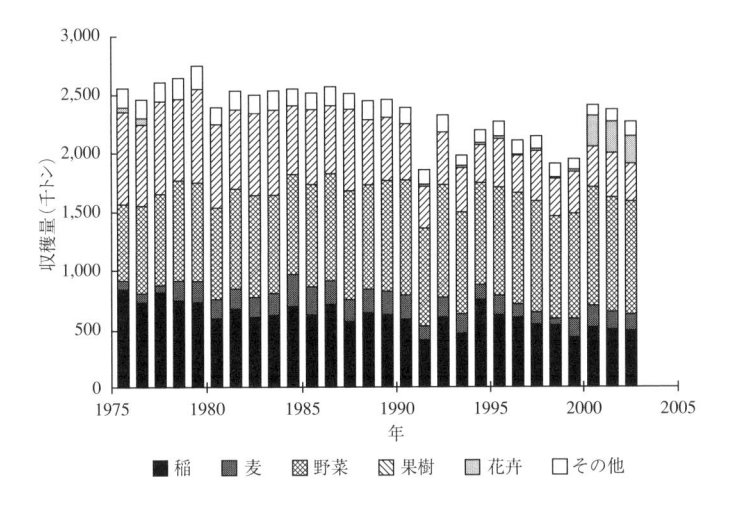

図1.12 主要農作物収穫量の推移(農林水産省「農林水産統計年報」より作成)

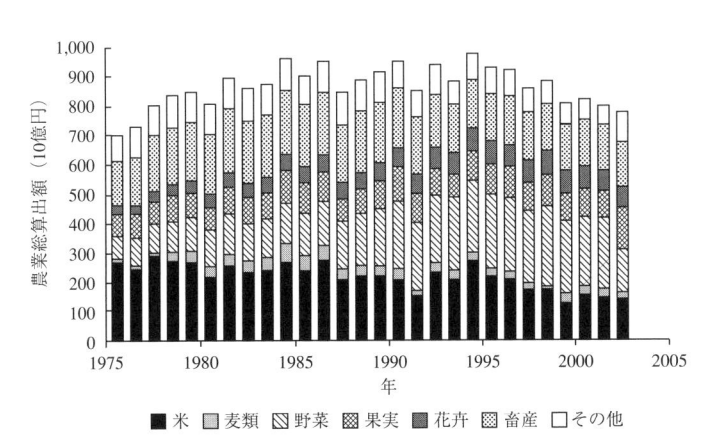

図1.13 有明海流域県の農業総産出額の推移(農林水産省「農林水産統計年報」より作成)

には有明海特産の魚介類の価値をより高める経営努力も必要であろう．漁業は経済活動のみならず，環境保全に果たす役割も担っていることから，環境と経済の好循環が実現し，豊かな社会が形成されることを願うものである．有明海区における各県の漁業就業者数は，図1.15に示すとおりで，1983年度の29,100人から年々減少し，2003年度では12,700人で，1983年度の1/2以下になっている．県別にみると，2003年度は1983年度に比べて佐賀県では54％，福岡県では44％，熊本県，長崎県は40％以下に減少している．また，漁業を取り巻く環境は，就業者数の減少に加え，農業と同様に高齢化が進んでいる．

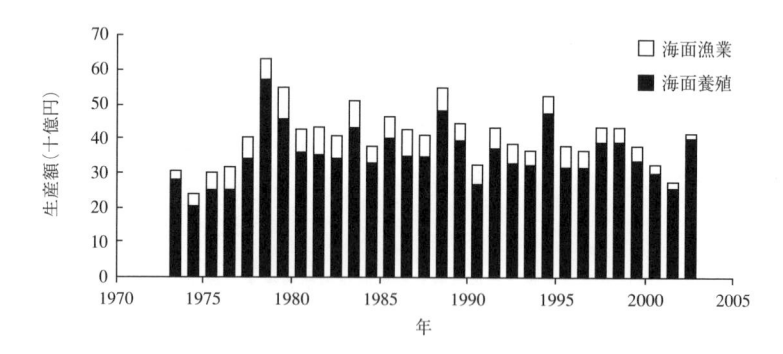

図1.14　佐賀有明・福岡有明の漁業生産額の推移（農林水産省「農林水産統計年報」より作成）

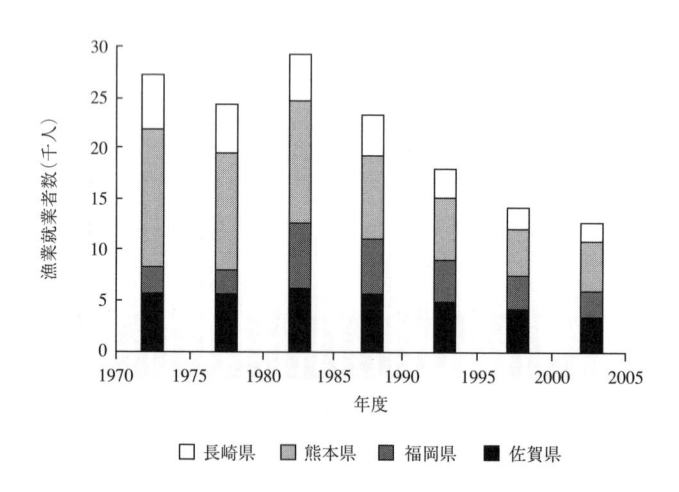

図1.15　有明海区の漁業従事者数の推移（農林水産省「農林水産統計年報」より作成）

1.2.3 干拓

有明海では河川から搬入される多量の泥と日本最大の潮汐作用により，干潟は100年に1 km発達するといわれ[2]，肥沃な佐賀平野や白石平野が形成されてきた．有明海の干拓の歴史を図1.16[3]（カラー口絵）に，干拓累積面積を図1.17に示す．自然陸化とともに古くから干拓による人工陸化が行われ，そのはじまりは約700年前の鎌倉時代の末期頃で，江戸時代以前に約70km^{2}干拓されたが，本格的な干拓は徳川時代になってからとされている[2]．佐賀地方では「50年に1干拓」といわれ，自然陸化により干拓は宿命的なものと認識されている[6]．干拓の基礎は藩政時代につくられ，はじめに堤防を築く位置に杭を打ち込み，粗朶や竹などをからみつけ，柵として数年間そのまま自然に任せて泥をため，茅や葦が生い茂って地盤が高くなるのを待つというものであった．江戸中期には

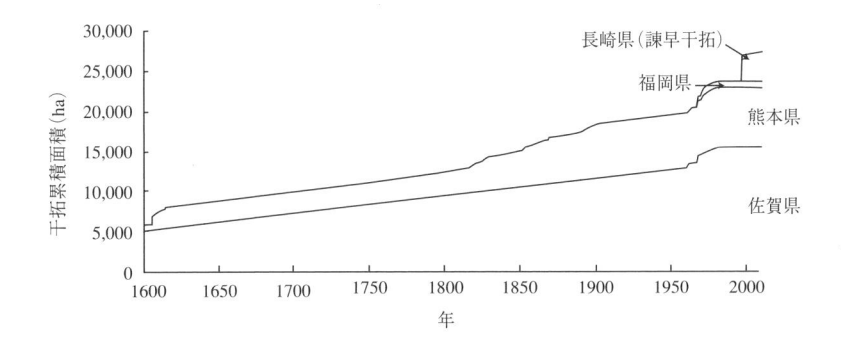

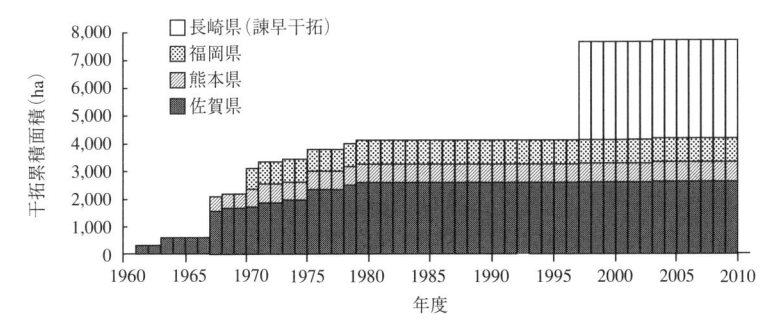

図1.17　1600年および1960年以降の有明海の干拓累積面積（各事業の干拓面積は干拓完成年に計上．佐賀県[4]，熊本県[5]より作成）

海岸堤防に石垣を使用し，50〜60 ha の大規模干拓が行われるようになり，干拓技術も著しく発達した．江戸時代の干拓面積は110 km^2 に及ぶ．明治〜1945年には34 km^2，1945〜1955年には13 km^2 干拓されている．1960年以降の干拓面積は7,616 ha で，1960〜1970年代に各地で行われた大規模干拓で総面積約4,000 ha，その60％以上が湾奥部（佐賀県）に集中している．1997年には諫早湾干拓事業により3,550 ha の海域と1,550 ha の干潟が消失（干拓地が増加）している[7]．現在までのわずか50年間の干拓面積は総干拓面積の28％にあたる．松岡[8]によれば，干拓速度は10年で，17世紀から江戸初期までに0.05〜0.07 ha，江戸時代には0.43ha，明治〜昭和中期には0.52 ha，昭和後期には1.95 ha，1986〜1997年の諫早干拓では3.2 ha であり，近年の干拓速度は極めて速くなっている．現在までの総干拓面積は2,700 ha 以上の干拓が行われており，これは現在の海域面積（1,700 km^2）の16％にあたる．

　1960〜1970年代に各地で行われた大規模干拓で総面積約4,000 ha，その60％以上が湾奥部（佐賀県）に集中している．

1.2.4　河川工作物

　有明海流域に建設された主要なダム（図1.18）の累積貯水量を図1.19に示す．筑後川水系では松原ダム・下筌ダムが1973年に竣工し，2009年現在の有明海流域のダム総貯水容量は4.0億 m^3 に達し，2000〜2007年の年間平均淡水流入量136億 m^3 の2.9％に相当する．建設中の大山ダムを含めると将来5.8億 m^3（同4.3％）になる見込みである．

　河口周辺に形成される干潟は河川から運ばれる土砂によって涵養されている．ダムによる堆砂，河川改修，河川内の土砂採取は，海域への土砂供給を減少させ，干潟の形成にも影響する．筑後川を例にみると，河川からの土砂持ち出し量（累積値）は図1.20のようになっており，現在では干拓・河川改修はなく，砂利採取も減少しているが，ダム堆砂が下流河川への土砂移動と海への土砂供給を減少させている．

1.2.5 港湾

有明海には，図1.21に示すように，重要港湾として1951年に三池港，1974年に熊本港が指定され，合わせて34の地方港湾が整備されている．また，80以上の漁港も整備されている．湾奥部には広大な干潟が形成されるため，ここでの漁港は筑後川のように河川内に整備されている．三池港は，三池炭の積荷港として1908年（明治41年）に開港して以来，日本の産業・経済の発展を牽引

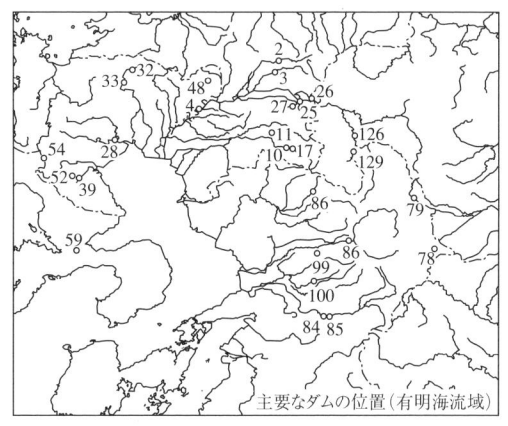

番号	ダム名	水系名	河川名	総貯水容量 (千m³)	竣工年
2	江川	筑後川	小石原川	25,326	1972
3	寺内	筑後川	佐田川	18,000	1978
4	筑後大堰	筑後川	筑後川	5,500	1984
10	松瀬	矢部川	矢部川	506	1963
11	花宗溜池	矢部川	本分川	3,289	1952
17	日向神	矢部川	矢部川	27,900	1959
25	合所	筑後川	筑後川	7,660	1990
26	夜明	筑後川	筑後川	4,050	1954
27	藤波	筑後川	巨瀬川	2,950	2009
28	六角川河口堰	六角川	六角川	19,000	1982
32	北川	嘉瀬川	嘉瀬川	22,500	1956
33	嘉瀬川	嘉瀬川	嘉瀬川	71,000	2011
39	中木庭	鹿島川	中川	6,800	2006
48	河内防災	筑後川	安良川	1,195	1971
52	横竹	塩田川	塩田川	4,290	2001
54	矢筈	六角川	六角川	1,390	1993
59	小ヶ倉	本明川	半造川	2,200	1975
84	船津	緑川	緑川	2,495	1970
85	緑川	緑川	緑川	46,000	1970
86	竜門	菊池川	迫間川	42,500	2001
99	深迫	白川	深迫川	1,268	1984
100	天君	緑川	矢形川	1,661	1970
126	松原	筑後川	筑後川	54,600	1972
129	下筌	筑後川	津江川	59,300	1972

図1.18　有明海流域の主要ダム（(財)日本ダム協会「ダム便覧」より作成）

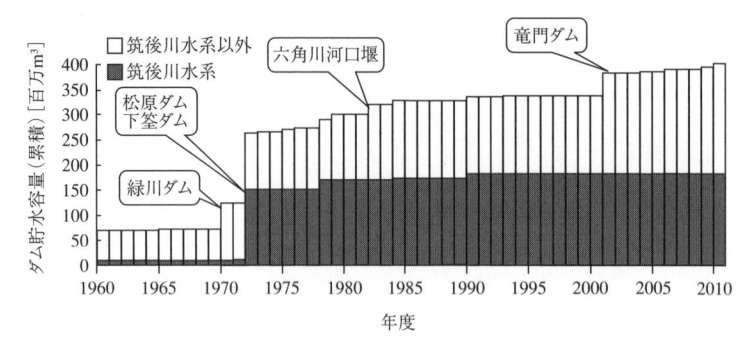

図1.19 有明海流域のダムの累積貯水量（(財)日本ダム協会「ダム年鑑」より作成）

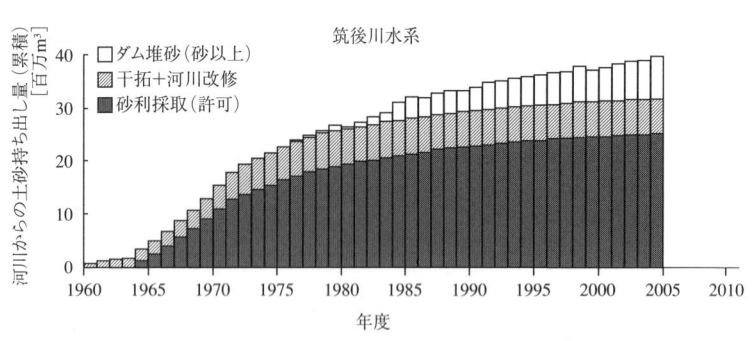

図1.20 筑後川水系の河川からの土砂持ち出し量（環境省[3]より作成）

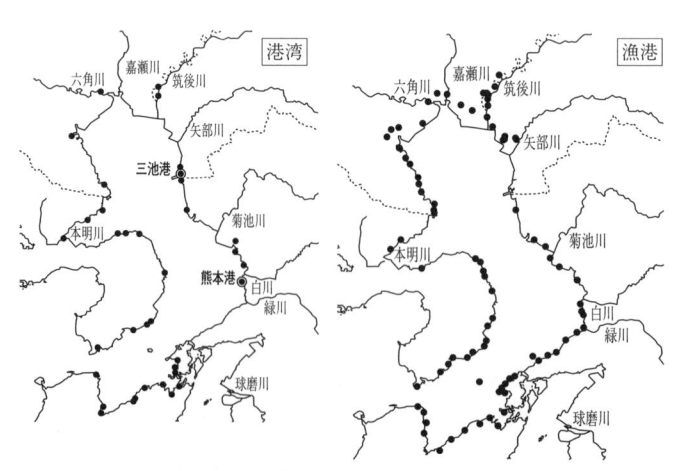

図1.21 有明海の主要な港湾と漁港
（三池港と熊本港は重要港湾，その他は地方港湾．海上保安庁HPより作成）

してきたが，1997年の三池炭鉱閉山により，港湾およびその周辺の地域整備に対する要請も変化してきている．熊本港は，軟弱地盤（層厚40 m）に大きな潮位差という築港には厳しい自然条件にあるが，土木技術の発展と地域の大きな要望により整備され，熊本都市圏の物流・人流の拠点として機能している．1993年には沿岸を埋立て熊本新港として新たに開港した．

全国，三池港および熊本港の港湾取扱量の推移を図1.22に示す．全国の港湾取扱量は1975年以降，増減はあるが，緩やかに増加しているのに対して，三池港では1985年以降は減少傾向にある．三池港の輸出量はわずかであるが，輸入

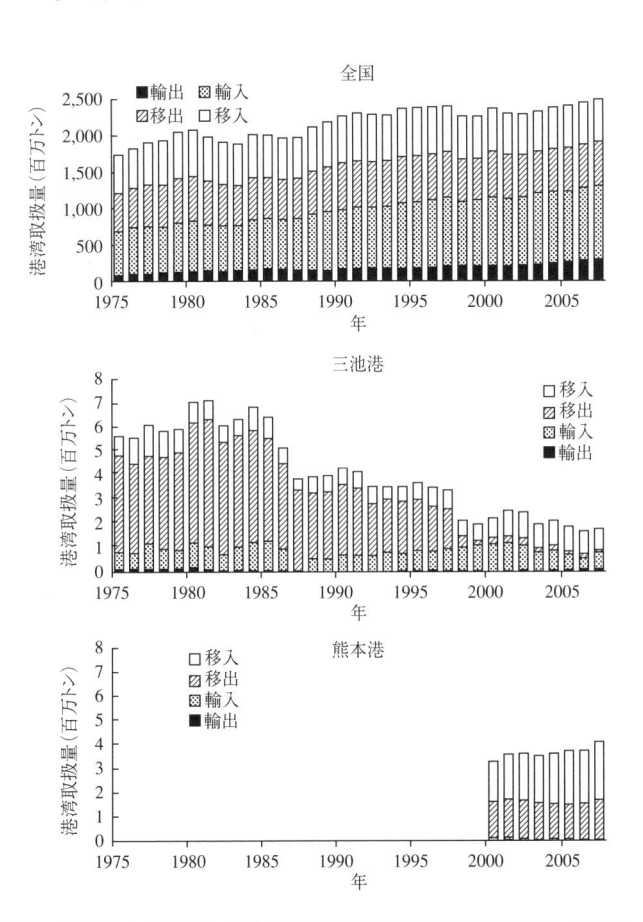

図1.22 全国，三池港および熊本港の港湾取扱量の推移（国土交通省「港湾統計（年報）」より作成）

量は1975年から現在まで百万トン前後で推移している．1975年以降，移出量が大部分を占めていたが，三池炭鉱閉山後の1998年以降は激減し，移入量が移出量を上回り，2000年代の総取扱量は年間2.0百万トン前後である．一方，2000年代の熊本港では輸出入量はわずかであるが，総取扱量は年間3.6百万トンで横ばいあるいは微増している．

1.2.6　沿岸域の構造物

　環境省の自然環境保全基礎調査による有明海の海岸線区分を図1.23（カラー口絵）に示す．自然海岸は人工構築物のない自然の状態を保持している海岸，半自然海岸は海岸（汀線）の一部に人手が加えられているが，潮間帯においては自然の状態を保持している海岸，人工海岸は潮間帯に人工構築物がある海岸，河口部は河川区域の最下流端である．有明海では，湾奥部から東部沿岸にかけての多くは人工海岸になっており，島原半島のほとんどの海岸は半自然海岸になっている．自然海岸は八代海と接する天草の島嶼部や島原半島に点在している．諫早干拓前の諫早湾は半自然海岸であったが，1997年以降は人工の潮受け堤防に改変されている．

　有明海の干潟面積，藻場面積および海岸区分別の海岸線距離の推移を図1.24に示す．有明海の海岸線延長距離は約500 kmあるが，1978年から1996年まで人工海岸の割合は増加傾向にあり，第5回調査（1996～1997年）では自然海岸が17.2％，半自然海岸が24.6％，人工海岸が55.4％になっている．

　第5回調査（1996～1997年）において干潟面積は20,391 ha，藻場面積は1,599 haになっている．有明海の干潟は全国の干潟の41.3％にあたる．第2回調査（1978年）から第4回調査（1989～1991年）にかけて干潟面積は6.1％，藻場面積は20.6％が減少している．環境省[3]によると，干潟・藻場が減少した原因・要因として，海岸線の人工化（なぎさ線の減少），平均潮位の上昇，潮位差の減少（潮汐の長周期変動に伴う自然変動），干拓・埋立て，河川からの土砂供給の減少が指摘されており，環境や生物に与える影響が課題とされている．

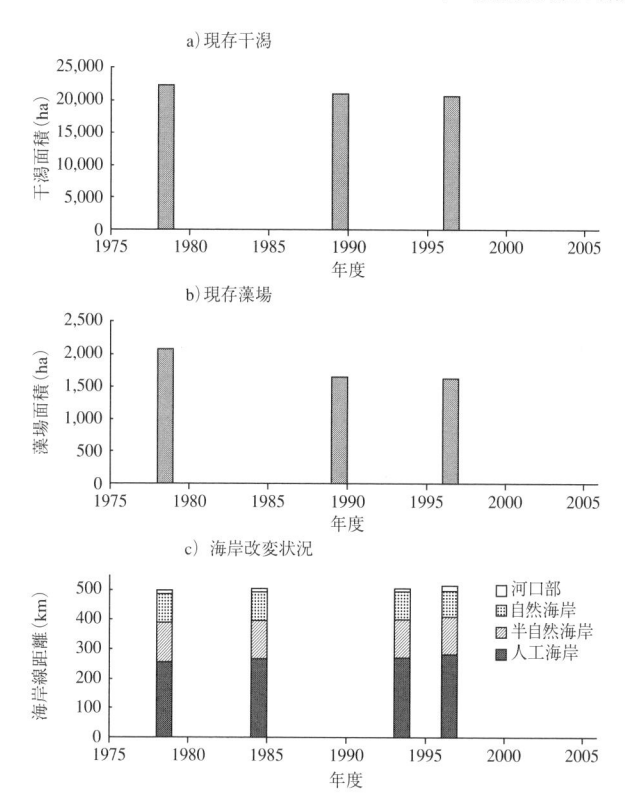

図 1.24　有明海の現存干潟，現存藻場および海岸改変状況の推移（環境省「自然環境保全基礎調査」より作成）
注）干潟・藻場は第2回（1978），第3回（1989〜1991）調査は水深20 mまで，第4回（1996〜1997）調査は水深10 mまでを対象にしている．

1.2.7　海域利用

　有明海は，図 1.25（カラー口絵）に示すように，雲仙・天草国立公園，自然公園，国宝・重要文化財などの保全地域として，また自然景勝地，潮干狩り，観光，海水浴場，マリーナなどの野外教育・レジャーや漁業の場として，多面的な海域利用がなされている．とりわけ湾奥部に形成される広大な干潟は，自然景勝地，ムツゴロウやシオマネキの保全区域として，わが国の他の海域にはない貴重なエリアになっている．潮が引いた干潟ではムツゴロウ，ワラスボ，ウミタケ，アゲマキ（今は絶滅状態）などの有明海特産魚介類の自給的な漁労が

行われ，素朴な漁具・漁法は有明海固有の文化となり，自然と人々の生業が融合している．有明海の高い生物生産性は，豊饒の海，宝の海として周辺地域に計り知れない恩恵を与えてきた．また，水田とクリークが広がる佐賀平野など有明海周辺には，生息地を定めた国の天然記念物に指定されているカササギ（別名カチガラス）の生息地になっており，カササギは佐賀平野の風物詩，佐賀県の県鳥にもなっている．一方，湾口部周辺は潮通しのよさから海水浴場，釣り，マリンスポーツなどの適地が集中している．

現在の有明海では，秋から春にかけて湾奥部や東部沿岸の浅海域の大部分でノリ養殖が行われている（図1.25c，カラー口絵）．湾奥部全域および沿岸域では支柱式，熊本県側の東部沖合では浮流し式が採用されている．有明海沿岸域では半農半漁の世帯が多く，中世以来の単式干拓（湾入部全体を潮受け堤防で締め切る大規模な複式干拓に対して，地先干拓をいう）を基盤として，干拓地－干潟－浅海の生業空間の多様性と，干拓地農業－干潟漁労－浅海漁業の生業システムの連続性が形成されていた[9]．明治以降はカキ，アサリ，サルボウ（モガイ）などの養殖も行われたが，1960年代からはノリ養殖へと特化し，ノリ養殖は地域の基幹産業として発達してきた．機械化が進み高収入が期待できるノリ漁家では，伝統的な干潟漁労・浅海漁業が衰退し，陸（干拓地）と干潟・浅海の関係が希薄になりつつある[9]．

1.2.8　経済環境

環境と経済は密接な関係にあり，環境をよくすることが経済を発展させ，経済の活性化が環境を改善するという「環境と経済の好循環ビジョン（HERB構想）」を環境省が打ち出している．有明海は古来より自然と人が一体となって豊かな生活と文化を育み，環境と経済が自然な形で結びつき，里海としての機能があったと考えられる．里海とは，環境省の定義によると「人間の手で陸域と沿岸域が一体的・総合的に管理されることにより，物質循環機能が適切に維持され，高い生産性と生物多様性の保全が図られるとともに，人々の暮らしや伝統文化と深く関わり，人と自然が共生する沿岸海域」である．環境の保全と利用が両立し，それらの科学的な理解が深まって頑健な環境を創出していると解釈できる．

しかし近年，経済成長が鈍化し，円高と農産物輸入自由化などのマクロ経済の影響はとりわけ一次産業を直撃し，海外から安価な木材や農水産物が入ってきて，その生産基盤である森林や沿岸海洋の管理に十分な手立てがなされていないのが現状である．国内の林業が衰退し，管理放棄林が増えたことによって，森林の生物多様性の低下，保水機能の低下，土石流の発生などはわれわれの生活にも直結している．有明海流域は同規模の内湾の流域と比べて一次産業の占める割合が大きい中，林業，農業，漁業の就業者数の減少と高齢化が進んでいる．したがって，里海の機能を再認識し復活させ，消費者を有明海に関心をもたせることが，有明海再生の第一歩でもある．有明海は高い生産の場であるとともに，高品質のノリをはじめ，ムツゴロウ，ワラスボ，エツ，クチゾコ，ウミタケなどの有明海特産品の宝庫でもある．安全・安心，有明海ブランドなどをアピールして水産物に高付加価値をつけ，余剰資金を環境保全にあて，生物多様性に支えられた高い生物生産力を生み出す好循環が必要だと考えられる．有明海の環境劣化スパイラルに歯止めをかけ，再生スパイラルへ転換していくためには，経済的支援が欠かせないが，漁業者自らの創意工夫も欠かせない．

わが国の主な経済指標を図1.26に示し，経済の動向について概観する．自然環境を貨幣価値に置き換えて評価する環境経済評価の試みもあるが，統計データとして農業総算出額，漁業生産額などがある．製造品出荷額を含めて過去の生産額を比較するときには物価指数を考慮する必要があり，工業製品と農林水産物の物価指数についてみると，1960年代では工業製品は横ばいであるが，農林水産物は上昇している．両者とも1970年代後半に急上昇し，1982年をピークに，その後は緩やかな低下傾向にある．農林水産物の物価指数は1970年から1982年まで2.1倍に上昇し，1982年から2005年まで20％下がっている．わが国の国内総生産（GDP）は1970〜1980年代では毎年約18兆円の伸びを記録したが，1990年代に入って成長は鈍り，現在まで平均して1.4兆円の成長に留まっている．日経平均株価は1980年代に高騰し，バブル絶頂期の1988年に38,915円の最高値をつけたあとは変動しながらも下げ，2003年に7,607円のバブル崩壊後最安値をつけた．その後，回復基調にあったが，2007年に米国のサブプライムローンをきっかけに暴落し，現在まで世界金融危機にいたっている．1970年代に1ドル300円であった為替相場は円高に進み，1990年代には100

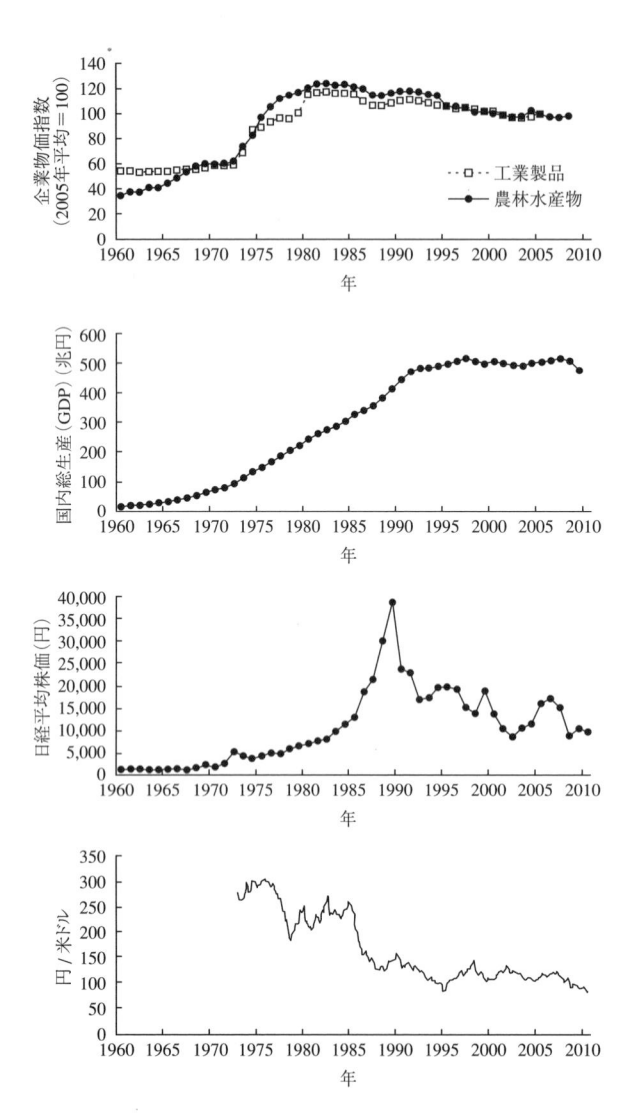

図 1.26 わが国の主な経済指標の推移
a) 日本銀行「企業物価指数」より作成, b) 内閣府「統計情報・調査結果」より作成)

円台超で変動していたが，2009年には100円を下回り，2011年には70円台になっている．

わが国の食料自給率（カロリーベース）は，図1.27に示すように，1960年度では75％あったものが，1970年度では60％，1980年度では53％，1990年度では48％と年々低下し，2000年代は40％で横ばいとなっている．1993年の一時的な低下は記録的な冷夏による米大不作の年に当たる．2008年度の有明4県の自給率は，佐賀県が107％で全国第5位と高く，熊本県61％，長崎県47％，福岡県23％となっている．食料自給率が低いということは，海外から多量の窒素・リンを輸入し，またそれらを生産するための水（バーチャル・ウォーター）も輸入していることになる．輸送に使われる化石燃料はフード・マイレージを高め，温室効果ガスを放出している．輸入された窒素・リンは消費されたあと，河川などを経由し浄化されながらも内湾や湖沼へ到達する．内湾や湖沼では自然浄化能力が発揮されるレベル（環境容量）までは負荷は許容されるが，自然浄化能力を上回る過剰な負荷は水質汚濁を引き起こし，生物環境を悪化させる．貧酸素化はその象徴である．すなわち高い食料自給率は，自国の自然浄化システムだけでは処理できず，やがては内湾や湖沼の環境容量を超える負荷により生物環境や生態系に悪影響を及ぼす構図がある．

〔堀家健司・木村奈保子〕

図1.27　食料自給率（カロリーベース）の推移（農林水産省HPより作成）

1.3 文化・歴史

有明海は沿岸域の人々の生活に多大な影響を与えてきた．有明海に注ぐ多量の河川土砂の堆積と大きな干満差を利用して，人々は干拓によって長い年月をかけて農地を獲得してきた．また，栄養分に富んだ多量の河川が流れ込む有明海ではそこに棲む魚貝類のみならず，外海の魚も遡ってくるので，有明海はよい漁場となった．有明海の恵みを享受することと引き換えに，高潮，堤防の決壊による洪水など，海面よりも低い平地という地形のために必然的に水の脅威に曝されることとなった農民漁民は幾度と無く大水の被害を受けてきた．そのため，有明海沿岸域に住む人々の平穏で豊かなくらしを望む願いから，この地域に独特の様々な信仰や神事が生まれてきた．

1.3.1 干拓の歴史 [10-12]

干拓が記録の上に現れるのは鎌倉時代の末である．一番古い干拓文書は元寇後の1284年（弘安7年）に書かれたもので，熊本県飽託郡天明村の干潟を大慈寺という寺に新田開発をして寄進するというものである．佐賀県では1288年（正応元年）大和町久地井にある高城寺に，現在の佐賀市東南の南里から米納津付近の干潟を寄進するという土地の寄進状が残っている．福岡県では大川市酒見の風浪神社筋にあたる浄土寺の古文書に柳川市付近の荒れ地を寄進したという，1303年（乾元3年）年号の文書がある．

干拓が本格的に行われるようになったのは戦国時代末期頃からである．佐賀市川副町南里の県農業試験場付近が鎌倉時代の海岸線で，それが300年後の戦国時代末期には川副町鹿ノ江まで干拓が進んでいる（図1.28）．この線から現在の海岸線まではほぼ4 kmあり，この間を約350年かかって干拓が行われていたことになる．佐賀藩は1783年（天明3年）に殖産興業を盛んにするため六腑方という役所をおき，その一部局に干拓事業を担当する搦方を設け，新地造成を奨励した．

佐賀平野には古賀，牟田，津などという地名が多い．津は船着場，牟田は二毛作のできない湿田地，古賀が空閑と同じで新開地を指す地名である．古賀の

おこりは，大化の改新（645年）によって班田収受の法が採られ，口分田が割り当てられたときにその対象とならなかった荒地で，排水が悪かったり，灌漑水が不足する土地をいった．だが平安時代に入り，荘園が拡張されると，荒地の開発が進み牟田，古賀は美田として開発され，地名としてそのまま残った．

　干拓地を表す地名として籠（こもり），搦（からみ），開（ひらき）がある．籠も搦も築堤工事から生まれた言葉で，籠は竹かごのこと．竹で編んだ円筒形のかごに土や石をいれ，堤防になるように並べておき，新地をつくったので，その名前がつけられた．搦は，からむという意味で，はじめに堤防の心として松丸太の杭を約1間（1.8 m）の間隔に打ち込み，それに竹材をからみつけて柵をつくり，そのまま数年放置すると，潟土が付着堆積して内部の干潟が上昇し，搦の内部に葦（あし）などが生えてくる．そこで小潮を利用して，板鍬で柵の土寄せを行い，堤防を固める．これが搦で，時代的に籠が古く搦が新しいとされている．籠の地名は鹿島地方に多く残存している．

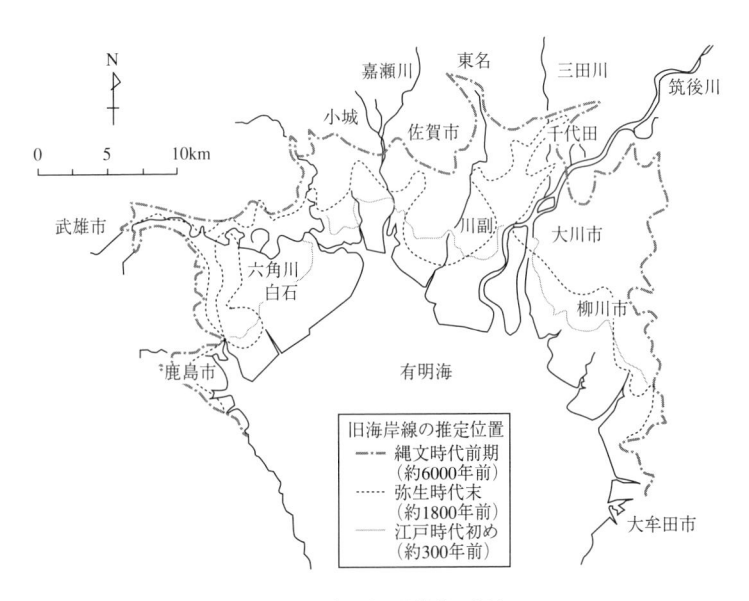

図1.28　有明海の海岸線の変遷

1.3.2 有明海流域圏に伝わる信仰と神事・祭事 [10, 13-17)]

有明海沿岸域の農村漁村ではそれぞれの業が安全で実り多いものになるように祈願する信仰がある．農民は雨乞いや豊作を願う信仰があり，漁民にも海上安全や豊漁を願う信仰があるが，豊漁よりも海上安全を願う信仰が非常に強いことがうかがえる．また，有明海唯一の島，沖の島にまつわる信仰（御髪信仰）や，干拓によって開発した海面よりも土地を水害から守るようにと，海波の平穏と堤防の安全を願う信仰（海童信仰）は，農業や漁業といった業を越えた信仰で，有明海沿岸域の特徴的な信仰としてあげられる．

(1) 琴平（金毘羅）信仰

有明海の漁村で最も多く奉祀され，信仰されているのは琴平（金毘羅）神社である．香川県琴平町の金刀比羅宮（ことひらぐう）を中心とする海上安全の信仰で，コンピラは梵語（サンスクリット，古代インドの文語）クーピラの音訳でワニの意である．仏教では祈雨や遭難の神としているが，日本では海上安全の神として，漁業者や船乗り稼業の人たちに信仰されてきた．有明海沿岸の漁村には琴平神社，金毘羅神社が各地に祀られ，漁民の守護神となっていることが多い（図1.29, 1.30）．

佐賀県杵島郡白石町牛間田区の金毘羅神社の建設記念碑には，「我牛間田区…古来舟運ヲ以テ業トスル者多シ，随ツテ金毘羅ノ神霊ヲ崇拝スルコト一日ニ非ズ，

図1.29　金毘羅大明神石祠（太良町竹崎）　　図1.30　和田津海大神（鹿島市重ノ木）

明治三十八年十月相謀リテ石ヲ刻ミ祠ヲ建テテ之ヲ祭リ，永ク海上航路ノ無難ト平安トヲ祈願シタリ」とあり，同じ白石町深浦の琴平神社の明治28年建立の石鳥居には，「願主大字深浦・坂田漁業者中」，福富の金毘羅社の明治33年建立の石鳥居には，「神幸丸吉原増太郎，同吉原五左衛門，住寿丸森〇龍助」とあって，琴平神社の奉祀と信仰の由来を知ることができる．

琴平神社の信仰として特殊なものは流し木である．一升入りの酒樽に酒をつめ，自分の名前や住所を書いて流していた．海上でこの酒樽を拾ったら，その酒樽を持って帰って飲み，再び酒をつめて海上に流す．これを繰返して四国の金毘羅さんに奉納するならわしがあった．最近では酒樽の代わりにタカッポ（竹筒）に酒を入れて流す者もいる．

(2) 船霊

船の守護神で，船の竣工のとき船大工が帆柱をたてるところの堅木に穴をあけて納めた．神体は有明海沿岸では色紙に女の髪毛を包んで雛人形の形にしたもの．さいころや十二文銭（あるいは一円のアルミ硬貨）が多い．船霊に関する伝承は各地で多少子異なるが，古くは潮見表や天気予報など科学的なものがなかったため，船霊信仰は漁師の務めとして，厳しくいわれていた．

船霊は，船たで（船底を焼いて舟虫を殺し，貝殻などを除く作業）のときには陸に上がると考えられていた船が沖にいるとき，虫が鳴くような音をたてることがあり，これを船霊さんが勇むとか鳴かすといい，天候や漁の運命を知らせるのもだと解されていた．昔は「船霊さんが聞こえぬようでは船乗りをやめろ」とまでいわれていたが，現在動力船になって船霊信仰は急激に衰えている．

有明海沿岸では船霊さんを二人とか夫婦とする伝承もあるが，川副町では「兄は船大工，妹は嫁入り後死んだら海蛇であった」というようなところもある．昔は船に女を一人乗せることをきらったが，これは船霊にかって選ばれた女性が仕え，いつのまにか船霊そのもののように考えられるようになったためといわれている．また，女を乗せるときは，船霊を祀る中心部を避け，船のへさきに乗せたといわれる．船で炊事をする場合は，最初のメシを船霊に供えるが，メシ盛りはシャモジをかえさないで，釜のふたに二つ供える．しゃもじを裏返しにしないのは，船がかえらないようにという縁起をかつぎ，メシを二つ供えるのは，船霊が夫婦であるためだといわれる．

現在，船霊信仰は下火になって，ただ神社のお札を貼り付けただけの船も多いが，正月は餅を供え祭るところが多い．

(3) 御髪信仰

有明海沿岸一帯には，他に見ることができない特色のある御髪信仰があり，御髪神社または沖髪神社ときざまれた石祠がいたるところにまつられている（図1.31）．御髪は有明海ただ一つの島である沖の島の祭神で，一般には「オンガミサン」や「オシマサン」と呼ばれている．沖の島は満潮時には水没して干潮時に出現する岩礁の島である．各地にある石祠は沖の島の御髪神の分霊である．

御髪信仰は沖の島が祭神であるので，古くは航海神，水神として漁家の信仰が中心であったが，水を必要とする農業人の性格も合わせもつようになり，後に干拓地が造成されると潮害などの恐れもあるために風浪神としての性格をも加わって，複雑な信仰形態をもつようになった．

沖の島については，鹿島四代藩主鍋島直条の記した鹿島志に「浜津の東海上七里余に小島あり，御髪と称す．…俗伝に，昔神あり，其の髪を剃りて之を海中に投ず．留りて島となる．因て之を名づく．」とあり，沖の島を御髪と称する理由が述べられている．オシマサンと称されることについては，「昔，お島という娘が老人と二人で暮らしていた．或る年日照りで農民が困っているのを見て，お島は神に雨乞いの願をかけ，身を有明海に投じた．その後間もなく，お島は死体となって沖の島で発見された．このお島の願が叶えられて慈雨が降り，豊作となったので，お島を豊作の神として祭り，お島が流れついて沖の島をお島に因んでオシマサンと呼ぶようになった．」と伝えられている．

沖の島詣りは，旧暦7月15日の夕方から16日の朝にかけての干潮時に沖の島に上陸し参詣する行事で，「お島参り」とも呼ばれる．各地から旗や幟を立てた船がこの島に

図1.31 御髪大明神と八大竜王の石碑（鹿島市重の木）

図1.32 沖ノ島参り

集まり，笛・鉦・太鼓の浮立を奉納している（図1.32）．この祭りは豊作祈願といわれ，沿岸から遠く離れた農村から参加しているもの多い．また，旱魃の際には雨乞い祈願に浮立を催して沖ノ島参りをする慣習がある．大旱魃の際は佐賀市金立町の金立神社の神輿がはるばるお降りになって，諸富町から船出して沖の島参りを挙行される．とにかく，この沖の島の御髪大明神は後世豊作の神，雨乞いの神として広く信仰さるに至っていることが知られ，漁業者や有明海沿岸居住者との直接的関係は見出しにくくなっている．しかし，「鹿島志」には「佐嘉本庄より島原諫早に赴く船，此の島を認めて以て海路の標準となす」と記されているばかりではなく，御神大明神が有明海沿岸に限って奉祀されていることなどから考えて，古くは，有明海沿岸の漁業者や船乗り稼業の人々に神聖視され，信仰の対象となっていた島であろうと考えられている．

(4) 竜王・海童信仰

有明海沿岸低平地は海面との高低差がなく，大雨暴風時に堤防が決壊すると，古来幾度となく沿岸の住民は大きな被害を受け，海波の平穏と堤防の安全を祈念する心情は計り知れないものがある．有明海沿岸の漁村には豊玉彦，豊玉姫，錦津見神を祭神とする竜王神社や海童神社が多く存在する．これらはともに海の神で，漁村が海岸近くにあって，堤防の安全や海波が荒れないことを祈って祀られたものであり，漁業，農業関係者の職種を越えた信仰を集めている（図1.33，1.34）．

佐賀市川副町の海童神社の由来に,「元来此海上至つて怒涛烈しく,屢々土居崩潰し,ややもすれば田地白潟と相成り,当地は勿論,近傍郷村之水害暫も不耐段申上候処,憫然の至りに思召,代官成富甲斐守大蔵信種に申付,潮土居堅固,郷村水難転除のため」にこの海神である錦津見神を祭神とする海童神社を建立した,と誌されている.白石町福富の龍神社の1803年（享和3年）建立の石鳥居銘には「龍王祠神門並序,天明卯之歳,官置六腑省……伏願,頼神霊之徳,堤防鎮無決塞患…」とあり,龍王神社や海童神社の建立やその信仰が海波の平安と堤防の安全を祈念するものであることが知られる.

(5) 豊漁祈願

海路の無事や海波の静穏・堤防安全などの祈願の熱烈なのに比べて,豊漁を祈願するという面は,信仰や祭りの面から見ると著しく消極的である.

太良町の海岸に大魚神社がある（図1.35）.この太良の地は古くから海産物が多く漁業の盛んなところである.この大魚神社の建立の石鳥居には,豊漁祈願に関することは何も記されていない.しかし,この太良の漁業の歴史や大魚神社にまつわる伝説さらには大魚という社名などから,この神社は豊漁を感謝し祈願した有明海沿岸の数少ない神社の一つと考えられている.

太良町竹崎にある竹崎観音では流れ灌頂が行われる.数十隻の漁船集団が大漁旗を風になびかせながら沖合いを回る海上パレードが行われる.船上では太鼓,ドラ,ほら貝を鳴らし,お経を唱えながら「身体安全,漁業繁昌」と書いた「塔婆」を海上に流し,先祖や魚貝類の霊を弔い,豊漁を祈願する（図1.36）.

1.3.3 神事・祭事に関わる伝統芸能 [10, 15]

神事や祭事に奉納される芸能は人々がくらす農山漁村から生まれ,それらは信仰と深いつながりをもっている.干拓によって農地開拓を行ってきた沿岸部の農漁村やその背後に隣接する農村でも,浮立などの芸能がその土地の風習や世情の影響を受け変化しながら伝承されてきている.伝統的な芸能には,神事や祭事と深い関わりをもつものや人々の日々のくらしをモチーフにしたレクリエーションとしてのものがある.有明海沿岸域の農業や漁業にかかわる神事と関係の深い代表的な伝統芸能には,以下のものがあげられる.

1章　有明海流域圏の自然と文化　*31*

図1.33　竜王社（川副町大詫間）

図1.34　八大竜王石祠（太良町竹崎）

図1.35　大魚神社（太良町多良）

図1.36　流れ灌頂法要（太良町竹崎）

(1) 浮立

　面浮立は浮立の中でももっとも代表的なものとして知られ，佐賀市から西の方，特に鹿島市や藤津郡の有明海沿岸地方に多く残っている．面浮立の面で，角があり口を塞いでいるのが男面．角があり，舌を出しているのが女面．この男女面は陰，陽を現しているといわれている．面浮立の起源は戦国時代で，肥前に攻め込んできた中国の大内軍を，佐賀にいた竜造寺軍が鬼の面をかぶって襲い，これを破ったなど戦いの歴史に関係する説や，雨乞いや悪病退散を目的に発生した芸能とする説がある（図1.37）．

　鐘浮立は同じ大きさの鉦を打つものと，大きさの違った鉦を打つものとで，その内容が異なる．同じ大きさの鉦を打ち鳴らす鐘浮立は音楽的には優れた浮立とはいえない．この種の浮立は，衣装が美しく，踊りとして天衝（てんつき）舞いなどを伴って，鐘浮立は伴奏の役をつとめる．したがってこの浮立は「見る浮立」ということができる．大きさの異なる鉦を打つ浮立は，それぞれの鉦の音色が違っているので極めて音楽的であり，この浮立は「聞く浮立」ということができる．鐘浮立の歴史や起源ははっきりわかっていない．佐賀市鍋島町蛎久の鐘浮立は，千数百年前に竜樹菩薩像が流れ着いたのを祀って始められたものと伝えられているが，全国的な浮立の発生から考えて，鎌倉時代の末頃と見られている．一般に伝承される由緒は，人柱を慰めるためとか，干拓堤防を

図1.37　面浮立

補修するとき士気を鼓舞したためとかいわれている．

　太鼓浮立は別名「皮浮立」，「一声浮立」ともいわれる．太鼓浮立はその名の示すように，演奏楽器が太鼓が主で，もりゃーし（締太鼓），鼓，大胴（大皮），大太鼓とだいたい4種類の太鼓で構成され，他には笛が入る．太鼓浮立は鐘浮立に較べ，リズミカルなテンポの速い囃子で，昔は虫追い行事などにも演じられていたことがある．太鼓浮立の歴史は鎌倉時代の能楽と密接な関係があり，特に段物といって，船弁慶とか猩々（しょうじょう）といったもの演奏することを，一声浮立という．

　鐘浮立とか太鼓浮立は音楽だけのものだが，これを伴奏として踊る浮立を舞い浮立とか踊り浮立と呼んでいる．舞い浮立と踊り浮立は，特別に区別されておらず，楽器や伴奏はほとんど同じで踊る所作からこれを区別することはできない．踊り浮立は佐賀県の東部を除く各地に分布している．その中で特徴的なものは，嬉野市吉田に伝承されている小浮立（こぶりゅう）がある．これは神事芸能として所作をよく残しており，踊り浮立の中ではもっとも舞踊的要素が濃い．そのため1978年（昭和53年）3月，県の重要無形文化財に指定されている．

(2)　御田舞い

　御田舞いは早乙女が実際に田を植える姿をまねして，苗によく魂がつき，田植えが順調にいくようにという一つの祈りが芸能化したものである．佐賀県では神埼市神崎町の仁比山神社と鳥栖市籠町の四阿屋（あずまや）神社に残っており，ともに佐賀県の重要無形文化財に指定されている．四阿屋神社は毎年1回おこなわれるが，仁比山神社は12年に1度の申（さる）年に行われている．御田舞いは神社の境内および部落の定められたところに舞台が造られ，祭典にともなう神事芸能として奉納される．御田舞いは神社の祭礼として，実際の田植えより2ヶ月も早く行われる．それは，冬の間，山に籠っていた山の神が，春には山を下って田の神になるという信仰があり，この祭りをすることによって神の目を醒まさすのと，もう一つは，予祝（よしゅく）といって，予め田植えが順調に進み，稔りが約束されるような行事を行うことによって，現実もそのめでたさと同じようなものを招き寄せられるという素朴な信仰から生まれているためである．

(3) 天衝舞い（てんつくまい）

　天衝舞いは佐賀市周辺を中心に伝承されている芸能で，玄蕃一流浮立，天月舞い，天竺舞いなどと，種々の呼び名がある（図1.38）．この舞いは踊り浮立の一つである．天衝という文字などからもともとは雨乞いの踊りでなかったかと考えられている．踊り手は長さ1.3 mくらいの水牛の角をおもわせるような天衝を頭につけ，飛び跳ねるような動作をしながら踊り太鼓を打つ．万一太鼓を打ち損じたら切腹するという意味で，腰には短刀とゴザをさげている．また，顔を白布で覆い，汚らわしい息が神様にかからいないように心遣いがなされている．天衝舞いを玄蕃（げんば）一流の浮立というのは，佐賀市神野町の堀江神社の祠官山本玄蕃がこの踊りを生み出したためといわれている．堀江神社の社記によると1556年（弘治2年），山本玄蕃は当時47歳であり，大もりゃーし20，小もりゃーし27，合わせて47というのが最初の楽器編成で，日鉾（長柄傘）も女性の帯をもって飾った素朴なものであった．現在天衝舞いが行われているところは佐賀市上多布施町や富士町，川副町など，佐賀市や旧佐賀郡付近に多く，毎年地区の神社に豊漁豊作を感謝，祈願して奉納されている．この中でも富士町の天衝舞いは神事芸能としての古式をよく留めているため，1965年（昭和40年）に佐賀県重要無形文化財に指定されている．　　　（末次大輔）

図1.38　天衝舞い

文　献

1) 山下敏彦，藤本直也：筑後川の水利用—その歴史と展望—，農土誌，55（7），49-54（1987）．
2) 佐賀県：佐賀県土地改良史．
3) 環境省：有明海・八代海総合調査評価委員会　委員会報告書，2006．
4) 佐賀県：佐賀の干拓，1994．
5) 熊本県：熊本県の干拓，1971．
6) 喜多輝昭：地域にねざした海岸づくり，海岸，43（1），13-16（2003）．
7) 滝川清，古川憲治，鈴木敦巳，大本照憲："有明海の白川・緑川河口域における干潟環境特性とその評価に関する研究"，海岸工学論文集，土木学会，46（2），1121-1125（1999）．
8) 松岡敷充：堆積物からみた中長期的環境変遷：渦鞭毛藻シスト群集に残された有明海湾奥部環境の中長期的変遷，有明海の環境変化が漁業資源に及ぼす影響に関する総合研究，平成13年度～平成17年度科学研究費補助金（基礎研究S）研究成果報告書，pp.65-93，2006．
9) 五十嵐　勉：海面干拓の展開過程と複合的生業の持続可能性，佐賀大学有明海総合研究プロジェクト成果報告集，第1巻，pp.169-172，2005．
10) 福岡　博：佐賀豆百科，(株)金華堂，pp.61-132，pp.161-198，1956．
11) 下山正一，松本直久，湯村弘志，竹村恵二，岩尾雄四郎，三浦哲彦，陶野郁雄：有明海北岸低地の第四系，九州大学理学部研究報告，地球惑星科学，18（2），103-129（1994）．
12) 下山正一：有明海の地史と特産種の成立，有明海の生き物たち～干潟・河口域の生物多様性～（佐藤正典編），海遊舎，pp.37-48，2000．
13) 佐賀県教育委員会：有明海の漁撈習俗，佐賀県文化財調査報告書第十一集，pp.115-129，1962．
14) 文化庁文化財保護部編：有明海の漁撈習俗，民俗資料叢書15，平凡社，p.24，1972．
15) 高木正人：有明海，福博印刷(株)，pp.20-23，1979．
16) 小城市役所商工観光課：小城市観光ガイドブック．
17) 太良町役場企画商工課，太良町観光協会，太良町商工会：太良町観光ガイド．

2章　有明海の環境と水産業

2.1　わが国の閉鎖性海域と有明海

　有明海は，福岡・熊本・長崎・佐賀の4県に囲まれ，九州西部に南から深く入り込んだ大きな内湾であり，その規模では東京湾・伊勢湾・大阪湾などにも匹敵する．胃袋型に湾曲した形状をもつこの湾は，湾軸の延長96 km，平均幅18 km，水面積は約17万haの水面を有するが，平均水深は約20 mに過ぎない．有明海は，早崎瀬戸で東シナ海（天草灘）とつながっているほか，天草諸島の本渡瀬戸，柳ノ瀬戸，三角ノ瀬戸によって八代海（不知火海）にも通じている．他海域との連絡部の幅は早崎瀬戸，本渡瀬戸，柳ノ瀬戸，三角ノ瀬戸それぞれ5 km，200 m，1.5 km，300 m程であり，潮汐に伴って出入りする海水の99.5％以上は早崎瀬戸を通過している（図2.1）．

　有明海では海水交換におよそ54日要し，さらに基本的に潮汐残差流が反時計回りであるため，東岸沿いから湾奥にかけて物質が移動・堆積する傾向にある[1]．

　海底地形は湾口部の早崎瀬戸に水深110～135 mの海釜が存在し，春秋の大潮時には5.5～6.0ノットにも達する潮流が生じる．湾中央部の島原半島東部沖には−30～−40 mの広い平坦な堆積面や浸食面をなす．ここは有明海の海成沖積層をなす有明粘土層の基底にある埋没谷が露出した部分で，島原海湾層とよばれる中砂・粗砂・細礫からなる砂礫層が分布する．湾奥部には南北に伸びた大きな海底砂洲が発達し，その間は溝状の海底水道となっている．

　有明海の大きな特徴は干満差が大きいことであり，大潮時の潮位差は湾口の早崎瀬戸で3～4 m，湾奥ほどさらに大きく佐賀県側では5 m近くとなる．この潮位差の原因は，太平洋を東から西に伝播する潮汐波が東シナ海に入ると水深が浅くなるため波高を増すこと，湾口部から伝播した波が湾奥部まで達し，再び湾口部まで帰ってくる周期（約11時間）と1日2回の干満を引き起こす半日潮の周期（約12時間）が近いためといわれる．潮流は，島原半島の南端と天草

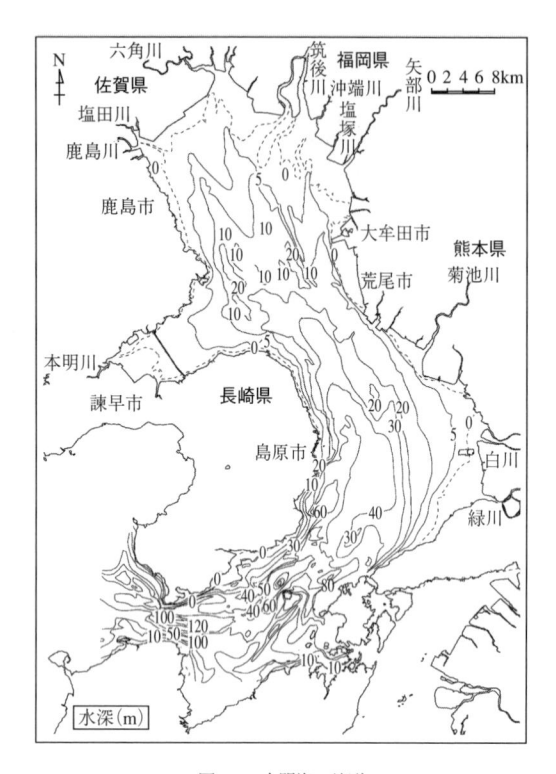

図2.1 有明海の地形

下島の間の早崎瀬戸では約 7〜8 ノットであり，奥ほど弱くなるものの，大きな潮位差や河川での入退潮によって比較的速い．早崎瀬戸から流入した海水は，天草下島・大矢野島をかすめて島原半島沿いに北上，筑後川河口部まで遡り，さらに引き潮に乗って佐賀県の沿岸に南下し，一部は諫早湾に流入しながら島原半島沿岸に沿って早崎瀬戸へ戻る．このような流況は，流域の各河川から運び込まれた土砂の沈澱堆積を場所によって異にし，熊本沿岸では荒尾市まで砂分，大牟田市から佐賀県太良までの沿岸と諫早湾の湾奥部には泥分（シルト・粘土）が多いといった干潟の地域差を形成している．

このような潮汐の入退潮と河川水流入の海域特性から，有明海奥部や熊本沖では汽水性の海域が広範囲にわたって広がる特異な環境となっており，ムツゴロウ・オオシャミセンガイ・ワラスボ・エツ・アリアケシラウオなどのみられる固

有の生物相が育まれている．また，これらの干潟生物を餌とする渡り鳥の飛来地としても重要な場となっている．

　有明海域の干潟は，河川からの大量の流入土砂と，わが国最大の大潮位差およびこれに伴う強い潮流との相互作用によって形成され，その結果，他の海域と違って微細粒子の潟泥が浅い岸側に堆積しており，深い水深の島原半島沿いには荒い粒子の砂礫が堆積する．干潟面積はわが国最大の約 18,840 ha もあり，湾奥の北部から諫早湾にかけての泥質干潟と，大牟田から熊本，宇土半島へと東海岸に沿って砂泥質の干潟が広がる．諫早湾の干潟面積は約 2,900 ha で有明海全体の水面積の約 1.7％となっている．干潟の地形は，日常の潮汐変動に伴う浮泥の流動によっても変化するが，高潮や高波浪の異常海象時や，洪水時の河川からの大出水よる土砂流入に伴う地形変化が顕著である[2]．この干潟の干拓については 1 章 1.2.3 節を参照されたい．

　日本全国の全 88 海域における自然海岸，半自然海岸，人工海岸，河口部で分類された海岸線の構成比をみると，全国平均は，自然海岸 53.09％，半自然海岸 12.97％，人工海岸 32.99％，河口部 0.95％である[3]．有明海は海岸線総延長約 514 km のうち，自然海岸 17.24％，半自然海岸 24.59％，人工海岸 55.39％，河口部 2.78％となっており，自然海岸の構成比が全 88 海域中 82 位と全国平均と比べても人工化が進んでいるのがわかる[4]．このように，人工化が進んだ有明海の海岸線には干潟はあるものの，なぎさ線は河口部に存在するだけで，それ以外の場所では殆んど姿を消している．これらのことから，本来生物多様性が高く，高い浄化機能を有するなぎさ線の消失は，有明海の環境悪化に影響を及ぼしている要因の一つと考えられている．

　有明海の平均水深は約 20 m であるが，近年の水深分布は，水深 0〜5 m と水深 40 m 以深の面積が減少する一方で，水深 10〜30 m の面積が増えており水深の平均化が進んでいる[5]．

　干潟域を中心にノリ養殖が盛んに行われてきたが，その作付け面積は，1963 年を境に急激に増加した．このことは，この時期を境にノリ成長のための栄養塩類の十分な供給が持続していることを意味する．また同時に，広大な面積へのノリ網の設置は湾奥部での流速が弱まり海水が停留しやすくなるなど，潮流や浮泥輸送への影響が指摘されている[6,7]．

有明海および八代海と，わが国の主な閉鎖性海域の概況を表2.1[8]に示す．水域面積をみると，有明海は1,700 km^{2}で陸奥湾と，八代海は1,200 km^{2}で東京湾と同程度の規模である．平均水深をみると，有明海・八代海は20～22 mであり，その他の海域がほとんど30～45 mであることに比べ比較的浅い海域であることがわかる．また，閉鎖度指数は，八代海が最も高い32.49，次いで有明海が12.89であり，その他の海域と比べ数倍以上を示している．干潟面積は，有明海が東京湾の10倍以上の18,840 ha，八代海が伊勢湾の約3倍の4,082 haを占めており，他の海域には見られない広大な干潟が現存している．また，海域の容体積に対する河川からの流入水量の割合に閉鎖度指数を乗じて，これを河川流入水負荷率と定義すると，有明海が3.09，八代海が5.51で，他の内湾の数倍から数十倍となっており，河川からの流入負荷の影響を大きく受けやすい海域であることがわかる．

以上より，有明海・八代海はその他の閉鎖性海域に比べ，水深が浅く閉鎖度指数が高い海域であり，干潟の占める面積が広い．また，他海域よりも流域からの河川流入水の影響が大きいことなどが特徴である．　　　　　　（滝川　清）

表2.2　日本の主な内湾（閉鎖性海域）の諸元[8]

項目	有明海	八代海	東京湾	大阪湾	伊勢湾	陸奥湾	瀬戸内海
水域面積(km^2)	1,700	1,200	1,380	1,447	2,342	1,700	21,827
容積(km^3)：①	34.0	22.3	62.0	44	39.4	64.6	882
平均水深(m)	20.0	22.2	45	30	17	38	38
湾口幅(km)	4.5	1.3	20.9	—	34.7	14	130.3
閉鎖度指数：②	12.89	32.19	1.78	1.13	1.52	2.92	1.13
干潟面積(ha)	18,840	4,182	1,733	78	2,900.9	—	1,171.02
藻場面積(ha)	1,599	1,141	1,427	109	2,278.2	—	10,885.5
一級河川の流入水量 (10^{6}m^3/年)：③	5,153	3,784	6,368	9,474	22,742.75	一級河川なし	44,000
流域面積(km^2)：	8,420	3,409	7,597	5,766	16,191	2,500	67,223
流域内人口 (千人)	3,373	504	26,296	15,335	10,516	400	35,258
流域内人口密度 (千人/km^2)：a/b	2.0	0.4	19.1	10.3	4.5	0.24	1.61
河川水流入負荷率 (③/①)×②	3.09	5.51	0.18	0.24	0.88	—	0.06

2.2 潮汐振幅の変化

2.2.1 有明海で日本一の潮差が生じる理由

有明海では日本一の潮差が生じ，それに伴う大きな潮流流速や広大な干潟はこの海域の高い生産性に深く関っていると考えられる．有明海で大きな潮差が生じる主な理由は，東京湾や伊勢湾など他の内湾に比べて湾の固有周期が大きく，半日周期の潮汐が増幅されやすいためである（表2.2）．ここで，湾の固有周期 T は湾の奥行き l と平均水深 h から以下の式を用いて近似的に計算することができる．

$$T = \frac{4l}{\sqrt{gh}} \tag{1}$$

式中の g は重力加速度である．この式は水深が一様な矩形湾の理論式であり，メリアン式と呼ばれる．現実の湾の形状を厳密に考慮しているわけではないが湾の特性を示す式としてよく用いられる．この式から有明海では湾奥部の干拓が進み湾の奥行きが短くなると固有周期が短くなり，増幅作用も小さくなると考えられる．

特に，諫早湾干拓事業による半日周期の潮汐運動の変化に関して多くの研究が行われている[9]．ここでは，半日周期の潮汐の中で有明海において最も振幅の大きい M_2 潮（周期：12時間25分）に注目して，その変化と要因について現在までに得られている知見を述べる．

表2.2 わが国の主な内湾の奥行き，平均水深とメリアン式（式1）から算出された固有周期

わが国の主な内湾	奥行き(km)	平均水深(m)	固有周期(時間)
東京湾	60	15	5.5
伊勢湾	60	20	4.8
鹿児島湾	70	80	2.8
八代海	70	15	6.4
有明海	87	20	6.9

2.2.2 潮汐振幅の長期変化とその要因

潮位観測は各地の検潮所で古くから継続して実施されており，その観測結果

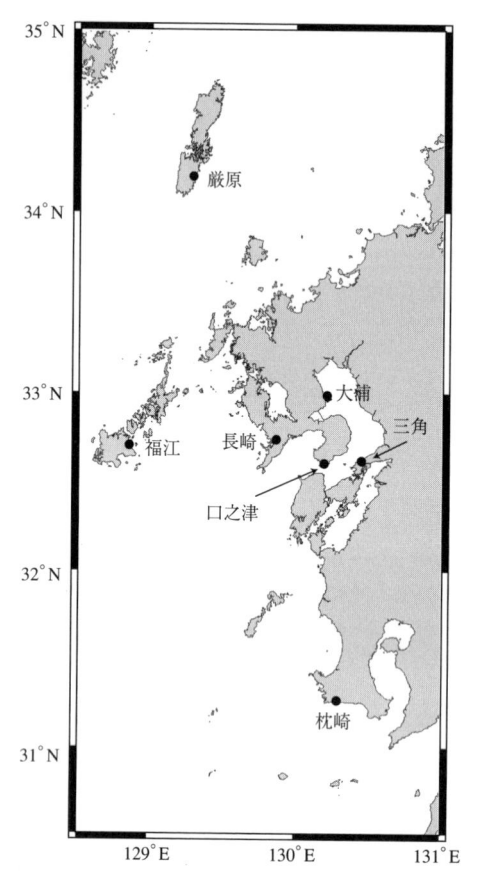

図2.2 有明海周辺の験潮所の位置

は長期的な有明海の水環境の変化を考える際の非常に貴重なデータとなっている．有明海内とその周辺の主な検潮所の位置を図2.2に示す．M_2潮振幅は，これらの検潮所で観測されている潮位データを調和分解することで算出することができる．

M_2潮振幅の経年変化を図2.3に示す[2]．ここで，実線はM_2潮振幅a_{M_2}を示し，破線は月の18.6年周期の昇交点運動の影響を表す係数fを含んだM_2潮振幅$f_{M_2} \times a_{M_2}$である．実際に現地で生じているのは，この係数fを含んだM_2潮振幅である．まず，図から有明海内（大浦，三角）では，外海（枕崎，厳原）に

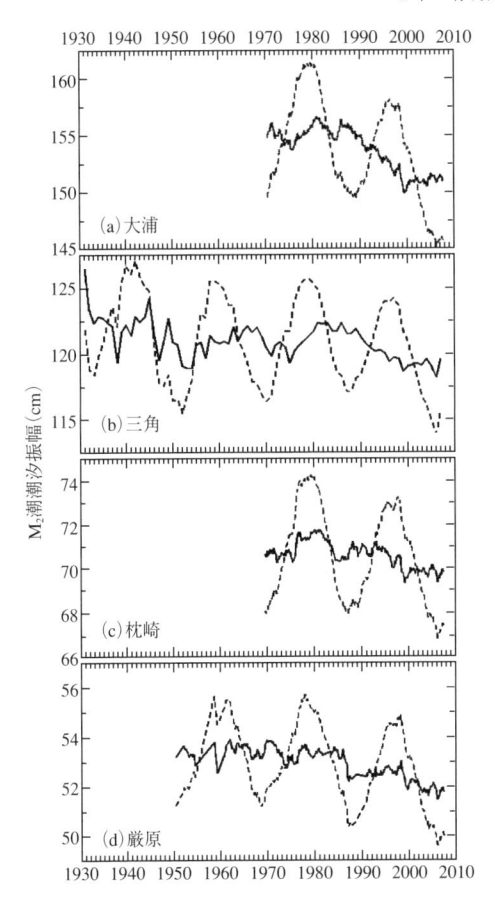

図2.3 M_2潮振幅 a_{M_2} の経年変化．実線：振幅，破線：$f_{M_2} \times a_{M_2}$ [10]

比べて M_2 潮振幅が大きくなっていることがわかる．これは，上述した増幅作用によるものと考えられる．また，全地点で1980年代ごろから振幅 a_{M_2} が減少傾向で，2000年代には解析期間中で最小の値となっている．なお，この傾向は北大西洋に位置するハリファクスでも同様であり[11]，全球規模で生じている．

次に，有明海内の M_2 潮振幅が変化する主な要因として，(1) 海岸線の変化による固有周期の変化，(2) 平均潮位の上昇，(3) 外海の振幅の変化，が考えられる[12]．田井ら[10] は数値シミュレーションを用いて，20世紀中の海岸線の変化による M_2 潮振幅の変化について解析を行った．その結果，表2.3に示すように，

湾奥の干拓が進むと固有周期が減少し，湾口（口之津）に対する湾奥（大浦）の潮汐振幅の増幅率は減少していくことが示された．一方，湾口の振幅は干拓の進行により増加していくため，実際の湾奥の振幅の減少率は，湾口に対する湾奥の振幅の増幅率の減少率ほど大きくはない．また，数値シミュレーションでは海岸線の変化のみでは図2.3(b)で示された実際の減少量（1930年代から2000年代で約3.5 cmの減少）をほとんど再現できなかったことから，20世紀中に生じた有明海内のM_2潮振幅の減少の主たる要因は，外海のM_2潮振幅の減少であることが明らかとなった．

表2.3 各年代の海岸線を再現して実施した数値シミュレーションによるM_2潮振幅の計算結果（cm）
（括弧内は口之津に対する増幅率を示し，境界条件として外海に与えたM_2潮振幅は全ケースである）[10]

年代	口之津	三角	大浦
1900年代	98.6	119.1(1.208)	154.9(1.572)
1960年代	99.6	119.1(1.196)	154.9(1.555)
1980年代	100.0	118.7(1.186)	153.6(1.534)
2000年代	100.5	118.4(1.178)	152.1(1.513)

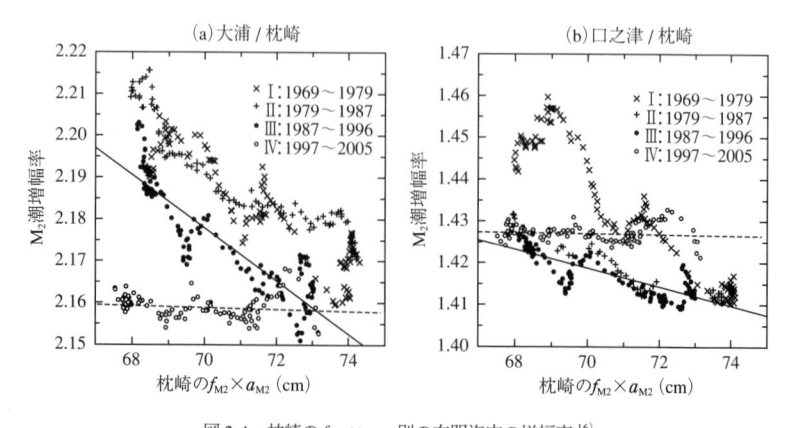

図2.4 枕崎の$f_{M2} \times a_{M2}$別の有明海内の増幅率 [16]

2.2.3 諫早湾干拓事業による潮汐の変化

諫早湾干拓事業による潮汐の変化は，湾口の口之津に対する湾奥の大浦の増幅率の変化を中心に研究が進められてきた[9]．一方，千葉・武本[13]や藤原ら[14]により，諫早湾干拓事業により口之津の潮汐振幅は増加したことが示されている．これは，口之津を基準とした増幅率の単純な比較では締め切りの影響の定量的な評価は困難であることを示している（例えば，湾奥の潮汐振幅が変化していなくても，湾口の振幅が増加していれば，増幅率は減少することになる）．そのため，諫早湾干拓事業の潮汐への影響を適切に評価するためには，外海を基準とした増幅率の変化を比較する必要がある．その際，安田[15]により，外海を基準とした場合の有明海の増幅率は外海の潮汐振幅に依存することが示されているため，この特性を考慮して堤防締切りの影響を評価する．

図2.4に外海を基準とした有明海内のM_2潮増幅率を，月の昇交点運動による18.6年周期変動の増減期別に4つの期間に分けて，枕崎の$f_{M2} \times a_{M2}$に対してプロットした結果を示す[16]．このうち，後半の2つの期間をそれぞれ締め切り前（III，黒丸）と締め切り後（IV，白丸）としてM_2潮増幅率の比較を行う．変動の傾向を調べるために，締め切り前後に対するM_2潮増幅率の回帰直線をそれぞれ実線と破線で示している．まず，枕崎のM_2潮振幅が期間中で最大となる時は，大浦では締め切り前後でM_2潮増幅率に明瞭な差が見られないのに対し，口之津では締め切り後が大きかった．一方，枕崎や長崎のM_2潮振幅が最小となる時は，大浦では締め切り後にM_2潮増幅率が小さくなったのに対し，口之津ではほぼ等しかった．また，回帰直線の傾きは，締め切り後が両地点で共に緩やかになっており，堤防締め切りが有明海内の非線形効果を抑制したことが推察される．

以上より，諫早湾干拓事業が潮汐に与えた影響は，外海の潮汐波の振幅の大きさにより変化し，時空間的に特性が異なることが明らかとなった．

〔小松利光・田井　明〕

2.3 潮流の変化

2.3.1 流動構造に関する研究

有明海の潮流に関する広域的な観測には，井上ら[17]，小松ら[18,19]による大規模一斉観測や多田ら[20]齋田ら[21]による諫早湾全域を対象とした観測がある．

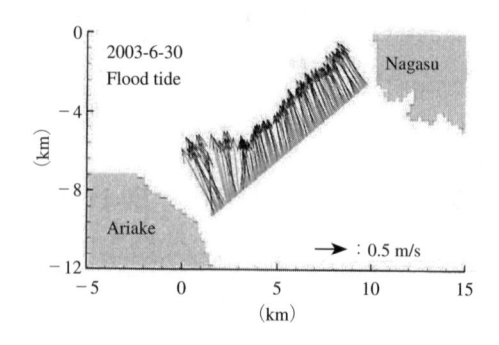

図 2.5 島原半島沿岸部で大きな潮流速帯をもつ潮流分布

有明海奥部からの物質輸送機構や諫早湾干拓事業の影響を議論する上で重要となる島原半島沿岸や諫早湾口に着目した観測も数多く実施されており，矢野ら[22]は，有明と長洲を結ぶ狭窄部の島原半島沿岸で図 2.5 に示すように潮流流速が大きくなるという特徴的な水平流速分布を示すことを報告している．また，中村ら[23,24]も諫早湾口での流動観測により島原半島沿いに大きな潮流流速が生じることなどを示している．さらに，多田ら[25,26]は DBF 海洋レーダーによって諫早湾口付近の平面的な流速場を観測している．一方，灘岡ら[27]，藤原ら[28]，Manda and Matsuoka[29] などによって数値シミュレーションによる検討も行われており，有明海の流動構造の全体像が次第に明らかとなってきた．しかしながら，有明海の流動構造は，海陸風などの日周期の現象，密度成層強度の変化といった大潮小潮周期の現象，季節風，梅雨期の出水，ノリ養殖の影響などの年周期の現象，干潟域の地形変化のようなさらに長い時間スケールの現象などの影響を重層的に強く受けるため，潮流のみを抽出して議論することが難しく，潮流の特性やその変化についてはまだ不明な点も残されている．

2.3.2 潮流速減少系としての有明海

干拓による護岸や潮受け堤防の建設は内湾の海表面積を減少させる．すなわち，潮の干満にともなって各横断面を通過する海水のボリューム（入退潮量）が減少するため，必然的に潮流が平均的に減少することになる．灘岡ら[27]も指摘しているように，干拓などによる海岸の改変によって潮汐が変わらなくても潮

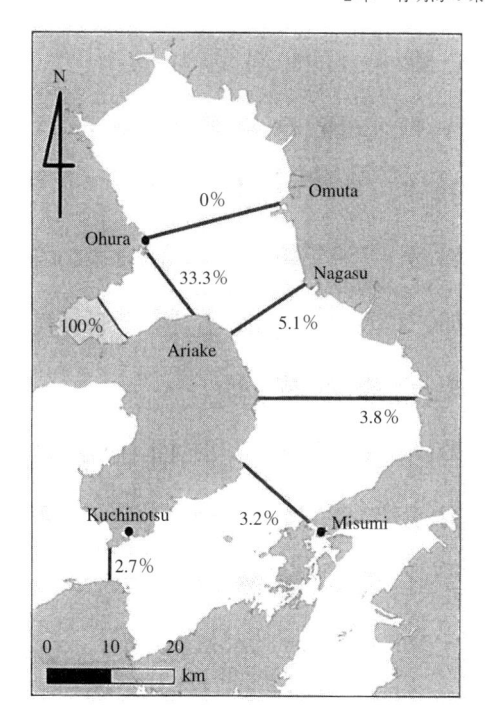

図 2.6 潮受け堤防の建設による入退潮量の減少率

流は減少するので，干拓事業などによる潮汐の変化と潮流の変化は分けて議論する必要がある．小松ら[30]は海表面積の減少量と潮汐データを用いて潮受け堤防の建設による入退潮量の減少率を見積もっている（図 2.6）．当然ながら，面積減少のない最奥部（大浦 - 大牟田の断面以北）を除いて有明海全体で入退潮量は減少する．断面を通過する潮流流速が局所的に異なってくる可能性はあるが，断面平均的には必ず減少することになる．すなわち，締切り後の有明海は基本的に潮流が減少する系となっている．さらに諫早湾潮受け堤防の締め切り以前に遡れば，有明海奥部の歴史的な干拓によって最奥部でも潮流が大きく減少してきていたことになる．Manda and Matsuoka[29]は数値シミュレーションを用いて，有明海奥部の干拓によって最奥部の潮流に 10％以上の減少が生じたことを示している．

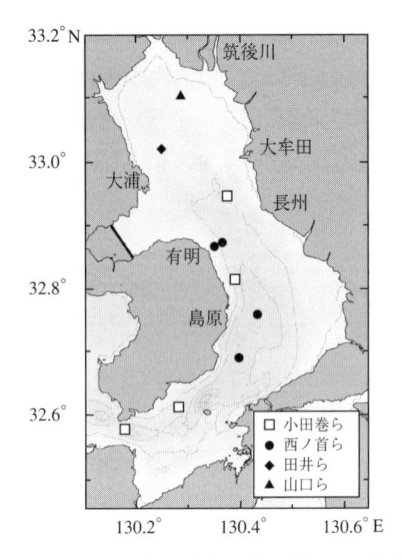

図 2.7 これまでに潮流の新旧比較が実施された観測地点

2.3.3 諫早湾干拓事業による潮流の変化

　諫早湾干拓事業における潮受け堤防締切り前後の潮流を直接比較できるデータは少ないが，存在する数少ない貴重な観測データを活かして潮受け堤防締切りによる潮流の変化を評価するための観測がいくつか実施されている（図 2.7）．小田巻ら[31]は 2001 年に有明海全域において潮流の連続観測を実施し，海上保安庁[32]が 1973 年に実施した調査結果と比較している．この調査では，15 昼夜連続観測により得られた潮流楕円の変化を比較した 4 測点のうち大牟田の南西沖の測点を除く 3 測点で 1973 年よりも潮流がかなり増加するという結果となっており，"2001 年の潮流は 1973 年と比較して測定場所により強くなる所も弱くなる所もあり，明確な減少傾向は確認できなかった" と結論づけている．入退潮量の減少によって有明海全体としては潮流が減少する系となっているという大前提を踏まえると，4 測点のうち 3 測点で潮流が増加し，中には大幅に増加する測点もあるということは理解し難い．さらに，1973 年から 2001 年にかけて諫早湾干拓事業以外の干拓などにより諫早湾干拓事業による海表面の減少以上に海表面が減少していることを考え併せると小田巻らの結論は齟齬をきたしてい

ると言わざるを得ない．この原因は観測時の季節の違いや淡水の流入条件が4倍も異なっていたため，諫早湾干拓事業の影響のみを抽出するデータとしては適切でなかったと考えられる[30]．

西ノ首ら[33]は2003年と2004年にそれぞれ有明沖と島原沖おいて，西ノ首・山口[34]と同じ季節に同じ観測機器・観測方法で連続観測を行なって比較検討している．その結果，有明沖では，観測期間中のM_2潮振幅が潮受け堤防建設後に8.1％減少していたのに対してM_2潮流は25.2％～32.3％減少し，M_2潮の潮流楕円の長軸が潮受け堤防建設後に時計回りに回転していた．島原沖では，M_2潮振幅が潮受け堤防建設後に9.1％減少していたのに対して，M_2潮流流速は7.8％～27.5％減少していた．有明沖の測点は矢野ら[32]が報告している非一様な流速分布が存在する海域であり，この潮流速減少は移流分散効果や鉛直混合能力が減少することを意味する．

大浦－大牟田以北における研究例としては，山口ら[35]や田井ら[36]による結果がある．山口ら[35]は筑後川河口沖の海象観測塔で長期にわたって測定された流速データを解析し，有明海奥部においては潮受け堤防建設による潮流の変化は小さく，むしろノリ養殖の影響による季節的な変化が大きいことを指摘している．田井ら[36]は，佐賀県有明水産振興センターが潮受け堤防締め切り前後に大浦沖で取得した流速データを解析し，潮受け堤防締め切り後の観測ではM_2潮振幅が4.5％増加していたにも拘らず潮流流速が3.5％減少していることを示した．さらに，潮受け堤防締め切り後に主要4分潮の潮流楕円が反時計回りに回転していることを示している．これは，数値シミュレーションによる潮受け堤防の影響評価で「変化なし～増加」とされてきた湾奥部においても部分的に潮流に変化があることを示唆している．また，前述の西ノ首ら[33]が示した潮流の減少率も数値シミュレーションでは必ずしも再現されてはいない．潮受け堤防の影響を精確に評価するためにも，今後の現地観測と数値シミュレーション双方の更なる精度の向上に期待したい．

2.3.4 諫早湾口の流動特性

前述のように西ノ首ら[33]や田井ら[36]は諫早湾口に比較的近い有明沖や大浦沖で諫早湾潮受け堤防の締め切り前後で流向に変化が生じていることを示して

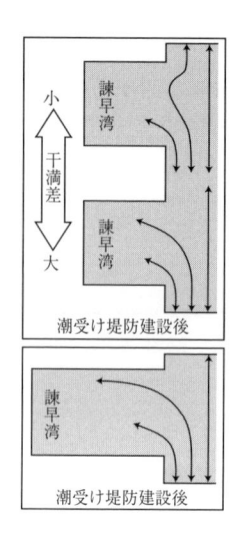

図 2.8　潮汐条件による諫早湾口のフローパターンの差異

いる．齋田ら[37)]は諫早湾口における流速データから，大潮期には諫早湾への強い水塊の流出入が見られるのに対して，中潮期には諫早湾口を通過する流れが一度諫早湾内に流入してその後流出する流動構造（図2.8）が出現していることを示している．このような諫早湾口の流況は，松野・中田[38)]によって，有明海奥部への入退潮が諫早湾口の前面海域を通過する際に生じるキャビティフローと諫早湾へ出入りする潮流との重ね合わせとして説明されている．図2.8に示すように現況の諫早湾口の流れは大潮期には分岐・合流流れに近く，一方，潮差の比較的小さい中潮・小潮期にはキャビティフローに近い流れになるという微妙なフローパターンになっていると考えられる．これは潮差の小さい中潮・小潮期は有明海奥部に対する諫早湾への入退潮量の比が諫早湾の干潟が消失しているため相対的に小さくなっているためである．それに対して，潮受け堤防締切り以前は諫早湾の奥行きが現在の約1.5倍あり，現況の大潮時よりも格段に入退潮量が大きかったことから，分岐・合流が明瞭に発生する安定した流れ場であったと考えられる[30)]．

諫早湾干拓前の（図2.8の最下図）の分岐・合流のフローパターンから，潮受け堤防建設後の中潮・小潮時（図2.8の最上図）のキャビティフロー的なパター

図 2.9 干潟上で砕波するさざ波

ンへの変化は，諫早湾干拓により諫早湾からの輸送物質や水質が有明海奥部へ運ばれて影響を与えやすくなったことを示しているといえよう．また，千葉ら[39]は，数値シミュレーションによって有明海奥部に排出された物質の多くが諫早湾を経由した後に島原半島に沿って南下していくことを示しており，諫早湾口の流況変化は有明海奥部からの物質輸送についても大きな変化を与えていると考えられる．

2.3.5 干潟の物理的機能と有明海奥部ならびに諫早湾内の物理環境

有明海の特徴の一つに広大な干潟の存在があげられる．干潟域では流れや波による複雑かつ活発な物理場（図 2.9）が形成されるため，生物化学的な水質浄化機能[40]のみならず，海水の鉛直混合を促進する機能をも有している．その一方で，このような広大な浅海域の存在が有明海最奥部の潮流特性の把握を困難にしている．齋田ら[41]は干潟上の流速に関する簡単な理論的考察から，干潟が存在しない内湾では湾奥に向かうほど潮流振幅が小さくなるのに対し，干潟域（潮間帯）のうち平均水位より低い領域では冠水して潮流が発生する時間帯の平均流速が，沖側（潮下帯）の平均流速より大きくなるという興味深い結果を示している．さらに，干潟の縦断勾配が同じであれば，護岸を沖側に建設するほど護岸建設の影響が遠くまで及ぶことを示しており，護岸建設による潮流の減少

を考える際には護岸下端と平均潮位の相対的な関係が重要であると指摘している．現状の有明海湾奥部では平均潮位よりも平均で1m程度高い位置に護岸が設置されており，潮差が最大で5mを超える有明海では満潮前後に限って護岸の影響による潮流の減少が現れる状況になっている．したがって干潟上の混合機能は現在でもかなりの程度期待できる．一方，諫早湾潮受け堤防についてみれば，締め切られた海域の大半が以前は干潟域であり，諫早湾奥に流入していた河川水は干潟上で流れや波により十分に海水と混合してから湾央部に流出していたと考えられる．しかし，現在は潮受け堤防の南北の排水門から潮下帯に調整池の水が真水のまま直接排出されており，潮流および波による鉛直混合作用が以前より格段に減少していることから，諫早湾内の成層化が強化されていると考えられる．

（小松利光・齋田倫範）

2.4 水質・水温の変化

2.4.1 水温・塩分
(1) 水温

　内湾の水温は淡水流入，外海水の流入，気温，日射，風など様々な影響を受けて変化している．有明海では特に5m以上に及ぶ大きな潮位差のために水温の潮時変化が大きく，大潮時と小潮時でも変化のパターンが異なっている．例えば，湾奥部の浅い干潟の表面水温は日較差が7℃に達するという測定記録もある．ここでは，このような小スケールの変化ではなく，水温分布の季節的，経年的な大きなスケールの変化の特徴について述べる．

　有明海の表層水温は，図2.10（カラー口絵）に示すように，冬は湾口で高く，湾奥で低いが，4月になると水平傾度が小さくなり，6～7月には逆転し湾口で低く，湾奥で高くなる．8月に最高水温となり，9～10月では水平傾度が再び逆転し，2月に最低水温となる．水深の浅い湾奥部ほど気温と水温の位相差が小さく，気温変化に速やかに応答している．表層水温は気温，あるいは陸地の地面温度と連動し，特に水深の浅い湾奥部は冬季，夏季ともにより追随する傾向にある[42]．

　水温の長期的変化は，図2.11（カラー口絵）に示すように，1980年代以降有

明海全域において上昇傾向にある.佐賀地方気象台の年平均気温は1900年からの100年で約1.5℃上昇している.有明海は浅くて広く,閉鎖性が高く外洋水と湾内水との交換がよくないことから,気温の影響を受けやすく,長期的な水温上昇となって現れたと考えられる[43].水温上昇は特に1997年以降12月で顕著であることから,水温上昇がノリ養殖より珪藻に有利になると考えられる[44].ノリの増殖最適水温14℃に対して,珪藻では21℃と高い.早津江川観測塔の10～12月平均水温は,1975年頃以降30年間で約1℃上昇している.また,湾奥東部においても35年間に0.8℃上昇したとされている[43].このような水温上昇がノリ採苗期の不安定や病気を多発させ,植物プランクトンの増殖を促すことも憂慮されている[45].

(2) 塩分

有明海の塩分は水温と同様に,河川水,大きな潮位差など様々な影響を受けて変化しており,その変化が際立っているだけに海の状態を判断する際の好都合な指標でもある.図2.10に示すように,低塩分域は年間を通して,湾奥から東部の福岡・熊本両県沿岸寄りにみられる.これは後背地から注ぎ込む大きな河川が西部より東部に多いからである.湾奥北部では東側の筑後川河口域において最も低く,湾奥南部では逆に東側で高い傾向があった[43].

季節的には,降水量が増加する梅雨期に河川流入量が増加し,塩分は低下する.流入河川が多い東部海域の方が西部海域より塩分が低いようにみえるが,年間を通して塩分差はほとんどない.湾奥部では反時計回りの環流があり,三池沖からの北流の影響が反映していると推察されている[46].

塩分の経年変化をみると,福岡県で有意な低下傾向を示したが[44],他の水域では長期的傾向はみられていない.成層期において,表層,底層とも塩分は上昇しており,近年の河川流量の減少傾向が夏季の表層塩分の上昇を引き起こしていると考えられる.表層塩分は海面蒸発量の増大によっても上昇し,成層期の平均風速の増大[47]が表層塩分の上昇を引き起こした一因と考えられる[48].

1997年の諫早湾締め切り以降,潮流変化[49]とともに,有明海湾奥部における低塩分水の輸送パターンが変化し,筑後川由来の低塩分水の輸送は南方向へ弱まり,西側へ強まったとされている[50].筑後川から流入した河川水は以前より

も地球自転の影響を強く受け，より西側に流れやすくなったことを示している．また，荒尾地先では，菊池川由来の河川水も輸送されにくくなり，菊池川由来の低塩分水は諫早湾湾口に輸送されやすくなる傾向もみられている．すなわち，有明海奥部では，筑後川からの低塩分水の挙動だけでなく，熊本県沿岸に由来する低塩分水の輸送パターンも潮受け堤防締め切りの影響を受け，変化している可能性が示唆されている．

(3) 海水密度，成層

有明海では，かつては暖侯期に顕著な安定成層が形成されにくく，7月に表面付近に異常低鹹水が現れることが特徴とされていた．大きな潮汐振動によって，鉛直方向の混合が強制され，外洋水の影響が小さく，7月の降水量が非常に多いことなどが原因と考えられていた[51]．7〜9月の海水密度（σ_T）の有明海縦断の鉛直プロファイルを図2.12（カラー口絵）に経年的に示した．湾奥から湾央にかけては，塩分に起因する密度成層が発達し，潮流が強い湾口では鉛直混合が卓越している．成層期において，河川流量の減少により表層塩分が上昇し，鉛直密度差が小さくなって，有明海全域を平均した成層度は減少したとの報告[48]があるが，地形だけを変えた流動サブモデルによる数値実験では成層度は過去の地形条件（1930年代，1970年代）より小さくなっている．

1997年の潮受け堤防締め切り後，表層は大きな変化はみられなかったが，中層においては塩分低下の頻度が減少し，変動幅が小さくなる傾向が認められる．このことは，締め切り後に中層は表層の影響を受けることが少なくなったことを表し，密度成層が強まった可能性がある．密度成層が強まった原因としては，潮流の減少と河川水の広がりの変化があげられる．

2.4.2 懸濁物質

有明海が他の内湾と異なる特徴の一つに高濁度水の分布がある．浮泥を構成する鉱物は主として粘土鉱物で，その組成はモンモリロナイトが主体である[52,53]．一般に，粘土鉱物はその構造と性質から凝集・吸着力はモンモリロナイト系粘土粒子がカオリナイト系粘土粒子より優れているので，有明海の粘土粒子は強い凝集・吸着力をもつことが特徴である[54]．

懸濁物質の総合指標としての透明度は，1990年代（とくにその後半）に上昇

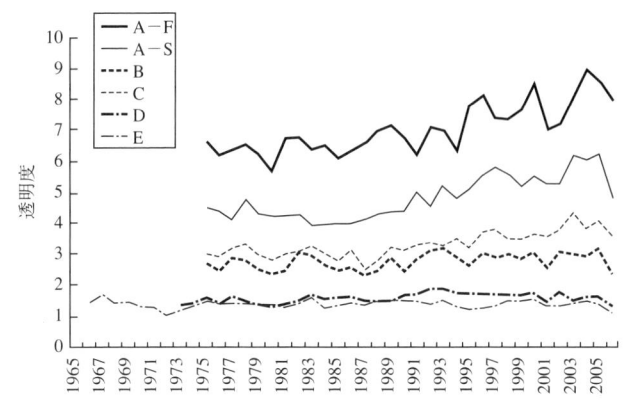

図2.13 透明度の経年変動（浅海定線調査より作成）

しており（図2.13），「きれいに濁った海」から「きたなく澄んだ海」へ変容し，有明海の環境劣化の象徴とされている．中田[55]によれば，有明海では，河川から運び込まれる多量の泥と日本最大の潮汐作用により沿岸に干潟が発達し，海水が濁った状態が維持されているために，それが富栄養化や赤潮の発生を抑制する働きをしてきたといわれている．しかし，1990年代後半には赤潮の発生件数が急増しており，透明度上昇との関連が注目される．透明度の上昇が著しいのは湾奥西側の佐賀沖から諫早湾口にかけてであるが，この海域の表面塩分については年代的な増減の傾向は明瞭でなく，流入水の影響には大きな変化はないと推察されている．また，筑後川の瀬の下流量とSSから推定したSS供給量のレベルにも減少傾向は認められないことから，透明度の上昇には潮流速の減少による海底泥の巻き上げ量の減少や，浮泥供給源となる干潟の減少などが関与している可能性が高いとされている．また，寒候期の濁りの低下に関してはノリ網の影響も無視できない[56]．

　透明度は，湾奥部と熊本県側の東部沿岸では年間を通して0.5〜3 m前後であり，筑後川や六角川などで多量の泥が拡散した河口域では0.1 m前後の極端に低い場合もある．透明度の分布パターンや季節変化は塩分のそれと類似していて，多量の粘土鉱物を含んで流入する河川水の挙動と関係が深く，湾奥部から東部にかけて透明度が低くなっている．湾奥部では透明度の年変動は小さいが，湾中央部以南では夏に低く，冬に高く，この傾向は毎年明瞭にみられる[57]．

2.4.3 栄養塩

(1) DIN

有明海湾奥部のDINは，瀬戸内海で最も高い値を示す大阪湾とほぼ同レベルであり，湾口部では瀬戸内海の燧灘とほぼ同レベルである[54]．海域別に見ると，DINは福岡，佐賀，熊本の各県側の順に高く[58]，湾奥部では西部海域が低くなっている[46]．DINと塩分は負の高い相関があり，河川からの供給によることが知られているし，各水域の栄養塩濃度は河川流量の多少によって影響される[54]．DIN，DIPの季節変化については，毎年，夏から秋にかけて高く，冬から春にかけて低い値を示し，梅雨期と秋の水田の水落し時期に山をもつ2峯型の年と，秋だけに山をもつ単峯型の年がある．塩分とDINの関係は，2月から8月までの増水期は直線上にあり，河川流量支配されていることがうかがえるが，9月から12月にかけての河川流量が減少する期間は，塩分の増加につれてDIN濃度は逆に高くなっており，河川以外に何らかの供給源があることが推察される（図2.14, カラー口絵）．12月から2月にかけては急激に減少しているが，この減少は冷凍網期に対応しており，ノリの生長と収穫にともなう除去の結果と考えられる[46]．1997年（諫早湾締め切り）以降の変化についてみると，DINは有明海全体において有意な減少傾向がみられ（図2.15），窒素制限と考えられるノリにとって，より生育しにくい環境となったことを示唆している[44]．

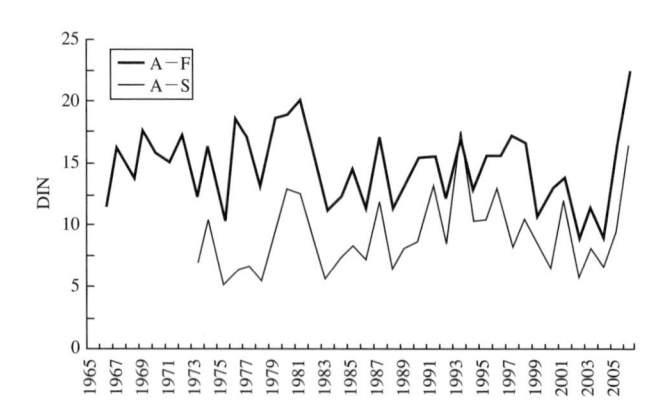

図2.15 表層DINの経年変動（浅海定線調査より作成）
（A-F：福岡県側，A-S：佐賀県側）

DIN に占める各窒素の割合をみると，DIN が高い秋には NO_3-N が半分以上を占め NH_4-N の割合が小さい．この傾向は冬にもみられる．春には NH_4-N が全域で増大し，夏まで持続する．春から夏にかけての NH_4-N の増大は底質あるいは河川から運ばれる有機物の分解によるものと考えられる．一方，秋・冬の NO_3-N の割合の増大は，秋に水田やクリークから一斉に大量の水落しがあることと関係し，高い栄養塩濃度は，冬にまで影響しているように思われる．また，湾奥部福岡県側のみ四季を通じて NO_3-N 量は NH_4-N 量を上回っている．筑後川の流量は NH_4-N とは相関がなく，NO_3-N および Si 量と相関をもつので，河川からの NO_3-N の負荷によると考えられる[54,57]．湾奥部表層の NO_3-N/NH_4-N 比（図2.16，カラー口絵），NO_2-N/NH_4-N 比を見ると，1993年以降急激に減少していることがわかる．このことから，硝化過程で硝化能力が十分に発揮されなくなっていると推測される．また，海域ごとの差が小さくなってきていることから，全域的に硝化能力が衰えてきている可能性が指摘されている[59]．

(2) PO_4-P

PO_4-P は湾奥部（特に東部）で高く，湾口に向かうほど減少している（図2.17，カラー口絵）．これは生活排水，産業排水など栄養塩類を含む河川流量に影響されていることを示している．また，PO_4-P が高い秋は水田からの水落しの時期と関係し，PO_4-P が低い春は植物プランクトンなどに消費されたのではないかと考えられる[46,54]．海域別には福岡，佐賀，熊本の各県側の順に高い傾向がある[58]．DIN 同様に，夏・秋に高く，冬・春に低い傾向にあり，河川流量との関係が深いと考えられる[54]．しかし，8月には塩分の増加にもかかわらず PO_4-P は増加し，その後ノリ漁期に入る10月から3月まで急激に減少している．夏季の PO_4-P には DIN とは異なる供給源（例えば海底や懸濁物からの溶出）があると考えられる[46]．

PO_4-P は湾奥東部では1965〜1980年代前半にはゆるやかな減少傾向にあり，1980年代以降では長期的には減少傾向を示している（図2.18）．湾奥西部では1970年代より1980年代以降のほうがやや高く，長期的には増加傾向にあった．湾央・湾口部では一定の傾向は見られていない．1994年以降では，DIN は減少したが，PO_4-P は増加傾向にある．PO_4-P は塩分変化にあまり影響を受けておらず，PO_4-P の増加は貧酸素水の形成による DIP 分解・溶出によるのか，滞留

傾向の強まりによるのか今後検討すべき課題である．

(3) DIN/DIP

DIN/DIP 比は Redfield 比（16）に比べて全体に大きい値を示し，陸域から窒素が過剰供給されリンが不足していることを示している（図2.19，カラー口絵）．経年的には，DIN/DIP 比はほぼ横ばいの値を示していたが，ここ数年，減少傾向が見られ，Redfield 比に近づいてきており，リンが窒素以上に過剰供給されている可能性が指摘されている（図2.20）．これは，形態別 N の変化もあ

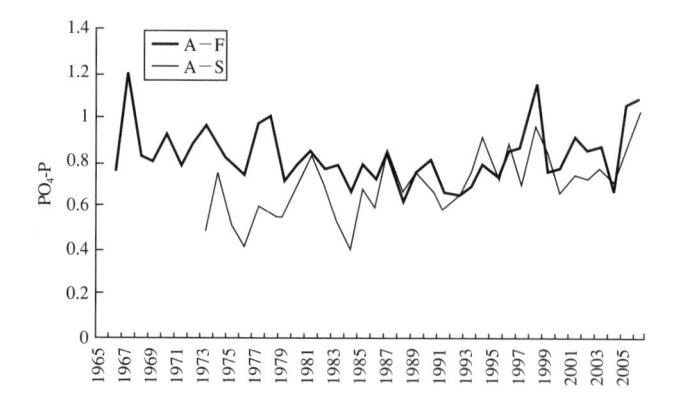

図2.18 表層 PO_4-P の経年変化（浅海定線調査より作成）
（A-F：福岡県側，A-S：佐賀県側）

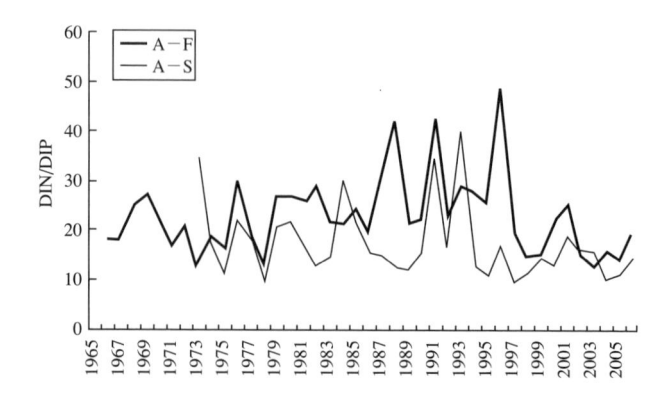

図2.20 表層 DIN/DIP の経年変化（浅海定線調査より作成）
（A-F：福岡県側，A-S：佐賀県側）

わせて，生活廃水や工場排水などの汚染混入の増加や自然浄化作用の衰えなどにより，広い範囲にわたって水質が悪化してきているとの指摘がある[59]．

(堀家健司・木村奈保子)

2.5 底質の変化

2.5.1 底質の調査史

有明海の底質は，海図169号（1/10万島原湾）に示されている．満潮時に低鹹水が広がる沿岸に泥が，潮汐流が速い沖合に砂が分布し，泥が沿岸水と外海系水の境界における流速の低下，下降流の存在，塩分（陽イオン）の差に起因して沈殿することが，このような特徴的な底質を生み出している[60, 61]．有明海の底質は，北部で1957年に，1959年に全域で系統的に採集され，堆積学的分類に基づいて分布図が作成されていた[62, 63]．粗粒堆積物が分布する中央部および南部では，資源として砂鉄[64-66]，あるいは海砂[67]が採取されていたこともある．

1950年代～1960年代には，「有明海大干拓計画」の基礎資料の収集を目的に底質が調査された．その結果，堆積物の分布が湾奥と湾央に存在する反時計回りの恒流と関係し[68]，潮汐が海底地形と底質分布に影響を与える[69]ことが明らかになった．また，水深10m以浅の海底下に広がる地層が，下位の島原海湾層と上位の有明粘土層に2分されたのもこの時代である[70]．全国の内湾で海洋汚染が顕在化した1980年代には，水質と底質が詳細に調査され，河口沖における懸濁粒子の拡散範囲が明らかにされた[71, 72]．また，1/2.5万海底地形図および底質分布図の作成のために，音響解析で地形および地質断面が明らかにされた[73-76]．諫早干拓地の潮受け堤防が閉鎖（1997年4月14日）された後にも，底質調査が実施され[77, 78]，画像もデータベース化された[73]．さらに，海域ごとに異なる環境特性を考慮した改善策の立案に向けて，物理・化学的因子の経年変化，および環境変動の影響する社会環境からの負荷の評価が必要となった．有明海東部と諫早湾では過去50年間の海域環境が復元され[79-83]，環境汚染の時期および負荷の原因が明らかにされている．

2.5.2 底質の分布特性

有明海北部（大牟田－竹崎以北）の干潟において，暗灰色を帯びた泥（泥分率90％以上）が広く分布し，六角川沖および塩田川沖の海底谷の泥には硫化水素が含まれる．中央西側には，泥混じり（泥分率が50％以下）の細粒砂から中粒砂が卓越する．東部（筑後川－長洲沖）では，貝殻片が多量に混じる中粒砂が広がっている（図2.21，カラー口絵）．諫早湾（竹崎－多以良以西）には，褐色を帯びた泥（泥分率70％以上）あるいは砂混じりの泥（泥分率50％以上）が分布し，南部に広がる泥には硫化水素が含まれ，北部（小長井沖）では礫が混じっている．湾口では，中央の砂堆の北側には泥が，南側には貝殻片の多い極粗粒砂が存在する．

有明海中央部（大牟田－竹崎以南および三角－深江以北）において，概ね東経130°25'を境に，東部（熊本県沖）と西部（島原半島沖）では粒度組成が異なる．東部では，菊池川沖には灰色を帯びた砂が混じる泥（泥分率70％以上）が，緑川沖には茶色を帯びた泥（泥分率70％以上）が分布する．白川沖には泥（泥分率90％以上）が分布し，横島から南西15 kmにかけて，幅2～3 kmの範囲に，強い硫化水素臭を伴う黒色の泥が発達する．西部には，貝殻の破片が混じる粗粒～極粗粒砂が分布する．多以良沖では分級良好の褐色中粒砂が，島原沖では黒色の火山性粒子が多数含まれ，貝殻の少ない黒色粗粒砂が分布する．島原－深江には褐色を呈する細粒～礫が分布し，早崎瀬戸に向かって粒径と貝殻片の量が増す．水無川河口には，雲仙普賢岳が1990年11月17日～1995年3月頃にかけての噴火で生じた泥流堆積物が広がっている．

有明海南部（三角－深江以南）において，早崎瀬戸以東には礫が，天草上島沖には黄色を帯びた褐色極粗粒砂が分布している．本渡沖では，泥が卓越している．

(2) 有機物量

有機物は，分解に伴って海水の酸素を消費し，かつ海水中の硫酸イオンと反応して硫化水素を発生させる．したがって，有機物の含有量が高い場所は，生物生息環境が急変しやすい．この有機物量を強熱減量として図2.22に示す．有機物は全域に均等に分布するのではなく，北西部（六角川－大浦沖）および諫早湾南部で，極めて高く（10％以上），さらに，局所的に高い場所が，大牟田および熊本，湯島，本渡の沖に認められる．湯島東方，本渡沖を除いて，強熱減量

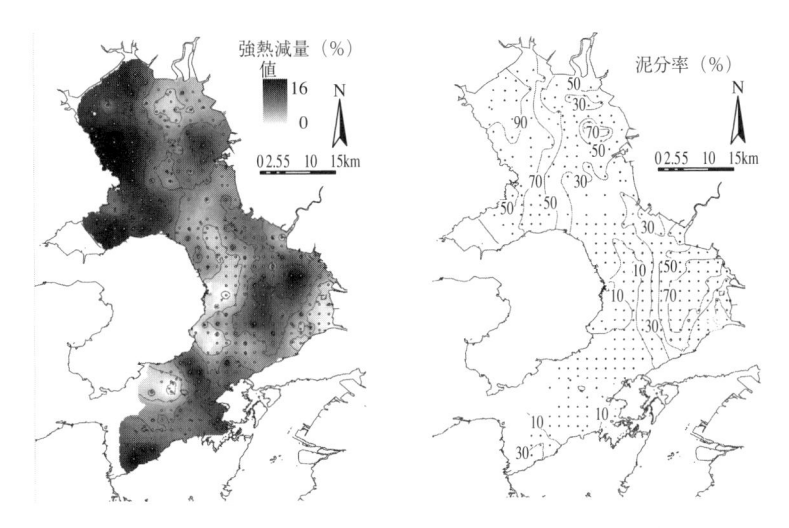

図 2.22 底質表層の強熱減量(%)および泥分率(%)の分布（2006年）

と泥分率の分布は類似し，かつ沿岸水塊−外海系水塊の境界に一致している[73,84,85]．湯島東方，本渡沖を除いて，強熱減量の高い場所は堆積物中の硫化水素濃度も高くなっている[77,86]．熊本沖では，高濃度の栄養塩類が蓄積[71]し，アンモニア態窒素も発生している[87]．諫早湾の湾口では，陸域の降雨後に浮遊懸濁粒子と有機物が，大浦沖に流入するので[88]，底層水温が20～25℃を超えると，それらが着底して12時間後には溶存酸素とpHが急激に低下する（九州農政局諫早干拓事務所管の水質観測櫓B4資料）．この時期に採集した堆積物にも，硫化水素は含まれている．したがって，沿岸水塊−外海系水塊の境界の挙動は，有機物の集積を検討する上で，重要な因子の一つとなっている．

2.5.3 地形・底質の経年変化

（1）地形変化

泥粒子の堆積を支配する流動特性に影響を与える地形は，熊本沖において調査されている[73,76]．2007年の海砂採集に伴う変化を明らかにするために，実施された音響測深の結果，菊池川沖の砂堆における掘削は，1979年までは頂部でされていたが[71]，その後には西斜面で深さ10 m以上に達するほどに大規模に

行われたことが判明した[89]．砂堆東方の海底には，1979年に不規則な凹凸が認められたが，現在では平坦化している．

(2) 泥の分布範囲

底質の粒度変化は，底生生物の分布に影響を与える主因の一つである．底質の細粒化あるいは泥質堆積域の拡大が，漁獲対象とされる底生生物の減少理由の一つと考えられるようになり，底質の物理的・化学的特性が社会から注目されるようになった．大浦沖および熊本市沖では，浮遊性懸濁物の濃度が高く[71, 72]，泥の堆積機構が明らかにされている[86, 88]．

熊本沖には，緑川，白川および菊池川を起源とする低塩分の沿岸水塊と橘湾から流入した高塩分の外洋系水塊との境界が形成されている．この境界の直下に，酸揮発性硫化物が0.4 ml/g以上含まれる泥が分布する[86]．干潟の干出に伴う海底地形の変化を考慮した3次元シミュレーションによるとこの境界の東西断面において，大きな鉛直循環流が形成されている．水塊の境界と硫化水素臭を伴う堆積物は，ほぼ同じ場所に位置している[90]．したがって，潮汐残差流の鉛直循環が，泥粒子と有機物の集積に関係していると考えられる．さらに，残差流は，この水塊の境界では上層で北向き，水深20 m以下で南向きであり，境界の東側では北向き，西側では南向きである．境界の東側では泥の拡散は潮汐残差流の方向と一致する[91]．音響測深断面と柱状試料の結果から，境界の直下では，1979年以降に堆積した泥の分布の北限は菊池川沖と横島沖の間にあり[89]，南に向かって厚くなる（緑川沖以南では65 cmに達する）．境界の西側にある白川－緑川沖のデルタ先端では，厚さ1～2 cmの泥が極粗粒砂を覆っている．この西側の有明海中央（熊本－島原）では，泥が中粒砂を被覆するまでに至っていないが，細粒化が進行し，泥分率が30％～50％に達している[77]．1979年以降に泥の分布が拡大した海域は，概ね潮汐残差流速が低下したところにあたる[86]．一方，白川河口沖では，局所的に泥分率が変動している地点も認められる．例えば，2003年5月には70～90％以上であったが，1年間で15～68％低下している[86]．1979年では，沿岸から沖にむかって，帯状に泥分率が30～50％低くなっている[71]．河口および干潟では，大出水時の河川からのフラッシュ，北西の季節風による地形浸食[92]ならびに潮汐による底質の浸食・再堆積[93]が，泥分率の短期的変動に関係していると推定されている．

大浦沖では，筑後川から流出して反時計回りの恒流により流入した泥粒子は，沿岸部に堆積し[88]．その後，波浪時に巻き上げられ，下げ潮最強時に南東に斜面上を移動し，再堆積する．この移動方向は，3次元流動シミュレーションによる潮汐残差流の方向とも一致している．この結果，泥質堆積物の厚さは，地形の高低と一致せず，斜面の下方に向かって厚くなり，基部付近で最大となっている（3.5 m 以上）．しかし，東接の海底谷，南接の砂堆および西接の小長井沖では極めて薄い（最大でも 0.5 m 以下）．

　以上のことから，大浦沖および熊本沖において，泥は潮目に堆積し，残差流によって拡大していると推定される．そこで，1979 年，1997 年，2002～2003 年，2006 年の堆積物表層における泥含率が資料を基に，泥の分布の変遷を示した（図2.23）．ただし，泥と砂との粒径境界は，1979 年，1997 年，2002 年では 63 μm，2006 年では 74 μm である．このため，2006 年における泥の割合が高く表示されるが，2002～2003 年の値より低い場所では泥化がおさまっていることになる．

　1979 年には，泥分率が90％を超える範囲は六角川－塩田川沖に限られていた．長洲から緑川にかけては，70％～90％であった．有明海中央においては，10％以下であった[71]．1997 年には，90％を超える堆積物が有明海西部では六角川－塩田川沖に加えて，大浦沖，諫早湾南部，島原湾東部の白川沖で拡大した．10％以下の範囲も狭くなり，有明海では筑後川沖海底谷の先端，島原湾の湾軸に限られる．緑川沖では，10～30％の範囲が沖に拡大した[94]．2001～2003 年には，90％を超える堆積物が有明海では筑後川河口沖，塩田川－大浦沖，六角川沖海底谷，大浦沖，諫早湾南部，島原湾東部の横島－白川沖に拡大した．10％以下の堆積物は，有明海中央および深江以南の島原半島沿いに分布する[77]．10～30％の範囲が長洲沖および大矢野島沖まで拡大し，白川－島原沖では30％を超える．これらのことから，有明海東部（筑後川－大牟田沖）および島原湾東部の干潟において，1962 年から 1979 年にかけて泥質堆積物の分布域が拡大した．1979 年以降に泥の分布が拡大した海域は，概ね潮汐残差流速が低下したところである．このことは，細粒化の原因は，長期にわたる残差流に伴う泥の拡散であることを示唆している．

　なお，有明海北部，諫早湾南部，有明海東部（熊本沖），有明海中央部（熊本

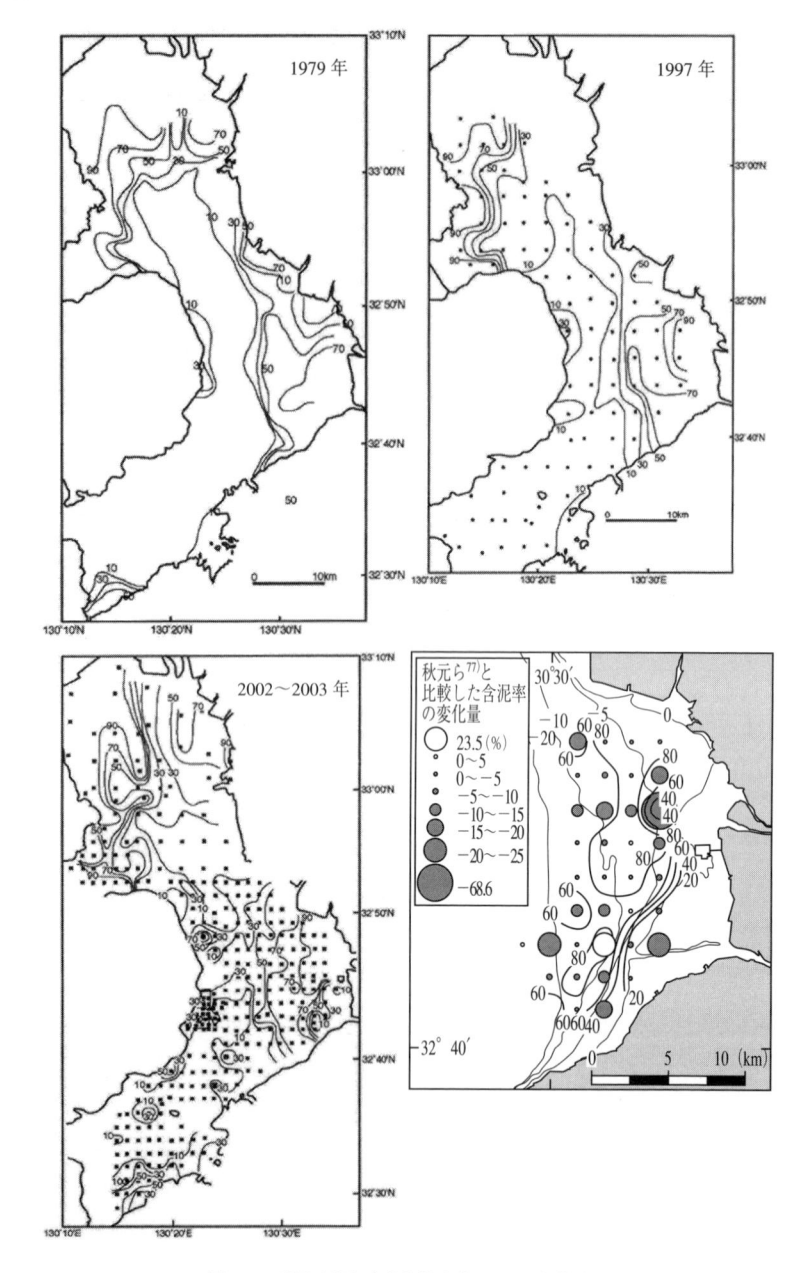

図 2.23　泥分率経年変化と熊本沖における短期変化

−島原）では，2006年に泥分率が2002～2003年の値より約20％低下している．このことから，この場所では，泥化の進行が減衰している可能性がある．

2.5.4　水中・底質環境の変遷

環境の改善には海洋および海底の環境情報が不可欠であり，海洋学・水産学などでは生起している事象を種々の精密な水質調査や海洋観測でデータを詳細に収集している．しかしながら，この方法では観測開始前の情報を収集することはできないため，原因の特定は難しい．加えて，物理・化学的数値のみでは，生態系の変化の記述に直接結びつかない．

一方，有明海の環境と生態系において，とくに注目されている変化は，10年から100年オーダーの現象である．唯一，堆積物には観測以前の環境情報が記録されているので，これを解析することで観測以前に遡って環境変化が推察できる．同時に，化石として残されている生物群集を解析することで，はじめて生態系変化の本質に迫れる．熊本沖では，最新の放射年代値を基に，1950年代（高度成長期）以降の環境変化を解析し，海域環境への人為的負荷を推定している．

(1) 1950年以降の環境変化と人為的影響

熊本沖では，赤潮原因種（*Skeletomena costatum*）の初出現が，緑川沖では1950年代後半，白川沖では1960年頃，菊池川沖では1985年頃であり，出現時期が北に向かって遅くなっている[82]．多産する海域も，1980年には緑川沖から白川沖まで，1996年頃には菊池川沖まで拡大している．一方，この種の海水中の細胞数は，1980年に急増している[85]．1985年には珪藻赤潮が初めて報告され，翌年には赤潮被害も発生している（http://ay.fish-jfrca.jp/ariake/gn/index.asp）．このことから，珪藻化石による環境復元結果は，既存の水質資料と極めてよく一致し，富栄養化を的確に示していると判断される．加えて，堆積物中の窒素量が，1975年頃に急増している．この変化は，1974年と1979年の間で，白川および緑川で生活系窒素が増加したことと矛盾しない[96]．これらのことは，1975年頃に陸域から流入する窒素の増加によって海水の富栄養化が進行し，その5年後に赤潮原因種が急増したことを示唆する．さらに，赤潮原因種が産出することから，緑川−白川沖では1960～1970年代に局所的に富栄養化したと推定される．

赤潮発生域の拡大とほぼ同時に，底質環境にも変化が認められた．白川沖の1978～1988年頃に生息していた底生有孔虫化石群集には，現在の有明海ではほとんど分布しない*Bulimina denudata*が多数（最大で20%以上）含まれている．有孔虫から示唆された有機物負荷の増減と，二級河川（坪井川）のBODの増減と一致するが，同時期の白川と緑川のそれは一定であり一致しない．この種の増減から，陸域からの有機物負荷は，1960年頃に始まり，1980年代前半に極大になり，その後は減少していると判断される．負荷の極大期には，沿岸水－外海系水塊の境界直下の堆積物で強熱減量が急増している[95]．しかしながら，海水のCODは，1980年には，一定（北部）あるいは急減（南部）している[72]．このことから，有機物は，常に沿岸水－外海系水の境界で濃集・沈積し，その場所に生息する底生生物に影響を与えることを示唆している．

　諫早干拓地の調整池では，築堤開始（1989年）後に底層で貧酸素化し，堤防閉切後に珪藻赤潮原因種が急増して富栄養化している[79]．しかし，諫早湾の海洋環境は，1950年代までは独立栄養型の渦鞭毛藻が優占する定常的状態から，1960年後半から1980年代前半にかけて従属栄養種が急増して，干潟域よりも浅海域でより顕著に富栄養化が進行し，1980年代後半から富栄養状態が継続している[80]．

(2) 生物多様性に対する水質・底質変化の影響

　熊本県沖の沿岸では，アサリの漁獲量が1980年代以降は急速に減少し，漁獲量は最盛期の3%しかない[97]．地層から産出したアサリ化石の個体数にも続いた研究[89]では，放射年代値から1970年代後半と見積もられた砂層（泥分率が約60%以下）から多くの個体が産出したが，1980年代以降に泥分率の増加とともに個体が減少していた．この個体数の時系列変化の傾向は，アサリの漁獲量の経年変化のそれ（http://ay.fish-jfrca.jp/ariake/gn/index.asp）と一致している．さらに，熊本沖では1960年代には泥が分布していた[63]が，1970年代後半には貝殻まじりの泥[73, 76]あるいは細粒砂が広く分布していた[71]．このことから，底質の粒度組成変化と漁獲量の変動の関連が示唆される．

　これに対して，全域に生息する非漁獲対象生物群の分類学的研究からは，新種を含めて高い生物多様性にあると報告されている[98]．多様性は，生息環境の再生と漁業資源を回復に向けた方策を検討するために，不可欠な情報である．そ

こで，漁獲対象種および非漁獲対象種で多様性が異なる原因，および沿岸に生息する採貝種に影響を与えた要因を解明するために，底生有孔虫の種多様度，均衡度および種数に基づいて，環境の影響が検討された[99]．

アサリの漁獲量が極大であった1970年代後半には，有孔虫化石群集では低塩分耐性種が優占している．この変化により，種数はほとんど同じであるのに，均衡度が低下して，種多様度が減少した．しかし，砂が分布していても，外海系水が優勢な状況では，種多様度は低下しない．したがって，アサリの漁獲量の極大期には，底質が粗粒化とともに沿岸水が強く影響していた．このことは，沿岸水域に生息するアサリの個体数の増加には，覆砂などの粒度組成を変える対策が有効であることを示唆している．逆に，温暖化で外海系水の影響が砂泥干潟まで及べば，個体数が減少する可能性を示している．

2.5.5 海水循環・底質分布への新たな取り組み

諫早湾では，1997年4月14日に潮受け堤防が閉め切られた．1979年と2002〜2003年の泥分率[71, 77]から，砂が湾口から湾内への拡散が認められた．しかし，築堤前後での底質変動は把握されていない．このため，砂の拡散が，堤防の閉切以降に発生したかは，さらに現在でも維持されているかは不明である．拡散に密接に関係する流速も，湾口において大潮の上げ潮と下げ潮の最強時に計測されている[100]が，全域における同時観測事例はなく，循環の実態や流速の低下の実状は明らかにされていない．

遠洋域の水塊の動態は，海水中のラジウム放射能比（Ra-228/Ra-226）を用いて捉えられている[101-105]．一方，沿岸域におけるラジウムの挙動には，堆積物からの直接的供給，地下水からの供給，浮遊粒子からの供給など複雑な過程が伴う．このため，放射能比に基づいた沿岸水に関する研究は，皆無といえる状況であったが，唯一閉鎖性海跡湖である中海で行われている[106]．加えて，東シナ海では，内部潮汐によって底質が巻き上げられることが，濁度の増加とともに海水中に設置されたセディメントトラップで底生有孔虫が捕集されたことで実証された[107]．さらに，捕集された有孔虫種の生息域から，粒子の供給源も特定された．そこで，2008年8月に，ラジウム放射能比，有孔虫遺骸，地形を基に，海水の循環と停滞の実態が検討された[108]．その結果，湾奥では，潮受け堤防の北部排

水門近傍では海水が停滞し，それ以外では循環していることが示唆された．同時に，湾央まで外海系水が流入して，湾口の底質を削剥して湾内へ粒子を移動・再堆積させていることも認められた．このことは，流動の実測が困難な干潟－浅海において，有効な中長期循環の実証手法であることを示している． (秋元和實)

2.5.6 重金属と化学物質

有明海における重金属や化学物質の調査結果はHgやTBTを除いて多くない．門上らによる2005年11月から2007年3月にかけて行なわれた有明海全域を網羅した368地点の底質分析（有機化学物質，TBT，アルキル水銀）の結果は以下のようになっている[109]．

(1) 重金属

重金属分析結果の一部を図2.24に示す．底質の重金属濃度は泥分率とほぼ比例関係にあり，東京湾や大阪湾と比較すると比較的低い値であった．ただし，Mnは有明海全域で比較的高い値を示しており，東京湾大阪湾と大差ないかそれ以上の値を示す箇所も見受けられた．水銀は湾奥部および熊本干潟で高濃度に蓄積していたが，島原半島から荒尾市を結ぶ地域では検出限界以下かごく低濃度であった．

(2) 有機化学物質

調査地点によらず，検出物質数はほぼ同じで，検出濃度も有機物量にほぼ比例している．また，発生源を3分類（化学物質原料およびその中間体をはじめとする工業系，生物由来のステロール類をはじめとする生活系，および農薬などの農業系）すると，有明海底質に含まれる有機化学物質は，主に生活由来であり，農業・工業系の有機化学物質の寄与は少なかった（図2.25）．底質中における化学物質の水生生物への影響を防止するための多環芳香族炭化水素 (PAHs)などに関する底質ガイドライン[115]と比すると，有明海では特に問題となる物質は検出されなかった．

(3) TBT

熊本県北部沿岸域から佐賀県大浦沿岸にかけての湾奥部についてのTBT濃度の測定結果を，図2.26に示す．泥分が多い湾奥西部と三池沖の地点で高めの値が検出される傾向がみられた．

これらの結果によると，緑川，白川周辺では，河川からの土砂供給により泥分も低く保たれ，現在もアサリの漁場として活用されている．一方，湾奥部では，河口部にも関わらず比較的泥分の高い場所が見受けられる．

表2.5に底質分析結果の相関係数を示す．重金属・化学物質ともに泥分率や強熱減量と強い相関が認められる．濃度については，クロムやカドミウム，鉛などの生物に有害とされる金属については有明海では東京湾，大阪湾の値の10分の1程度であった．これは，工場排水，船舶の出入りなどによる人的汚染が

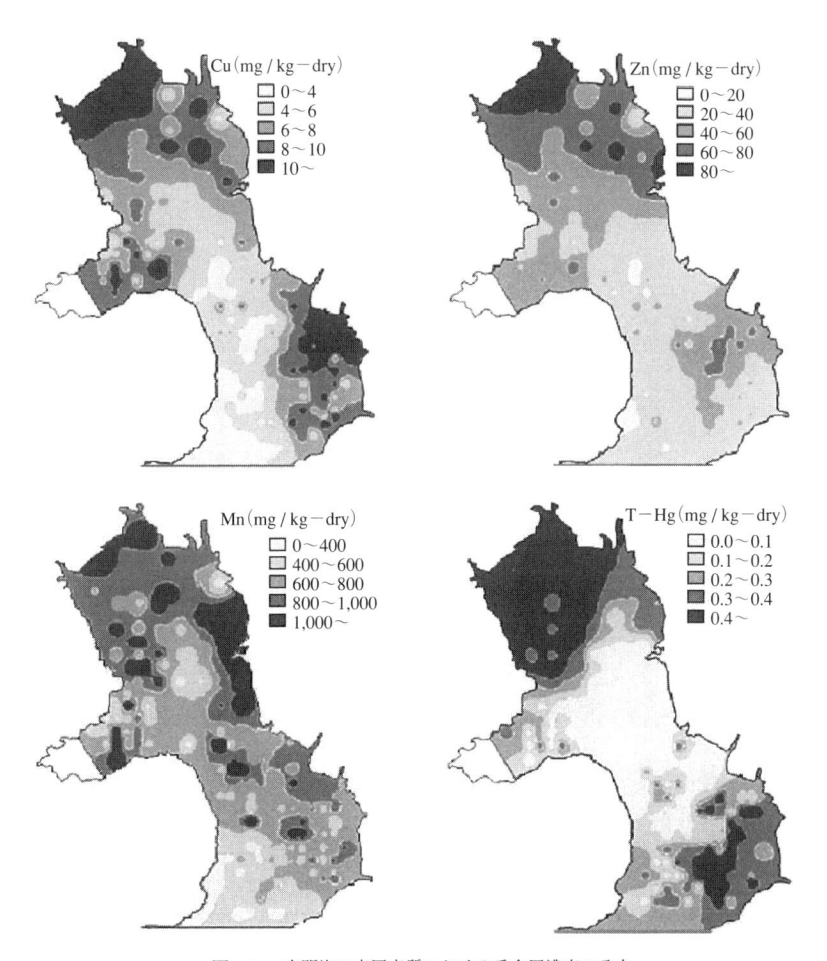

図2.24 有明海の表層底質における重金属濃度の分布

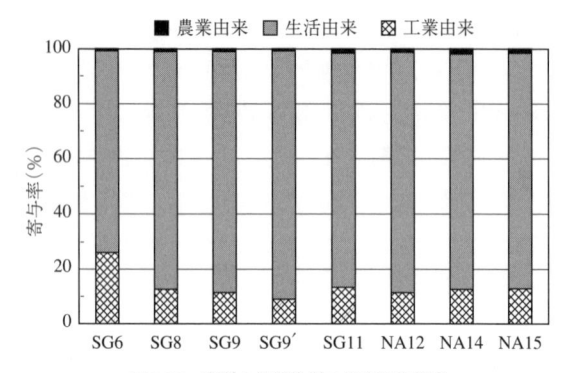

図2.25 底質中化学物質の発生源寄与率

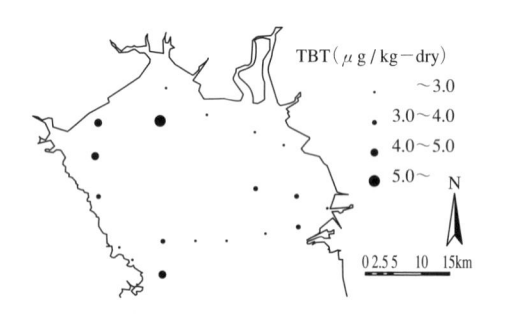

図2.26 湾奥部の表層底質におけるTBT濃度

表2.5 重金属，泥分，強熱減量の相関

	Cr	Ni	Cu	Zn	As	Cd	Pb	Hg	Mn	silt cray rate	I.L.
Cr	1.000	0.873	0.698	0.689	0.653	0.590	0.610	0.152	0.320	0.363	0.311
Ni		1.000	0.601	0.534	0.589	0.457	0.413	0.167	0.287	0.150	0.117
Cu			1.000	0.802	0.615	0.443	0.590	0.369	0.318	0.636	0.519
Zn				1.000	0.572	0.394	0.572	0.373	0.354	0.540	0.470
As					1.000	0.645	0.786	0.094	0.229	0.213	0.150
Cd						1.000	0.700	—	0.185	0.057	0.110
Pb							1.000	0.045	0.396	0.265	0.288
Hg								0.007	0.132	0.551	0.332
Mn									1.000	1.000	0.220	0.110
silt cray rate										1.000	0.711
I.L.											1.000

有明海ではあまり進んでいないことを示している．水銀の濃度分布は他の重金属の分布と比べると水俣に近い方が高くなっている．水銀の発生源として陸域からの負荷，八代湾からの流出，底質鉱物からの流出などがあり得るが，近年の公共用水域水質調査で，水銀は検出されていないこと，有明海有域には水銀鉱床はないことから八代湾からの流出が想定される．

　有明海沿岸には主要な工場地帯は少なく，人口密度は東京湾の1/10，大阪湾の1/5程度である．また，COD汚濁負荷量では，生活および産業系負荷が約80％を占める東京湾に対して，有明海は約20％であり，自然系の割合が大半を占める．有明海における陸域負荷の経年変化は，COD，水質中の重金属濃度ともにほぼ横ばいで推移しており，水質中の重金属濃度は環境基準を満たしている．生物生息を阻害する濃度を越える有機化学物質や重金属は検出されていないので，有明海の生物生息環境の劣化には，海水面の上昇，干潟の減少，潮流速の低下に由来する底質の細粒化，海水温の上昇による生物相の変化（ナルトビエイの生息）・海洋環境の変化による底生生物相の変化，貧酸素水塊の発生など他の要因が原因になっていると推定される．

（伊豫岡宏樹・楠田哲也）

2.6　貧酸素水塊

　貧酸素水塊は，酸素の供給速度が消費速度より小さく，その状態が長期に持続する状態である．有明海では，閉鎖性が高いにもかかわらず，日本最大の潮汐による鉛直混合と河川から供給される多量の微細粒子（ニゴリ）による透明度の低下により，生物生産が高いにも関わらず貧酸素水塊が発生しないとされていた．しかし，2000年代に入り貧酸素水塊が顕在化するようになった．貧酸素化に関する調査・研究は，1997年の諫早湾締め切りや2001年冬のノリの大不作を契機に，既存の調査データを解析することから始まった．有明海では浅海定線調査が1972年度から開始され現在に至っているが，調査が大潮期に行われていたため，小潮期に発生しやすい貧酸素化の実態を正確には把握できていない．そこで，新たに貧酸素水塊に関する詳細な調査研究が行われるようになり，多くの成果が得られている[116]など．

　貧酸素化する原因として，①酸素消費速度の増加，②酸素供給速度の低下，③初期酸素濃度の低下の3つが考えられる[117]．有明海の貧酸素水塊形成の特徴

を速水[118)]は，①干潟に近い浅海域で発生すること，②比較的短期間の間に酸素濃度が大きく変動することの2点をあげている．①については，東京湾や伊勢湾では水深20 m以上で形成されるのと比べて対照的である．②については，潮汐混合が弱まる小潮期に貧酸素水塊が発生し，混合が強まる大潮期や強風時に緩和されるという変動となっている．ただし，出水によって大量の河川水が流出すると，大潮期でも強い成層が維持され，その結果，長期にわたって貧酸素化する．2006年がその典型例であり[119)]，後述の低次生態系モデルでも2000〜2006年の貧酸素規模が良好に再現されている．

水産総合研究センター[116)]は，有明海湾奥西部海域における貧酸素化に関する連続観測データに基づいて貧酸素水塊の形成機構を次のようにまとめている．貧酸素水塊は湾奥西岸の干潟縁辺部と沖合部で個別に発生し，拡大している．出水による成層構造が長期的に維持されたときにも発生する．また，この時期にシャットネラ赤潮が観測され，この影響も大きいと推察されている．沖合部と干潟縁辺部では，酸素の低下速度と回復速度が異なり，干潟縁辺部の方がそれらの速度は大きい．そのため，沖合部ほど貧酸素の拡大，回復が緩やかである．この理由として，懸濁有機物の酸素消費ポテンシャルと，底泥による酸素消費ポテンシャルの大きさの違いが指摘されている．

堤らは，有明海への栄養塩の発生負荷量が経年的に大きな変化がないのに，1998年以降，冬に赤潮の発生規模が大きくなり，貧酸素化したのは異例だとしている．中田[120)]も陸域からの流入負荷に大きな変化が認められないにもかかわらず，環境の悪化が進行している原因に着目している．負荷以外の可能性として，堤らは，1997年の諫早湾の潮受け堤防の締め切りが諫早湾口部から島原半島寄りの海域で強い潮流の発生を伴う本来の河口循環流を発生し難くし，外海水との海水交換が促進される効果が以前よりも弱くなり，成層構造がより長期的に保持されやすくなったためと推定している．

かつての有明海における海水の強攪拌状態が成層形成に伴う底層水の貧酸素化を防ぎ，有機物の酸化的分解を促進するとともに底層の栄養塩を表層にもたらして高い生物生産性を維持していたと考えられる．したがって，現場の漁業者がよく言う「かつては綺麗に濁っていたが，最近は妙に海が澄んできた」という表現は，流動が弱まり貧酸素化が進行したことに対応する現場の状況を的確に示し

ていると考えられる．この大きな潮位差と緩やかな海底勾配が広大な干潟域を形成していたことが有明海の基本的な環境特性であり[121]，かつ懸濁物食の二枚貝のバイオマスが非常に大きかったので，この状態に近づけるような再生策が一つの持続的な考え方であろう．

(堀家健司)

2.7 赤潮

1980年以前，北部有明海では鞭毛藻類赤潮の著しい発生が見られなかった[122]が，水産庁資料によれば，1980年代中頃から有明海全域で有害鞭毛藻類による赤潮の発生件数と被害件数は明らかに増加している．

有明海における代表的赤潮生物は，小型珪藻では *Skeletonema costatum*（以後，スケレトネマと記す）や *Chaetoceros* 属（キートセロス），大型珪藻では *Rhizosolenia imbricata*（リゾソレニア）の他に，*Eucampia* 属（ユーカンピア），*Coscinodiscus* 属（コスキノディスクス）が，さらに近年，発生件数が増加している代表的鞭毛藻類としてラフィド藻では *Chattonella antiqua* と *Chattonella marina*（シャットネラ）と *Heterosigma akashiwo*（ヘテロシグマ），渦鞭毛藻では *Akashiwo sanguinea*（サンギネア）と *Cochlodinium polykrikoides*（コックロデニウム）である．珪藻類，特にリゾソレニア，ユーカンピア，コスキノディスクスなどの大型珪藻類は長期間赤潮を形成するため冬季に発生すると重篤なノリの色落ち被害を与えるが，小型珪藻類は有明海や博多湾における基礎生産者としての重要な役割を果たしている有用な生物である．

2004年から2007年にかけて夏季に北部有明海，塩田川河口域で行われた調査結果と博多湾において6年間，頻度高い赤潮観測の結果をもとに，スケレトネマ，サンギネアおよびシャットネラの赤潮発生について述べる．

2.7.1 スケレトネマ赤潮

「降雨後,日照りが続くと赤潮が発生する」という漁師間に古い言い伝えがある．これはスケレトネマなど小型珪藻類の赤潮発生を言い当てている．博多湾箱崎港においてスケレトネマの栄養細胞は全天日射量が低下して日長が短くなる晩秋に観察されなくなってしまい，冬季から初春まで栄養細胞が水中で観察されるこ

とは非常に稀である．頻繁に観察されるようになるのは4月から5月にかけてである．この時期に高い光強度（65 μmol quanta/m^2/s 以上）が底泥に到達し，これを刺激に休眠期細胞が発芽・増殖し，その後，栄養細胞は秋まで常時水中で生息するようになる．特に，紫色波長光が高い光強度で底泥に届くと一気に発芽は促進されることが室内実験で確認された（図2.27，カラー口絵，紫加田ら，未発表）．水中に生息する栄養細胞は降雨による河川水の流入で運ばれた栄養塩類と晴天による高い日射量を利用して増殖し，赤潮を形成し，栄養塩類の欠乏や日照不足によって赤潮は終息する[123]．この時，一部の栄養細胞は水中に残り，一部の細胞は休眠期細胞（陸上植物のタネに相当）として底泥に沈降し，多くの細胞は死亡して分解するようである．河川水の流入により再び栄養塩類が負荷され，晴天が続くたびに，水中に残っている栄養細胞が増殖して赤潮発生は夏から初秋まで繰り返される．表層で多くのスケレトネマをはじめとする小型珪藻類が連続して繁茂するため，底泥に高い光強度が到達することはなく，スケレトネマ休眠期細胞の発芽機会も少なく，大量の休眠期細胞が底泥に沈積する．スケレトネマは陸上の長日植物と同じ性質を有しているようで，秋になって日長が短くなると増殖できなくなる．さらに，光強度の低下も加わるとスケレトネマの栄養細胞は水中から姿を消してしまう[124]（図2.28）．有明海では冬季にも栄養細胞が水中に生息していることで，箱崎港と異なる．おそらく，有明海は箱崎港に比較して海水の混合・撹拌が強く，スケレトネマの休眠期細胞は水中に浮上する機会も多く，冬でも発芽とその後の増殖に必要な光強度を受けることができる．さら

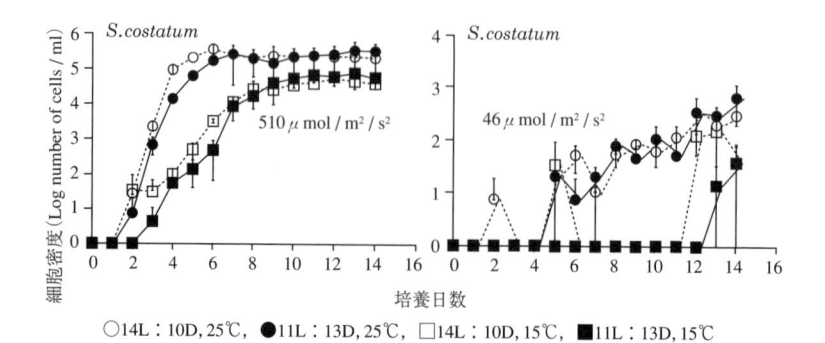

図2.28　スケレトネマの増殖に対する日長と光強度の影響

に，増殖に必要な栄養物質濃度も高いため，冬季に赤潮を形成できるのではないかと考えられる[125]．

小型珪藻類の増殖は降雨で大量の河川水が海域に入った後，晴天が続けばすぐに始まっていることが明らかとなった[126]．海に流入した河川水は海水の上を滑るようにして沖合へ10 kmほど海面を広がるが，同時に河川水の進行方向とは逆方向の海水流が水面下 1.5 m 付近で生じる．海水を浮遊していたスケレトネマなど小型珪藻の栄養細胞は反流に乗って河川水との境界面である水深 50 cm 付近に生じる豊富な栄養塩をもつ層に運ばれてすぐに増殖を始める．そして，数日が経過して河川水と海水が混合し終えた時に，広範囲の赤潮を一気に形成できるのはこの予備増殖個体群が源になっているためであろう．スケレトネマは32から5-10までの急激な塩分低下では細胞崩壊を受ける[127]．そのため，スケレトネマが栄養塩類を十分に利用してかつ増殖できる層は河川水とその反流の間の薄い層に限られる．

日照りが続くとスケレトネマの赤潮が発生するが，有明海の調査において，長副ら[125]は河川水からの栄養塩の供給後に，水面下の薄い層で急速に増殖し，塩分躍層が壊れた海水中で高密度に達するためには平均全天日射量が $20\ \mathrm{MJ/m^2}$ の連続した晴天が3日間必要であることを発表した．すなわち，降雨後6日間の全天日射量の平均値が $4.1 \sim 18.8\ \mathrm{MJ/m^2}$ である時，最高細胞密度は 1,693 cells/ml にとどまったが，平均値が $21\ \mathrm{MJ/m^2}$ の時には 27,959 cells/ml に達し，赤潮の形成はこのように全天日射量に大きく規制されるようである．

小型珪藻類の赤潮は短期間に赤潮を形成して栄養塩類を急速に消費し，水中光強度が低下すると一部の細胞は休眠期細胞になって沈み，多くの細胞は死亡するが，有機物生産がシャットネラのように多くはないためか，底泥付近の酸素を激しく消費して貧酸素水塊を形成することは少ない．スケレトネマをはじめとする小型珪藻類の繁茂は魚貝類を育む海を支える重要な基礎生産者である．

2.7.2 サンギネア赤潮

近年，有明海においてサンギネアの赤潮発生件数が増加している．しかも多くの赤潮はノリ漁期である秋から冬にかけて発生しており，ノリ色落ち被害への関与が心配されているところである．サンギネアは高水温と高塩分を好む増殖生

理特性を有し，珪藻との混合培養においてすぐに形態変化を起こして増殖できなくなることが室内実験でわかっている[128]．実際に箱崎港において珪藻類との細胞数の変化を調べたところ，春から夏にかけて珪藻類が常時繁茂しており，室内実験と同様に増殖抑制作用（アレロパシーや細胞間接触）が主要因となってサンギネアはどうしても増殖できないことを示唆している．また，日長の短縮と光強度の低下によって珪藻類が終息した晩秋において高い塩分条件下でサンギネアの密度を高めることが箱崎港で明らかになった[124]（図2.28）．また，シストを形成しないと言われている本種の栄養細胞が春から夏にかけて一度完全に消滅した後，初秋に再び箱崎港に現れて密度を高めることから，箱崎港へ栄養細胞が博多湾の他海域から供給されている可能性が示唆された．実際，松原[129]は博多湾においてサンギネア栄養細胞は西部湾口域で初秋に増殖し，この場所を源にして，流れに乗って湾全体に分布を拡大することを報告している．以上のことは，日長が短くて光強度が弱くなる晩秋において，長日植物の生理特性を有する小型珪藻類が消滅すると，箱崎港へ供給されたサンギネアの栄養細胞がブルームを形成することを示唆している．

有明海での本種の増殖経過を水産庁九州漁業調整事務所の資料に基づいて整理したところ，博多湾と同様に，晩秋に珪藻の繁茂が少なくかつ海水が高塩分である時に，栄養細胞の高密度細胞群が諫早湾口域に出現し，その後，高密度細胞群は奥部へと北上してブルームを形成していた（図2.29）．有明海の場合，干満の流れ（潮汐流）に乗ってサンギネアの高密度細胞群が北上し，奥部のノリ漁場でブルームを形成することを上記の結果は強く支持している．

2.7.3 シャットネラ赤潮

本種は活性酸素を細胞から放出して鰓に障害を与える直接的作用と赤潮の終息期に細胞有機物の分解によって生じる貧酸素水塊形成による間接的作用により，魚貝類に被害を与えることが報告されている[130]．

瀬戸内海では広島湾や播磨灘において1960年代後半から1970年代の前半にかけて本種赤潮の発生が記録されて以来，発生機構に関する研究がなされてきた．それらの成果から発生直前の環境特性は「6~7月からシャットネラ栄養細胞が観察されるようになり，24℃以上の暖かい表面水温が続いた後，1週間前に台風

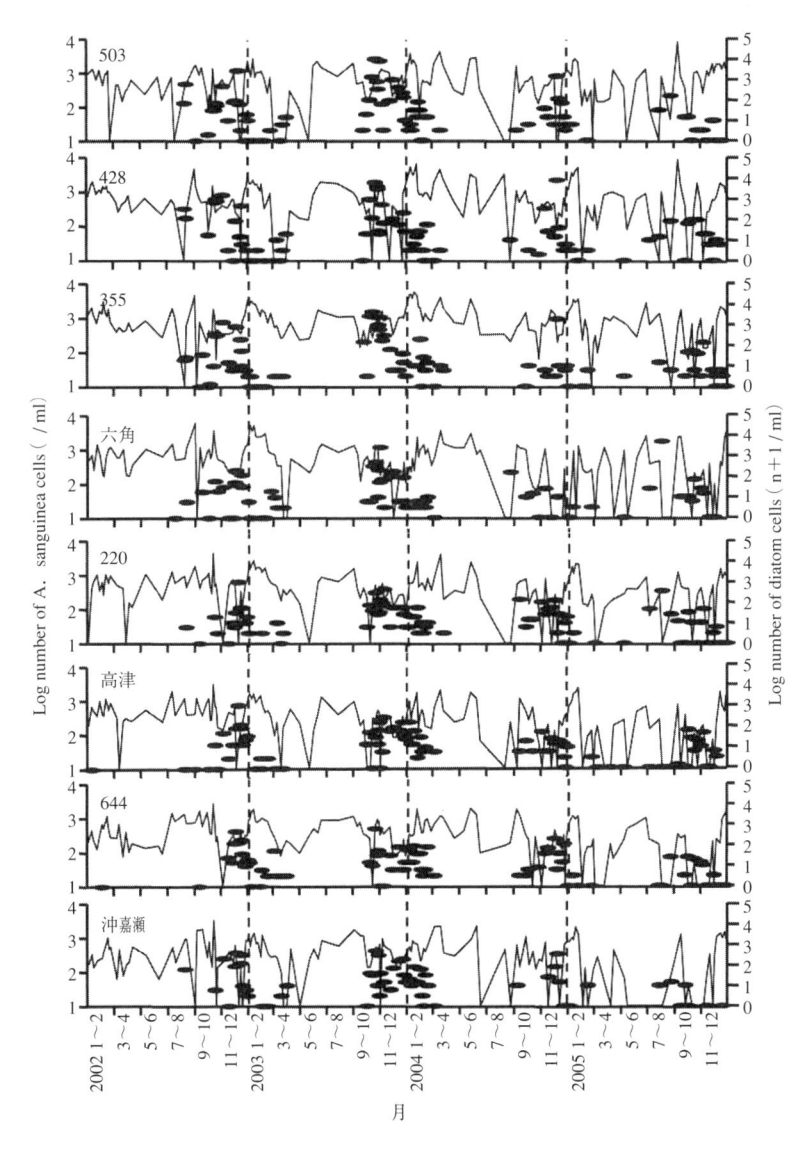

図 2.29 有明海奥部におけるサンギネア細胞分布の拡大過程

が通過して海水が混合し，底泥から栄養塩が供給された後に，好天によって表面水温が急激に上昇し，強い成層が発達すると大規模赤潮が発生する」と総括できる．この発生前の環境特性は有明海の本種赤潮を研究する際に今後大いに参考にされるべきである．

本城[131]はシャットネラの増殖には鉄が必要であり，鉄濃度に依存して増殖は促進されることを報告した．紫加田ら（未発表）はシャットネラの増殖に与える鉄濃度の影響実験を試み，窒素やリンの存在下における可溶鉄の増殖促進効果を確認した（図 2.30）．実験の結果は本種が高い速度で短期間に増殖するには 200 nM 以上の鉄が必要であることを示している．200 nM という溶存態鉄濃度は海域において滅多に観測されることはない．土屋ら[132]は三河湾において貧酸素海水においてのみ約 200 nM の可溶鉄を測定していることから，有明海における高濃度鉄の供給源として貧酸素水塊の形成が考えられる．播磨灘の場合は強風による撹拌によって泥の間隙水の鉄が水中に供給されたと推察される．

有明海のシャットネラ赤潮に関する情報は極めて少ない．ここでは 2007 年 8 月の赤潮を例にして発生経過を説明する．図 2.31 に北部有明海におけるシャットネラと珪藻類の栄養細胞密度，水温，塩分，底層溶存酸素濃度および栄養塩類濃度の変化を示す．シャットネラの赤潮は 2 回形成された．細胞は 6 月初旬に 1 cells/ml 以下という低密度で初めて出現が確認され，顕著な増殖は 7 月中旬から始まった．そして，8 月 6 日から 13 日にかけて 10³ から 10⁴ cells/ml に達する最初の赤潮（*Chattonella marina* と *antiqua* が混在）を形成し，一度 100 cells/ml まで低下した後，8 月 23 日に 10⁴ cells/ml の濃密な 2 回目の赤潮（*C.*

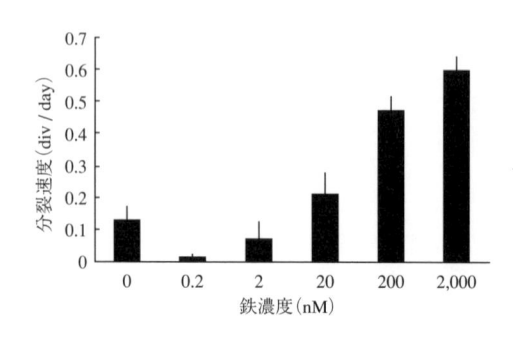

図 2.30　鉄窒素やリンの存在下におけるシャットネラの増殖に対する鉄の増殖促進効果

antiqua が主体）を形成した．1回目赤潮の本格的なシャットネラの増殖は8月初旬であり，珪藻類が一時的に減少した時期に相当するが，その後珪藻類も再び増殖して，シャットネラと複合赤潮を形成した．7月中旬に底層の溶存酸素濃度は3 mg/*l* から6 mg/*l* まで上昇しているが，3 mg/*l* 程度の酸素濃度の低下でシャットネラ赤潮を支えた栄養塩類や鉄は底層から供給されたと考えるのは難しく，むしろ河川水によって陸上から供給されたと考えるのが妥当であろう．第2回目の赤潮はほぼ単一種で形成され，増殖は8月中旬に始まった．しかし，この時期に顕著な栄養塩類供給の証拠をデータから表すことはできない．第2回目赤潮の終息後，8月下旬に大規模な貧酸素水塊が観測された．

　有明海奥部では福富干拓が1970年代の後半に完成して，貧酸素水塊が形成されるようになり，1980年代後半からシャトネラ赤潮が8月に形成されるようになった（有害赤潮の制御の図5.92）．この結果は貧酸素水塊からの栄養物質の供給が赤潮発生に関係したとする仮説を想定させる．しかし，2007年のシャットネラ赤潮は前述したように貧酸素水塊からではなく，むしろ河川からの栄養物質を利用して増殖したとする考えと矛盾する．シャットネラは日周鉛直移動をする．有明海奥部の発生海域は浅いので，鉛直移動によって底泥の間隙水から鉄を摂取している可能性もある．今後，利用可能な鉄濃度測定の頻度の高い調査が発生機構を明らかにしていく上で重要である．

　シャットネラ赤潮の終息期に50 μm 以上の大型の栄養細胞（DNA 含量は2c）が小型化細胞（DNA 含量は半分，1c）となり，形態の全く異なるシスト（休眠胞子，1c）が形成されて，低温条件下で越冬することにより成熟する．翌年，水温が上昇すると，シストから発芽して小型細胞（1c）が現れ，大型栄養細胞（2c）になる[133]．この小型から大型栄養細胞に変化する時のDNA 含量の増加は，栄養細胞の接合なしに観察される．有明海において2001年の調査で初めて高密度のシャットネラのシストの存在が確認された（瀬戸内海区水産研究所情報）．その後，シスト密度は減少の一途をたどり，2007年には非常に低い値であった．にもかかわらず，大規模な赤潮が発生した．底泥中に堆積しているシスト密度はいわば貯金であり，貯金が多ければ赤潮発生のチャンスが高いと考えるのが一般的常識であるが，2007年8月の赤潮に限って，そうではなさそうである．

　　　（本城凡夫・島崎洋平・長副　聡・松原　賢・紫加田知幸・川村嘉応・吉田幸史・久野勝利・
　　　　山崎康裕・大嶋雄治）

80

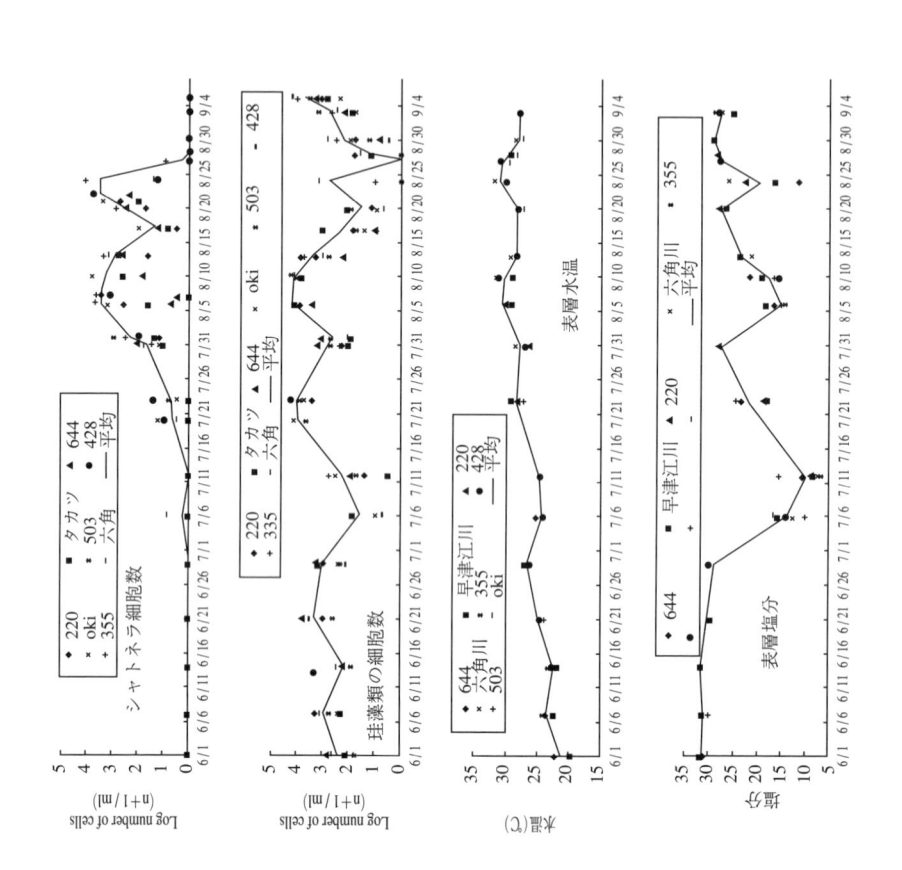

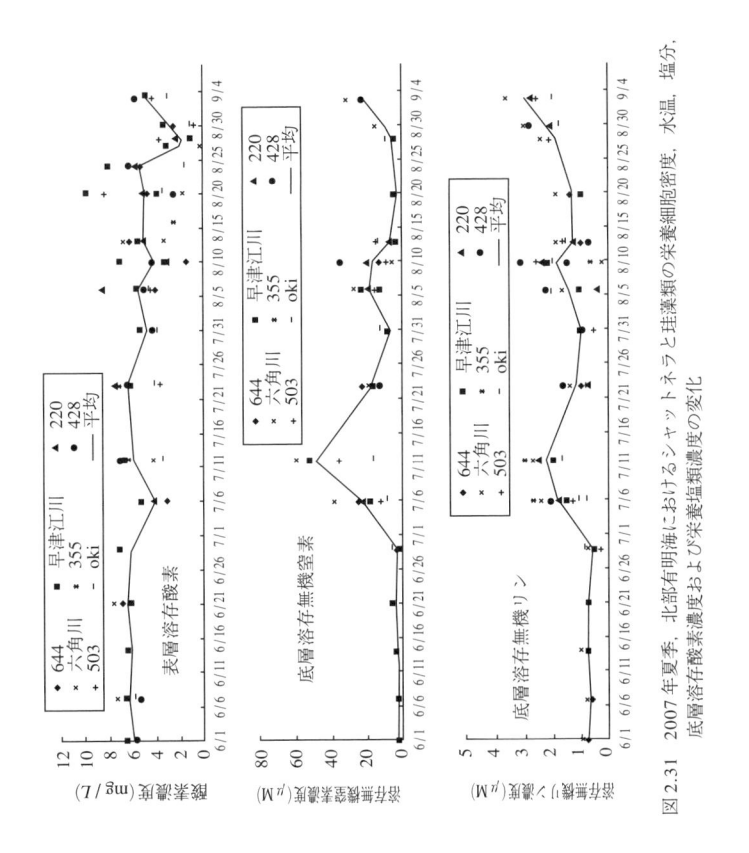

図2.31 2007年夏季，北部有明海におけるシャットネラと珪藻類の栄養細胞密度，水温，塩分，底層溶存酸素濃度および栄養塩類濃度の変化

2.8 有明海の水産業

2.8.1 生産基盤の変遷

　有明海では，貝類，甲殻類，魚類といった様々な生物を対象とした海面漁業が盛んに行われている．これらの漁業対象種には多くの有明海特産・準特産種も含まれている．また，養殖漁業として，湾奥部を中心に大規模なノリ養殖が展開されており，その様子は秋・冬期の風物詩となっている．全国のノリ生産量が約100億枚であるのに対し，近年の有明海のノリ生産量は約40億枚と，実に有明海のみで全国の約40％の生産量を占めている．ノリ生産量を除く有明海の漁業生産量の推移について図2.32に示した．有明海の漁業生産量は，1970年代後半以降，減少傾向にある．有明海の漁業の特徴の一つとして，総漁獲量に占める貝類の割合が高いことがあげられる．その主な理由の一つとして，生息域である干潟面積が非常に大きいことが考えられるが，貝類の漁獲量は10万トン前後で推移していた1970年代後半から急速に減少してきており，近年では毎年2万トンを下回っている．図2.32は，この貝類の漁業生産量の減少が有明海全体の漁業生産量の減少を引き起こしていることを示している．一方，ノリの収穫量は増減を繰り返しつつも増加傾向にあり，漁業総生産量に占める割合が高まってきている．同様に，貝類漁獲量の著しい減少を受けて，その他の海面漁業（魚類やその他の水産動物）漁獲量が全漁獲量に占める割合は，増加傾向にある．しかし，魚類やその他の水産動物についても，その漁獲量は減少傾向にあることに違いなく，近年有明海奥部を中心として急速に進行している環境悪化（夏季の底層水の貧酸素化，栄養塩濃度の低下，潮流変化など）が漁業生産量の減少を引き起こす重要な要因となっているものと考えられ，様々な角度から研究が進められている．

2.8.2 海面漁業の変遷
（1）二枚貝漁業

　二枚貝類の漁獲量は1983年に10万トン以上を記録した後，目立った減少傾向を示しており，2000年以降には最盛期の10分の1に満たないほどの極めて低い水準で推移している（図2.33）．有明海では，タイラギ，アサリ，サルボウ

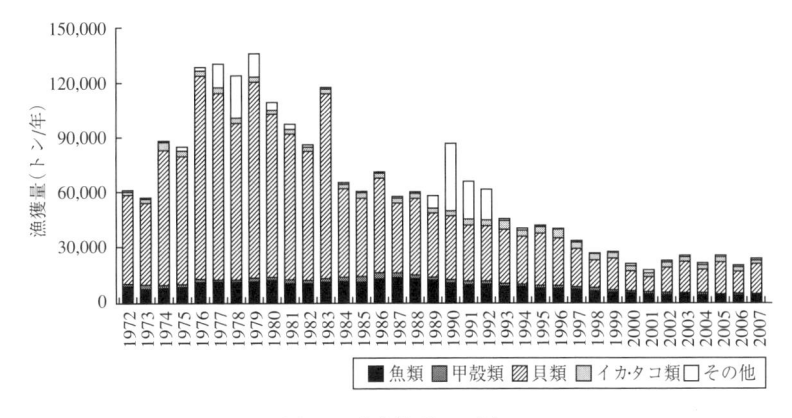

図2.32 漁獲量（トン/年）

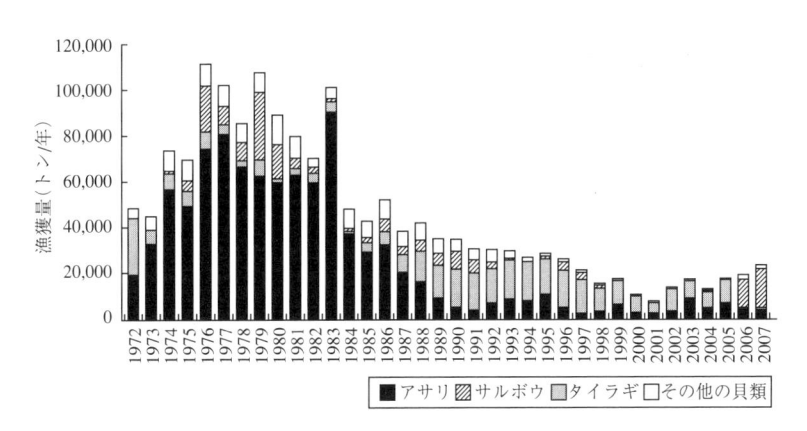

図2.33 漁獲量（トン/年）

などが二枚貝の中では重要種となっている．二枚貝類の漁獲量変遷を種別に見ると（図2.34），1980年頃まではアサリの漁獲量がその大部分を占めるほど多かったが，1980年代中期頃にアサリ漁業が衰退の兆しを見せると，その頃からサルボウの漁獲量が増加し，その漁獲量も1990年代後半からは減少傾向にあることが読み取れる．タイラギは，数年のピークをもって漁獲されていたが，1990年代後期以降，ほとんど漁獲されていない．

　ここでは二枚貝類のうち，漁獲量の減少傾向が甚だしいタイラギとアサリの

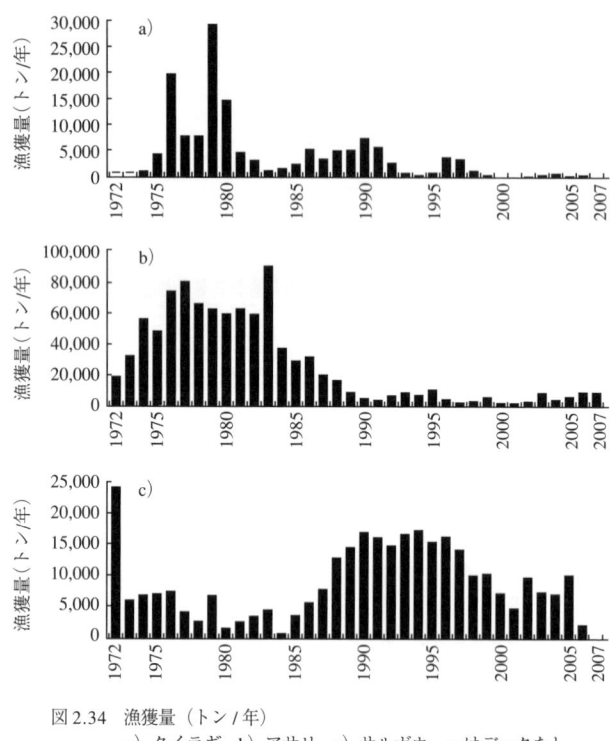

図2.34 漁獲量（トン／年）
a）タイラギ，b）アサリ，c）サルボウ，－はデータなし

漁獲量の変遷について述べることにする．

a) タイラギ

タイラギはハボウキ科に属し，殻の長さは20～30 cmにも達する大きな二枚貝である．とがった部分を下にして海底に立っているタイラギを，ヘルメット式潜水器で漁獲する．もともと日本では東北以南に広く分布していたが，今や代表的な産地は有明海と瀬戸内海のみとなってしまった．古くから潜水漁業を続けてきた漁業者は，タイラギの最盛期には海底にいくつも折り重なるように立っており，立つ場所がないほどだった，と振り返る．タイラギの漁期は12月から3月までの間であり，冬を告げる有明海のタイラギ漁は活気あふれるものであった．そのような情景は，残念ながら今では見ることができない．

タイラギは，有明海では先述したように数年のピークをもって漁獲されてき

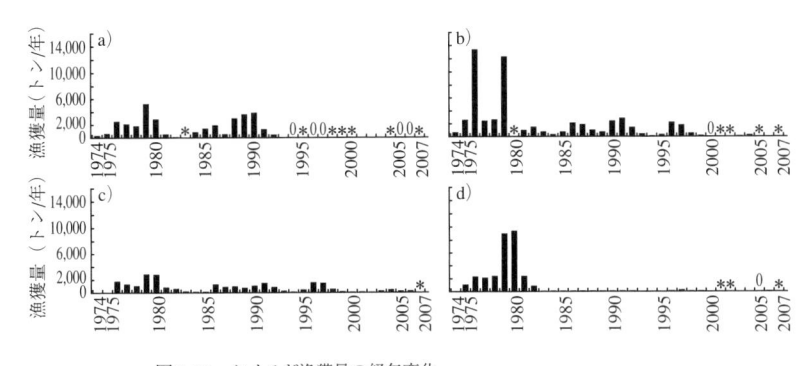

図 2.35 タイラギ漁獲量の経年変化
　　　　a) 長崎, b) 佐賀, c) 福岡, d) 熊本, ＊はデータなし

たが，長崎県では 1990 年，佐賀県および福岡県では 1996 年のピークを最後に，ほとんど漁獲されなくなった（図 2.35）．熊本県では，1980 年代以降ほとんど漁獲されていない（図 2.35）．主要な漁場は湾北部海域（佐賀県・福岡県海域）であるが，現在ではこの海域の中・西部の漁場では漁獲されておらず，北東部に一部漁場が残されているのみである．2009 年度には，佐賀県の鹿島市沖，太良町沖で久しぶりに多くのタイラギが確認され，12 月からのタイラギ漁操業が佐賀県・福岡県の両県で許可され，十数年ぶりの豊漁になったが，2010 年度はまた不漁となった．一方で，諫早湾を漁場とする長崎県では 17 年連続でタイラギ漁の休漁が決まっている．

　タイラギ漁場が壊滅した主な原因については，泥化の進行，有機物・硫化物の増加，貧酸素化などといった底質環境の悪化が指摘されている．また，近年のタイラギ資源の減少を引き起こしているその他の要因として，ナルトビエイ（図 2.36）による食害があげられている[133, 134]．食害は，春から初夏にかけてみられる．タイラギ資源の水準が極めて低位にある近年，平均で体重の約 1％，最大で体重の 10％に相当する二枚貝を専食するナルトビエイの食害がタイラギ資源量の減少に及ぼすインパクトは少なくないものと推定される．ナルトビエイは，もともと有明海に生息し，貝を摂食していたものと考えられるが，貝類の資源が著しく減少した現在は，捕食者であるナルトビエイとその餌となる貝類のバランスを著しく欠いている状態とみられ，2001 年以降，有明海の 4 県でナルトビエ

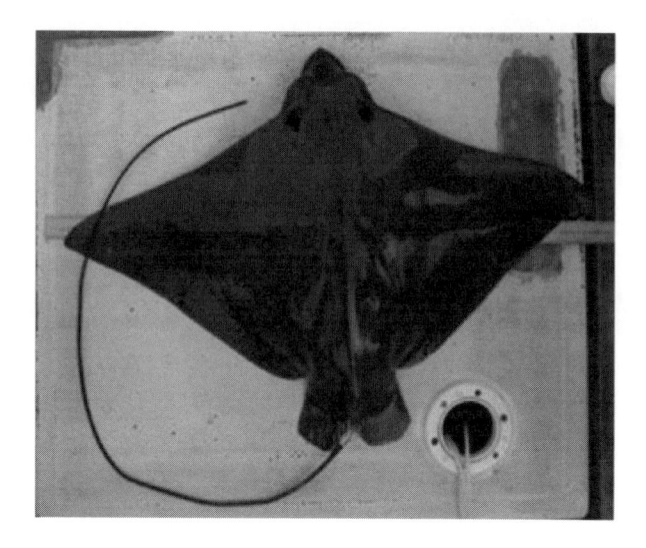

図2.36 ナルトビエイ

イの駆除が行われることとなった．ナルトビエイの駆除量は2005年の約521トンをピークに減少し，最近では小型化の傾向が認められることから，有明海におけるナルトビエイの個体数は駆除により大きく減少しているのかもしれない．ナルトビエイの駆除と貝類の漁獲量との関連についても今後の調査が必要である．

b) アサリ

アサリは日本全国の浅い海に生息しており，潮干狩りなどを通じて海辺で手軽に採ることができる食材として，日本人が最も親しんできた二枚貝の一つである．もともと干潟や砂地に生息することから，広大な干潟からなる浅海域をもつ有明海は，全国でも有数のアサリの産地であった．有明海では，初夏から秋にかけてアサリ漁業が行われる．有明海のアサリは他の海域で育ったものよりも身が詰まっていると評価され喜ばれてきたが，1990年以降には有明海も含め，全国的にアサリ資源が危機的状況に陥っている．

アサリの漁獲量を県別に見ると（図2.37），アサリの生息に適した砂質干潟を広く有する熊本県でその漁獲量は最も多く，また，その減少の程度も最も甚だしいことがうかがえる．熊本県沿岸で1977年に65,000トンの漁獲を記録した後，

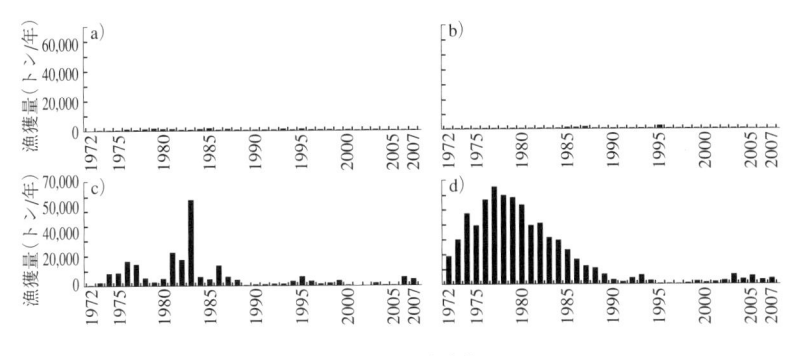

図 2.37 アサリ漁獲量の経年変化
a) 長崎, b) 佐賀, c) 福岡, d) 熊本

大きく減少し，1990年代中期以降は2,000〜5,000トン前後で推移している．熊本県の主要な漁場全体で漁獲量は減少しており，特に緑川河口域においてその傾向は顕著である．熊本県以外の各県では年ごとに変動が見られるものの，近年では共通して低位で推移している（図2.37）．

アサリ資源の減少を引き起こしている原因としてこれまでに，漁獲，底質環境の悪化，ナルトビエイによる食害，有害赤潮，マンガンによる影響などが指摘されている．漁獲圧に関しては，資源管理を行っている海域では資源量に回復傾向がみとめられている点から，アサリ資源の減少を引き起こしている要因の一つとして考えられている．底質環境の悪化に関しては底質の細粒化が指摘されており，その対策としてアサリ漁場に対する覆砂が実施されている．しかし，覆砂の効果は数年間しか持続せず，その効果を維持するためには定期的に覆砂を行わなければならない．また，覆砂に関しては，今後，海砂採取の規制海域が拡大すれば，その入手が困難となること，さらに，沖合域での海砂採取は採取海域の漁場環境に大いにマイナスの影響を及ぼす可能性があることから，適用に際し慎重に検討していく必要がある．ナルトビエイの食害については，タイラギ資源同様，アサリ資源の水準が低位にある現在では，アサリ資源の減少に寄与する要因の一つとなっているものと思われる．有害赤潮に関しては，シャットネラ赤潮の発生によりアサリの斃死が引き起こされたことが確認されている[135]．近年，シャットネラ赤潮の発生件数が増加傾向にあることから，アサリ資源の減少要因として影響を及ぼしている可能性が疑われる．マンガンの影響については，河川由来の

干潟基質中のマンガン含有量が増加傾向にあり，着底後の稚貝の生残に悪影響を及ぼしている可能性が指摘されている[136]．

かつて有明海漁業生産量の大部分を占めてきた二枚貝類漁獲量の復活が，有明海漁業生産の再生に重要な役割を果たすことになる．そのため，各県や国，大学などの研究者らがその復活に向けて様々な調査研究・取り組みを行っているところである．

(2) 魚類

有明海には，速い潮流を利用した定置網の一種である竹羽瀬やあんこう網などの小規模で伝統的な漁法が湾奥部の浅海域を中心に数多く存在する（図2.38）．これらの漁業は春から秋にかけて，ノリ養殖の合間に，家族単位で行われていることが多い．また一方で，沖合域では刺網や小型底曳網（図2.38）などといった底生魚類を対象とした小規模漁業が盛んである．以下では，魚類を硬骨魚類と軟骨魚類とに分けて，それぞれについて漁獲量の変遷を論じる．

a) 硬骨魚類

硬骨魚類の漁獲量の経年変化を（図2.39）に示した．硬骨魚類の漁獲量は1987年に13,000トンを超えるピークに達した後，その後一貫して減少し続けており，近年では5,000トン以下にまで減少している．有明海の主要な漁獲対象種の多くは底生種であるが，なかでも代表的なものの漁獲量の経年変化について図2.40に示した．ウシノシタ類，ヒラメ，ニベ・グチ類およびカレイ類は全て，概ね1980年代後半から減少を続け，1990年代後半に過去の漁獲統計値（1976

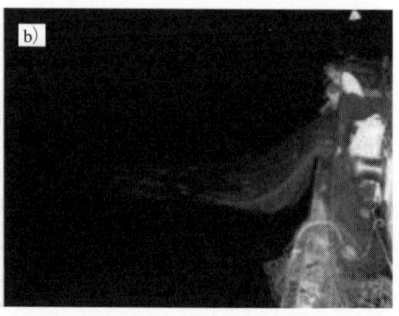

図2.38　有明海で行われている様々な漁業
　　　a) 湾奥で行われている竹羽瀬，b) 島原半島沖で操業されている小型底曳き網漁業

年以降）の最低水準を下回って減少している．

　有明海に生息する硬骨魚類の多くは，湾奥部を産卵場や仔稚魚期の成育場として利用している[137]．ここでは，島原半島沖の有明海中央部で産卵を行い，湾奥部を仔稚魚の成育場として利用しているシログチの生活史について，図2.41に示した．シログチの漁獲量はニベ・グチ類としてコイチとともに記録されており，有明海で重要な漁獲対象種となっている．シログチ以外にも，極めて経済的な価値の高いトラフグ属魚類やイヌノシタ属魚類などを含む多くの種でシログチと同様の生活史パターンがみられる．多産型の再生産戦略をとる一般的な海産硬骨魚類にとって，卵・仔魚期の初期減耗の程度は年級群の豊度を決定する最も重要なファクターである．このようにシログチなどの卵および仔魚は，流れにより湾奥部に輸送されて成育することから，こういった硬骨魚類の初期生残に輸送

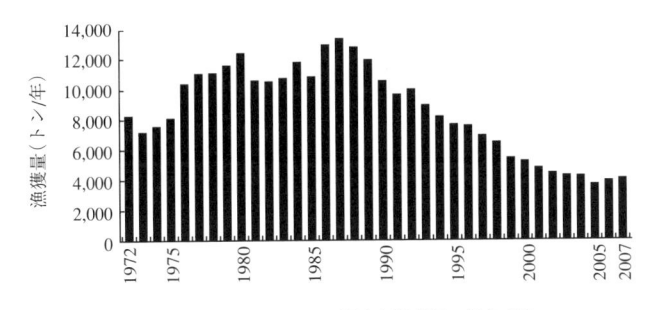

図2.39　有明海における硬骨魚類漁獲量の経年変化

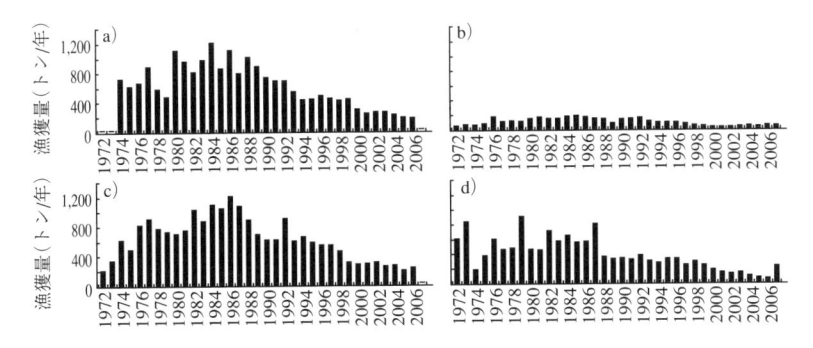

図2.40　ウシノシタ類，ヒラメ，ニベ・グチ類，カレイ類の漁獲量の経年変化
　　　a) ウシノシタ類，b) ヒラメ，c) ニベ・グチ類，d) カレイ類，－はデータなし

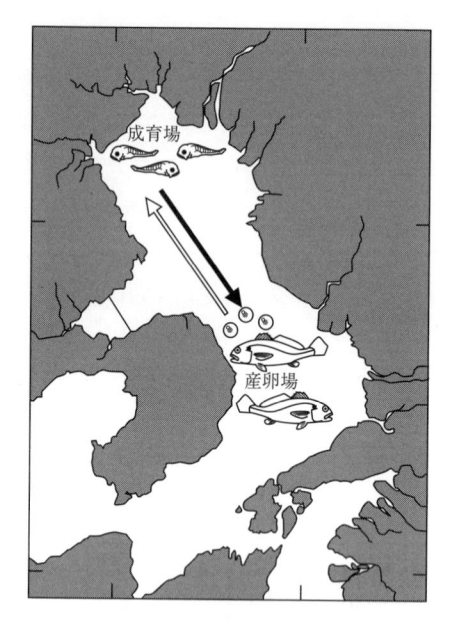

図2.41　シログチの生活史

経路にあたる海域の環境悪化（貧酸素化など），成育場の環境悪化，成育場面積の減少などが初期生残にマイナスの影響を及ぼしている可能性は極めて高い．

b) **軟骨魚類**

有明海の特徴の一つとして，非常に多くの軟骨魚類が生息していることがあげられ，それらの多くは底曳網や刺網，延縄漁業などで重要な漁獲対象種となっている（図2.42）．特にアカエイ属魚類に代表されるエイ類の種類は豊富で，つい最近も隠蔽種の存在が明らかになったばかりである[138, 139]．その大きな理由の一つとして，一般にエイ類では種同定の際に必要な外部形質計測部位や計数形質が乏しく，外部形態も種間で極めて類似していることが多いことに加え，既知の知見が著しく少ないことから正確に種の同定を行うことが非常に困難であるという点があげられる．有明海でみられる軟骨魚類には，有明海を主要な分布域とするものに加え，通常は外洋域に生息しており，湾奥部を交尾，出産，当歳魚の成育場などの繁殖活動の場所として一時的に利用するものも存在する．軟骨魚類の多くは湾奥部に流入する河川の河口域を再生産の場として利用しており，有明

図 2.42 小型底曳き網により漁獲された軟骨魚類

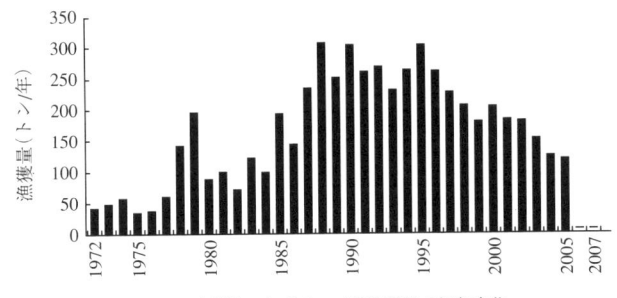

図 2.43 有明海におけるエイ類漁獲量の経年変化
－はデータなし

海に軟骨魚類が多く生息する第一の理由として，こうした再生産を行うのに適した河川河口域が多く存在することが考えられる[137]．有明海のエイ類漁獲量の経年変化をみると，漁獲量は1990年代中期以降減少傾向にある（図2.43）．他の多くの硬骨魚類と同様に湾奥部を重要な繁殖場・成育場として利用しているエイ類にとって，湾奥部の環境悪化は，その再生産に多大な悪影響を及ぼしているであろう．加えて，干拓や開発などで干潟・河口域が縮小したことにより再生産の場そのものを失ったことが，その資源減少の直接的な要因となっている可能性もある．

c）その他の水産生物

有明海では貝類や魚類の他にエビ類，カニ類，タコ類，イカ類などを対象とした漁業が存在する．なかでもクルマエビは重要な漁獲対象種であり，放流事業

対象種ともなっている．クルマエビ漁獲量の経年変化をみると（図2.44），1983年の544トンが過去最高となっており，漁獲量は大きな変動を繰り返しているものの1990年代後期以降一貫して減少，特に2007年には過去最低の35トンにとどまった．クルマエビの産卵場は橘湾，有明海湾口部，長崎県島原市沖に形成され，初夏から秋にかけて産卵が行われる．浮遊幼生は湾内に輸送され，稚エビは主に福岡県および熊本県の浅海域に出現し，そこを成育場として成長する[140]．このことから考えて，シログチなどの多くの魚類同様，その初期生残に流れの変化，底層水の貧酸素化をはじめとした輸送経路および成育場の環境悪化がマイナスの影響を及ぼしている可能性が極めて高い．

ガザミは「竹崎ガニ」，「たいらがね」などのブランド名で知られる有明海を代表するカニ類の一つである．本種は刺網やカゴ網，すくい網などにより主に漁獲されている．産卵は5月から10月にかけて，場所はクルマエビと同じく有明海中央部から湾口部，橘湾で行われている．1985年には1,782トンを記録したが，その後は減少する一方で，2007年には179トンと，ピーク時の約10分の1が漁獲されているにすぎない．特に長崎県や佐賀県で漁獲量が多いが，漁業者から直接流通しているものもあることから，正確な漁獲量は把握できていない．いずれにしても，ここ数年はその資源状態は極めて低位であるとみられ，各県で積極的に種苗放流を行っているほか，抱卵雌の保護や休漁日の設定，漁獲サイズの制限など，各県独自の自主規制を実施している．

タコ類とイカ類の漁獲量について，目立った減少傾向はみとめられていない．有明海では，コウイカ，カミナリイカ，ジンドウイカ類，イイダコやテナガダコ

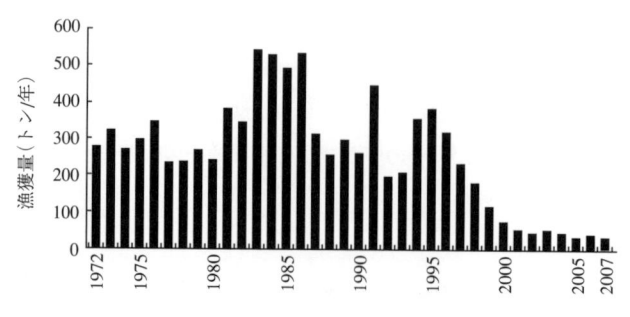

図2.44　クルマエビの漁獲量の経年変化

などが多く漁獲されているものとみられるが，魚種別の漁獲統計はなく詳しいことはわかっていない．タコ類，イカ類ともに漁場は湾口付近に形成されており，主な分布域は湾口部と考えられている．有明海に生息するタコ類とイカ類の生活史に関してはこれまで調査が行われていないが，多くの魚類やクルマエビとは異なり，生活史初期を含めて環境悪化の進行する湾奥部に依存しない生活史を送っているために，湾奥部の環境悪化の影響をそれほど大きく受けていない可能性もある．

(3) 養殖漁業の変遷（ノリ養殖）

有明海の漁業生産にとって，総生産額からみてもノリ養殖は極めて重要な位置を占めている．各県のノリ生産枚数の推移について図 2.45 に示す．有明海におけるノリ生産量は 1970 年代以降，生産技術の向上により増加傾向のもと推移してきたが，2000 年の冬にノリの色落ち被害が発生し，生産枚数は大きく落ち込んだ．この年は「ノリの不作」として，大きな問題となり，その原因や対策について盛んに議論が行われた[141]．2001 年には，いったん生産が回復したが，その後も病気の発生などにより生産の減少がみられる年もあったが，生産はほぼ安定した状況にある．また，ノリが不作であった 2000 年当時は，いずれの県でも軒並みその生産が落ち込んだが，その年を除けば年間あたりの生産枚数は県により異なる傾向が見られている．

ノリ養殖では，秋芽期（1 期作）および冷凍網期（2 期作），そして秋芽期と

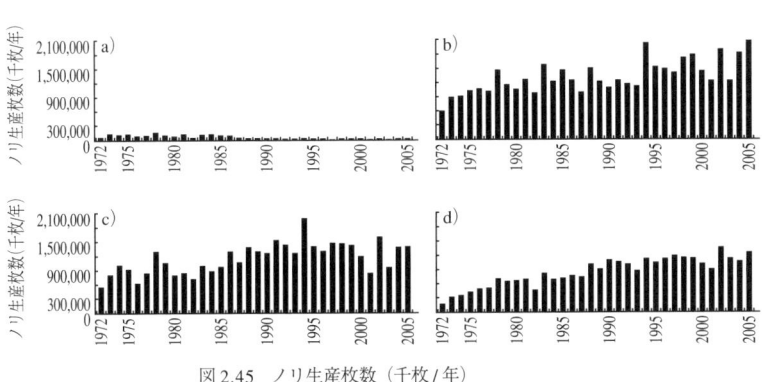

図 2.45　ノリ生産枚数（千枚 / 年）
a) 長崎，b) 佐賀，c) 福岡，d) 熊本

冷凍網期の生産状況をみて,必要であれば,その後,3期作が行われる.秋芽期のノリの生産量と水温との関係には負の関係が示されており,秋〜冬期の水温が秋芽網の生産量に影響を及ぼす要因の一つである可能性が示されている[141].したがって,近年指摘されている地球温暖化に伴う海水温上昇はノリ養殖にはマイナスの影響を及ぼしているかもしれない.また,一部の水域(福岡県,佐賀県南部,熊本県北部)でノリ生産量は近年低調に推移しているが,これについては,ノリの成長に不可欠な栄養塩濃度の低下によるものとの指摘もされている.

(久米　元・古満啓介・山口敦子)

文献

1) 滝川　清:"漁場環境を考える〜有明海の海域環境特性〜",(社)日本水産資源保護協会,月報,451,3-10(2002).
2) 滝川　清・古川憲治・鈴木敦巳・大本照憲:"有明海の白川・緑川河口域における干潟環境特性とその評価に関する研究",海岸工学論文集,土木学会,46(2),1121-1125(1999).
3) 環境省:有明海・八代海総合調査評価委員会:委員会報告,33p.,2006.
4) 環境省:第3回有明海・八代海総合調査評価委員会　資料-10:自然環境保全基礎調査結果の概要(有明海・八代海),2003.
5) 滝川　清:第14回有明海・八代海総合調査評価委員会　資料-3:有明海・八代海の底質環境について,2005.
6) 滝川　清:"有明・八代海沿岸域の自然環境評価と環境共生型社会基盤整備に関する研究",平成10年度〜13年度日本学術振興会科学研究費補助金(基盤研究(A)(2):一般),研究成果報告書,453p,2002.
7) 千葉　賢・武本行正:"諫早湾潮受け堤防の影響評価のための潮位観測値の分析と流況解析",四日市大学環境情報論文,5,pp.39-70(2002).
8) 熊本県,有明海・八代海干潟等沿岸海域再生検討委員会:委員会報告　〜有明海・八代海干潟等沿岸海域の再生に向けて〜,p.9,2006　を基に作成.
9) 宇野木早苗:有明海の潮汐減少の原因に関する観測データの再解析結果,海の研究,12,307-313(2003).
10) 田井　明・酒井公大・齋田倫範・橋本彰博・矢野真一郎・多田彰秀・小松利光:有明海および八代海における半日周期潮汐の長期変化について,水工学論文集,54,2010,印刷中.
11) Ray, R.D.: Secular changes of the M2 tide in the Gulf of Maine, *Continental Shelf Research*, 26, 422-427 (2006).
12) 灘岡和夫・花田　岳:有明海における潮汐振幅減少要因の解明と諫早堤防締め切りの影響,海岸工学論文集,49,401-405(2002).
13) 千葉　賢・武本行正:諫早湾潮受け堤防の影響評価のための潮位観測値の分析と流況数値解析,四日市大学環境情報論集,5,39-70(2002).
14) 藤原考道・経塚雄策・濱田考治:有明海における潮汐・潮流減少の原因について,

海の研究, 13, 403-411（2004）.

15) 安田秀一：内湾における副振動の発生と有明海の潮汐増幅について―複合潮の振舞いと固有振動との共振―, 海の研究, 15, 319-334（2006）.

16) 田井 明・矢野真一郎：外海を基準とした有明海のM_2潮増幅率の変動特性と諫早湾潮受け堤防建設による影響, 海の研究, 17, 205-211（2008）.

17) 井上尚文・青山恒雄・宮地邦明：沿岸域の海況調査方法としての多数船同時観測の有明海における試行の意義, 月刊海洋科学, 11 (5), 448-457（1979）.

18) 小松利光・安達貴浩・金納聡志・矢野真一郎・小橋乃子・藤田和夫：有明海における流れと物質輸送に関する現地観測, 海岸工学論文集, 50, 936-940（2003）.

19) 小松利光・矢野真一郎・齋田倫範・松永信博・鵜崎賢一・徳永貴久・押川英夫・濱田孝治・橋本彰博・武田 誠・朝位孝二・大串浩一郎・多田彰秀・西田修三・千葉 賢・中村武弘・堤 裕昭・西ノ首英之：北部有明海における流動, 成層構造の大規模現地観測, 海岸工学論文集, 51, 341-345（2004）.

20) 多田彰秀・中村武弘・矢野真一郎・武田 誠・橋本彰博・染矢真作・齋田倫範：諫早湾内における夏季の流況観測, 海岸工学論文集, 52, 351-355（2005）.

21) 齋田倫範・田井 明・橋本彰博・大串浩一郎・多田彰秀・松永信博・小松利光：諫早湾内における低塩分水の挙動に関する現地観測, 水工学論文集, 54, 印刷中, 2010.

22) 矢野真一郎・齋田倫範・橋本泰尚・神山泰・藤田和夫・小松利光：有明海における潮汐条件に対する流動, 成層構造の変化, 海岸工学論文集, 51, 331-335（2004）.

23) 中村武弘・矢野真一郎・多田彰秀・野中寛之・亀井雄一：諫早湾湾口部における流況の現地観測, 海岸工学論文集, 49, 396-400（2002）.

24) 中村武弘・多田彰秀・矢野真一郎・武田 誠・野中寛之：諫早湾湾口部における夏季の流況観測, 海岸工学論文集, 50, 371-375（2003）.

25) 多田彰秀・竹之内健太・坂井伸一・染矢真作・水沼道博・中村武弘：DBF海洋レーダによる諫早湾湾口部の流況観測, 海岸工学論文集, 53, 356-360（2006）.

26) 多田彰秀・竹之内健太・染矢真作・坂井伸一・水沼道博・中村武弘・坪野考樹：DBF海洋レーダ観測に基づく諫早湾湾口部の表層流動特性, 海岸工学論文集, 54, 391-395（2007）.

27) 灘岡和夫・花田 岳：有明海の潮汐振幅減少要因の解明と諫早堤防締め切りの影響, 海岸工学論文集, 49, 401-405（2002）.

28) 藤原考道・経塚雄策・濱田孝治：有明海における潮汐・潮流の原因について, 海の研究, 13, 403-411（2004）.

29) Manda, A. and K. Matsuoka：Changes in Tidal Currents in the Ariake Sound Due to Reclamation, *Estuaries and Coasts*, 29, 645-652（2006）.

30) 小松利光・矢野真一郎・齋田倫範・田井 明：有明海の潮流ならびに物質輸送の変化に関する研究, 海岸工学論文集, 53, 326-330（2006）.

31) 小田巻実・大庭幸広・柴田宣昭：有明海の潮流新旧比較観測結果について, 海洋情報部研究報告, 39, 33-61（2003）.

32) 海上保安庁：有明海, 八代海海象調査報告書, 39p., 1974.

33) 西ノ首英之・小松利光・矢野真一郎・齋田倫範：諫早湾干拓事業が有明海の流動構造へ及ぼす影響の評価, 海岸工学論文集, 51, 336-340（2004）.

34) 西ノ首英之・山口恭弘：島原湾及び橘湾の海水流動特性, 雲仙普賢岳火山活動の水産業に及ぼす影響調査事業報告書, pp.10-65, 1996.

35) 山口創一・濱田孝治・速水祐一・瀬口昌洋・大串浩一郎：有明海奥部筑後川河口沖に

おける流れの季節および経年変動, 海岸工学論文集, 56, 436-440 (2009).
36) 田井 明・齋田倫範・矢野真一郎・川村嘉応・野口敏春・小松利光：有明海湾奥における近年の潮流の変化と残差流の変動特性, 海岸工学論文集, 55, 371-375 (2008).
37) 齋田倫範・矢野真一郎・橋本泰尚・小松利光：大規模一斉観測データを用いた諫早湾口周辺の流動特性の検討, 海岸工学論文集, 52, 346-350 (2005).
38) 松野 健・中田英昭：有明海の流れ場を支配する物理過程, 沿岸海洋研究, 42, 11-17 (2004).
39) 千葉 賢・武本行正：諫早湾潮受け堤防設置に伴う有明海の流況変化に関する研究, 海岸工学論文集, 50, 376-380 (2003).
40) 佐々木克之・程木義邦・村上哲生：諫早湾調整池からのCOD・全窒素・全リンの排出量および失われた浄化量の推定, 海の研究, 12, 573-591 (2003).
41) 齋田倫範・田井 明・矢野真一郎・小松利光：護岸建設による干潟上の流速減少に関する一考察, 水工学論文集, 53, 1465-1470 (2009).
42) (大串, 2003).
43) 横内克巳・半田亮司・川村嘉応・吉田雄一・山本憲一・清本容子・岡村和麿・藤原 豪：有明海における水質環境の水平分布と経時変化, 海と空, 80 (4), 141-162 (2005).
44) 川口 修・山本民次・松田 治・橋本俊也：水質の長期変動に基づく有明海におけるノリおよび珪藻プランクトンの増殖制限元素の解明, 海の研究, 13 (2), 173-183 (2004).
45) 川村嘉応：有明海奥部のノリ養殖 影響する環境要因と自然環境への影響, 海洋と生物, 167, 603-610 (2006).
46) 渡辺康憲・川村嘉応・半田亮司：ノリ養殖と栄養塩ダイナミックス, 沿岸海洋研究, 42 (1), 47-54 (2004).
47) 柳 哲雄・阿部良平：有明海の塩分と河川流量から見た海水交換の経年変動, 海の研究, 12 (3), 269-274 (2003).
48) 柳 哲雄・下村真由美：有明海における成層度の経年変動, 海の研究, 13 (6), 575-581 (2004).
49) 松川康夫：諫早干拓などに伴う潮汐, 潮流, 海洋構造の変化. 有明海生態系再生をめざして（日本海洋学会編), 恒星社厚生閣, pp.49-54, 2005.
50) 程木義邦：有明海浅海定線調査データでみられる表層低塩分水輸送パターンの変化. 有明海生態系再生をめざして（日本海洋学会編), 恒星社厚生閣, pp.55-62, 2005.
51) 磯崎一郎・北原栄子：有明海の海況の特徴, 沿岸海洋研究ノート, 14 (1・2), 25-35 (1977).
52) 青峰重範・東 俊雄・井ノ子昭夫：有明海泥土の粘土鉱物, 九州大学農学部学芸雑誌, 14 (3)：387-398 (1954).
53) 代田昭彦：非生物体ニゴリの研究-Ⅰ, 河口域における栄養塩濃度の変動に関与するニゴリ, 日本水産学会誌, 45 (9), 1123-1128 (1979).
54) 日本海洋学会：有明海, 日本全国沿岸海洋誌, 東海大学出版会, pp.815-878, 1985.
55) 中田英昭：有明海の環境変化が漁業資源に及ぼす影響に関する総合研究, 平成13年度〜平成17年度科学研究費補助金（基礎研究S）研究成果報告書, 2006.
56) 杉本隆成・田中勝久・佐藤英夫：有明海奥部における浮泥の挙動と低次生産への影響, 沿岸海洋研究, 42 (1), 19-25 (2004).
57) 代田昭彦：有明海の栄養塩類とニゴリの特性, 月刊海洋科学, 12 (2), 127-137 (1980).
58) 山本民次・川口 修：有明海の栄養塩環境とノリ養殖—ノリの不作は何故起こったか—, 水環境学会誌, 27 (5), 293-300 (2004).
59) 滝川 清・田中健治・外村隆臣・西岡律恵・

青山千春：有明海の過去25年間における海域環境の変動特性，海岸工学論文集，50, 1001-1005 (2003).
60) 星野通平：日本近海大陸棚上の泥質堆積物について，地質学雑誌，58, 41-53 (1952).
61) 星野通平：日本近海大陸棚上の堆積物について，地団研専報，7, 1-41 (1958).
62) 鎌田泰彦：有明海の底質（概報），堆積学研究，16, 5-8 (1957).
63) 鎌田泰彦：有明海の海底堆積物，長崎大学教育学部自然科学研究報告，18, 71-82 (1967).
64) 松石秀之：有明海における海底砂鉄の地質及び鉱床—海底砂鉄探査の研究 その I, 九州鉱山学会誌，34, 23-60 (1966a).
65) 松石秀之：有明海における海底砂鉄の地質及び鉱床—海底砂鉄探査の研究 その II, 九州鉱山学会誌，34, 89-114 (1966).
66) 松石秀之：有明海における海底砂鉄の地質及び鉱床—海底砂鉄探査の研究 その III, 九州鉱山学会誌，34, 115-171 (1966).
67) 熊本県土木部：熊本県海域海底砂賦存量調査委託報告書．pp.1-267, 1992.
68) 長崎海洋気象台：有明海の総合開発に関連した海洋学的研究（1）．1-40, 1954.
69) 海上保安庁水路部：島原海湾の海底地形・底質分布および潮流．海上保安庁水路部調査報告，pp.1-42, 1959.
70) 有明海研究グループ：有明・不知火海域の第四系．地団研専報，11, 1-86 (1965).
71) 木下泰正・有田正史・小野寺公児・大嶋和雄・松元英二・西村清和・横田節哉：61-2 有明海および周辺海域の堆積物，通商産業省工業技術院地質調査所公害特別研究報告書（環境特研）,61, 29-67 (1980).
72) 代田昭彦・近藤正人：有明海，III 化学（日本海洋学会沿岸海洋研究部会編），日本全国沿岸海洋誌，pp.846-862, 1985.
73) 建設省国土地理院：沿岸海域基礎調査報告書（熊本地区），pp.1-89, 1979.
74) 建設省国土地理院：沿岸海域基礎調査報告書（三角地区），pp.1-112, 1979.
75) 建設省国土地理院：沿岸海域基礎調査報告書（島原地区），pp.1-195, 1982.
76) 建設省国土地理院：沿岸海域基礎調査報告書（荒尾地区），pp.1-129, 1985.
77) 秋元和實・滝川 清・島崎英行・鳥井真之・長谷義隆・松田博貴・小松俊文・本座栄一・田中正和・大久保功史・筑紫健一・松岡數充・近藤 寛：「がらかぶ」が見た有明海の風景—環境変化をとらえるための表層堆積物データベース—，熊本大学沿岸域環境科学教育研究センター，NPOみらい有明・不知火, 2004.
78) 近藤 寛・東 幹男・西ノ首英之：有明海における海底堆積物の粒度分布とCN組成，長崎大学教育学部紀要—自然科学—, 68, 1-14 (2003).
79) Akimoto, K., Nakahara, K., Kondo, H., Ishiga, H. and Dozen, K.: Environmental reconstruction based on heavy metals, diatoms and benthic foraminifers in the Isahaya Reclamation Area, Nagasaki, *Japan.Jour. Environ. Micropaleo. Microbio. Meiobenth.*, 1, 83-106 (2004).
80) 松岡數充：有明海・諫早湾堆積物表層部に残された渦鞭毛藻シスト群集からみた水質環境の中長期的変化，沿岸海洋研究，42, 55-59 (2004).
81) 横瀬久芳・百島則幸・松岡數充・長谷義隆・本座栄一：海底堆積物を用いた有明海100年変遷史の環境評価．地学雑誌，114, 1-20 (2005).
82) 秋元和實・滝川 清・西村啓介・平城兼寿・鳥井真之・園田吉弘：有明海白川沖における過去60年間の環境変遷の特性，海岸工学論文集，53, 941-945 (2006).
83) 東 幹男：諫早湾干拓事業に伴う有明海異変に関する保全生態学的研究．有明海異変と諫早湾干拓の関連解明に向けて（自然保護助成基金編），pp.131-147, 2006.
84) 安達貴浩・金納 聡：第2章 有明プロジェクトによる一斉観測の概要と主な結果．有明プロジェクト中間報告（その1），

pp. 11-94, 2002.
85) 井上尚文：有明海，II 物理（日本海洋学会沿岸海洋研究部会 編），日本全国沿岸海洋誌，東海大学出版会，pp.831-845, 1992.
86) 滝川 清・秋元和實・吉武弘之・渡辺 枢：有明海大浦沖における海底攪拌の効果．海岸工学論文集，52, 1141-1145（2005）.
87) 吉村 直：有明海における貧酸素水塊の挙動と底泥からの栄養塩の溶出，熊本県水産研究センターニュース，pp.8-9, 2004.
88) 滝川 清・秋元和實・平城兼寿・田中正和・西村啓介・島崎英行・渡辺 枢：有明海熊本沖の水塊構造と表層堆積物分布特性，海岸工学論文集，52, 956-960（2005）.
89) 秋元和實, 七山 太, 安間 恵, 滝川 清：音響および底質特性に基づく熊本市沖有明海の海域環境の解析，海洋開発論文集，24, 639-644（2008）.
90) 田中正和・島崎英行・長谷義隆・松田博貴・小松俊文・小田真優子・大久保功史・平城兼寿・秋元和實：九州西部島原湾の春季の水塊分布，熊本大学理学部紀要（地球科学），18（1），1-9（2004）.
91) 佐藤聡美・松田博貴：有明海緑川河口付近の堆積過程，熊本大学理学部紀要（地球科学），17（2），1-14（2003）.
92) 柿木哲也・滝川 清・山田文彦・木下栄一郎・外村隆臣：干潟地形変化数値シミュレーション解析，平成13年度－平成15年度科学研究費補助金（基盤研究（A）(2)）「有明・八代海域における高潮ハザードマップ形成と干潟環境変化予測システムの構築」研究成果報告書，pp.165-185, 2004.
93) 栗山善昭・滝川 清・榎園光廣・野村 茂・橋本孝治・柴田貴徳：熊本市白川河口における土砂収支の検討，海岸工学論文集，50, 556-560（2003）.
94) 近藤 寛・東 幹夫・西ノ首英之・山口恭弘：1 水無川河口沖における底質の粒度組成の変化，有明海水産事業復興対策基礎調査事業報告書，pp.15-80, 2001.
95) 熊本開発研究センター：熊本港周辺海域干潟生物調査，1978-1998.
96) 環境省：第16回有明海・八代海総合調査評価委員会資料，pp.1-8, 2006.
97) 菊池泰二：干潟浅海系の保全の意義，佐藤正典（編），有明海の生きものたち（佐藤正典 編），海遊舍，pp.306-317, 2001.
98) 森 敬介：生息生物の種類と分布，産官学連携による有明海を再生させる取り組み成果報告会講演要旨集，pp.28-31, 2008.
99) 秋元和實・田中正和・滝川 清：有明海熊本沖における海域環境の変動に対する生物多様性の応答の解析，海洋開発論文集，25, 527-532（2009）
100) 中村武弘・多田章秀・矢野真一郎：AラインおよびEラインの流速観測について，有明プロジェクト研究チーム編，有明プロジェクト中間報告書（その1），pp.126-134, 2002.
101) Nozaki, Y., Kasemsupaya, V. and Tsubota, H.:The distribution of 228Ra and 226Ra in the surface waters of the northern North Pacific, *Geochemical Journal.*, 24,1-6（1990）.
102) Moore, W. S. and Todd, J. F. :Radium isotopes in the Orinoco and Eastern Caribbean Sea, *Journal of Geophysical Research*, 98 (C2), 2233-2244（1993）.
103) Krest, J., Moore, W. S. and Rama, M.:226Ra and 228Ra in the mixing zones of the Mississippi and Atchafalaya Rivers: indicators of groundwater input, *Marine Chemistry*, 64,129-152（1999）.
104) Moore, W. S., and Krest, J. :Distribution of 223Ra and 224Ra in the plumes of the Mississippi and Atchafalaya Rivers and the Gulf of Mexico, *Marine Chemistry*, 86,105-119（2004）.
105) Kawakami,H.：Surface water mixing estimated from 228Ra and 266Ra in the

northwestern North Pacific, *Journal of Emvironmental Radioactivity*, 99, 1335-1340 (2008).
106) 野村律夫・瀬戸浩二・入月俊明・井上睦夫・小藤久毅：中海閉鎖性水域の開削に伴う湖沼循環の変化. 日本古生物学会 2008 年年会講演予稿集, p.75, 2008.
107) 山崎　誠・尾田太良・秋元和實・田中裕一郎：東シナ海陸棚縁辺域から陸棚斜面域における有孔虫の輸送過程, 地質学雑誌, 107, 15-25（2001）.
108) 秋元和實・野村律夫・田中正和・島崎英行・滝川　清：ラジウム放射能比解析による諫早湾内の堆積作用特性, 海岸工学論文集, 56, ……（2009）.
109) 門上希和夫・濱田建一郎・楠田哲也・伊豫岡宏樹・陣矢大助・上田直子・岩村幸美・楠田哲也：閉鎖性 2 海域（洞海湾, 有明海）における底質中の有害物質蓄積量, 用水と排水, 51（12）, 997-1003（2009）.
110) 海上保安庁水路部：海洋汚染調査報告, 第 32 号, 2004.
111) 海上保安庁水路部：海洋汚染調査報告, 第 33 号, 2005.
112) 海上保安庁水路部：海洋汚染調査報告, 第 34 号, 2006.
113) 海上保安庁水路部：海洋汚染調査報告, 第 35 号, 2007.
114) Fukushima, K., T. Saino and Y. Kodama：Trace metal contamination in Tokyo Bay, Japan., *The Science of the Total Environment*, 125, 373-389（1992）.
115) Long et al.：Environmental Management, *NOAA*, 19（1）, 81-97（1995）.
116)（独）水産総合研究センター：平成 21 年度環境省請負業務結果報告書　有明海貧酸素水塊発生機構実証調査, 2010
117) 速水祐一・山口創一・濱田孝治・真鍋智明・経塚雄策：海洋構造・物質輸送からみた有明海の貧酸素水塊形成機構, 第 21 回沿環連ジョイント・シンポジウム　有明海貧酸素水塊の実態と要因　要旨集, 2009

118) 速水祐一：有明海奥部の貧酸素水塊 – 形成機構と長期変動 –, 月刊海洋, 39（1）, 22-28（2007）.
119) 濱田孝治・速水祐一・山本浩一・大串浩一郎・吉野健児・平川隆一・山田裕樹：2006 年夏季の有明海奥部における大規模貧酸素化. 海の研究, 17（5）, 371-377（2008）.
120) 中田英昭：有明海の環境変化が漁業資源に及ぼす影響に関する総合研究, 平成 13 年度～平成 17 年度科学研究費補助金（基礎研究 S）研究成果報告書, 2006
121) 松田　治：有明海問題の所在とその歴史的経緯, 沿岸海洋研究, 42（1）, 5-10（2004）.
122) 石尾真弥・近藤敬二：有明海富栄養化水域における赤潮寡少原因に関する研究—I. 硫化水素による疎おどろからのリン酸イオンの溶出, 日本水産学会春季大会講演要旨集. pp131, 1980.
123) 長副　聡：渦鞭毛藻 *Gyrodinium instriatum* の赤潮発生機構に関する研究, 九州大学大学院農学研究院博士論文, 2006.
124) 松原　賢・長副　聡・山崎康裕・紫加田知幸・島崎洋平・大嶋雄治・本城凡夫：渦鞭毛藻 *Akashiwo sanguinea* に対する中心目珪藻類による増殖抑制作用, 日本水産学会誌, 74, 598-606（2008）.
125) 長副　聡・島崎洋平・松原　賢・紫加田知幸・山崎康裕・吉田幸史・久野勝利・大嶋雄治・本城凡夫：有明海奥部, 塩田川河口海域における物理・化学的要因と植物プランクトンの増殖との関係, 沿岸海洋研究, 46, 141-151（2009）.
126) Okada, T., Shikata, T. and Honjo, T.：Thin-layer bloom of diatoms around the mouth of the Arakawa River in Tokyo Bay. Journal of Faculty of Agriculture, *Kyushu University*, 53（1）, 73-80（2008）.
127) Shikata, T., Nagasoe, S., Oh, S-J., Matsubara, K., Yamasaki, Y., Shimasaki, Y., Oshima, Y. and Honjo, T.：Effects of down- and up-shocks from rapid changes of salinity on survival and

growth of estuarine phytoplankters, *Journal of the Faculty of Agriculture, Kyushu University*, 53 (1), 81-87 (2008).

128) Matsubara,T., Nagasoe,S., Yamasaki,Y., Shikata,T., Shimasaki,Y., Oshima,Y. and Honjo,T.：Effects of temperature, salinity, and irradiance on the growth of the dinoflagellate Akashiwo sanguinea, *Journal of Experimental Marine Biology and Ecology*, 342, 226-230 (2007).

129) 松原 賢：渦鞭毛藻 Akashiwo sanguinea の赤潮発赤機構に関する研究, 九州大学大学院農学研究院博士論文, 2008.

130) Ishimatsu,A., Sameshima,M., Tamura,A. and Oda,T.：Histological analysis of the mechanisms of Chattonella-induced hypoxemia in yellowtail, *Fisheries Science*, 62, 50-58 (1996).

131) 本城凡夫：赤潮生物の増殖促進物質, 「赤潮―発生機構と対策」(日本水産学会編), 恒星社厚生閣, pp.25-37, 1980.

132) 土屋晴彦・朝田英二・本城凡夫：衣浦港における赤潮発生期の植物プランクトン組成と溶存鉄量の変動, 昭和55年度日本水産学会春季大会講演要旨集, pp.130, 1980.

133) Yamaguchi, M. and Imai I.：A microfluorometric analysis of nuclear DNA at different dtages in the life history of Chattonella antiqua and Chattonella marina (Raphidophyceae), *Phycologia*, 33, 163-170 (1994).

133) 川原逸朗・伊藤史郎・山口敦子：有明海のタイラギ資源に及ぼすナルトビエイの影響, 佐賀有明水研報, 22, 29-33 (2004).

134) Yamaguchi, A., Kawahara, I. and Ito, S.：Occurrence, growth and food of longheaded eagle ray, Aetobatus flagellum, in Ariake Sound, Kyushu, *Japan. Environ. Biol. Fish.*, 74, 229-238 (2005).

135) 藤井明彦：長崎県小長井町地先で発生したシャットネラ赤潮に伴うアサリの大量斃死, MRIレポート, 2, 19-20 (2001).

136) 日本海洋学会編：有明海の生態系再生をめざして, 恒星社厚生閣, 2005.

137) 田北 徹・山口敦子：干潟の海に生きる魚たち－有明海の豊かさと危機, 東海大学出版会, 2009.

138) 古満啓介：東アジア産アカエイ属魚類の分類および生活史に関する研究, 長崎大学大学院生産科学研究科博士論文, 2009.

139) Yagishita, N., Furumitsu, K.and Yamaguchi, A.：Molecular evidence for the taxonomic status of an undescribed species of Dasyatis from Japan (Chondrichthyes: Dasyatidae), *Spec. Div.*, 14, 157-164 (2009).

140) 伊藤史郎：有明海におけるクルマエビ共同放流事業, 日本水産学会誌, 72, 471-475 (2006).

141) 環境省：有明海・八代海総合調査評価委員会報告書, 2006. northwestern North Pacific, *Journal of Emvironmental Radioactivity*, 99, 1335-1340 (2008).

3章　有明海再生の考え方

3.1 再生目標および再生指標の考え方

　再生目標は有明海を「豊饒の海」に戻すことである．この美しい言葉である「豊饒の海」は共通の価値観のもとで何れの人にも共有できる内容として定義されていない．明確に定義されていない言葉に対しては，人はそれぞれの思いを込めて理想の夢を抱くことができる．有明海は，自然保護と水産業の持続という大きな課題を抱えている．そこで，「豊饒の海」を科学的に明確に定義することはかなり難しいことを承知の上で，この言葉を定義してみる．「豊饒の海」とは生態系サービスを潤沢に人々に与え続け，そこに存在する生物群集や食物連鎖系を大きく歪ませずに生態系として健全と見なせるものとし，合わせて希少な有明海の固有種を保全していける海といえよう．言いかえると，利用としての水産業やレジャー，存在としての干潟，水面や観光，また，鉱物資源が，有明海からの恵沢が潤沢に与えられ，生物群集として地球上の生物多様性を維持できている状態といえる．何処でも固有種を保全し，地球上の生物多様性を維持しなければならないが，有明海では，かなりの部分が自然状態というよりは，里海として，陸域の里山と同じように，人の手がかなり入った二次的な水環境にあるので，純自然状態の生物多様性の維持とは異なり，人為活動を持続させなければ現在の環境が保全されない一面もある．一方で，二次的自然の里海とはいいつつ，一次的自然の保全も欠かせないところに有明海の環境保全の複雑さがある．

　海域の再生には，図3.1に示すように目標の設定，目標を定量的に表わす指標，指標を達成するための計画と技法，技法を継続させる維持管理技術，技法を適用した結果の評価手法とこれを評価結果，結果のフィードバックによる効果の増強と調整という手順が必要である．特に，指標を達成するための計画と技法では，モデルによるシミュレーション結果から将来を予測して将来の結果を知り，

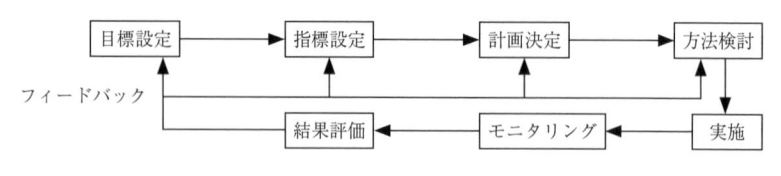

図3.1 海域の再生手順

事前に対応しておくことにより，効率よく再生が進められることになる．また，このシミュレーションのために自然条件，人為的条件を初期条件，境界条件として与え，さらに，モデル式の精度を高めるために，多くの観測データを必要とする．また，有明海の再生には，この手順だけでなく，持続性の確保方策，この技法を実施するための費用の捻出方策も必要になる．さらに，技術だけではなく，社会的な関係要素についても最適化が必要になる．この流れに沿って，豊饒の海にするという目標を細分化し，関連項目を定量的に表現しえる指標が再生に際して求められる．しかも，最終段階では，細分化した関連項目を統合して最適解を求めうるようにしなければならない．

設定目標には以下のような項目が考えられる．

自然保全：固有種・貴重種の保護，上位種の保全，科別生物種数，干潟・砂浜面積，岩礁帯面積，食物連鎖系におけるエネルギーの流れ，底質粒度，栄養塩濃度，陸域からの土砂輸送量

水産業：魚種・漁獲高，漁獲収入額，ノリ養殖面積，従事者の新規就業率

レジャー：水深，濁り具合，底質粒度

観光：景観のよさ，水色

以上のようなそれぞれについて到達指標値を定めることになる．経済的に価値づけできる項目を別にして，自然保全のために保全された非水産対象魚種の経済価値を明確な水産対象魚種の価値と比較する手法は現在ない．そのために，細分化した関連項目を統合して最適解をどうしても求めようとする場合には，何らかの変換係数を個々に定めるか，別途算定の上，重みを付けて判断することになる．

再生指標のうち，魚介類を取り上げて詳細に考えてみる．水域の代表生物は上位種であるので，大型魚類が選ばれることが多い．その際，生活史から見て，対象水域内に納まるものが好ましい．一方，水産業としての対象物がある場合，

それを選択することも一理あることになる．貴重種を選択することも考えられるが，生活史が十分解明されているものでないと，科学的検討を進めるのに困難が付きまとうことになる．

目標設定として理想をいえば，水産業については漁獲高・収穫高ではなく，漁業従事者にとって必要な所得が確保され，その結果として，若い人材の継続的参入を含め，有明海の環境を劣化させずに水産業が持続し，しかも，わが国の食料供給保障に資することができている状態になることであろう．非水産対象生物については，水域のゾーニングにより分離して考えられるようにするのも一法である．

3.2 再生計画の立て方

再生計画は地先海域の問題ではなく，対象海域全体を俯瞰的に見つめつつ，各々の問題を見なければならない．これは，ある区切られた海域では水，物質，生物が循環していることによる．たとえば，太平洋の底層水が紀淡海峡から大阪湾に流入し，大阪湾の水が，明石海峡，鳴門海峡を経て，播磨灘に送られている．その結果，大阪湾の栄養塩濃度の低下が播磨灘のノリ養殖などに影響を与えているといわれている．同様に，有明海でも，反時計回りの大きな恒流が存在するために影響は他県にまたがっている．このような理由のため，海域の再生には対象水域全域の管理主体を法的に定める必要がある．瀬戸内海では瀬戸内海環境保全知事会議が設置され，行政体間の情報共有も進んでいる．有明海の場合，類似の組織が設置されているが，現在は機能していない．

意思決定機関が対象海域にて設置されると，責任者，関係者参画のもとで再生目標が定まり，再生指標が決められ，それを達成するための計画が立てられ，必要な技術開発，実施結果の評価へとつながっていく．計画を立てる際には，工事計画ではなく，機能を再生させる計画でなければならない．しかも，要素間の関係性からある種のヒエラルキーが構成されることがある．このような場合，上位の要素を指標化することで，下位の要素が，自動的に満たされることがある．

再生計画を立てるに際しては，適用技術や海域の環境状況およびその変化に関し，正確な科学的情報が必要になる．時にはシミュレーションよる予測も必

要になる．どの機関が技術情報，環境情報を集約して解析の後，求められている情報として公開する義務を負うか当初から明確にしておくと，望ましい結果が得られやすい．

さらに，忘れてならないものは，費用負担である．受益者負担ではなく，公的な負担を求めるには，それなりの社会への還元が期待される．計画段階において，費用便益を検討できるものなのか，社会福祉的なものなのか，さらには生物多様性を妨げないかなど，十分に検討しておく必要がある．

3.3 再生に関わる社会・経済環境と再生手法

一次産業の従事者はわが国では減少し続けている．漁業従事者も同様で，従事者の平均年齢は毎年ほぼ1歳上昇している．このことは新規参入者が極めて少ないことを意味している．漁業従事者の所得を若者が持続的に参入できる程度に確保するには，魚種，漁獲高だけでなく，その販売額から諸経費を差し引いた金額をサラリーマンの平均年収を目標に定める必要がある．漁業は農業とは形態が異なるが，協業化を図ることにより，資本投資額を削減し，労働に余裕をもたせられるようにすることも必要である．輸入魚が地元産より廉価であったり，漁獲量が消費量より多くなると水産業は成立しにくくなるので，海外の動向にも注目しておくことが求められる．

魚介類にしろ，ノリにしろ，人口減少と若年者の嗜好の変化により，販売高は減少の傾向にある．そのため，漁業従事者が付加価値を高めるインセンティブをもちうるシステムが必要となる．ノリは中国，韓国からの輸入に制限を設けて，国産品を保護していたが，この輸入は昨今減少している．また，ノリは共販制度を導入しているため，生産者が自ら販売できるようになっていない．このような，制度にも，工夫の余地がある．さらに，高品質の製品を海外の富裕者層をターゲットに輸出していく体制も作りだす時期に来ている．

漁業は採れるだけ採る傾向にあり，資源管理を導入しづらい分野である．漁業従事者に科学的に物ごとを理解してもらえるように努力しなければならないが，一方で，マイクロファイナンスにより，資源管理を導入できるようにする経済支援システムも考えなければならない．

漁業はまた経験がものをいう職種である．一度，漁業に関する暗黙知が消滅すると，再興にかなりの時間を要することになるので，何とか消滅を避けうるようにしたいものである．

〔楠田哲也〕

4章 有明海の環境解析

4.1 有明海への物質の流入

4.1.1 陸域からの負荷
(1) 有明海流域の特徴

有明海の流域面積は 8,420 km² である．有明海に流入する河川の流域を図 4.1（カラー口絵）に，土地利用別の面積割合を図 4.2 に示す．流域面積合計のほぼ 1/4 を筑後川流域が占めているので，筑後川流域からの流入負荷は有明海の湾奥の環境に大きな影響を与えている．また，1.1 節で述べたように有明海流域では

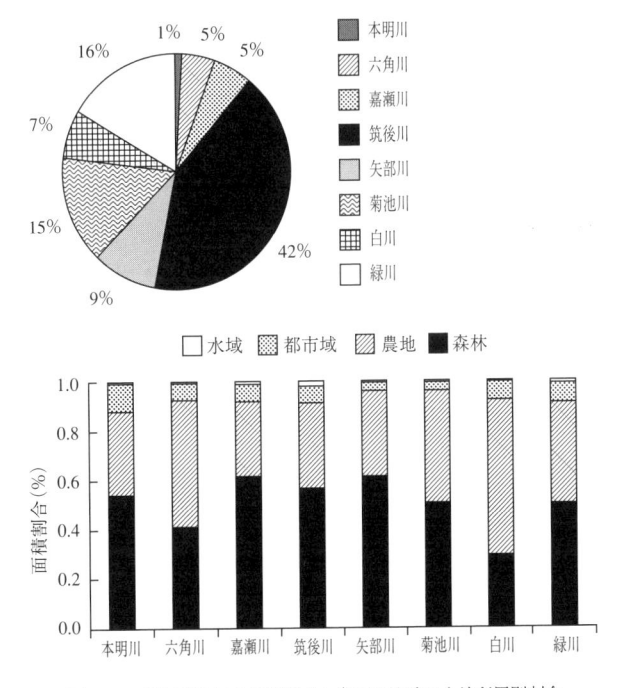

図 4.2 一級河川流域の面積割合と各河川流域の土地利用別割合

森林と農地でほぼ90％以上が占めているので，自然系，土地系からの負荷が大きいのが特徴である．河川ごとの年間総流量をみると，筑後川は総流量の30％近くを占めている（図4.3）．

(2) 流入負荷量

有明海の流入負荷量は国調費モデル[1]により算定されている．算定時の負荷の減少の考え方は図4.4のように流域別下水道整備総合計画によるものである．このモデルでは，陸域を順流域，感潮域，直接流入域の3つに分け，順流域では実測河川流量からL-Q式により，他の2域では原単位法により算定している．いずれも日流量により計算している．諫早干拓からの排出量は，南北排水門からの実績排水量に調整池内の水質濃度を乗じて算定している．なお，このL-Q式は平水時に実施される公共用水域測定値と洪水時調査結果に基づいて，通常時，中間時，洪水時別に作成されている．

環境省[2]は1960年以降の有明海流域の排出負荷量および流入負荷量を算定している．その結果を図4.5に示す．なお，この流入負荷量にはモデル計算のために算定した結果も追加されている．排出負荷量を発生源別にみると，BODは生活系（40～50％）と自然系（30～40％），CODは自然系（60～70％）の割合が高い．TNも自然系，畜産系の割合が25％程度になっている．TPは畜産系の割合が高く，40～60％を占めている．排出負荷量は，1970年代後半に高い傾向がみられたが，その後，BOD，CODは生活系と産業系，TN，TPは産業系の減少に伴い，減少傾向にある．流入負荷量については，BOD，COD，TNおよびTPは1980年前後で高い傾向にあったが，その後は減少傾向にある．なお，突出した年は豊水年にあたる．流域別にみると，筑後川流域からの流入負荷量が最も大きく，全体の20～30％を占めている．しかし，排出負荷量，流入負荷量とも経年的に明瞭な増減傾向はみられない．

有機物，栄養塩以外に土砂供給も非常に重要である．横山[3,4]によれば，洪水時の浮遊土砂量は流量の概ね二乗に比例するため，各河川流量から単純に計算すると，筑後川の土砂量は全体の76％，湾奥部の95％になり支配的である．筑後川水系における河川改修，砂利採取，ダム堆砂による河川からの土砂持ち出し量を図4.6に示す．

4章 有明海の環境解析

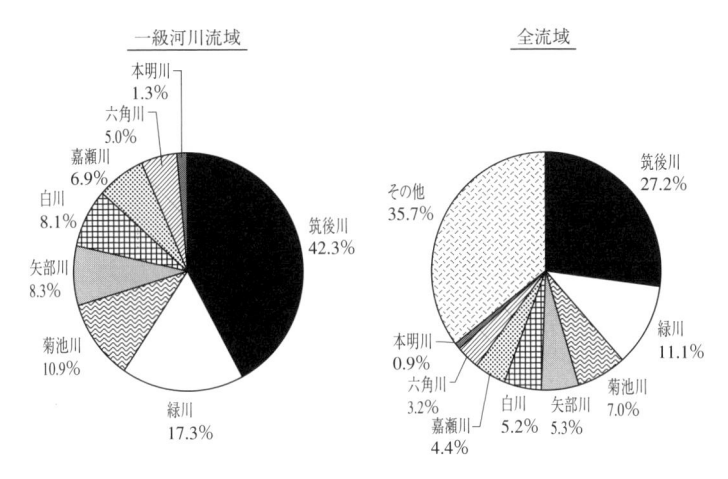

一級河川流域
- 筑後川 42.3%
- 緑川 17.3%
- 菊池川 10.9%
- 矢部川 8.3%
- 白川 8.1%
- 嘉瀬川 6.9%
- 六角川 5.0%
- 本明川 1.3%

全流域
- 筑後川 27.2%
- 緑川 11.1%
- 菊池川 7.0%
- 矢部川 5.3%
- 白川 5.2%
- 嘉瀬川 4.4%
- 六角川 3.2%
- 本明川 0.9%
- その他 35.7%

図 4.3　年間総流量の河川比較（2000〜2004 年）
注）総流量＝観測地点流量／観測地点流域面積×総流域面積　有明海流域面積：8,420 km^2

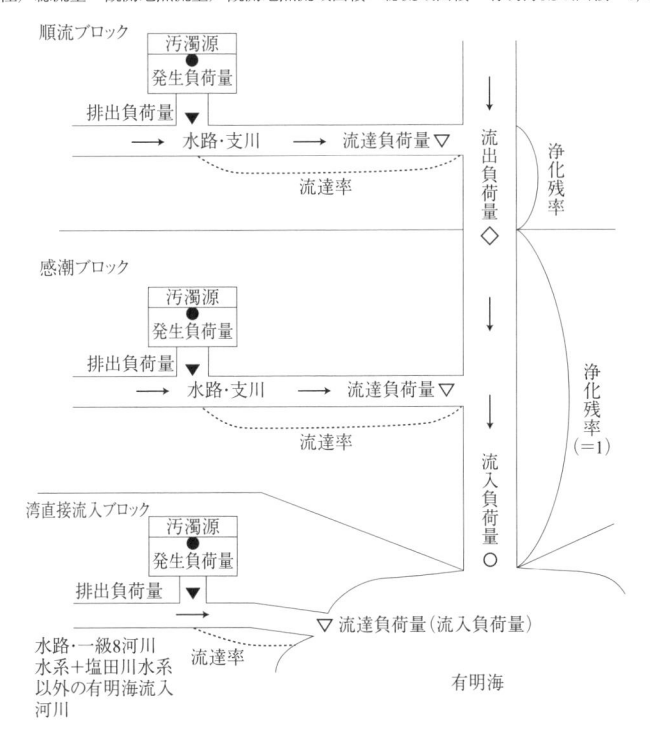

図 4.4　汚濁負荷の有明海への流入過程の概念

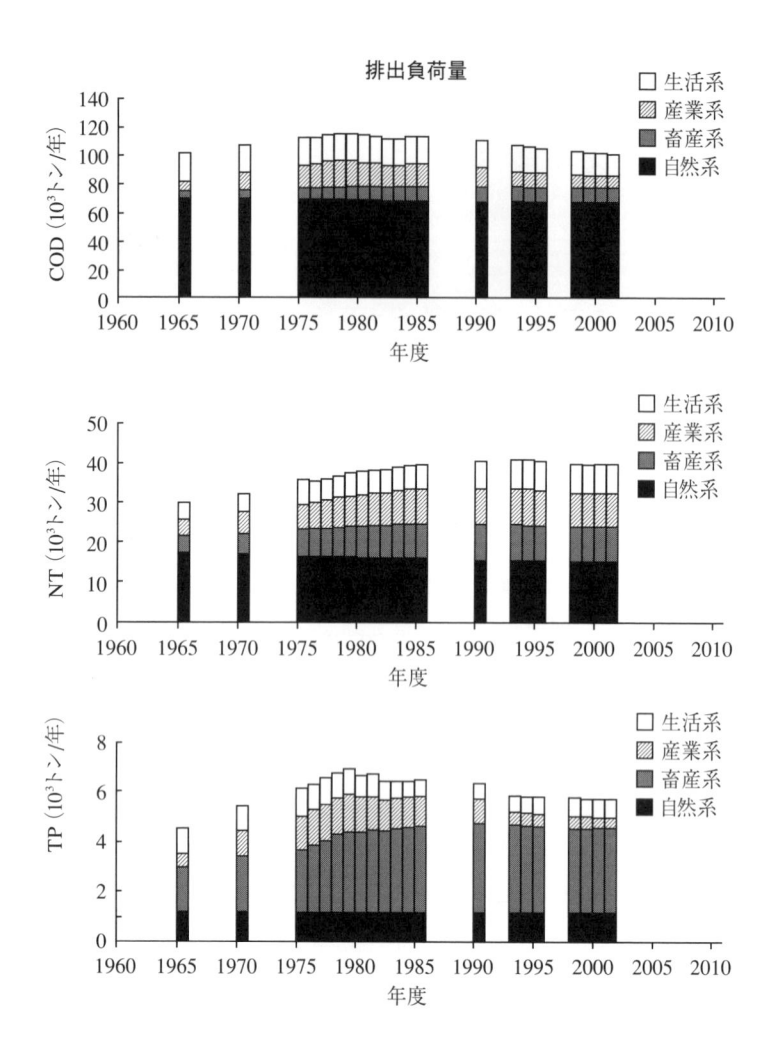

図 4.5 排出負荷量と

4章 有明海の環境解析 *111*

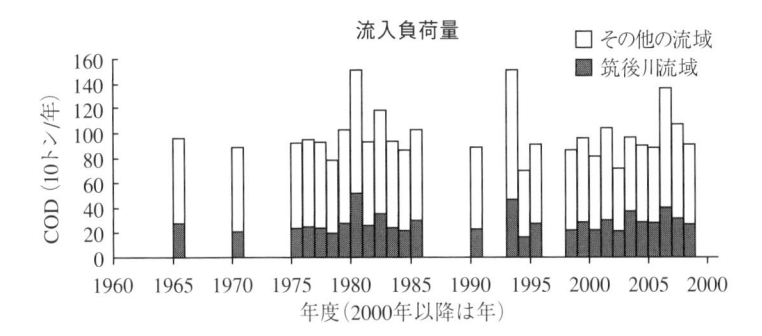

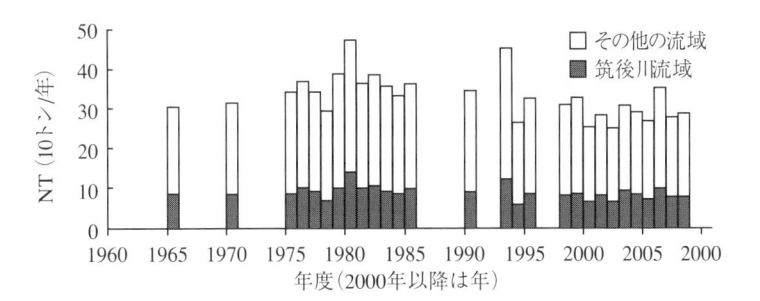

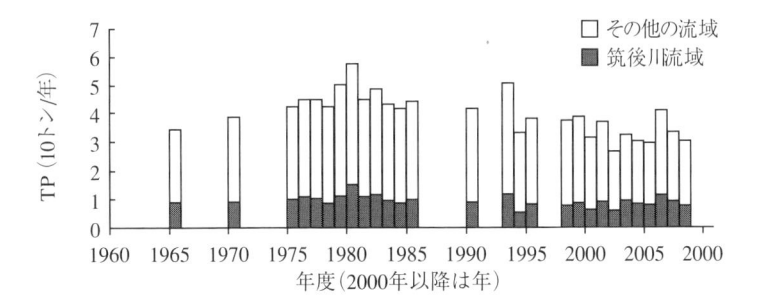

流入負荷量の推移

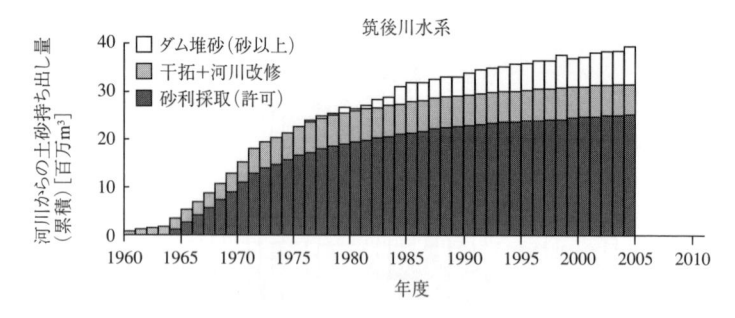

図4.6 筑後川水系からの土砂持ち出し量の累積
（環境省2006より作成）

(堀家健司)

4.1.2 地下水による負荷

これまで，海域の生態系保全のために欠かせない要因である陸域から海域への物質負荷量の算定やその管理には，河川水などの表流水に溶解する物質のみが考慮されてきた．有明海においても，陸域からの栄養塩類である全窒素や全リンの総負荷量はこの約20年間概して横ばい，ないしは減少気味である[5]．それにもかかわらず有明海の生物環境は回復の兆候を見せず悪化の傾向を示している．この原因の一つに，地下水経由の栄養塩類の負荷を考慮していないことがあげられる．既往の研究[6]によると，海底地下水湧出（以下，SGD：Submarine Groundwater Discharge）として，海域へ地下水経由でもたらされる栄養塩類などの溶存濃度が河川に比べ大きい場合があることが示され，その水量・水質の定量的評価が注目を集めている．これらの研究成果により，海域への地下水経由の栄養塩の供給は，河川経由と並び，栄養塩の循環や生態系に重要な役割を果たしていると考えられるようになってきた[6]．

ここでは有明海沿岸域においてSGDの水量・水質の現地観測結果，酸化還元状況を考慮したSGDに伴う栄養塩類の物質輸送特性，および，有明海全集水域を対象とする広域地下水流動モデルにて有明海へ流出する地下水の水量・物質の負荷を推定した研究成果を解説する．

(1) 有明海集水域における海底地下水湧出に伴う物質輸送

有明海沿岸域の火山岩帯水層を後背地にもつ3地点（佐賀県藤津郡太良町大

浦（以下，大浦），熊本県熊本市河内（以下，河内），長崎県南島原市深江（以下，深江））と佐賀沖積平野沿岸の1地点（佐賀市東予賀町（以下，東予賀））にてなされたSGDの水量・水質の現地観測結果を述べる．（図4.7 参照）

火山岩地域を代表する大浦，河内，深江の3地点の後背地には，それぞれ多良岳，金峰山，雲仙火山が存在し，帯水層は火山性岩で構成され地下水の涵養量が大きく，大きな河川の発達は見られない．また，山地であるため海底下での地下水の圧力ポテンシャルが比較的大きく，海底から地下水が湧出しやすい場所であると予想される．また，3地点とも後背地の地下水中の硝酸態窒素（NO_3^--N）濃度は比較的高く，SGDに伴う栄養塩の負荷は大きいと推測される．

一方の沖積平野沿岸を代表する東予賀沿の後背地佐賀平野には海成層の有明粘土層が広く分布しており，地下水の特徴としては，①地下水の流速が緩慢である，②帯水層に十分な有機物の供給がある，③微生物活動が活発である，④硫化水素の発生の4つがあげられる．④に関しては，海成層中には多くの硫酸イオンが含まれるためである．

SGDの調査では，福江，大浦，河内にて汀線に直交する測線上および平行な側線上において，それぞれの海底面に直径32 cmのLee-Type [7]の手動式湧出量計（Seepage meter）を設置して海底からのSGD量を測定し，ポリエチレン

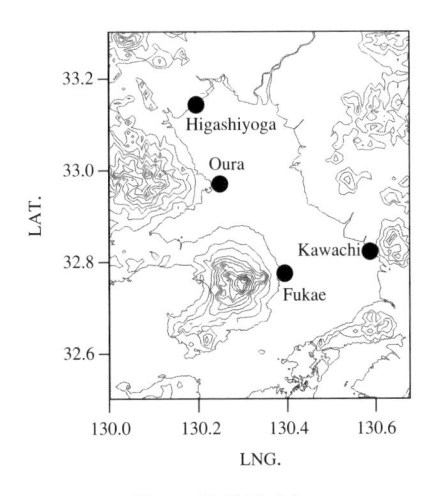

図4.7 調査対象地点

製の袋を用いて上げ潮（FT：Flood Tide），満潮（HT：High Tide），下げ潮（ET：Ebb Tide），干潮（LT：Low Tide）の計4回一定時間（15分〜20分）採水し，採水したSGDの水質を分析している．また，観測地点の後背地の陸域観測井や湧水から採水した地下水の水質分析も行っている．東予賀沿岸では有明粘土層が厚く堆積しているため湧出量計による直接計測をせず，沿岸域に地下水位観測井を設置し地下水位の観測と地下水の採水を行っている．

　SGD観測の結果，SGD速度は基本的に海岸から沖合に向かって減少傾向にあった．またSGDは淡水成分と海水成分の2成分で構成されており，SGD中の淡水成分は陸に近いほど増加傾向にあった．しかし，大浦，河内では，SGD速度（大浦：1潮汐平均20.5 μm/s，河内：1潮汐平均10.2 μm/s）が局所的に高い値を示す地点が存在し，この2地点ではSGD中の淡水成分も大浦で99.7％，河内で81.6％と，ほとんどが陸域由来の淡水成分で構成されていた．大浦，河内の地質構造は，それぞれ玄武岩，凝灰角礫岩であり，その中に発達した亀裂などの透水性の高い部分を流路とし，この2地点におけるSGDは局所的かつ集中的に海底面から地下水が湧出したと考えられる．一方，深江では，SGD速度が一番多い地点でSGD速度が平均2.6 μm/sと他の地域に比べ1桁小さく，SGD中の淡水成分も平均30.3％とSGD中の海水成分の割合が高かった．雲仙地溝帯内および海岸付近での帯水層は扇状地砂礫層となっており，同沿岸地域の地下水はこの砂礫層を流下し滲み出すように海底から湧出していると推測される．以上，石飛ら[8]を基にSGDの湧出形態を整理すると，大浦，河内のように，地質の亀裂から集中的に流出する地下水の湧出形態を「スプリング型」，深江のように，砂礫層を流下し滲み出すように海底から湧出する形態を「滲み出し型」と分類できる．

　次に，SGDに伴う栄養塩の輸送特性について述べる．地下水の流下に伴う還元反応は溶存酸素の消費，脱窒，マンガン，鉄の酸化物の還元，硫酸還元，メタン生成の順序で進行する．大浦，河内（スプリング型）では，SGDのORPはそれぞれ398mV，358mVで酸化的な地下水となっている．SGD中のNO_3^--N濃度は，大浦では，陸域地下水（GW）の濃度2.44 mg/lと比べSGDでは0.75 mg/lと若干減少している．また，河内では，NO_3^--N濃度は陸域地下水で8.09 mg/l，SGDで4.72 mg/lと高い値を示し，大浦と同様に，陸域地下水と比べ

SGDでは濃度の減少が見られるが，ORP値から考えても脱窒反応によるものとは考えにくい．一方，深江（滲み出し型）では，2006年ではSGDのORPは184mVと還元的であり，NO_3^--N濃度はGWよりSGDの方が低く，Mn^{2+}，Fe^{2+}の濃度も増加していることから，SGDが湧出する過程で，脱窒反応，Mn，Feの水和酸化物の還元まで起こっていると考えられる．しかし，2007年では，SGDのORP（367mV）が高く，またNO_3^--N濃度はGWの方がSGDのそれより高く，Mn^{2+}，Fe^{2+}の濃度はSGDとGWとではあまり差はない．以上より，2007年では，2006年とは異なり，脱窒反応やMn，Feの水和酸化物の還元は起こっていないと推測される．2つの調査時期による相違は，GWやSGDの水量・水質に季節的な変動があることが示唆される．

次に，佐賀平野東予賀沿岸域における地下水流出量と物質輸送特性について述べる．設置した3本の観測井戸や民家の井戸を対象とした地下水水質調査の結果，佐賀平野北部から南下するに従い地下水は次第に酸化的状況から還元的状況へと変化していた．栄養塩類に関しては，NO_3^--Nは検出されなかったが，NH_4^+-Nや$PO_4^{3-}-P$が，それぞれ3.1 mg/l，1.9 mg/lと比較的高い値で検出された．つまり，佐賀平野沿岸の地下水流出部では還元的な地下水と還元的な海水という混合領域を持ち，NH_4^+-Nや$PO_4^{3-}-P$の栄養塩類が有明粘土層中の砂層を帯水層から淡塩混合領域で酸化を受けずにそのまま海水へと輸送されている可能性が考えられる．

以上，SGDの流速と流路，酸化還元状況の結果から，大浦，河内，深江および東予賀のSGDに伴う栄養塩は図4.8に示すような輸送特性[6]を示すと推測される．

(2) 有明海全集水域における広域地下水流動モデル

土地利用状況を考慮した地下水涵養モデルと準3次元淡水/塩水2相地下水流動モデルを結合したモデルにて，国土交通省1997年発行の1/10土地利用区分による土地利用状況（図4.9，カラー口絵），地形標高，水理基盤面などのデータを利用して地下水位を推定している．その際，堤などが適用した涵養モデル[9]にしたがって，地表面の地覆条件に対応した降雨の樹冠遮断と表流水および地下浸透成分を分離している．また，可能蒸発散量の算定には，ハモン法を用い，領域内の日平均気温を用いている．

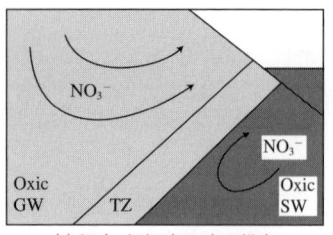

(a) 河内, 深江 (2007) の場合
SGD中のN/P≫Redfield
栄養塩の海域への供給形態
N：NO_3^-（溶出）
P：Fe-P, Ca-P（沈澱）

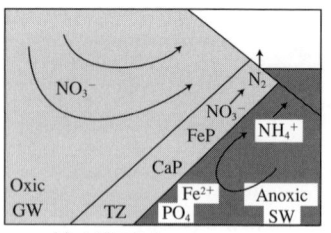

(b) 大浦の場合
SGD中のN/P≫Redfield
栄養塩の海域への供給形態
N：N_2（脱窒）
P：Fe-P, Ca-P（沈澱）

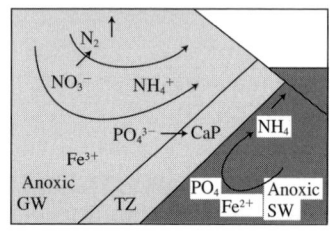

(c) 深江 (2006) の場合
SGD中のN/P≫Redfield
栄養塩の海域への供給形態
N：N_2（脱窒）
　　NH_4^+（溶出）
P：Ca-P（沈澱）
　　PO_4^{3-}（溶出）

図 4.8　有明海沿岸域における SGD に伴う栄養塩の輸送特性（Caroline[6]に加筆）

(3) 有明海への全地下水流出量および窒素負荷量の推定

全集水域で各水収支成分を集計した結果として，降雨量 2,266 mm/年の内，直接流出量は 496 mm/年（21.9％），地下水涵養量 1,265 mm/年（55.8％）を得ている．また，実蒸発散量は 508 mm/年（22.4％），海域への地下水流出量は 80 mm/年となっている．これは河川流出量と地下水流出量を合わせた，陸域から海洋への全流出量（河川流量＋地下水流出量）に対して，10.2％に相当している．各沿岸域における地下水流出量分布を図 4.10 に示す．背後にそれぞれ多良岳，雲仙岳が控える大浦や島原半島沿岸域において地下水が多く流出し，大浦沿岸域で $186 \times 10^5 m^3$/年の最大値を示している．一方，沖積平野である佐賀平野や筑後平野沿岸域では地下水流出量は少なくなっている．また，阿蘇山が控え

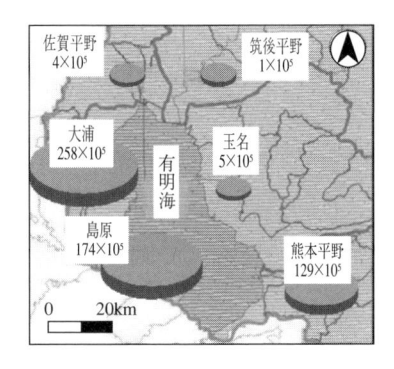

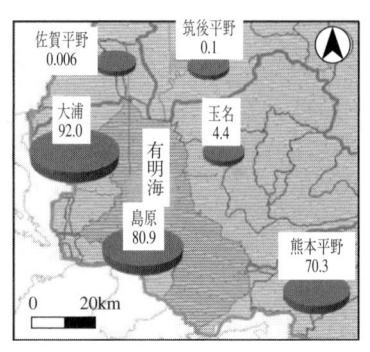

図4.10 有明海への全地下水流出量（m³/年）および窒素負荷量（トン/年）の推定値

る熊本平野では地下水流出量が多くなっている．環境省が発表した地下水中の硝酸性窒素濃度と流出量を乗じ，各沿岸域における地下水経由の硝酸性窒素負荷量を算出した結果では，暫定値ながら島原半島沿岸域で48.6トン/年，大浦沿岸域で49.8トン/年，佐賀平野沿岸域で0.004トン/年，筑後平野沿岸域で0.1トン/年，玉名平野沿岸域で1.0トン/年，熊本平野沿岸域で33.2トン/年となっている（図4.10）．

以上のことから，筑後川流域の佐賀，筑後平野沿岸域において地下水経由の栄養塩負荷量は小さい値となったが，大きな河川のない大浦や島原半島沿岸域においては河川のそれよりも多くなる可能性も推測される．また，大浦，島原半島沿岸ではミカン栽培などの農業活動が盛んに行われており，濃度が高い．加えて火山性の地質で地下水も還元的環境になりにくいため，脱窒による硝酸性窒素の減少もなく直接海域へ流出すると考えられる．

〔神野健二・広城吉成・安元　純〕

4.2 有明海の生物生息モデル

4.2.1 モデルの全体構造

有明海の環境再生目標を達成するためには，有明海の環境劣化の要因を分析し，実証試験された各種の再生技術とその再生メカニズムを数理モデルにより検証するための解析が必要となる．数理モデルは，生態系などの複雑な仕組みの中からいくつかの事項に着目し，その主要機能と機能している時空間スケールを目的

に応じて取り出して，システム化し数量的に表現したものをいう．当然のことながら，複雑な物理現象や生態系をありのままに描写することは不可能であるが，生態学的な考えを追及する道具として，漠然とした概念を検証可能な概念に築きあげることにモデリングの大きな意義がある．巌佐[10]は，生態学が本来数量的な法則性を追求する側面をもっており，数理モデルの最大の役割は生態学的な考えを「結晶化」することにあるとしている．また，仮説検証を重視する生態系管理や漁業管理[11]において，数理モデルは理論（仮説）と観測の両輪の軸となり，観測誤差を伴う現場データの解釈にも有効な道具となる（図4.11）．

「有明海の生物生息環境の俯瞰的再生と実証試験」プロジェクト（以下「有明海プロジェクト」）において，有明海再生の仮説を検証し，環境再生などの意思決定を支援するツールとして，「生物生息モデル（有明海モデル）」を構築した．このモデルは，図4.12に示すように，有明海再生のために選定した指標種の生活史と環境因子との関係性を分析し定量的に算定するための「生活史モデル」，この指標種の生息環境を評価する「低次生態系モデル」（広域），有明海で重要な位置を占める干潟域における物質循環量推定の精度向上のために熱環境特性を重視した「干潟モデル」（狭域），流域からの流出水量と負荷量を推定する「流域モデル」からなっている．陸域と海域を統合し，指標種が語り部となって漁業者や流域に暮らす人々に再生のための情報を発信し，有明海生物生息環境の俯瞰的再生を可能にしようとしたものである．それぞれのモデルの計算領域，計算タイムステップ，変数などをまとめたのが表4.1である．生物生息モデルにおいて重要な位置を占める低次生態系モデルと指標種の推定モデルについて概説する．

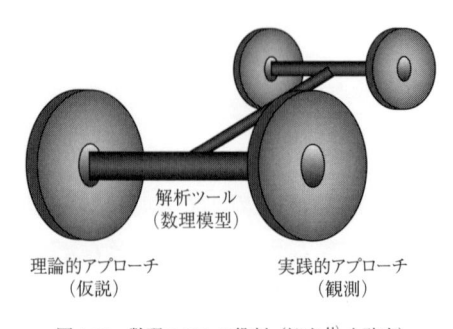

図4.11 数理モデルの役割（桜本[11]を改変）

4章 有明海の環境解析 119

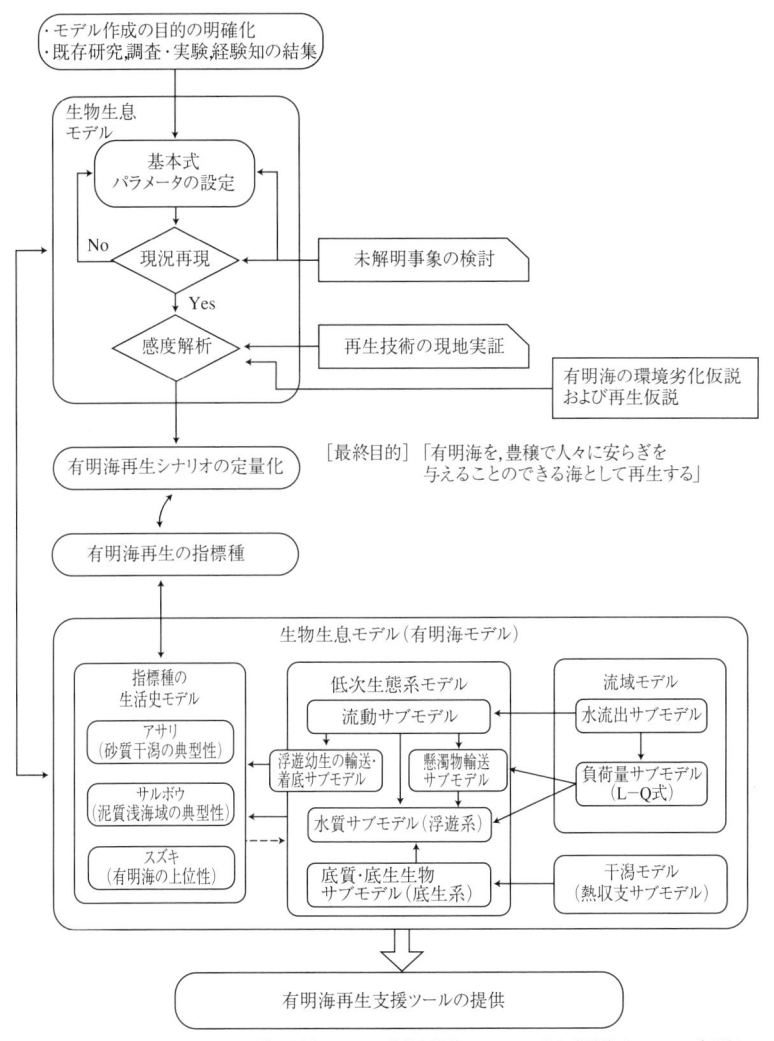

```
・モデル作成の目的の明確化
・既存研究調査・実験経験知の結集
```

生物生息モデル
- 基本式パラメータの設定
- 現況再現 → No（ループ）/ Yes
- 未解明事象の検討
- 感度解析
- 再生技術の現地実証
- 有明海の環境劣化仮説および再生仮説

有明海再生シナリオの定量化

[最終目的]「有明海を,豊穣で人々に安らぎを与えることのできる海として再生する」

有明海再生の指標種

生物生息モデル（有明海モデル）

指標種の生活史モデル
- アサリ（砂質干潟の典型性）
- サルボウ（泥質浅海域の典型性）
- スズキ（有明海の上位性）

低次生態系モデル
- 流動サブモデル
- 浮遊幼生の輸送・着底サブモデル
- 懸濁物輸送サブモデル
- 水質サブモデル（浮遊系）
- 底質・底生生物サブモデル（底生系）

流域モデル
- 水流出サブモデル
- 負荷量サブモデル（L–Q式）

干潟モデル（熱収支サブモデル）

有明海再生支援ツールの提供

注) 生活史モデルから低次生態系モデルへの矢印(破線)は,データの受け渡しではなく,生物の必要な環境を再現するよう情報を提供したことを示している.

図 4.12　生物生息モデル（有明海モデル）の全体構造

表 4.1　生物生息モデルの概要

モデル	サブモデル	計算領域,水平格子,層分割	計算タイムステップ	主な変数
流域モデル	水流出解析	有明海流域を500m格子	1時間	淡水流入量
	負荷量	一級河川ごとのL-Q式等	1時間	流入負荷量
低次生態系モデル	流動(浮遊系)	有明海～外海を900～2,700mの可変格子,有明海は900m格子. 3段(水深0～3m,3～15m,15m～海底)×5層=(最大)15層	平面二次元モード:2秒,鉛直三次元モード:20～30秒	潮位,流向・流速,水温,塩分
	懸濁物輸送(浮遊系)	同上(ただし,有明海のみ)	20秒	SS(粘土,シルト,砂の3区分)
	水質(浮遊系)	同上(ただし,有明海のみ)	30秒	有機物,栄養塩,DO,ODU,植物プランクトン(Chl.a),ノリ,動物プランクトン
	底質(底生系)	有明海の浮遊系格子を水深,Mdφの特性を考慮して連結させた71ボックス(過去の地形は72ボックス). 泥深10cmを層厚0.02～3.50cm(表層近くを細かく分割)の10層	3秒	有機物,栄養塩,DO,遷移金属元素類(Mn等)
	底生生物(底生系)	同上	3秒	付着藻類,懸濁物食者,堆積物食者
干潟モデル	熱収支	熊本港野鳥池6ボックス 水中1層,底泥(1m深)10層	30秒	水温,泥温
	泥質干潟生態系	熊本港野鳥池3ボックス 水中1層,底泥は好気層・嫌気層の2層	30秒	有機物,栄養塩,植物プランクトン(Chl.a)
指標種の生活史モデル	アサリ サルボウ スズキ	主漁場35～45格子 浮遊幼生期は有明海全域(流動サブモデルと同じ)	1日(一部,1時間). 浮遊幼生の輸送・着底は流動サブモデルによる	漁獲量,生産額,水質浄化量

澤野真治:GIS手法を用いた日本の森林における水資源賦存量の評価に関する研究,東京大学博士論文,2006

(1) 低次生態系モデル (浮遊系-底生系結合生態系モデル)

　有明海における数値モデルを用いた物質循環には,柳・阿部[12)]や瀬口ら[13)]のボックスモデル,磯部・鯉渕[14)]や釘宮・中田[15)]の3次元モデルを用いた検討があるが,有明海の再生に向けた統合的な生態系の再生施策の検討には至っていない.また流況と水質・底質を含めた系として,生物・化学・物理過程の相互

作用を解析することを目的とした数値モデルとしては，国土総合開発事業調整費調査により開発された数値モデル（以下，国調費モデルとする）がある[16, 17]．国調費モデルは，有明海全域の流動・水質を通年にわたり解析する多層レベルモデルであるが，有明海の特徴である大きな潮汐変動によって表層厚を大きく（最大 7.0 m）設定する必要が生じるため，表層近くの密度成層や水質変化を詳細に表現することができないなどの課題が残されていた．

　有明海プロジェクトでは，構築する低次生態系モデルが有明海の総合的な再生施策の検討に資することができるように，有明海の特徴である大きな潮汐変動と干出・冠水を繰り返す広大な干潟を，鉛直方向に十分な解像度を保ったまま表現が可能な流動サブモデル，懸濁物の挙動ならびに低次栄養段階を表現する浮遊系のサブモデル群，さらに底質環境と底生生物による水質・底質の変化を表現する底生系のサブモデル群を相互に結合した「浮遊系−底生系結合生態系モデル」を開発した．特に，二枚貝類などの底生生物相の生息環境に直接的に影響を与える貧酸素水塊の特徴や発生機構を詳細に表現できるようにするため，貧酸素水塊の形成に重要な役割を担っている硫化水素などの還元物質の生成・消滅機構を表現できる底質サブモデルとした．

　構築された浮遊系−底生系結合生態系モデルの構造を図 4.13 に示す．本モデルは，浮遊系の流動サブモデル，懸濁物輸送サブモデル，水質サブモデル，底生

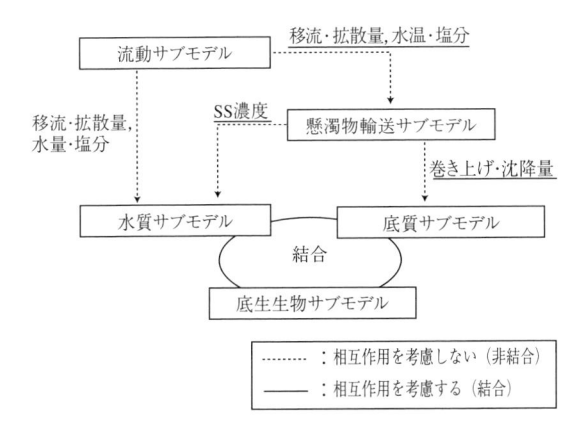

図 4.13　低次生態系モデルの構成

系の底質サブモデル,底生生物サブモデルの合計5つのサブモデルにより構成されている.ここで,水質サブモデルと底質サブモデル,底生生物サブモデルの3つのサブモデルは,各々の計算項目の相互作用を非定常に解析する(結合モデル)のに対して,この3つのサブモデルと流動サブモデル,懸濁物輸送サブモデルは,それぞれに独立したモデル(非結合モデル)となっている.そのため,懸濁物輸送サブモデルで計算されたSS濃度が,密度の効果として流動サブモデルで予測される流れ場へ影響を与えるなどの相互関係は考慮されない.なお,非結合モデル間のデータのやりとりは,格子間の流量および体積の収支が厳密に保存される構造を有している.

(2) 指標種の評価モデル

生物種は発育段階に応じて形態変化とともに生活空間を変えるので,影響を受ける環境が異なり,環境耐性も異なる.特に資源変動に大きく影響する初期生活史の環境が重要なことが多い.生活史モデルは,生活史を区分して発育段階ごとに環境の影響を吟味し,全生活史を通して環境変化と資源変動との応答関係を明らかにすることを目的にしている.これまでの水産研究や環境モニタリングの蓄積,豊富な経験則や現場で鍛えた漁業者の経験知などを結集する道具としても有効である.これまでに環境影響評価や資源評価を目的にして,マコガレイ[18,19],イカナゴ[20],ウバガイ[21-23],トリガイ[24]などに適用されている.

生活史モデルは,Beverton and Holt[25]の成長・生残モデルを基礎としている.環境変化を外力として与え,資源パラメータ(成長係数 G,自然死亡係数 M)を環境要因の従属関数にすることによって,環境変化に対する資源学的な応答過程を解析できるようにした.

生活史モデルの特徴は以下のとおりである.

1. (湾内固有)アサリ,サルボウ,スズキとも有明海内で生活史がほぼ完結していると考えられるので,浮遊幼生の輸送・分散,着底,加入,成長,生残,漁獲,再生産などの過程をモデル化した.その際,浮遊幼生以外の移出・移入を考慮していない.

2. (生活史区分)生物は発育段階ごとに生息環境や環境耐性が異なるため,これまでの水産研究や経験知を活用し,生活史を区分して,各発育段階に受ける影響を環境因子ごとに一つ一つ吟味できるようになっている.

3．(成長・生残) 資源量の変動を個体数と個体重の時間変動で表し，個体数は自然死亡（捕食死亡，飢餓死亡，酸欠死亡など），漁獲，再生産によって，個体重は成長（水温，餌密度）によって増減させている．上記1より，移出，移入は考慮していない．

4．(再生産) 1尾当たりの産卵数および群成熟度は体長の関数とし，産卵回数，性比から再生産量をモデルに組み込んでいる．

5．(漁獲) 利用度（網目選択性）は体長の関数とし，漁獲努力量，漁具能率から漁獲係数を決定し，漁獲量を算定している．

6．(密度効果) 密度従属的な関係をモデルに組み込んでいる．

7．(環境とパラメータの関数化) 資源量（漁獲量）の変動が資源パラメータの変動と連動し，資源パラメータの変動幅が環境因子・漁業因子の変動幅に制御されているとの考えに基づき，環境因子・漁業因子と資源パラメータを関数化している．

8．(フィードバック) 例えば，成長がよいと，成熟年齢および漁獲開始年齢が早まり，資源が増大するが，高密度になりすぎると密度従属的な関係により資源の増大は頭打ちになる．このようなフィードバック機能をモデルに組んでいる．

4.2.2　流域水流出モデル

有明海流域の土地利用の変化，水利用（ダム，筑後川導水など）の変化などによる海域（地下水を含む）への流入水量の動態を予測するために，CELL分布型流出モデル[26]が適用されている．本モデルの概念を図4.14に示す．CELL分布型流出モデルは京都大学防災研究所で開発され，プログラムが一般に公開されている．モデルが複雑でないため計算時間も短い．

蒸発量および蒸散量は有明海流域の水収支（降水量，蒸発散量）が再現できるよう，土地利用区分ごとに表4.2の式を用いて算出されている．なお，気象条件は有明海流域およびその周辺の観測地点のデータをティーセン分割して各格子に与えられている．

CELL分布型流出モデルは，表面流出（Kinematic Wave Model；斜面流計算，河道流計算）と中間流出（不飽和・飽和流れ）の2つの流出形態で構成されて

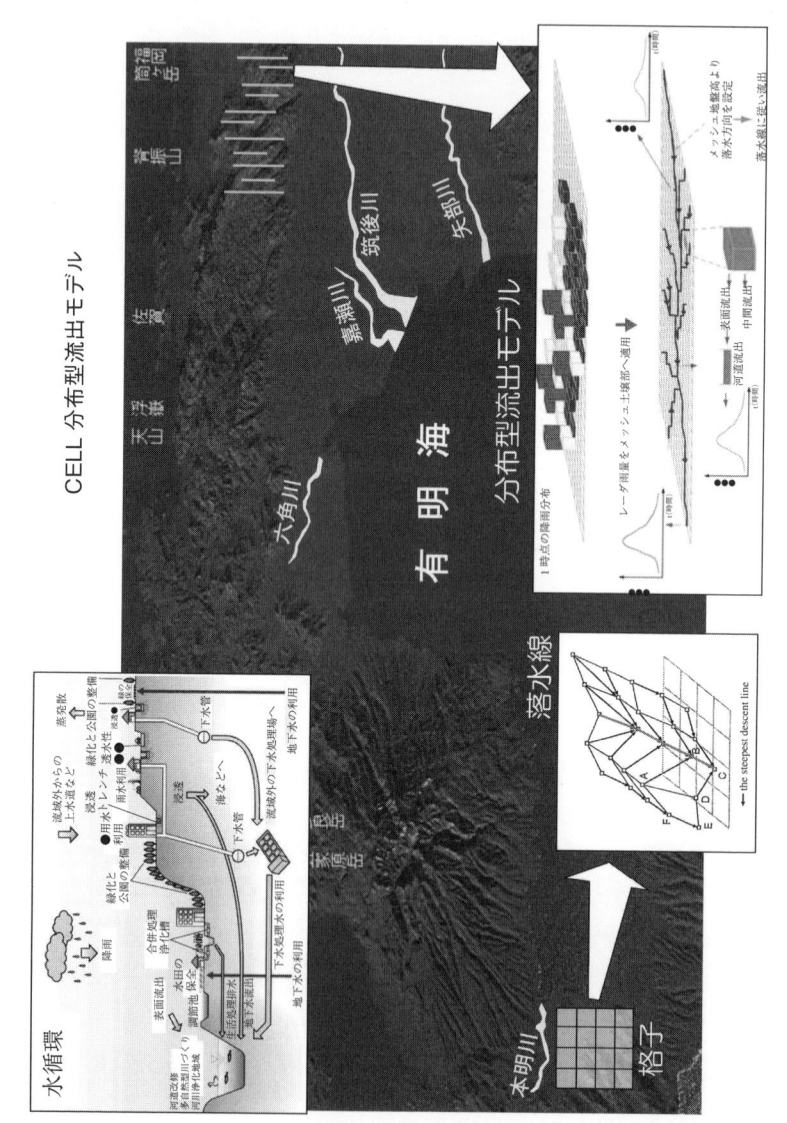

図 4.14 CELL 分布型流出モデルの概念

表 4.2 蒸発散式

土地利用	蒸散	蒸散
森林	教師モデル	教師モデル
水田	Makkink式	Penman−Monteith式
畑地	Penman式	Penman−Monteith式
市街地	−	−
水域	Penman式	−

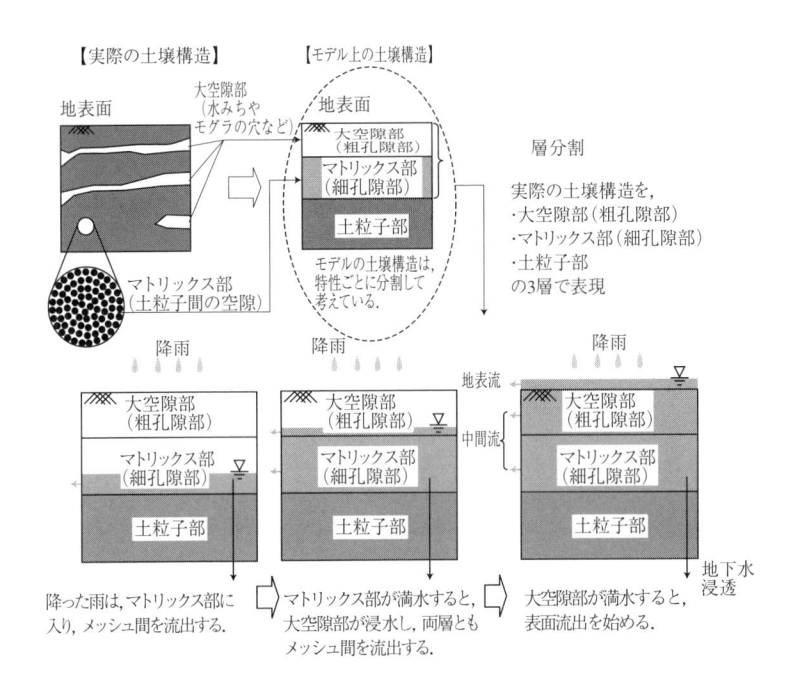

図 4.15 CELL 分布型流出モデルの層分割と水流出の概要

いる(図 4.15).一般に,洪水時の流量は河道や斜面の表面を流れる流出形態と,地中を滞留しながら流れていく流出形態に分けられる.CELL 分布型流出モデルではこれらを物理的にモデル化して,メッシュごとに算定し,地盤傾斜や地質などを考慮して流量を算定する.流出方向は落水線(メッシュ地盤高による傾斜から算定される方向線)にそっている.国土数値情報 50 m メッシュ(標高)デー

タに基づく擬河道網（落水線図）が作成され，各グリッドセル単位にKinematic Waveモデルが適用される．

土壌は重力水が支配的である粗孔隙部と不飽和流れが支配するマトリックス部からなるとし，土層厚をD，体積含水率をθとして，毛管移動水が支配的な体積含水率の範囲を$0 \leq \theta \leq \theta_c$としている．$\theta_c$は圃場容水量に相当する体積含水率であり，巨大空隙を除いたマトリックス部の飽和含水率である．また，d_cはマトリックス部の最大水分量を水深高さで表したもので，$d_c=D\theta_c$である．さらに，θ_sを間隙率，$\theta_s - \theta_c$を粗孔隙率とし，重力水が支配的な体積含水率の範囲を$\theta_c \leq \theta \leq \theta_s$としている．ここで，$d_s=D\theta_s$，$d=d_s-d_c=D(\theta_s-\theta_c)$とし，$\theta$に対応する水深を$h$として$h=D\theta$とおいている．以上をまとめ，

$0 \leq h < d_c$ ($0 \leq \theta < \theta_s$)　　不飽和状態

$d_c \leq h < d_s$ ($\theta_c \leq \theta < \theta_s$)　　飽和（中間流）

$d_s \leq h$ ($\theta_s \leq \theta$)　　飽和（表面流）

の3種の状態を考慮している．

「有明プロジェクト」では，パラメータを一般的な値の範囲内で，有明海に注ぐ一級水系（8河川）とも一律に設定している．土地の利用状況を土層状態に反映させるため，土地利用毎に有効土層厚を変化させている．有効土層厚を変化させることにより，間隙厚も変化している．設定されたパラメータを表4.3に示す．なお，地下水浸透はタンク法の地下水浸透量の算定方法よりメッシュの湛水深ごとに浸透量を求めている．これを決定する地下水浸透係数αは，全メッシュに一定値を与え，感度分析により決定している．

メッシュサイズは実河道の再現性や必要計算時間から500mとしている．計算タイムステップは1時間で，気象および流量の毎正時データを用いている．計算年は2001年とした．取り扱ったダムなどは，筑後川水系の松原ダム（国土交通省），寺内ダム（水資源機構），江川ダム（水資源機構），筑後川大堰（水資源機構），菊池川水系の竜門ダム（国土交通省），緑川水系の緑川ダム（国土交通省）である．松原ダムの上流にある下筌ダム（国土交通省）は松原ダムのモデルに含めている．ダム上流の計算は行わず，ダム放流量を与えて計算している．ただし，各ダムの上流域は個別に計算し，計算流量とダム流入量とを検証している．

筑後川の2001年の瀬の下流量について，実績流量と計算流量のハイドログラ

表 4.3 CELL 分布型流出モデルのパラメータ値

パラメータ		森林	水田	畑地	市街地	水域
有効土層厚(mm)		1,000	500	500	0	0
粗孔隙部厚(mm)		300	150	150	0	0
細孔隙部厚(mm)		700	350	350	0	0
等価粗度		0.7	0.3	0.3	0.03	0.03
間隙率	粗孔隙部	0.6	0.6	0.6	—	—
	細孔隙部	0.6	0.6	0.6	—	—
透水係数 (cm/s)	粗孔隙部	$2 \cdot 10^{-3}$	$2 \cdot 10^{-3}$	$2 \cdot 10^{-3}$	—	—
	細孔隙部	$2 \cdot 10^{-5}$	$2 \cdot 10^{-5}$	$2 \cdot 10^{-5}$	—	—
地下水浸透係数 (cm/s)		$5 \cdot 10^{-5}$	$5 \cdot 10^{-5}$	$5 \cdot 10^{-5}$	$5 \cdot 10^{-5}$	$5 \cdot 10^{-5}$

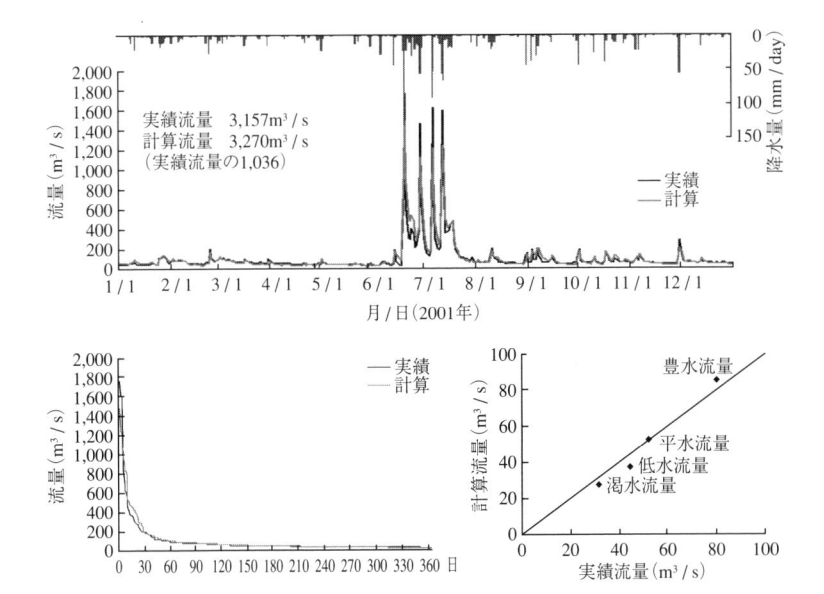

図 4.16 筑後川瀬の下地点における時間流量の現況再現結果（2001 年）

フの重ね合わせ，豊水流量，平水流量，低水流量，渇水流量を比較した結果を図4.16に示す．ハイドログラフはよく一致しており，洪水ピークや低減部が再現できている．実績と計算の流出高が同程度であり，総流出量についても実績流量を概ね再現できている．平水流量はよく一致しているが,豊水流量はやや大きめ，低水流量および渇水流量はやや小さめになっている．

4.2.3 流動サブモデル

(1) 流動サブモデルの予測項目と解析する現象

流動モデルの予測項目を表4.4に示す．また，流動モデルが解析する主な現象と出力項目を図4.17に示す．

流動モデルは，海域の流れを駆動する現象の主なものとして，潮流による交換流，風により発生する吹送流および淡水や熱交換を通した密度変化による密度流を考慮するモデルとなっており，一般的な沿岸域の流況の現象が予測・評価できるものである．

(2) 流動サブモデルの座標系

ここで用いる流動サブモデルは，Mellor et al.[28] およびEzer and Mellor[29] などを参考にした一般鉛直座標系を用いた $\sigma-$ 座標モデルである．一般鉛直座

表4.4 流動サブモデルの予測項目

予測項目
流向・流速,水温,塩分,水位,有義波高,有義波周期

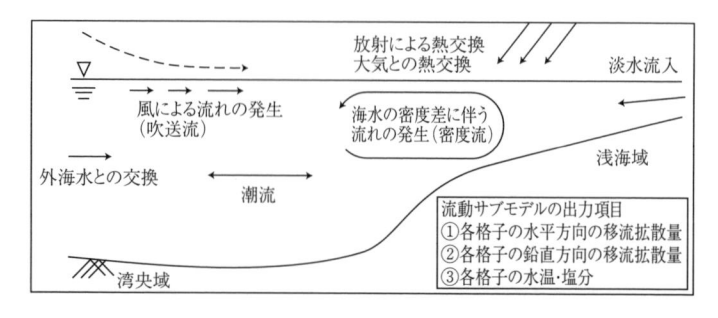

図4.17 流動サブモデルが解析する主な現象と出力項目

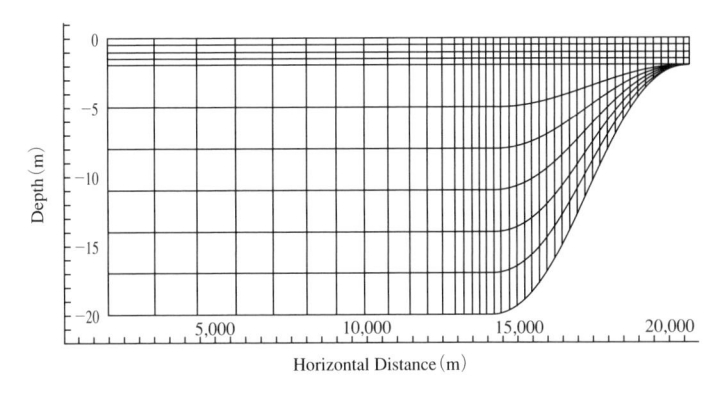

図 4.18 　一般鉛直座標モデルの鉛直格子分割

標モデルでは図 4.18 に示すように，鉛直分割率を変化させ，水平方向に層数を変化させるなど，自由度に富んだ鉛直格子の設定が可能である．なお，懸濁物輸送サブモデルと水質サブモデルも同様の座標系を用いている．

また，モデルの基礎方程式は，連続の式，静水圧近似，および，ブシネスク近似が施された運動方程式，水温・塩分の保存式，乱流統計量の保存式である．基礎方程式を以下に示す．

(3) 流動モデルの基礎方程式

モデルの基礎方程式は，連続の式，静水圧近似およびブシネスク近似が施された運動方程式，水温・塩分の保存式，乱流統計量の保存式である．また，鉛直方向座標として，(1)式に示すような海面と海底で規格化された $\sigma-$ 座標を導入するために，基礎方程式は z 座標から変換されている． $\sigma-$ 座標と z 座標の関係は次式のようである．

$$\sigma = \frac{z-\eta}{H+\eta} \tag{1}$$

ここで， $\sigma : \sigma-$ 座標， $z : z$ 座標， η ：静水面から上向きを正にとった水位， H ：静水面から下向きを正にとった水深である．

$z=\eta$ のとき $\sigma=0$ であり， $z=-H$ のとき $\sigma=-1$ である．すなわち $\sigma-$ 座標は海面で $\sigma=0$ であり，海底で $\sigma=-1$ である． $\sigma-$ 座標のもとで海水流動の基本方程式は以下のように書かれる．

<連続の式>

$$\frac{\partial DU}{\partial x}+\frac{\partial DV}{\partial y}+\frac{\partial \omega}{\partial \sigma}+\frac{\partial \eta}{\partial t}=0 \quad (2)$$

<運動方程式>

x 方向

$$\frac{\partial DU}{\partial t}+\frac{\partial U^2 D}{\partial x}+\frac{\partial UVD}{\partial y}+\frac{\partial U\omega}{\partial \sigma}-fVD+gD\frac{\partial \eta}{\partial x}$$
$$+\frac{gD^2}{\rho_0}\int_\sigma^0\left[\frac{\partial \rho'}{\partial x}-\frac{\sigma'}{D}\frac{\partial D}{\partial x}\frac{\partial \rho'}{\partial \sigma'}\right]d\sigma'=\frac{\partial}{\partial \sigma}\left[\frac{K_M}{D}\frac{\partial U}{\partial \sigma}\right]+F_x$$

$$(3)$$

y 方向

$$\frac{\partial DV}{\partial t}+\frac{\partial UVD}{\partial x}+\frac{\partial V^2 D}{\partial y}+\frac{\partial V\omega}{\partial \sigma}+fUD+gD\frac{\partial \eta}{\partial y}$$
$$+\frac{gD^2}{\rho_0}\int_\sigma^0\left[\frac{\partial \rho'}{\partial y}-\frac{\sigma'}{D}\frac{\partial D}{\partial y}\frac{\partial \rho'}{\partial \sigma'}\right]d\sigma'=\frac{\partial}{\partial \sigma}\left[\frac{K_M}{D}\frac{\partial V}{\partial \sigma}\right]+F_x$$

$$(4)$$

<水温・塩分の保存式>

$$\frac{\partial DT}{\partial t}+\frac{\partial TUD}{\partial x}+\frac{\partial TVD}{\partial y}+\frac{\partial T\omega}{\partial \sigma}$$
$$=\frac{\partial}{\partial \sigma}\left[\frac{K_H}{D}\frac{\partial T}{\partial \sigma}\right]+F_T-\frac{\partial R}{\partial z} \quad (5)$$

$$\frac{\partial DS}{\partial t}+\frac{\partial SUD}{\partial x}+\frac{\partial SVD}{\partial y}+\frac{\partial S\omega}{\partial \sigma}=\frac{\partial}{\partial \sigma}\left[\frac{K_H}{D}\frac{\partial S}{\partial \sigma}\right]+F_s \quad (6)$$

<乱気流統計量の保存式>

$$\frac{\partial Dq^2}{\partial t}+\frac{\partial q^2 UD}{\partial x}+\frac{\partial q^2 VD}{\partial y}+\frac{\partial q^2 \omega}{\partial \sigma}=\frac{\partial}{\partial \sigma}\left[\frac{K_q}{D}\frac{\partial q^2}{\partial \sigma}\right]$$
$$+\frac{2K_M}{D}\left[\left(\frac{\partial U}{\partial \sigma}\right)^2+\left(\frac{\partial V}{\partial \sigma}\right)^2\right]+\frac{2g}{\rho_0}K_H\frac{\partial \widetilde{\rho}}{\partial \sigma}-\frac{2Dq^3}{B_1 l}+F_q \quad (7)$$

$$\frac{\partial Dq^2 l}{\partial t} + \frac{\partial q^2 lUD}{\partial x} + \frac{\partial q^2 lVD}{\partial y} + \frac{\partial q^2 l\omega}{\partial \sigma} = \frac{\partial}{\partial \sigma}\left[\frac{K_q}{D}\frac{\partial q^2 l}{\partial \sigma}\right]$$
$$+ E_1 l\left(\frac{K_M}{D}\left[\left(\frac{\partial U}{\partial \sigma}\right)^2 + \left(\frac{\partial V}{\partial \sigma}\right)^2\right] + E_3 \frac{g}{\rho_0}K_H \frac{\partial \widetilde{\rho}}{\partial \sigma}\right)\widetilde{W} - \frac{Dq^3}{B_1}\widetilde{W} + F_l$$
(8)

ここで，D：全水深（$H+\eta$），U，V：x，y 方向の 3 次元流速成分，ω：$\sigma-$座標系のもとでの鉛直流速成分，η：水位，f：コリオリ力，g：重力加速度，ρ：海水密度，ρ_0：基準海水密度（1025 kg/m³），K_M：鉛直渦動粘性係数，F_x：流速 U 成分に係る水平粘性項，F_y：流速 V 成分に係る水平粘性項，T：水温，S：塩分，F_T：水温に係る水平拡散項，F_S：塩分に係る水平拡散項，K_H：水温，塩分，SS に係る鉛直渦動拡散係数，$\frac{\partial R}{\partial z}$：水中における鉛直方向の短波放射収支，$q^2$：乱流運動エネルギー，$K_q$：乱流運動エネルギーに係る鉛直渦動拡散係数，$l$：乱流長さスケール，$F_q$：乱流運動エネルギーに係る水平拡散項，$F_l$：乱流長さスケールに係る水平拡散項，$B_1$，$E_1$，$E_3$：乱流モデルに係る経験定数，$\sigma'$：積分定数，である．

なお，$\sigma-$座標における鉛直流速と z 座標における鉛直流速の関係は以下のとおりであり，W は z 座標における鉛直流速である．

$$W = \omega + U\left(\sigma\frac{\partial D}{\partial x} + \frac{\partial \eta}{\partial x}\right) + V\left(\sigma\frac{\partial D}{\partial y} + \frac{\partial \eta}{\partial y}\right) + \sigma\frac{\partial D}{\partial t} + \frac{\partial \eta}{\partial t}$$
(9)

$\widetilde{W}$は近接関数であり，以下のように定義される．
$\widetilde{W} = 1 + E_2(l/kL)$
ここで
$L^{-1} = (\eta-z)^{-1} + (H-z)^{-1}$，$E_2$：乱流モデルに係る経験定数，$k$：カルマン定数である。

また $\partial \widetilde{P}/\partial \sigma = \partial \sigma - c_s^{-2}\partial p/\partial \sigma$ であり，c_S は水中における音速，ρ は静水圧である．，ρ'は海水密度 ρ から各水深における水平平均密度を差し引いた偏差である．また，水平粘性項と水平拡散項を以下のように定義している．

$$F_x = \frac{\partial H\tau_{xx}}{\partial x} + \frac{\partial H\tau_{xy}}{\partial y}$$
(10)

$$F_y = \frac{\partial H\tau_{xy}}{\partial x} + \frac{\partial H\tau_{yy}}{\partial y} \tag{11}$$

ここで,

$$\tau_{xx} = 2A_M \frac{\partial U}{\partial x}, \quad \tau_{xy} = A_M\left(\frac{\partial U}{\partial y} + \frac{\partial V}{\partial x}\right), \quad \tau_{xy} = 2A_M \frac{\partial V}{\partial y} \tag{12}$$

また,

$$F_\phi = \frac{\partial Hq_x}{\partial x} + \frac{\partial Hq_y}{\partial y} \tag{13}$$

ここで,

$$q_x = A_H \frac{\partial \phi}{\partial x}, \quad q_y = A_H \frac{\partial \phi}{\partial y} \tag{14}$$

であり, ϕ は, T, S, q^2, q^2l, A_M は水平渦粘性係数, A_H は水平渦拡散係数である. なお, 上の水平粘性などに関する式では $\sigma-$ 座標変換に伴う補正項を含んでいない. この形式に関する正当化は, Mellor and Blumberg[30] を参照されたい.

(4) モード分割手法

POMと同様に本モデルの特徴の一つとして, その解法にモード分割の手法を取り入れている. モード分割とは表面水位を計算する部分と流速や水温, 塩分などの3次元構造を計算する部分を分けることである. 表面水位はいわゆる重力波の速度 $\sqrt{gH}$ で伝播し, その速度は流速などに比べ速い.

基本方程式を時間積分する際の時間刻み幅(タイムステップ)はその基本方程式によって記述される物理現象のうち, 最も伝播速度の速い現象によって支配されている. 静水圧近似に基づく海洋流動現象の場合, 普通最も速い現象は上述した表面波の伝播であり, タイムステップ DT は, 格子間隔を DS とするとき, $DT<DS/\sqrt{gH}$ で規定される. 流速, 水温, 塩分などの3次元構造を含めてこのタイムステップで計算すると, 相当小さいタイムステップとなり, 計算機演算時間が多くかかるようになる. そこで表面水位の計算には2次元単層モデルを用いることにより, あまり演算時間がかからないようにしている. つまり, 外部

モードの計算法を採用している．一方，流速や水温，塩分などの3次元構造を計算する部分には内部モードの計算を採用している．内部モード計算のタイムステップは外部モードの5〜30倍（整数倍）の値を用いている．すなわち，1回の内部モードの計算が行われると次は5〜30ステップの外部モード計算が繰り返され，次に1回の内部モード計算が行われるといった計算手順となる．

(5) 干潟の表現

流動サブモデルにおける干潟域の干出・冠水の取り扱いに関しては，Oey[31]の考え方をモデルに組み込んでいる．モデル化に当たっては，各格子が冠水しているか，干出しているかを示すフラグWETMASKと干出限界水深H_{dry}を定義している．

WETMASK(i,j)=0 　　　：干出を意味する

WETMASK(i,j)=1 　　　：冠水を意味する

H_{dry}は水位を含めた全水深がこの値を下回ったら干出，逆に上回ったら冠水という判定に用い，ここでは安定性を考慮して10 cmとしている．

本モデルは外部モード（水位および全層平均流速で構成される2次元モデル）と内部モード（水温・塩分などで構成される密度場の影響を含む3次元モデル）を分割して計算するモード分割の手法を採用している．そのため，干潟での干出・冠水のプロセスも各モードを分けて判定する必要がある．

a) 外部モードの判定

干潟域における冠水・干出の判定は外部モードでの判定が本質的であり，内部モードでは，外部モードでの判定と矛盾がきたさないように判定する必要がある．

・水位

新しいステップの水位の計算が終了した後に，以下の判定を行い干出・冠水を定義する．計算されている水位に関しては，その値を保持する．

D(＝静水深＋水位)≦H_{dry}　⇒　　WETMASK(i,j)=0（干出）

D(＝静水深＋水位)＞H_{dry}　⇒　　WETMASK(i,j)=1（冠水）

・2次元流速

新しいステップの2次元流速の計算が終了した後に以下の判定を行い，干出した格子への流入出する2次元流速を定義する．

$(D_{i,j}+D_{i-1,j})/2 \leq H_{dry} \Rightarrow ua(i,j)=0$

$(D_{i,j}+D_{i,j-1})/2 \leq H_{dry} \Rightarrow va(i,j)=0$

・その他の条件

その他の条件として、「干出した格子からは流出する成分の流速は生じない」という条件を加え、2次元流速を定義する.

$\left.\begin{array}{l}\text{WETMASK}(i-1,j)=0 \text{ かつ } ua(i,j)>0 \\ \text{または} \\ \text{WETMASK}(i,j)=0 \text{ かつ } ua(i,j)<0\end{array}\right\} \Rightarrow ua(i,j)=0$

$\left.\begin{array}{l}\text{WETMASK}(i,j-1)=0 \text{ かつ } va(i,j)>0 \\ \text{または} \\ \text{WETMASK}(i,j)=0 \text{ かつ } va(i,j)<0\end{array}\right\} \Rightarrow va(i,j)=0$

b) 内部モードの判定

・WETMASK の定義

内部モードでは水位は演算されていなので、直前のステップの外部モードの WETMASK の値を採用する.

・3次元流速

干出した格子との流入出する流速成分は、各層ともに2次元流速の値を採用する.これは、上記の2次元流速の定義とその他として付加した条件を反映したものとなっており、以下のように記述される.

$\text{WETMASK}(i,j) \times \text{WETMASK}(-1,j)=0 \Rightarrow u(i,j,k)=ua(i,j)$

$\text{WETMASK}(i,j) \times \text{WETMASK}(i,j-1)=0 \Rightarrow v(i,j,k)=va(i,j)$

・スカラー量(水温,塩分,乱流統計量)

WETMASK=0(干出時)の場合は、水温・塩分は演算を停止し、前ステップの値を全層平均した値とし、乱流統計量はモデルの安定性から0に近い値(1.0×10^{-10} という小さい値)を設定する.

4.2.4 懸濁物輸送サブモデル

(1) 懸濁物輸送サブモデルの予測項目と解析する現象

懸濁物輸送サブモデルの予測項目は、SS,直上水-底泥間の巻き上げ・沈降

表4.5 SSの粒径区分

区分	粒径（μm）	物性
1	75〜	砂
2	5〜75	シルト
3	〜5	粘土

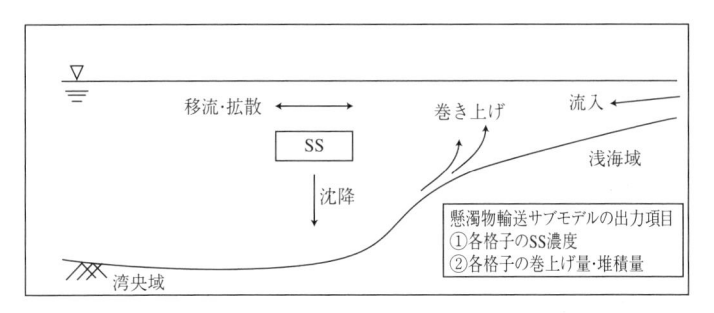

図4.19 懸濁物輸送サブモデルが解析する主な現象と出力項目

フラックスである．なお本モデルでは，SSを表4.5に示すように3つの粒径に区分し，懸濁物の挙動として，図4.19に示すように，移流・拡散，巻き上げ・沈降・堆積などの物理過程での濃度分布の変化を解析している．

なお，底泥中の各粒径の現存量は図4.20（カラー口絵）に示す有明海での中央粒径値（Md φ）の分布[32]および山本ら[33]の研究結果を参考に設定し，この現存量を境界値として扱っている．

(2) 座標系および基礎方程式

懸濁物輸送サブモデルの座標系は，流動サブモデルに準ずるものとしている．懸濁物輸送サブモデルの基礎方程式は，移流拡散方程式で流動サブモデルにおける乱流統計量の移流拡散方程式にSSの巻き上げ項・沈降項を追加したものとなる．

$$\frac{\partial DC}{\partial t}+\frac{\partial CUD}{\partial x}+\frac{\partial CVD}{\partial y}+\frac{\partial C\omega}{\partial \sigma}$$
$$=\frac{\partial}{\partial \sigma}\left[\frac{K_H}{D}\frac{\partial C}{\partial \sigma}\right]-\frac{\partial W_s C}{\partial z}+F_c+Q+R \qquad(15)$$

ここで，CはSS濃度，W_Sは沈降速度，はSS負荷量，Rは巻き上げ量，F_c

は水平拡散項を示す．また，水平拡散項も流動サブモデルと同様に以下のように定義される．

$$F_c = \frac{\partial H q_x}{\partial x} + \frac{\partial H q_y}{\partial y} \tag{16}$$

ここで，

$$q_x = A_H \frac{\partial C}{\partial x}, \quad q_y = A_H \frac{\partial C}{\partial y} \tag{17}$$

である．

(3) 底泥からの巻き上げ量の推定方法

本モデルにおいては，底質からのSSの巻き上げ量の推定方法として，以下の式を用いた．この式は，底質からのSSの巻き上げ量の推定に際して広く研究などに利用されているものである[34]．

$$E = \alpha \cdot \left(\frac{\tau_0}{\tau_c} - 1 \right)^\beta \quad (\tau_0 > \tau_c) \tag{18}$$

ここで，Eは巻き上げ量（kg/m²/s），α，βは侵食速度係数（kg/m²/s）（—），τ_cは限界せん断応力（N/m²），τ_0は底層のせん断応力（N/m²）である．

(4) 底面せん断応力の推定方法

式（18）中の底面せん断応力τ_0の算定には，波と流れの共存時を想定した推定式を用いた．算定にあたっては，田中・THU[35]が提案している粗面乱流場での陽形式摩擦係数の近似式を用いている．まず，波・流れ共存場における摩擦係数は次式で定義される．

$$\tau_0 = \rho \cdot \overline{u^*}_{cw}^2 = \rho \frac{f_{cw}}{2} \widehat{U}_w^2 \tag{19}$$

ここで，τ_0は波・流れ共存時の底面せん断力の最大値，ρは流体の密度，$\overline{u^*}_{cw}^2$は波・流れ共存時の摩擦速度の最大値，は微小振幅波理論によって得られる波動流速の境界層外縁での最大値である．以下で，添え字cw, c, wはそれぞれ波・流れ共存場での諸量，定常流成分および波動成分を表し，また添え字L, RおよびSはそれぞれ，層流，粗面乱流および滑面乱流での諸量を示す．$\widehat{U}_w$は，流動サブモデルにて算定される有義波高・有義波周期をもとに，以下の式としている．

$$\widehat{U}_w = \frac{H_{1/3}}{2} \cdot \frac{2\pi}{T_{1/3}} \cdot \frac{1}{\sinh[kz_h]} \quad (20)$$

ここで，$H_{1/3}$ は有義波高，$T_{1/3}$ は有義波周期，k は波数，z_h は水深である．また k は以下の式にて推定されている．

$$k = \frac{2\pi}{L}, \quad L = \frac{g}{2\pi} \cdot T^2 \cdot \tanh \frac{2\pi z_h}{L} \quad (21)$$

田中らは乱流場の摩擦係数に対して次式の陽形式の近似式を提案している．

$$f_{cw(R)} = f_{c(R)} + 2\sqrt{f_{c(R)} \cdot \beta_{(R)} f_{w(R)}} \cos\phi' + \beta_{(R)} f_{w(R)} \quad (22)$$

ここに，

$$f_{c(R)} = \frac{2k^2}{\{\ln(z_h/z_0) - 1\}^2} \left(\frac{\bar{u}_c}{U_w}\right)^2 \quad (23)$$

$$f_{w(R)} = \exp\left\{-7.53 + 8.07 \left(\frac{\widehat{U}_w}{\sigma z_0}\right)^{-0.100}\right\} \quad (24)$$

$$\beta_{(R)} = \frac{1}{1 + 0.769\alpha^{0.830}} \left\{1 + 0.863\alpha \exp(-1.43\alpha) \left(\frac{2\phi'}{\pi}\right)^2\right\} \quad (25)$$

$$\alpha = \frac{1}{\ln(z_h/z_0) - 1} \frac{\bar{u}_c}{\widehat{U}_w} \quad (26)$$

ここで，$\bar{u}_c$ は定常流成分の断面平均流速，z_h は水深，a_m は波動による底面水粒子軌道振幅，ν は流体の動粘性係数である．また，$\phi' = \cos^{-1}(|\cos\phi|)$ であり，ϕ は波の進行方向と定常流の流下方向がなす角度である．ϕ の範囲には制限はないが，ϕ' は $0 \leq \phi' \leq \pi/2$ とする．さらに，κ はカルマン定数，z_0 は粗度長さ（z_0: $ks/30$，κ_s: 相当粗度），σ は波の角振動数（$\sigma = 2\pi/T$，T: 周期）である．また，ϕ' の単位はラジアンとする．結局，$f_{cw(R)}$ は 4 つの無次元数，$U_w/\sigma z_0$，z_h/z_0，$\bar{u}_c/\widehat{U}_w$ および ϕ に支配される．これらのうち，第 2，第 3 番目の変数は式 (26) に見られるように新たな 1 つの変数 α にまとめられる．

式 (27) では，波高がない場合には，摩擦係数がゼロとなるため巻き上げは発生しないことになる．一方で，有明海のように強い潮流が存在する海域では，流れによる巻き上げも支配的であるため，流れによる底面せん断応力を式 (35) の式にて算定し，式 (27) で求めた波・流れ共存場でのせん断応力と比較し，その最大値を各格子の底面せん断応力として定義するものとしている．

$$\tau_0 = \rho \cdot u_*^2$$

$$u_* = u \cdot \left(\frac{1}{\kappa} \cdot \ln \frac{z}{k_s} + A_r \right)^{-1} \qquad (27)$$

ここで，ρ は海水密度（kg/m³），u_* は摩擦速度（m/s），κ はカルマン定数（≒0.41），u は水平流速（m/s），k_s は相当粗度（m），A_r（=8.5）は定数，z は底面上からの流速定義点までの距離である．

(5) 諸係数の設定

湾内の SS の挙動を的確に再現するためには，式 (18) 中の α，β，τ_c の値を適切に設定しなければならない．α，β，τ_c は，文献値の範囲内でパラメータチューニングを行い，既往の SS の調査結果をもっともよく再現できるように設定している．

また底泥の侵食速度係数は，巻き上げの開始直後より，分の時間スケールで急減することが知られている．そこで，本検討では，一度の巻き上げによって再懸濁する SS 量の上限値（一潮汐間）を設定することで，上記の現象を簡易的に表現している．なお，SS 量の上限値は，モデル計算値と観測値の整合性が高まるよう試行計算により設定している．

(6) 沈降速度の推定方法

表 4.5 に示した粒径区分のうち，シルト・粘土を粘着性粒子と仮定し，その沈降速度には山本ら[36]の研究結果を引用している．ここで，沈降速度 w_s の推定式に用いる SS 濃度（C）は，シルトと粘土の SS 濃度の合計値である．

$$w_s = 4.27 \times 10^{-4} \cdot C^{0.768} \qquad (28)$$

ここで，w_s は沈降速度（cm/s），C は粘着性粒子濃度（mg/l）である．

また，砂の沈降速度は，代表粒径を決定し，式 (29) のルディー式[37]により算定されている．

$$w_s = \sqrt{\frac{2}{3}\left(\frac{\rho'}{\rho} - 1\right)gd + \frac{36v^2}{d^2}} - \frac{6v}{d} \qquad (29)$$

ここで，g は重力加速度，ρ' は土粒子密度，ρ は海水密度，d は粒径，μ は粘性係数，ν は動粘性係数である．

4.2.5 水質−底質−底生生物サブモデル

(1) 水質−底質−底生生物サブモデルの構造

水質−底質−底生生物サブモデルは，C，N，P，O を指標元素とした物質循環モデルで，4.2.1 で述べたように，水質，底質および底生生物の 3 つのサブモデル間での物質のやりとりを相互のフラックスとして取扱い，結合しながら同期して時間方向に積分される．図 4.21 に水質−底質−底生生物サブモデルの構造を示す．

(2) 水質−底質−底生生物サブモデルの予測項目と解析する現象

水質サブモデルは低次生態系における物質循環を考慮した水質変化を予測するものである．ここで，流動サブモデルによって計算された物質の交換量および水温・塩分および懸濁物輸送サブモデルで計算された SS 濃度を境界条件として，水質予測は行われる．

水質サブモデルの解析項目は表 4.6 のとおりである．また，底質サブモデルの予測項目は表 4.7 のとおりである．水質サブモデルでは，底質サブモデルで計算され，フラックスとして溶出する H_2S や Mn^{2+}，Fe^{2+} などを，それらの物質による酸化として溶存酸素を消費する仮想物質として合算し，酸素消費物質 (ODU：Oxygen Demand Unit) として解析している．ここで，酸素消費物質 (ODU) の単位は mgO/l であり，H_2S や Mn^{2+}，Fe^{2+} などの還元物質濃度を酸素消費量に換算したものである．

一方，底生生物サブモデルの予測項目を表 4.8 に示す．底生生物サブモデルは懸濁物食者として，有明海での優先種であるアサリとサルボウなどを考慮し，コケガラスやアゲマキなどのそれ以外の懸濁物食者は，その他の懸濁物食者としてモデルに組み込んでいる．

水質サブモデルにおいては，T-N，T-P，COD 濃度は，以下のように独立変数として計算される解析項目の濃度を換算して算出している．

$$(COD) = (植物プランクトン態 COD) + (動物プランクトン態 COD)$$
$$+ (懸濁態 COD) + (溶存態 COD)$$
$$(T\text{-}N) = (TON) + (NH_4 - N) + (NO_X - N)$$
$$(T\text{-}P) = (TOP) + (PO_4 - P)$$

ここで，

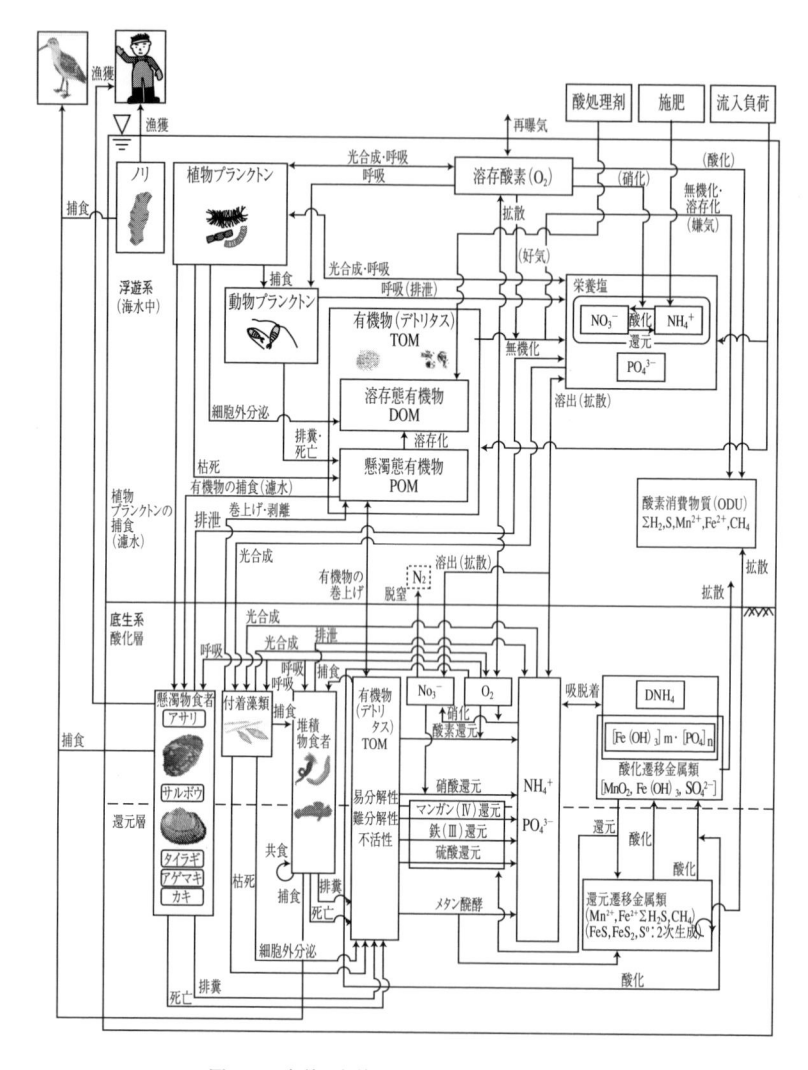

図 4.21 水質−底質−底生生物サブモデルの構造

4 章 有明海の環境解析

表 4.6 水質サブモデルの予測項目

変数名	独立変数	単位
PHY	植物プランクトン	$\mu g/l$
LAVER	ノリ	gC/m^2
ZOO	動物プランクトン	mgC/l
POC	懸濁態有機炭素濃度	mgC/l
DOC	溶存態有機炭素濃度	mgC/l
PON	懸濁態有機窒素濃度	mgN/l
DON	溶存態有機窒素濃度	mgN/l
POP	懸濁態有機リン濃度	mgP/l
DOP	溶存態有機リン濃度	mgP/l
NH_4-N	アンモニア態窒素濃度	mgN/l
NO_x-N	亜硝酸及び硝酸態窒素の合計濃度	mgN/l
PO_4-P	リン酸態リン濃度	mgP/l
DO	溶存酸素濃度	mgO/l
ODU	酸素消費物質 ($\Sigma H_2S, Mn^{2+}, Fe^{2+}, CH_4$ の合計値)	mgO/l

表 4.7 底質サブモデルの予測項目

変数名		独立変数	単位
TOC	固相+液相	底泥中の全有機炭素	$mgC/g-dry$
TON		底泥中の全有機窒素	$mgN/g-dry$
TOP		底泥中の全有機リン	$mgP/g-dry$
NH_4-N	液相	間隙水中のアンモニア態窒素	mgN/l
NO_x-N		間隙水中の亜硝酸および硝酸態窒素	mgN/l
PO_4-P		間隙水中のリン酸態リン	mgP/l
DO		間隙水中の溶存酸素	mgO/l
SO_4^{2-}		間隙水中の硫酸イオン	mgS/l
Mn^{2+}		間隙水中のMn(II)イオン	$mgMn/l$
Fe^{2+}		間隙水中のFe(II)イオン	$mgFe/l$
ΣH_2S		間隙水中のΣH_2S(=H_2S+HS^-)	mgS/l
CH_4		間隙水中のメタン	mgC/l
MnO_2	固相	底泥中の二酸化マンガン	$mgMn/g-dry$
$Fe(OH)_3$		底泥中の水酸化鉄	$mgFe/g-dry$
FeS		底泥中の硫化鉄	$mgS/g-dry$
FeS_2		底泥中の黄鉄鉱	$mgS/g-dry$
S^0		元素状硫黄	$mgS/g-dry$
DNH_4^+		吸着態のアンモニア態窒素	$mgN/g-dry$
DPO_4^-		吸着態のリン酸態リン	$mgP/g-dry$

表4.8 底生生物サブモデルの予測項目

変数名	独立変数	単位
DIA	付着藻類	gC/m^2
BSF(clam)	アサリ	gC/m^2
BSF(ark Shell)	サルボウ	gC/m^2
BSF(oyster)	カキ	gC/m^2
BSF(others)	その他の懸濁物食者	gC/m^2
BDF	堆積物食者	gC/m^2

$$(TON) = (植物プランクトン態 N) + (動物プランクトン態 N) + (PON) + (DON)$$

$$(TOP) = (植物プランクトン態 P) + (動物プランクトン態 P) + (POP) + (DOP)$$

とする.

また,各サブモデルの変数を結ぶ物理・化学・生物過程は,主に低次栄養段階で植物プランクトンの発生や酸素動態にとって重要と考えられるもので構成されている.さらに,有明海での問題となっている貧酸素水塊の発生状況とその特徴を適切に表現するために,このモデルでは水中の溶存酸素の生成・消費に関わる重要な生物・化学過程として,①植物プランクトン・付着藻類・ノリの光合成,②植物プランクトン・動物プランクトン・付着藻類・懸濁物食者・堆積物食者の呼吸,③有機物(デトリタス)の好気的無機化,④硝化,⑤酸素消費物質(ODU:Oxygen Demand Unit)の酸化,⑥底泥による酸素消費(間隙水中の溶存酸素との分子拡散),⑦海面での再曝気を考慮している.図4.22,4.23,および4.24は,水質,底質および底生生物の各サブモデルで考慮する現象を示している.

(3) 座標系および基礎方程式

a) 水質サブモデル

水質サブモデルの座標系は,流動サブモデルに準ずるものにしている.水質サブモデルの基礎方程式は,富栄養化関連物質の移流拡散方程式であり,流動サブモデルにおける乱流統計量の移流拡散方程式に富栄養化関連物質の反応項を

4章 有明海の環境解析 *143*

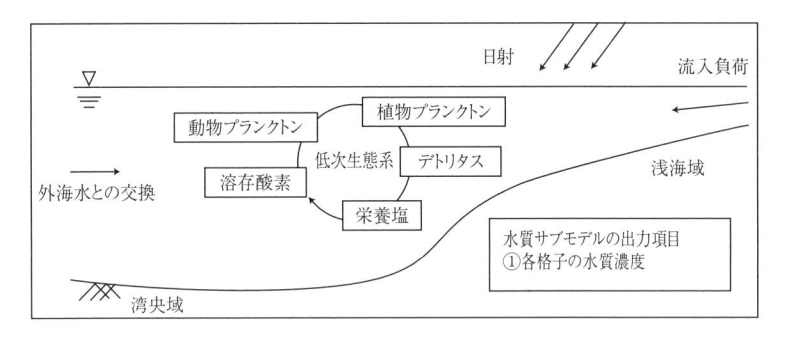

図4.22 水質サブモデルが解析する主な現象と出力項目

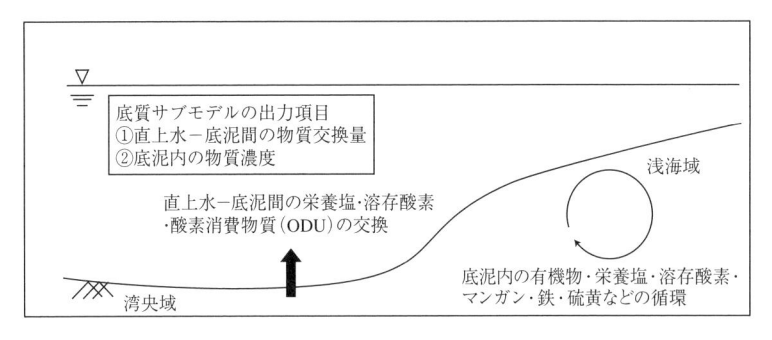

図4.23 底質サブモデルが解析する主な現象と出力項目

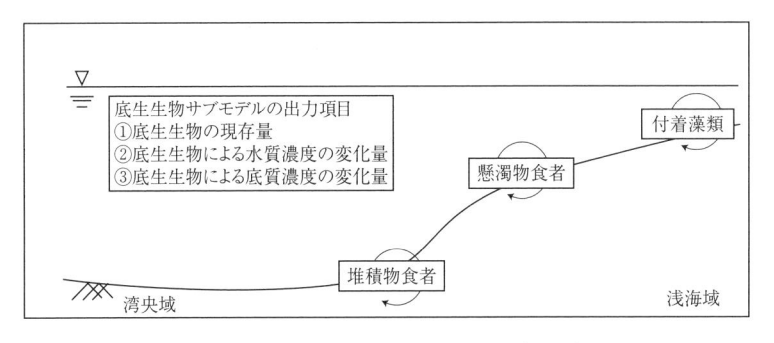

図4.24 底生生物サブモデルが解析する主な現象と出力項目

追加したものである.

$$\frac{\partial DC}{\partial t} + \frac{\partial CUD}{\partial x} + \frac{\partial CVD}{\partial y} + \frac{\partial C\omega}{\partial \sigma} = \frac{\partial}{\partial \sigma}\left[\frac{K_H}{D}\frac{\partial C}{\partial \sigma}\right] + Fc + Q \pm R \tag{30}$$

ここで, C は富栄養化関連物質濃度, F_c は水平拡散項, Q は富栄養化関連物質の負荷量, R は反応項を示す. また, 水平拡散項も流動サブモデルと同様に以下のように定義している.

$$Fc = \frac{\partial Hq_x}{\partial x} + \frac{\partial Hq_y}{\partial y} \tag{31}$$

ここで,

$$q_x = A_H \frac{\partial C}{\partial x}, \quad q_y = A_H \frac{\partial C}{\partial y} \tag{32}$$

である.

b) 底質サブモデル・底生生物サブモデル

底質および底生生物サブモデルは, 浮遊系の流動, 懸濁物, 水質サブモデルとは異なる座標系を採用し, 水平方向には浮遊系モデルで採用した水平格子を任意に連結させた格子を生成し多ボックスモデルとして解析されている. また, 鉛直方向には泥深 10 cm までを計算の対象とし, 鉛直方向は 10 層に分割されている. なお, 巻き上げに伴い底泥表層の物質は底泥から消失することになるが, その場合, 底泥第 1 層で消失した質量分が第 2 層より供給され底泥表層を形成する. さらにそれ以深も第 2 層から第 1 層に移動した質量分は第 3 層目から供給されるといった構造となっている. すなわち, 水−底泥境界面を常に第 1 層目の上端に定義し, 巻き上げに伴う水−底泥境界位置の変化に応じて変化する濃度プロファイルの変化を層間の物質移流という形で表現している. 堆積に関しても同様の手法を採用している. なお, 下端境界である最下層格子では下層から供給される物質濃度の設定が必要となるが, この濃度は最下層格子と同一濃度を仮定している. (最下層以深では濃度勾配がないものと仮定している)

(4) 生物・化学反応項

水質−底質−底生生物サブモデルは, 計算項目が多いことからその生物・化学的な過程が多く考慮されており, それらが反応項としてモデル化されている.

このモデルで考慮しているそれぞれの反応項を以下の表4.9～表4.11に整理した．表中の＋の列はその反応項により予測項目が増加する項，－の列は予測項目が現象する項，±は予測項目が増減する項を示している．

表4.9 水質サブモデルで考慮される反応項

コンパートメント	＋	－	±
植物プランクトン (CHL)	光合成	細胞外分泌,呼吸,枯死,ZOOによる摂食,沈降,BSFによる摂食	－
ノリ (LAVER)	光合成	細胞外分泌,呼吸,枯死,漁獲	－
動物プランクトン (ZOO)	PHYの摂食	排糞,呼吸,死亡	－
溶存酸素 (DO)	光合成(PHY)による生産 流入負荷	PHYの呼吸,ZOOの呼吸 POCの好気分解・無機化 DOCの好気分解・無機化 硝化,底泥による消費 ODUの酸化	再曝気 底生生物による光成・呼吸など 巻上げによる間隙水拡散
濁懸態有機物 (POM)	PHYの枯死 ZOOの死亡 ZOOの排糞 流入負荷 巻上げ	分解・無機化,沈降 BSFによる摂食	－
溶存態有機物 (DOM)	PHYの細胞外分泌 POMの溶存化 流入負荷	分解・無機化	－
アンモニア態窒素 (NH_4-N)	PHYの呼吸 ZOOの呼吸 POMの分解・無機化 DOMの分解・無機化 流入負荷	PHYの光合成,硝化	底泥からの溶出 底生生物による取込み・排泄など 巻上げによる間隙水拡散
硝酸態窒素 (NO_x-N)		PHYの光合成	底泥からの溶出 巻上げによる間隙水拡散
リン酸態リン (PO_4-P)		PHYの光合成	底泥からの溶出 底生生物による取り込み・排泄など 巻上げによる間隙水拡散
酸素消費物質 (ODU)	POMの嫌気分解・無機化 DOMの嫌気分解・無機化 底泥からの溶出	DOによる酸化	巻上げによる間隙水拡散

表 4.10 底質サブモデルで考慮される反応項

項目			
有機態炭素（TOC）	水中からの沈降	分解・無機化 巻き上げ,堆積	—
有機態窒素（TON）	水中からの沈降	分解・無機化 巻き上げ,堆積	—
有機態リン（TOP）	水中からの沈降	分解・無機化 巻き上げ,堆積	—
アンモニア態窒素 （NH_4-N）	有機物の無機化 硝酸還元	硝化	分子拡散,巻き上げ 吸脱着
硝酸態窒素（NO_X-N）	硝化	硝酸還元,脱窒	分子拡散,巻き上げ
リン酸態リン（PO_4-P）	有機物の無機化	—	吸脱着,巻き上げ
溶存酸素（DO）	—	有機物の無機化,硝化 還元物質の酸化 （$Mn^{2+},Fe^{2+},H_2S,CH_4,FeS,FeS_2$）	分子拡散,巻き上げ
硫酸イオン（SO_4^{2-}）	O_2によるH_2Sの酸化 O_2によるFeSの酸化 S^0の水和反応	有機物の無機化 SO_4^{2-}によるCH_4の酸化	分子拡散
マンガン（Ⅱ）イオン （Mn^{2+}）	有機物の無機化 Fe^{2+}によるMnO_2の還元 H_2SによるMnO_2の還元	O_2によるMn^{2+}の酸化	分子拡散
鉄（Ⅱ）イオン（Fe^{2+}）	有機物の無機化 H_2Sによる$Fe(OH)_3$の還元 O_2による$FeS \cdot FeS_2$の還元	O_2によるFe^{2+}の酸化 Fe^{2+}によるMnO_2の還元	分子拡散 HS^-とFe^{2+}の沈殿作用
二酸化マンガン （MnO_2）	O_2によるMn^{2+}の酸化 水中からの沈降	有機物の無機化 Fe^{2+}によるMnO_2の還元 H_2SによるMnO_2の還元	—
水酸化鉄（$Fe(OH)_3$）	O_2によるFe^{2+}の酸化 Fe^{2+}によるMnO_2の還元 水中からの沈降	有機物の無機化 H_2Sによる$Fe(OH)_3$の還元	—
硫化鉄（FeS）	水中からの沈降	O_2によるFeSの酸化 FeSとH_2Sの沈殿作用 FeSとS^0の沈殿作用	HS^-とFe^{2+}の沈殿作用
黄鉄鉱（FeS_2）	FeSとH_2Sの沈殿作用 FeSとS^0の沈殿作用 水中からの沈降	O_2によるFeS_2の酸化	—
元素状硫黄（S^0）	H_2SによるMnO_2の還元 H_2Sによる$Fe(OH)_3$の還元 水中からの沈降	FeSとS^0の沈殿作用 S^0の水和反応	—
硫化水素（ΣH_2S）*	有機物の無機化 SO_4^{2-}によるCH_4の酸化 S^0の水和反応	O_2によるH_2Sの酸化 H_2SによるMnO_2の還元 H_2Sによる$Fe(OH)_3$の還元 FeSとH_2Sの沈殿作用	分子拡散 HS^-とFe^{2+}の沈殿作用
吸着態アンモニア態 窒素（DNH_4-N）	—	**	吸脱着
吸着態無機リン （DPO_4-P）	—	**	吸脱着

＊硫化水素は,硫化水素（H_2S）と硫化水素イオン（HS^-）の合計値（ΣH_2S）として算出され,pHと酸解離定数によってそれぞれの存在比が決定される
＊＊吸着態の栄養塩類に対する生物作用に関しては,知見が乏しいため考慮していない
＊＊＊マンガン・鉄・硫黄の巻上げによる増減は,知見が乏しいため考慮していない

表4.11 底生生物サブモデルで考慮される反応項

コンパートメント	＋	－	±
付着藻類（DIA）	光合成	細胞外分泌 呼吸 枯死 BDFによる被食 巻き上げ	－
懸濁物食者（BSF）	濾水による摂食	排糞 呼吸 死亡 漁獲	－
堆積物食者（BDF）	DIAの摂食 有機物の摂食 BDFの摂食（共食い）	排糞 呼吸 死亡	－

(5) 底泥内での物理過程に関する取扱い

底泥内および水‐底泥界面における溶存物質の濃度変動は下式の鉛直一次元の拡散方程式である．

$$\phi \cdot \frac{\partial C}{\partial t} = -\frac{\partial}{\partial z}\left(-\phi D \frac{\partial C}{\partial z}\right) \tag{33}$$

ここで C は溶存物質濃度，D は溶存物質の拡散係数，ϕ は空隙率，z は層厚である．

各溶存物質の分子拡散係数は水温と空隙率の関数として与えられる（Soetaert et al.[38]）．

$$D = D^T \cdot \phi^{n-1}$$
$$D^T = D^{0°C} + a \cdot Temp \tag{34}$$

ここで，D は底泥内の分子拡散係数，$Temp$ は泥温，a は拡散係数の温度係数，指数 n は砂質層堆積物では 2，泥質堆積物では 3（藤永[39]）をとる．

なお，懸濁物食者（BSF），堆積物食者（BSF）による底泥の撹乱は，以下の考え方によっている．

固相の撹乱速度（D_{BS}）

$$D_{BS} = \frac{(BSF+BDF)}{(BSF+BDF)+K_{BS}} \times D_{BSMAX} \tag{35}$$

ここで，D_{BSMAX} は固相の最大撹乱速度，K_{BS} は固相の撹乱に係わる生物量の半飽和定数．

液相の撹乱速度（D_{BC}）

$$D_{BS} = \frac{(BSF+BDF)}{(BSF+BDF)+K_{BS}} \times D_{BCMAX} \tag{36}$$

ここで，D_{BCMAX} は液相の最大撹乱速度，K_{BC} は液相の撹乱に係わる生物量の半飽和定数．

(6) 干潟の取扱い

a) 水質サブモデル

懸濁物輸送サブモデルおよび水質サブモデルでの冠水・干出の判断は，流動サブモデルで定義される判定基準と同様としている．水質サブモデルでは干出・冠水時にも同一の計算手法を用いており，干出時に水中の物質循環は解析しないといった特別な処理は行っていない．干出時には，水深 10 cm のもとで水質・底質・底生生物の相互作用が解析されている．これは，干出時に形成されるタイドプール内の水質変化の表現を目的としたものである．このとき，溶存酸素の再曝気に係る再曝気係数は冠水時の 10 倍の値を与え，水深が浅い状況での風波などによる溶存酸素の供給量の増加を表現している．また懸濁物輸送サブモデルでも同様の扱いであるが，干出時には底泥の巻き上げは発生しないものと仮定している．

b) 底質サブモデル・底生生物サブモデル

水質サブモデルと同様に，干出時・冠水時に計算手法は変えていない．干出時には，水深 10cm の基で水質・底質・底生生物の相互作用を解析している．

(7) 底生生物の取扱い

底質サブモデルでは水質および底質項目の再現性を向上させるため，底泥内の有機物を易分解性・難分解性・不活性物質の 3 つの分画に区分した．このような条件下において，底生生物を含めた物質循環を解析するには，底生生物の濾水・捕食に際しての分解性の異なる有機物の選択性および，自身のバイオマスの分解性を明確にする必要がある．なぜならば，易分解性有機物の存在量が底層の貧酸素化や底泥からの栄養塩の溶出量を大きく左右しており，底生生物による易分解性有機物除去率の設定方法によりこれらの計算結果が大きく変動するからである．

底生生物サブモデルでは，底生生物による易分解性有機物の選択性は，図 4.25

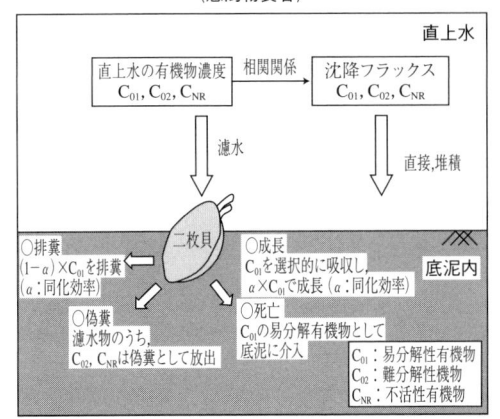

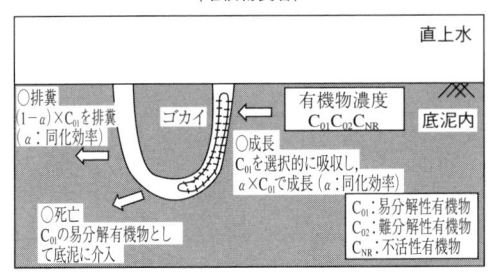

図 4.25 懸濁物食者・堆積物食者の易分解性有機物の利用に関する概念

に示す概念にもとづいて設定されている．まず懸濁物食者は直上水中の有機物を直上水中の存在率（C_{01}, C_{02}, C_{NR}）に基づき，濾水を通じて体内に有機物を取り込む．濾水した有機物のうち，易分解性有機物を選択的に吸収するものと仮定し，難分解性有機物および不活性物質は体内に吸収されずに偽糞として底泥表層に排出されるものとした．さらに，排糞物は易分解性の有機物である．また自然死亡や貧酸素化によって死亡した場合には，そのほとんどが易分解性有機物として底泥に介入するものとしている．堆積物食者についても同様の概念によって計算されている．

4.2.6 干潟モデル

(1) 干潟域における熱収支過程について

干潟域の水質・底質変動は,潮汐による冠水干出と日射との相互作用による周期的な熱環境の変化の影響を強く受けており,このような干潟の熱環境特性は,その生物生息環境機能や水質浄化機能に影響を及ぼす重要な要素である.そのため干潟の有する機能の表現にあたっては,干潟の熱環境の把握が必要不可欠となるが,このような影響を考慮した干潟域の生態系モデルは非常に少ない.有明海プロジェクトでは,干潟域における生態系モデルの構築を目標として,田中ら[40]による有明海干潟上での現地観測結果に基づき干潟上の大気-海面および土壌面(陸面)との熱エネルギー相互作用をモデル化,ならびにモデルの現地適用性を検討している.この検討結果の詳細は永尾ら[41]を参照されたい.

(2) 熱収支過程のモデル化

干潟域の干出時,および冠水時における土壌表面と海水表面の貯熱量は,大気-海水および土壌面における熱収支を考慮すると,それぞれ次式で表される[42].

$$G_{Soil} = R_n - H - lE \quad (干出時) \tag{37}$$

$$G = \widetilde{R}_n - H - lE - Q_s \quad (冠水時) \tag{38}$$

$$G_{Soil} = Q_s \quad (冠水時) \tag{39}$$

ここで G は冠水時における海水中の貯熱量, G_{Soil} は土壌表面の貯熱量, R_n は土壌表面への正味放射量, $\widetilde{R}_n$ は海水中に入射する正味放射量, H は顕熱輸送量, lE は潜熱輸送量, Q_s は海水を通過し土壌表面に到達する日射量である.

a) 干出時の熱収支

干出時における土壌面の貯熱量 G_{Soil} は,式(37)中の土壌表面への正味放射量 R_n を,下向きの短波放射量 S_d, 大気からの長波放射量 L_d, 土壌表面からの長波放射量 L_u により表わすと,次式となる.

$$G_{Soil} = (1-\alpha_S) \cdot S_d + L_d + L_u - H - lE \tag{40}$$

ここで,それぞれの放射成分(S_d, L_d, L_u)は土壌表面へ入射する向きを正としており,本モデルでは田中ら[40]の観測結果を入力値としている.また α_S は土壌表面でのアルベドであり,同観測結果より 0.05 としている.

干出時の土壌表面から大気への顕熱輸送量 H と潜熱輸送量 lE は,以下のバ

ルク式より算出している[42].

$$H = c_P \rho_a C_H U (T_S - T_a)$$
$$lE = l \rho_a C_E U (q_{SAT} - q_a) \quad (41)$$

ここで，c_p は大気の比熱，ρ_a は大気の密度，U および T_a は基準高度の風速および気温，T_S は土壌表面温度，l は水の気化熱，q_{SAT} は T_S に対する飽和比湿，q_a は大気の比湿，C_H および C_E は基準高度における顕熱・潜熱に対するバルク輸送係数である．近藤ら[42]によれば，裸地面の顕熱・潜熱交換速度 $C_H U$ および $C_E U$ は，一般的に次式で表される．

○微風（$U_{10m} < 2 \mathrm{ms}^{-1}$），不安定（$T_S > T_a$）のとき

$$C_H U \simeq C_E U (\mathrm{ms}^{-1}) = 0.0012 \cdot (T_S - T_a)^{1/3} \quad (42)$$

○上記以外のとき

$$C_H U \simeq C_E U (\mathrm{ms}^{-1}) = 0.0027 + 0.0031 \cdot U_{1m} \quad (43)$$

ここで，U_{1m} は地上 1 m の風速である．

つぎに土壌表面から土壌内への熱伝導は，鉛直一次元熱伝導方程式によって表している．

$$\frac{\partial T_S}{\partial t} = K_S \frac{\partial^2 T_S}{\partial Z^2} \quad (44)$$

ここで，K_S は土壌内の熱伝導係数である．一般的に，K_S（$= \lambda / C$；λ：熱伝導率［W/cm℃］，C：体積比熱［J/cm³℃］）は土壌の土粒子密度，粒度分布，含水率などによって変化するパラメータである．K.L. Bristow et al.[43] により，熱伝導率 λ は体積含水率 ϕ の関数として定義されており，土壌性状の変化に対する熱伝導係数の変化を表現できる．

$$\lambda = A + B\phi - (A - D) \exp[-(C\phi)^E] \quad (45)$$

ここで，A，B，C，D，E は実験により求まる係数である．また干出時における土壌表面での境界条件は，次式で与えている．

$$-K_S \left. \frac{\partial T_S}{\partial Z} \right|_{Z=0} = G_{Soil} \quad (46)$$

b) 冠水時の熱収支

冠水時の熱収支は，図 4.26 に示す二瓶ら[44]の概念に基づき，短波放射の水中への透過，減衰および土壌表面での反射を考慮して，R_n および Q_S を次式で

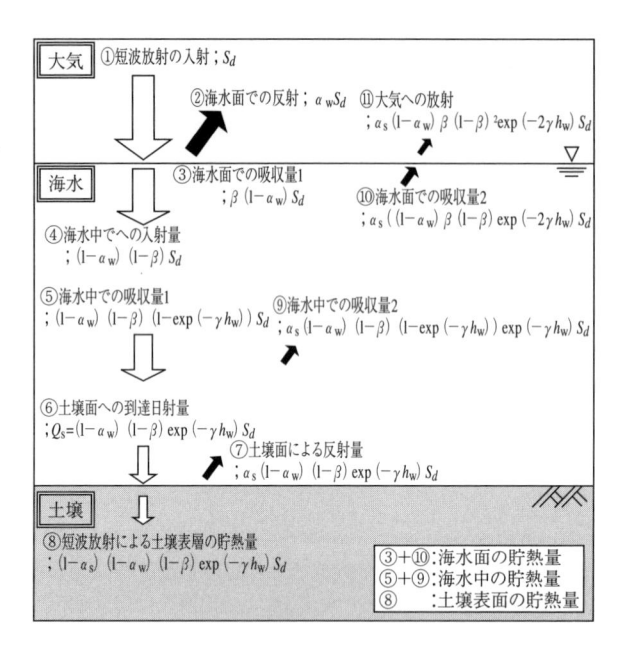

```
┌─────────────────────────────────────────────────────────────┐
│ ┌──大気──┐ ①短波放射の入射；S_d                              │
│           ↓     ②海面での反射；α_w S_d  ⑪大気への放射        │
│                 ↗                  ; α_s(1−α_w)β(1−β)² exp(−2γh_w)S_d │
│ ┌──海水──┐    ③海面での吸収量1      ⑩海水面での吸収量2      ▽│
│           ↓    ;β(1−α_w)S_d         ;α_s((1−α_w)β(1−β) exp(−2γh_w)S_d│
│          ④海水中への入射量                                    │
│           ;(1−α_w)(1−β)S_d                                   │
│          ⑤海水中での吸収量1         ⑨海水中での吸収量2       │
│           ;(1−α_w)(1−β)(1−exp(−γh_w))S_d ;α_s(1−α_w)(1−β)(1−exp(−γh_w)) exp(−γh_w)S_d │
│          ⑥土壌面への到達日射量                                │
│           ;Q_s=(1−α_w)(1−β) exp(−γh_w)S_d                    │
│                              ⑦土壌面による反射量               │
│                              ;α_s(1−α_w)(1−β) exp(−γh_w)S_d   │
│ ┌─土壌─┐  ↓                                                  │
│           ⑧短波放射による土壌表層の貯熱量                      │
│           ;(1−α_s)(1−α_w)(1−β) exp(−γh_w)S_d                 │
│                           ③+⑩：海水面の貯熱量                 │
│                           ⑤+⑨：海水中の貯熱量                 │
│                           ⑧　：土壌表面の貯熱量                │
└─────────────────────────────────────────────────────────────┘
```

図4.26　海水中での日射吸収を考慮した短波放射量の収支

与えている[45]．

$$\widetilde{R}_n = (1-\alpha_W)S_d - \alpha_S(1-\alpha_W)(1-\beta)^2$$
$$\exp(-2\gamma h_W)S_d + L_d + L_u \quad (47)$$
$$Q_S = (1-\alpha_S)(1-\alpha_W)(1-\beta)\exp(-\gamma h_W)S_d \quad (48)$$

ここで，α_W は海水面のアルベド，α_S は土壌表面でのアルベド，β は海水面での日射の吸収率，γ は光の消散係数，h_W は水深である．松永ら[45]により，海水面のアルベドは水深によって変化することが明らかにされている．そのため有明海プロジェクトでは，海水面でのアルベドを水深の関数として次式のように表している．

$$\alpha_W = (\alpha_S - \alpha_{W\infty})\exp[-h_W/coef] + \alpha_{W\infty} \quad (49)$$

ここで，$\alpha_{W\infty}$ はアルベドが水深に依存しない深度での海水面でのアルベド (0.05)，$coef$ は減衰係数 (0.5) である．

冠水時の海水面から大気への顕熱輸送量 H と潜熱輸送量 lE は，干出時と同様に式 (47) のバルク式より算出している．海水面上での顕熱・潜熱交換速度

$C_H U$ および $C_E U$ は，田中ら[40] を参考に計算の再現性を考慮して以下のように設定している．

○ $U_{10m} < 5.0 \text{ms}^{-1}$ のとき
$$C_H U \approx C_E U (\text{ms}^{-1}) = 0.0017 \cdot U_{10m} \tag{50}$$

○ $5.0 < U_{10m} < 30.0 \text{ms}^{-1}$ のとき
$$C_H U \approx C_E U (\text{ms}^{-1}) = 0.0018 \cdot U_{10m} \tag{51}$$

○微風（$U_{10m} < 2\text{ms}^{-1}$），不安定（$T_W > T_a$）のとき
$$C_H U \approx C_E U (\text{ms}^{-1}) = 0.0017 \cdot (T_W - T_a)^{1/3} \tag{52}$$

ここで，T_W は水温である．

(3) 現地適用性の検討

モデルの現地適用性の検討は「熊本港親水緑地公園野鳥の池」を対象に，干出・冠水のサイクルに伴う水温・泥温の変動特性を比較的よい精度で再現できることを確認している．計算結果の一例を，図4.27，および図4.28に示す．

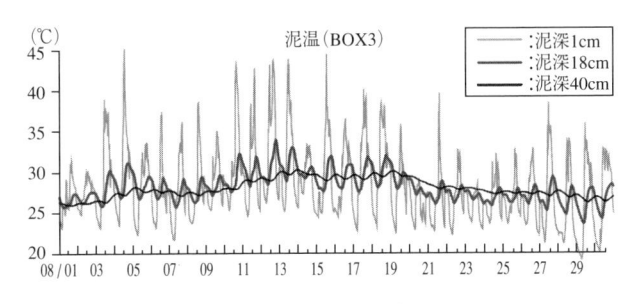

図4.27　干潟域の泥温の計算結果

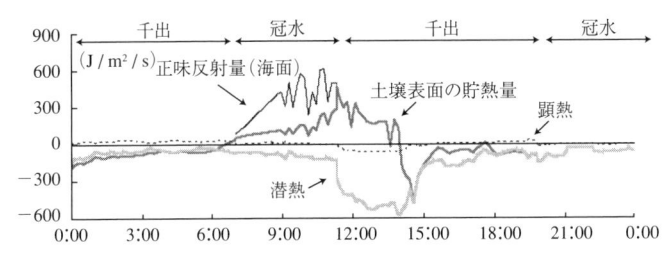

図4.28　干潟上のエネルギーフラックスの計算結果

4.2.7 指標種評価モデル（生活史モデル）

(1) 生活史モデルの予測項目と解析する現象

生活史モデルの予測項目は，検証可能な漁獲量としているが，資源の内部構造を理解するために，体長，体重，発育段階ごとの個体数，産卵量，資源量，年齢別漁獲量なども出力した．また，アサリとサルボウは濾水量，摂餌量，排泄量，同化量，呼吸量などの代謝特性も考察し，懸濁物除去量，炭素固定量，CO_2 生成量なども推定している．さらに，生産額を算出し，再生後の経済評価や B/C（便益／再生コスト）の評価も可能にしている．なお，二枚貝の生産額は殻長別単価

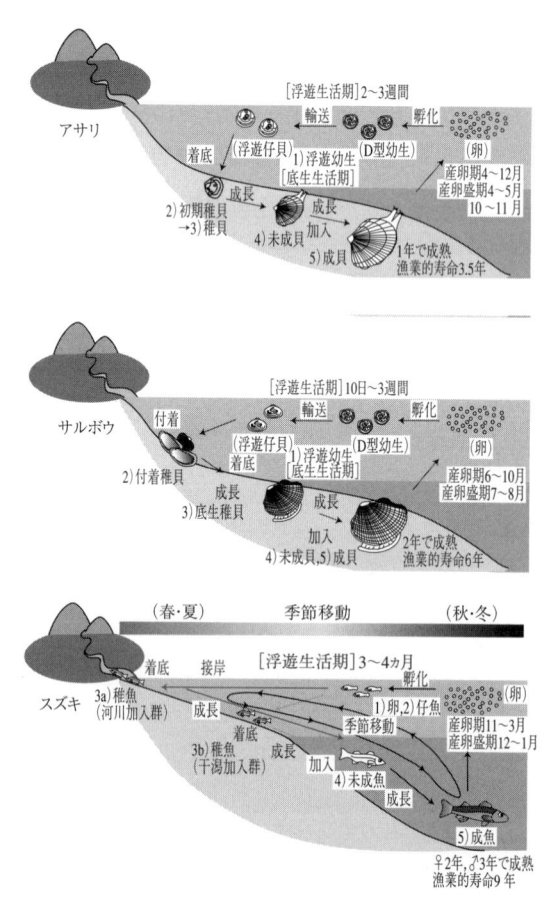

図 4.29 指標種の生活史

を設定しているので漁獲量の変化と同じにはならない.

(2) 生活史の区分と計算領域

アサリ，サルボウ，スズキの生活史の模式を図4.29に，生活史モデルの基本設計を表4.12に示す．3種とも生活史を浮遊幼生，仔魚，稚魚，未成魚，成魚などの5つに区分している.

各種の生息場は過去と現在の漁場[46-48]やスズキ幼稚魚の保護水面[49]を参考にして，低次生態系モデルの計算格子から，アサリは水深（平均水面下）5m以浅で中央粒径（Mdφ）が6以下，サルボウは10m以浅，スズキは稚魚を対象に主要な河川河口域としている．計算時間短縮のため主漁場を含む代表的な生息環境を勘案して計算対象格子は図4.30のように，アサリとサルボウは9水域，スズキは7水域である．1水域は低次生態系モデルの5格子からなっている．アサリとサルボウは着底後は移動しないで着底した格子で漁獲される．河口・浅海域で育ったスズキ稚魚は成長に伴い沖へ移動し，季節ごとに移動し，有明海全域で漁獲されている．モデルでは，スズキの未成魚・成魚はすべて同じ水温変化を受けるが，稚魚が育った格子で漁獲されるようにした．すなわち，各格子の漁獲量の大小は稚魚期の環境変化を反映していることになる．浮遊期の環境変化は

表4.12 生活史モデルの基本設計

項目	アサリ	サルボウ	スズキ
生活史区分	1) 浮遊幼生, 2) 初期稚貝, 3) 稚貝, 4) 未成貝, 5) 成貝	1) 浮遊幼生, 2) 付着稚貝, 3) 底生稚貝, 4) 成貝1, 5) 成貝2	1) 卵, 2) 浮遊仔魚, 3) 稚魚, 4) 未成魚, 5) 成魚
主な産卵期 (基本ケース)	4～6月, 10～11月 (5月1日)	7～8月 (8月1日)	11～3月 (12月1日)
産卵回数	多回産卵 (年4回とした)	多回産卵 (年2回とした)	年1回とした
浮遊期間	2～3週間	10日～3週間	3～4ヵ月
生物学的最少形 (成熟開始年齢)	殻長20mm (1年)	殻長15mm (2年)	体長300mm (3年) ♀
性比	1:1	1:1	1:1
漁獲開始体長	殻長20mm	殻長30mm	体長240mm
漁業的寿命 (生物学的寿命)	3.5年 (9年余)	6年 (10年余)	9年 (11年余)

156

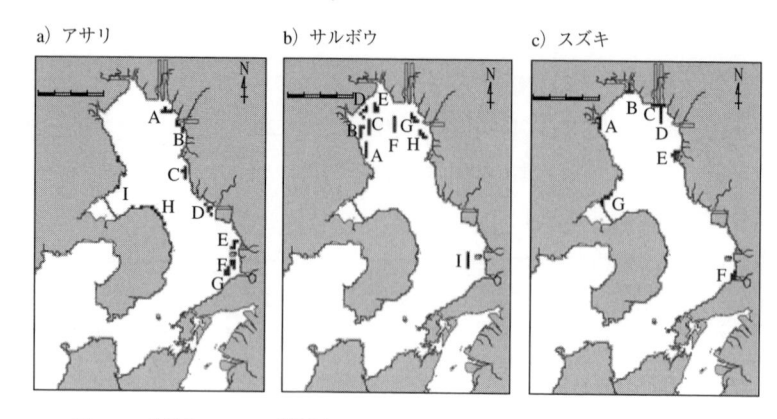

図 4.30　生活史モデルの計算対象区域
A～I は低次生態系モデルと同じ 5 格子で構成し，アサリ 9 海域 45 格子，
サルボウ 9 海域 45 格子，スズキ 7 海域 35 格子としている．

有明海全域の平均的な値を用いて計算しており，着底量はすべての格子で等しい．
　生活史モデルの計算タイムステップは 1 日とし，環境データは低次生態系モデルで出力した日平均値で代表させている．ただし，瞬時の流速影響が重要な稚貝掃流の計算は 1 時間値とし，その日最大値を用いている．

(3) 基礎方程式

　生活史モデルの基礎方程式は成長・生残モデルとし，次式で示される．このモデルでは，浮遊幼生の輸送・分散，着底，加入，成長，生残，再生産を考慮している．モデルでは日々の環境変化を外力として与え，資源パラメータ（成長係数 G，自然死亡係数 M）を環境要因の従属関数にすることによって，環境変化に対する資源の応答過程を解析できるようにしている．例えば，成長および再生産は水温の関数にし，漁獲は操業実態から季節変化を考慮した．群成熟度および漁獲の利用度は体長の関数なので，成長がよいと，成熟や漁獲の開始年齢が早まり，資源量は増大する仕組みになっている．一方，餌不足による成長不良や飢餓死亡，貧酸素の暴露による死亡などに伴い，資源量は減少する仕組みになっている．なお，資源変動による環境への影響，すなわち低次生態系モデルへの影響は考慮していない．

　成長：　$\dfrac{dL}{dt} = G(L_\infty - L)$

4章 有明海の環境解析

$$W = aL^b$$

生残： $\dfrac{dN}{dt} = -(M+F)N$

漁獲： $\dfrac{dY}{dt} = FNW$

$$F = qXQ$$

再生産： $H = n\sum_{t} N_t s_t MTR_t h_t$

環境影響： $G = f\{f_1(x_1), f_2(x_2), \cdots, f_n(x_n)\}$
$M = g\{g_1(x_1), g_2(x_2), \cdots, g_n(x_n)\}$

L：体長[cm]，L_x：極限体長[cm]，W：個体重[g]，N：資源尾数[$inds.$]，
L：資源尾数[$inds./$日]，Y：漁獲量[$g/$日]，H：産卵量[$eggs/$日]，
G：成長係数[/日]，M：自然死亡係数[/日]，F：漁獲係数[/日]，
q：漁具能率[$/boat$]，X：漁獲努力量[$boats/$日]，
Q：利用度（網目選択性）（$0 \leq Q \leq 1$），s：雌の割合（$0 \leq s \leq 1$），
MTR：群成熟度（$0 \leq MTR \leq 1$），h：産卵数[$eggs/ind$]，
n：産卵回数[$times/$年]，t：日輪，x：環境因子（$1, 2, \cdots, n$），
a, b：定数

アサリの群成熟度 MTR（0～1）および利用度 Q（網目選択性，0～1）は体長の関数として図4.31のようにロジスティック式で示している．群成熟度は生物学的最小形（表4.12），利用度は使用している網目，漁獲物の組成，漁業調整規則（アサリは殻長2～3 cm，サルボウは殻長3 cm）などから推定している．アサリは，地盤の高い漁場ではガンヅメ，ジョレン，地盤の低い漁場ではヨイショ（腰巻きジョレン）を用いて漁獲され，ユリメによりサイズ選別されて出荷されている．熊本県では3分，4分，4.5分，5分（1分は3.03 mm）のユリメが使用されており，網目はアサリの殻幅に相当するので殻長に変換して示している．熊本県漁連で共販に参加している14漁協の内，4分が36％，4.5分が4.2％，5分が21％となっているので[50]，このモデルではこの使用割合を用いた．スズキは刺網，定置網，釣など多様な漁法により0歳魚から漁獲されているが[51]，

モデルでは体長 24 cm 以上を漁獲対象としている．

　産卵数と体長の関係については，アサリは鳥羽・深山[51]，サルボウは伊藤ら[52]のクマサルボウの式を日下部[53]からサルボウに変換し，スズキは畑中・関野[54]より作成している．性比は 3 種とも 1 : 1 とした．アサリとサルボウは多回産卵するので，アサリは年 2 回，サルボウも年 2 回産卵させている．スズキは年に 1 回[55]から数回[46]産卵するが，モデルでは年 1 回としている．

　有明海でのアサリの産卵期は 4～12 月[55]で，産卵の始まる水温は 18℃ 前後，終る時期は 15℃ 前後であり，そのうち 4～5 月，10～11 月の春秋 2 回の産卵盛期がみられる[51]．産卵盛期の水温は春が 19～24℃，秋が 23～15℃ 前後である[57]．また，1996 年の緑川河口干潟におけるアサリの新規加入は 3 月から 12 月にかけて連続的にみられ，3 月中旬，6 月下旬および 10 月の年 3 回のピークが確認されることもある[58]．低緯度ほど産卵期間は長く，産卵盛期の回数は 1 回から 2 回へと増すことから，成熟は水温の影響を受けている[59]．サルボウの産卵期は 6～10 月中旬で，水温は 23℃ 以上と考えられる．盛期は 7 月下旬か

表4.13　生活史モデルのパラメータ（2001 年の基本ケース）

	No.	1	2	3	4	5
	発育段階	浮遊幼生	初期稚貝	稚貝	未成貝	成貝
	L_{min}(cm)	0.01	0.022	0.1	0.3	1.5
	成長式	Linear	Linear	Linear	Gompertz	Bertalanffy
アサリ	L_∞,a(cm)	$-2.96 \cdot 10$	$7.259 \cdot 10^{-4}$	$7.259 \cdot 10^{-4}$	1.907	7.908
	G,b(/℃)	$3.77 \cdot 10^{-5}$	$3.096 \cdot 10^{-5}$	$3.096 \cdot 10^{-5}$	$1.013 \cdot 10^{-3}$	4.283×10^{-5}
	M_0(/日)	0.135	—	—	—	—
	M(/日)	0.07007	0.07007	0.022	0.022	0.0021
	F(/日)	—	—	—	—	0.003

	発育段階	浮遊幼生	付着稚貝	底生稚貝	成貝1	成貝2
サルボウ	L_{min}(cm)	0.009	0.03	1	1.5	3
	成長式	Logistic	Gompertz	Bertalanffy	Bertalanffy	Bertalanffy
	L_{∞}(cm)	0.054.24	0.4813	5.999	5.999	5.999
	G(/℃)	$3.736\cdot10^{-3}$	$1.76\cdot10^{-3}$	$6.29\cdot10^{-5}$	$6.29\cdot10^{-5}$	6.29×10^{-5}
	M_0(/日)	0.097	—	—	—	—
	M(/日)	0.1256	0.1256	0.01	0.00089	0.00089
	F(/日)	—	—	—	—	0.00213
	発育段階	浮遊卵	浮遊仔魚	稚魚	成魚	成魚
スズキ	L_{min}(cm)	0.1	0.45	1.5	6	24
	成長式	積算水温	Logistic	Logistic	Logistic	Bertalanffy
	L_{∞}(cm)	66℃日	4.5588	24.61	24.61	87.94
	G(/℃)	—	$2.145\cdot10^{-3}$	$4.623\cdot10^{-4}$	$4.623\cdot10^{-4}$	$2.45\cdot10^{-5}$
	M_0(/日)	0.061	0.061	—	—	—
	M(/日)	0.02318	0.02318	0.02	0.004	0.001
	F(/日)	—	—	—	—	0.0005

注) L_{min}は最小体(殻)長, L_{∞}は極限体(殻)長, Gは成長係数, M_0は無効分散係数, Mは自然死亡係数, Fは漁獲係数であり, 成長式は後述する

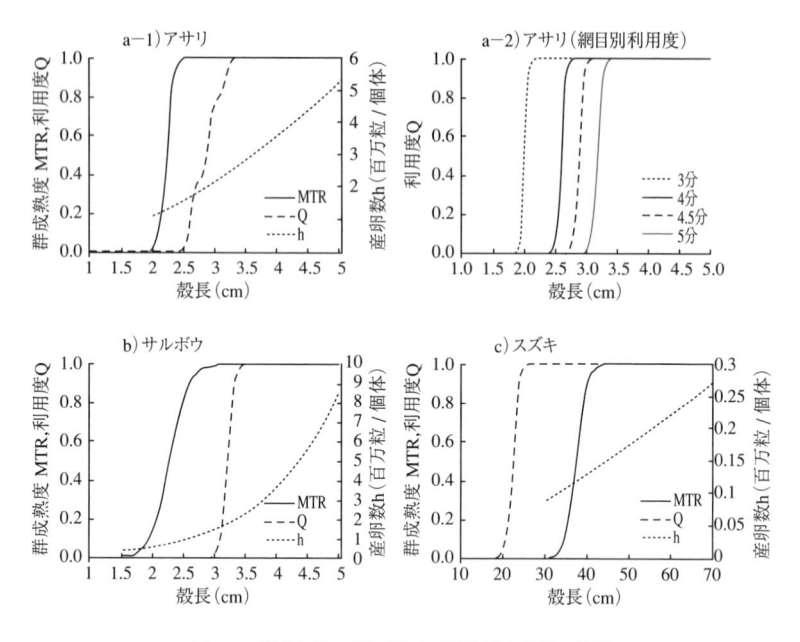

図4.31 群成熟度，利用度および産卵数と体長の関係

ら8月中旬までの約1ヵ月間で，水温は26〜30℃とされている[60]．スズキの産卵期は11〜3月で，盛期は12月中旬〜1月中旬であり[61]産卵が行われる水温は10.3〜19.7℃[62]，産卵盛期の水温は14〜16℃とされている[63]．

モデルでは産卵の最適水温をアサリでは20℃，サルボウでは29℃，スズキでは15℃とし，図4.32（上図）のように産卵強度（0〜1）を推定した．ただし，スズキは3月後半以降の産卵強度を強制的に低下させている．2001年の各種の産卵場の水温から推定された産卵強度は前出の産卵期をほぼ再現している（図4.32下図））．しかし，アサリは水温操作，干出，餌料藻類の大量投下などによって人為的に産卵を誘発することができることから[64,65]，自然条件化でも水温変化，潮位変動，懸濁物の存在などが産卵トリガーになっていると推察される．現場の漁業者は荒天時に「アサリの身が落ちる」（産卵後，軟体部が萎縮）ことを経験しており，急激な環境変化が産卵を誘発していることを示唆している[61]．また，スズキの産卵期が有明海以外でもほぼ共通していることから，産卵は水温でなく日長時間[66]や低気圧の通過[67]に左右されているともいわれている．こ

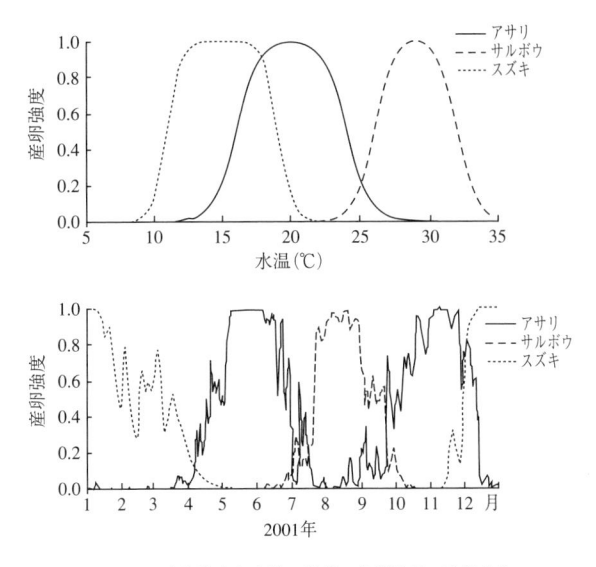

図4.32 産卵強度と水温の関係,産卵強度の季節変化

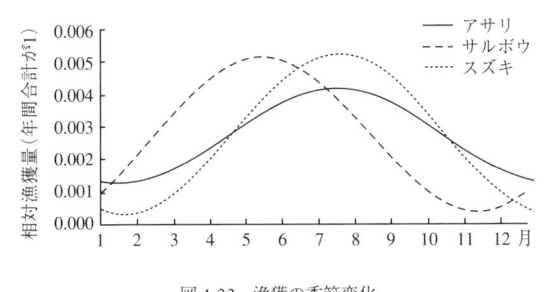

図4.33 漁獲の季節変化

のモデルでは水温以外は考慮していないので,できるだけ現場の産卵機構を再現したモデルにするためには,これらのことも留意しておく必要がある.

漁獲の季節変化を,有明海の漁期カレンダー[68]を参考に,アサリは熊本県漁連共販入札日ごとの漁獲量[51]から図4.33の正弦曲線で表した.漁獲努力量は,アサリでは緑川河口の採貝従事者数(熊本県資料),サルボウでは有明海の採貝漁労体数(水産統計),スズキでは有明海のその他の刺し網出漁日数(水産統計)を指標としている.

(4) 基本ケースの設定

生活史モデルでは一定の環境変化を与えて毎年の漁獲量が安定する状態を基本ケースとしている．ここでは，低次生態系モデルで現況再現計算年の2001年の環境変化（日変化）を毎年繰り返して，ある産卵量（初期値）から成長・生残・再生産を繰り返し，2000〜2006年の平均漁獲量（アサリ5,600トン/年，サルボウ7,000トン/年，スズキ150トン/年）を維持できる状態を基本ケースとした．基本ケースに対して，異なる環境変化を与えたときの漁獲量の増減を環境変化の影響として評価することができる．

モデル式の基礎となる成長式，再生産関係，自然死亡係数，漁獲係数などの生物学的・資源学的パラメータについては，アサリでは緑川河口干潟の調査データ[69]などを，サルボウでは佐賀県有明海水産振興センターの研究成果などを，スズキでは西日本海域栽培漁業事業化推進協議会[50]などをもとに設定している．文献などでは得られない初期死亡係数などは，初期産卵数（初期値）とそのコホートが生涯産卵した数とが等しくなるようにライフサイクル解析法[70]により決めている．また，流動サブモデルを用いて浮遊幼生の輸送・着底サブモデル（後述）を作成し，無効分散係数（M_0）を決めている．成長，生残に関するパラメータは表4.14のとおりである．

アサリを例に，緑川河口干潟におけるアサリ個体群の成長と生残過程を図4.34

表4.14 漁場の溶存酸素量の臨界濃度とアサリ，サルボウの生残率

	DO		生残率
	(ml/l)	(mg/l)	S
魚介類の致死濃度			
底生魚類	1.5	2.1	1/2
甲殻類	2.5	3.6	
魚介類に生理的変化を引き起こす臨界濃度			
魚類，甲殻類	3.0	4.3	
貝類	2.5	3.6	5/6
貧酸素と底生生物の生理，生態的変化			
底生生物の生存可能な最低濃度	2.0	2.9	
底生生物の生息状況に変化を引き起こす臨界濃度	3.0	4.3	2/3
漁場形成と底層の酸素の濃度			
底生魚類の漁獲に悪影響を及ぼさない底層の酸素濃度	3.0	4.3	1

資料：(社) 日本水産資源保護協会 (2006) 水産用水基準 (2005年版)，生残率は本モデルでの採用値

に示す.同一コホートの殻長の変化(成長曲線)から成長係数(G)と極限殻長(L_∞)を,個体数(N)の変化(生残曲線)から次式により全減少係数(Z)を推定した.Z は自然死亡係数(M)と漁獲係数(F)の和である.

$$N_t = a \cdot e^{-Zt} \quad (a:定数,\ t:時間(日))$$

アサリは 5 月 1 日に 1.8×10^{16},サルボウは 8 月 1 日に 6.75×10^{15},スズキは 12 月 1 日に 4.1×10^{13} の卵(初期値)を産卵場から発生している.着底場へ輸送されるまでの成長,生残は同じ環境条件の下で計算されたので,すべての計算格子への着底数は同じにしている.ある計算格子における同一コホート(初期値)の成長(体長,個体重),生残,再生産,資源変動,漁獲過程を図 4.35 に示す.このコホートから次々に産出される新たなコホートの逐次計算を 30 年間行い,すべての格子を合計した年齢別漁獲量を図 4.36 に示す.前出のとおり平衡状態になっている漁獲量が 2000〜2006 年の平均漁獲量に相当する.

(5) 環境と生物の定量化

アサリの成長,生残および活力低下理由として,流動,水温,塩分,泥化(浮遊土),溶存酸素,波浪,干出,餌料,食害など,多くの要因が考えられる[71-74].

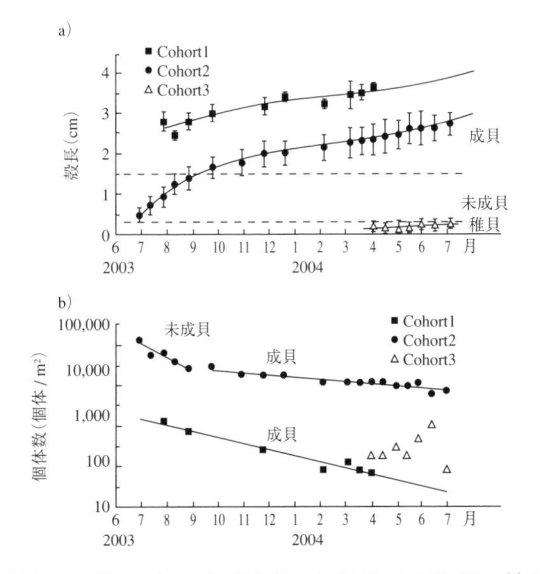

図 4.34 緑川河口干潟におけるアサリ個体群の a) 成長と b) 生残(山口[71] より作成)

164

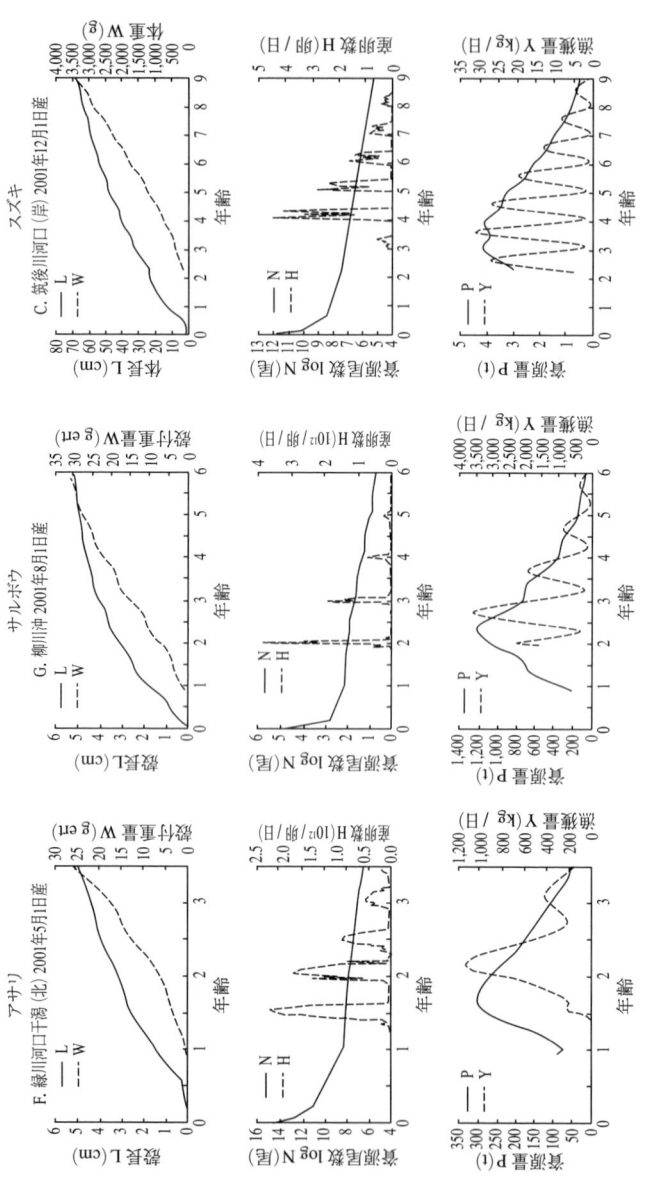

図4.35 同一コホート（初期値）の成長，生残，再生産，漁獲過程（基本ケース）

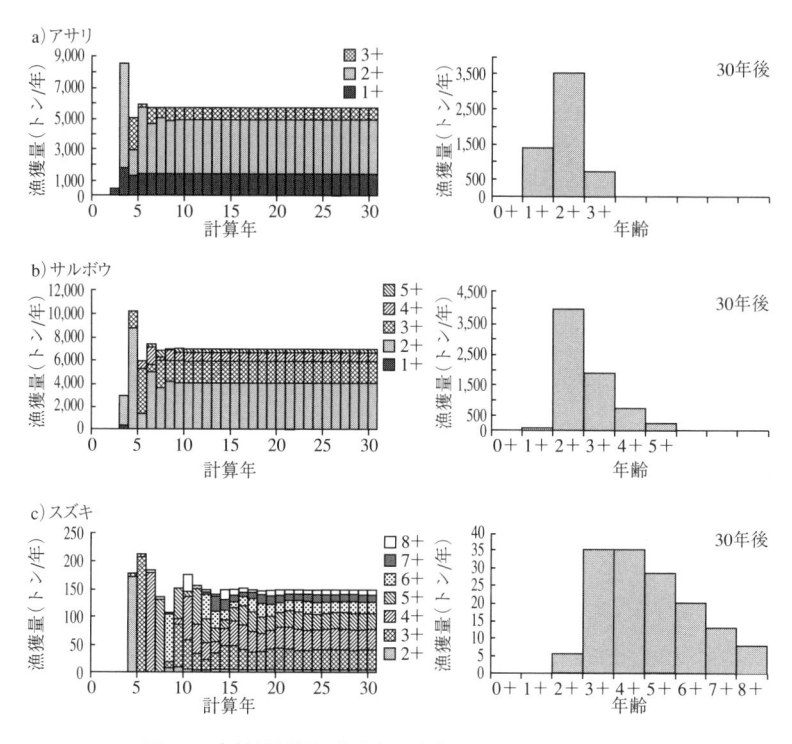

図 4.36 年齢別漁獲量の推移と 30 年後の年齢組成（基本ケース）
注）計算年は 1 月 1 日〜12 月 31 日で集計．

食害生物や競合生物は全国沿岸漁業振興開発協会[61]にて整理されているが，有明海では 1990 年代に入ってツメタガイ[75,76]やナルトビエイ[77-80]の食害が多くなり，ニホンスナモグリによる基質攪乱[81]も指摘されている．また，浮遊幼生供給量の減少[82-84]，マンガンによる初期減耗[85,86]などの指摘もある．砂質〜砂泥質干潟に生息するアサリと異なり，サルボウは静穏な湾奥浅海域の含泥率の高いところに生息し，水管をもっていないので，地表に近くで浅く埋って生息している．サルボウの環境要因も基本的にはアサリと同様と考えられるが，湾奥部に生息するタイラギなどと同様に貧酸素水塊の影響を受けやすいと考えられる[87]．有明海のスズキは，遺伝的にも初期生活様式においても他の海域とは異なる個体群が生息している[88-91]．稚魚は筑後川，六角川などの河口域での高濁度水塊に集中分布し，汽水性カイアシ類の一種（Sinocalanus sinensis）を専食してい

る[92]．スズキの初期減耗要因としては，飢餓の重要性は低く，被食および下流への移送がより重要であると考えられており，濁度は潮位差や流量に影響されている[93]．スズキは有明海全域で生活し，稚魚期以外の生活史は未解明なことが多いため，このモデルでは稚魚期の餌環境の変化を考慮している．なお，スズキの多様な初期生活史は有明海特産・準特産魚類の重要な仔稚魚成育場である湾奥河川に共通した特徴と考えられている[94]．

　モデルではどの環境要因を取り扱い，何を棄却するかが重要となる．低次生態系モデルでの計算結果を含めて環境データが入手可能で資源変動に重要だと考えられる環境要因は図4.37のようである．アサリおよびサルボウは浮遊期の飢餓死亡（植物プランクトン），貧酸素化（DO）による死亡，ナルトビエイによる捕食死亡に加え，アサリでは，出水（高温・低塩分化）による稚貝の死亡，波浪・流動による稚貝の掃流，泥化（SSフラックス）による稚貝の埋没死亡を考慮している．スズキは稚魚の飢餓死亡（動物プランクトン），高濁度水（SS）の被食シェルターとしての捕食死亡を考慮している．また，アサリでは網目サイズによる資源管理に関する検討もされている．

a) 水温と成長

　魚類の成長曲線は次のRichards[95]の一般成長式で表される．これは年齢により増大するものであるが，実際には水温や餌量によって成長速度は異なる．高温期には急成長し，低温期には成長が停滞するので，成長曲線を周期関数に拡張して季節変動させると実測値との適合がよくなる場合が多い（赤嶺[96]など）．成長解析は再生産，加入をはじめ魚価にも影響するので非常に重要である．

$$L_t = \frac{L_\infty}{(1+re^{-G(t-t_0)})^{\frac{1}{r}}} \quad \text{（Richardsの成長式）}$$

$$L_t = \frac{L_\infty}{(1+re^{-G(F(t)-F(t_0))})^{\frac{1}{r}}} \quad \text{（周期関数を用いたRichards式の拡張）}$$

$$F(t) = t + \frac{A}{2\pi}\sin 2\pi(t-t_1)$$

　ここで，Lは体長，L_∞は極限体長，Gは成長係数，tは年齢，t_0は$L=0$のときの年齢(定数)，A, t_1は定数である．$r=1$のときロジスティック式(Logistic)，$r=0$のときゴンペルツの式（Gompertz），$r=-1/3$のときバータランフィ

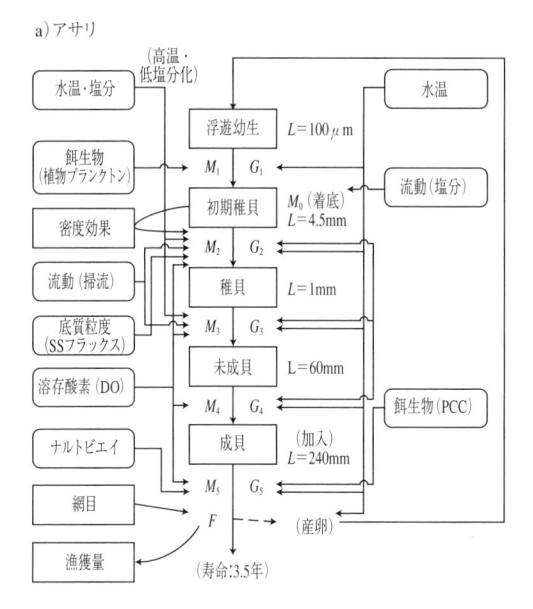

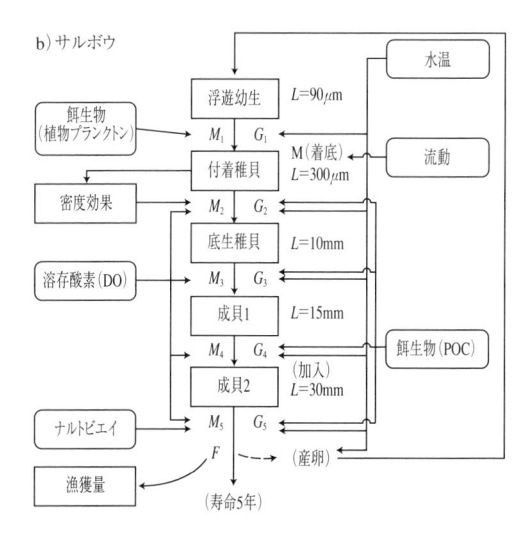

図 4.37　生活史モデルで考慮した環境要因
（次頁へ続く）

c) スズキ

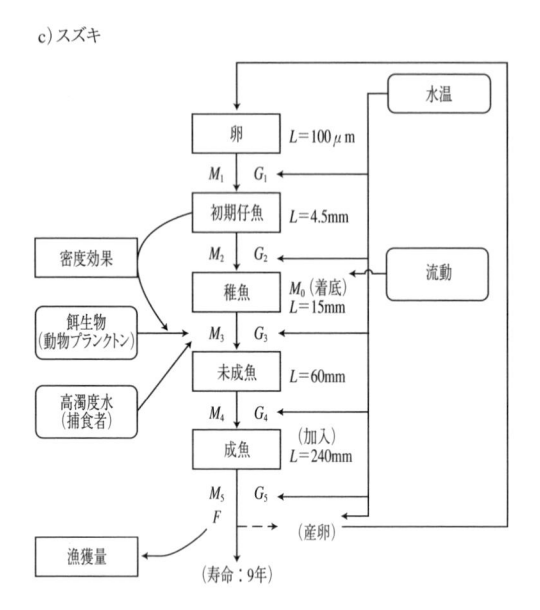

```
                    ┌─────────────┐    ┌──────┐
                    │     卵      │ L=100μm │ 水温 │
                    └─────────────┘    └──────┘
                       M₁   G₁
                    ┌─────────────┐
                    │   初期仔魚   │ L=4.5mm
    ┌──────┐        └─────────────┘
    │密度効果│         M₂   G₂          ┌──────┐
    └──────┘        ┌─────────────┐    │ 流動 │
    ┌──────┐        │    稚魚     │ M₀(着底) └──────┘
    │ 餌生物 │        │            │ L=15mm
    │(動物プラ│──→     └─────────────┘
    │ンクトン)│         M₃   G₃
    └──────┘        ┌─────────────┐
    ┌──────┐        │   未成魚    │ L=60mm
    │高濁度水│        └─────────────┘
    │(捕食者)│         M₄   G₄
    └──────┘        ┌─────────────┐
                    │    成魚     │ (加入)
                    └─────────────┘ L=240mm
                       M₅   G₅
                        F
    ┌──────┐                        (産卵)
    │漁獲量 │ ←────
    └──────┘        (寿命:9年)
```

図4.37　生活史モデルで考慮した環境要因
(前頁の続き)

(Bertalanffy) の3乗式，$r=-1$ のとき Bertalanffy 式である．$F(t)$ は水温の周期関数の場合，積算水温を意味する．$F(t_0)$ も $F(t)$ と同様に t_0 を変換する．

このモデルでは，成長曲線を年齢の代わりに積算水温を用い，差分方程式にして示したのが次式である．水温は各種の発育段階の生息場を代表する日平均水温を用いて，Bertaranffy, Gompertz, Logistic, 1次直線に当てはめ，AIC が最も小さい式を採用して成長の特性を考慮している．こうして水温の変化が成長速度を変化させ，漁獲量への影響を評価できるようにしている．

$$L_t = \begin{cases} N_{t-1}+(a+bT_t) & \text{(Linear)} \\ \dfrac{L_{t-1}}{e^{-GT_1}+L_{t-1}\dfrac{1-e^{-GT_t}}{L_\infty}} & \text{(Logistic)} \\ \exp((1-e^{-GT_t})\ln L_\infty + e^{-GT_t}\ln L_{t-1}) & \text{(Gompertz)} \\ L_\infty(1-e^{-GT_t})+e^{-GT_t}L_{t-1} & \text{(Bertaranffy)} \end{cases}$$

ここで，L は体長 [cm]，L_∞ は極限体長 [cm]，G は成長係数 [/℃]，T は

水温 [℃], t は日齢, a, b は定数である. 各種のパラメータは表 4.13 のとおりである.

b) 貧酸素化による死亡

生物生息環境の重要な要因の一つである貧酸素の影響については, 二枚貝は魚類, 甲殻類に比べて酸素耐性が非常に強い[97]. 例えば, 無酸素状態 (0.05 mg/l 以下) での半数死亡時間 (LT_{50}) および全数死亡時間 (LT_{100}) は, アサリでは 2 日, 4 日, サルボウでは 10 日, 11 日とされている[98]. これは, 無酸素に近い状態になると殻を閉じ, 体内に蓄積されたグリコーゲンをエネルギー源として無気呼吸を行えるためと推定されている[100]. DO 濃度との関係については, 水温, 塩分, 底泥表層の酸化還元電位, 体サイズ, 体内のグリコーゲン貯蔵量, 生理状態などによって異なる. 現場では室内実験よりも LT_{50} が小さいことがわかっており, 貧酸素水塊の長期暴露は窒息だけではなく, 硫化水素の発生などの複合的な要因で引き起こされていると推定される[90]. したがって, 貧酸素化と生物の関係については, 複合的な要因を考慮した解析が今後の課題である.

本モデルでは, アサリおよびサルボウは有明海の指標種であり底生魚介類やその生態系を代表させるため, 水産用水基準に基づいて, 表 4.14 のように, DO 1.5 ml (2.1 mg/l) 以下の生残率を 0.5, 3 ml/l (4.2 mg/l) 以上で影響がないとし, その間の生残率は線形補完した. さらに成長に伴う環境耐性を考慮して, DO 濃度および殻長と生残率の関係を図 4.38 のように設定している.

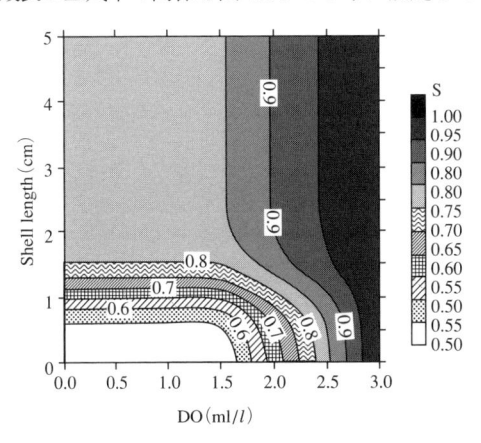

図 4.38 溶存酸素・殻長と生残率 (S) の関係

c) 出水（低塩分，高水温）によるアサリ稚貝の死亡

アサリ稚貝は出水による高温・低塩分化により大量斃死することが知られている．坂本・平井[99]は殻長 0.2 mm の沈着直前の仔貝を用いて温度，塩分耐性実験（無給餌）を行っており，この結果をもとに稚貝の死亡係数を図 4.39（カラー口絵）のようにしている．この図は塩分 15 psu 以下での殻長 0.2 mm の死亡係数を示している．低塩分の影響は初期稚貝から殻長 3 mm の稚貝期まで受けると仮定している．しかし，この死亡係数では河口付近の個体群はほとんど死滅し現場を再現できないため，10day^{-1} を減じた値を採用している．

d) アサリの稚貝掃流

アサリの着底量は波浪や流動の激しい場所では少ないことが知られており，東京湾盤洲干潟では着底量の分布と渦度や底面摩擦速度との関係がシミュレーションと現地調査によって明らかにされている[100,101]．ここではアサリ稚貝の巻き上げによる死亡を考慮した．稚貝の巻き上げは懸濁物輸送サブモデルで採用したSSの巻き上げ量の推定と同様にし，稚貝の比重を 2 と仮定して（砂は 2.65）限界掃流力との関係から死亡係数を推定している．SSと異なり稚貝は成長するので，殻長と最下層の流速などによって巻き上げ量が決定される．

e) アサリの埋没死亡

泥化は稚貝の濾水阻害と埋没を通してアサリ資源に悪影響を与えている．砂の堆積は潜砂深度を浅くして水管を海底面に出せるが，多量の泥の堆積は泥内で定位できず水管を海底面に出せなくなり死滅する[102,103]．浮遊幼生の着底には粒径の選択性がみられ，1，2 mm の砂に多く着底することが実験で明らかにされている[104]．全国有数の緑川河口では，アサリの減少と底質粒径の変化との関係は認められず，地形が平坦化し沈着しやすい場が少なくなったことなどが，継続して現場を見ている漁業者や調査者（熊本県）が経験的に感じている．三河湾など他の海域に比べて，緑川河口の均等係数（粒径の10％と60％の比）が小さく，均一な粒径となっている[105]ことと関係があるのかもしれない．また，覆砂が効果的であることから河川からの新鮮な砂供給との関係も考えられ，底質変化と稚貝生残との定量化には課題が多い．懸濁物輸送サブモデルではSSを粘土，シルト，砂の 3 粒径に区分し，それぞれの沈降フラックス，巻き上げフラックスから中央粒径 $Md\phi$ の変化が計算される．現地盤の中央粒径 $Md\phi$ より細粒化する

と死亡係数を大きく，粗粒化すると小さくしている．

f) ナルトビエイによる捕食死亡

ナルトビエイは有明海の水温上昇に伴い来遊量が増え，2000年代には貝類資源保護のために駆除されている[106]．駆除量は図4.40のように推移しているが，これは来遊量の変動を表している訳ではなく，2004年から駆除予算が増えたので駆除量も多くなっている．最近の生息尾数は150,000尾，620トンと推定されており（山口，私信），モデルではナルトビエイの現存量を620トンとした．有明海へは4月に来遊し，11月末まで湾内に留まり，12月に湾内を離れる[107]ように，現存量の季節変化を水温の関数にしている．ナルトビエイは水深1～20 mに生息し，アサリ漁場への集中度を2，サルボウ漁場への集中度を1.5と仮定すれば，各漁場におけるナルトビエイ現存量の割合はアサリ0.41，サルボウ0.55となる．

ナルトビエイの胃内容物質量は体重の1％とされており[100]，捕食率を0.01/日（軟体部湿質量ベース）とし，殻長15 mm以上が捕食されると仮定している．ナルトビエイの胃内容物にはアサリが23.8％〜4.2.8％[109]，サルボウは52.4％[83]が確認されているので，アサリ，サルボウの餌選択係数をそれぞれ0.5とした．また，ナルトビエイは底層DOが3 ml/l以下になると漁場から避難するようにしている．

以上の仮定をもとに，ナルトビエイの年間捕食（可能）量は殻付質量で約5,200トン，アサリでは約1,100トン，サルボウでは約1,500トンと推定されている．

g) 密度効果

アサリ，サルボウの密度効果は着底直後の発育段階の個体数に与え，自然死亡係数に生息密度に対する半飽和値を組み入れるとともに，着底直後の発育段階

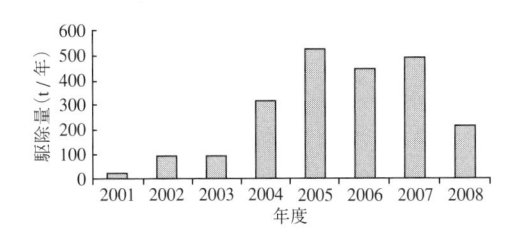

図4.40 有明海のナルトビエイ駆除量の推移（山口[107]，佐賀県資料より作成）

の最大生息密度を設定している．最大生息密度は 1960 年以降の最大漁獲量より大きくなり過ぎないようにしている．スズキは稚魚期の餌生物を 1 個体当たりの利用可能量（動物プランクトン現存量／個体数）に換算して次項の関数化を行っている．なお，スズキの最大生息密度は考慮していない．

h) その他の環境要因

その他の環境要因と資源パラメータとの関数化については，単一の環境要因だけを考えたとき，その変動が資源変動に連動し，環境の変動幅が資源パラメータの変動幅に一致すると仮定している．低次生態系モデルで再現計算を行った 2000～2006 年のデータを対数変換するなどして標準正規分布化し，累積分布関数（CDF）により 0～1 に規準化している．規準化された 0.5 が基本ケースのパラメータ値に相当する．パラメータ値の変化幅は資源に与える影響の大きさを定性的に判断し総漁獲量の変動をみて決めている．

(6) 浮遊幼生の輸送・着底サブモデル

浮遊幼生の輸送経路について，流動サブモデルを用いて Euler-Lagrange 法により粒子追跡計算を行い，着底率を算出している．着底率は，産卵場から発生させた粒子が生息場に到達した割合である．走光性（昼夜移動），走地性（地形反射），餌応答，再浮上，死亡などは考慮していない．浮遊期間は水温依存の成長式（表 4.13）により決定している．これによると，着底までの浮遊期間と積算水温は概ねアサリでは 20 日，520℃日，サルボウでは 20 日，480℃日，スズキでは 55 日，760℃日となっている．鉛直移動については，アサリは発育段階に応じ

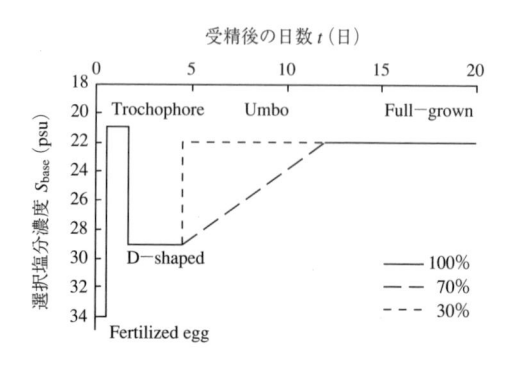

図 4.41　アサリ浮遊幼生の発育段階ごとの選択塩分（石田ら[108]より作成）

て塩分選択を行う石田ら[108]の鉛直移動モデルを採用している（図4.41）．サルボウは殻長90〜180μmでは上層，180〜230μmでは中層，230〜300μmでは下層を浮遊させている．スズキは卵および孵化後体長5.5 mmまでは上層，5.5〜6.0 mmでは中層，6.0〜15 mmでは下層を浮遊させた．水温が低く浮遊期間が長い場合もあるが，アサリ，サルボウでは20日に達した時点で着底させている．

各種の粒子発生場所（主産卵場）および着底場を図4.42に示す．粒子追跡計算はアサリでは8回，サルボウ，スズキでは6回行った．

1）アサリ，サルボウの代謝特性

アサリ，サルボウなどの大型二枚貝は高い懸濁物除去機能を有し，低次生態系モデルでは二枚貝現存量の大きさが貧酸素化，赤潮など水質形成に大きな役割を果たしていることが定量的に示されている．懸濁物除去の基礎となる濾水速度の算定実験は各地で数多く行われており，濾水速度は水温など多くの要因の影響を受けて変化する．生活史モデルでは，有明海産のアサリとサルボウを用いた室内実験結果から，水温，塩分，餌密度，個体サイズを統合した濾水速度算定式を作成している．実験結果は図4.43に示すように，軟体部乾質量当たりの濾水速度はサルボウよりアサリの方が2倍近く大きく，濾水速度が最大になる水温はアサリでは27.2℃，サルボウでは25.4℃，塩分はアサリでは28.1 psu，サルボウでは26.7 psu，餌密度はアサリでは7,000 cells/ml（14μg Chl.a/l），サルボウでは13,000 cells/ml（26μg Chl.a/l）となっている．アサリよりサルボウの方がわずかではあるが低温，低塩分，高餌密度のところに濾過速度のピークがある．なお，同化効率（クロロフィルaの関数）と呼吸速度（水温の関数）は，アサリでは金綱ら[109]，サルボウでは中村ら[110]によっている．

○アサリ

$$F = 0.01806 f(T)^{0.8155} f(S)^{1.1427} f(P)^{1.3348} f(L)^{0.5177}$$

$$f(T) = 6.9145 \exp\left(-\frac{(\ln(49.2712-T)-3.0932)^2}{0.1343}\right)$$

$$F(S) = \begin{cases} 0.02098S + 0.05589 & for \quad S < 22 \\ 4.8340 \exp\left(-\frac{(S-28.0697)^2}{16.9310}\right) & for \quad S \geq 22 \end{cases}$$

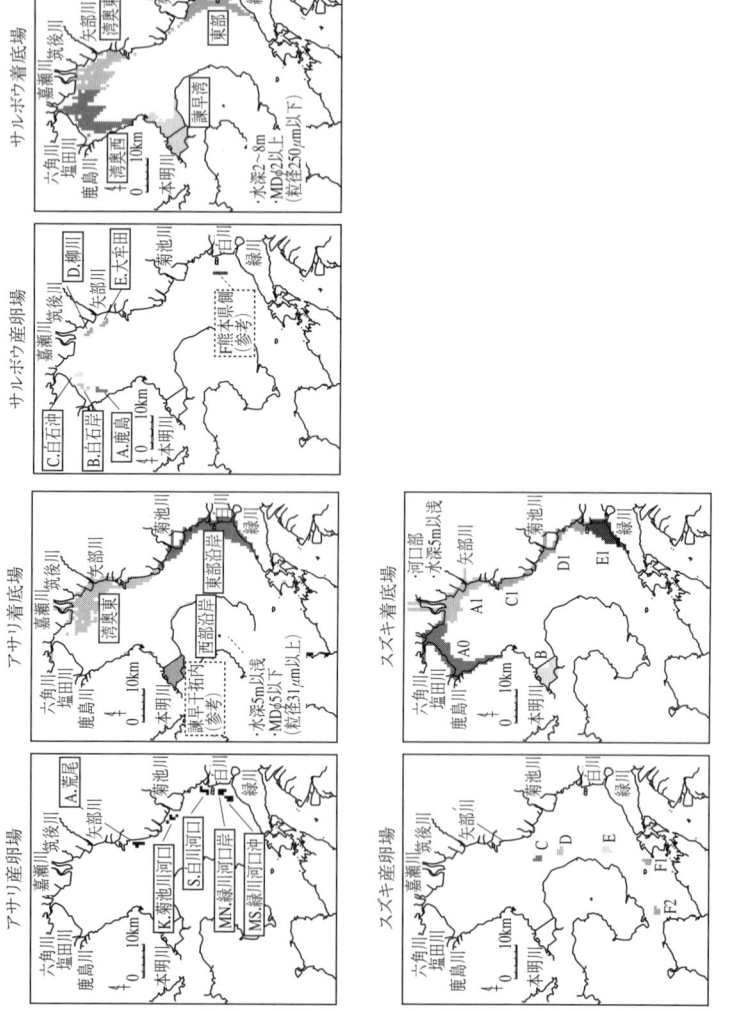

図 4.42 指標魚種の粒子発生場所（産卵場）と着底場

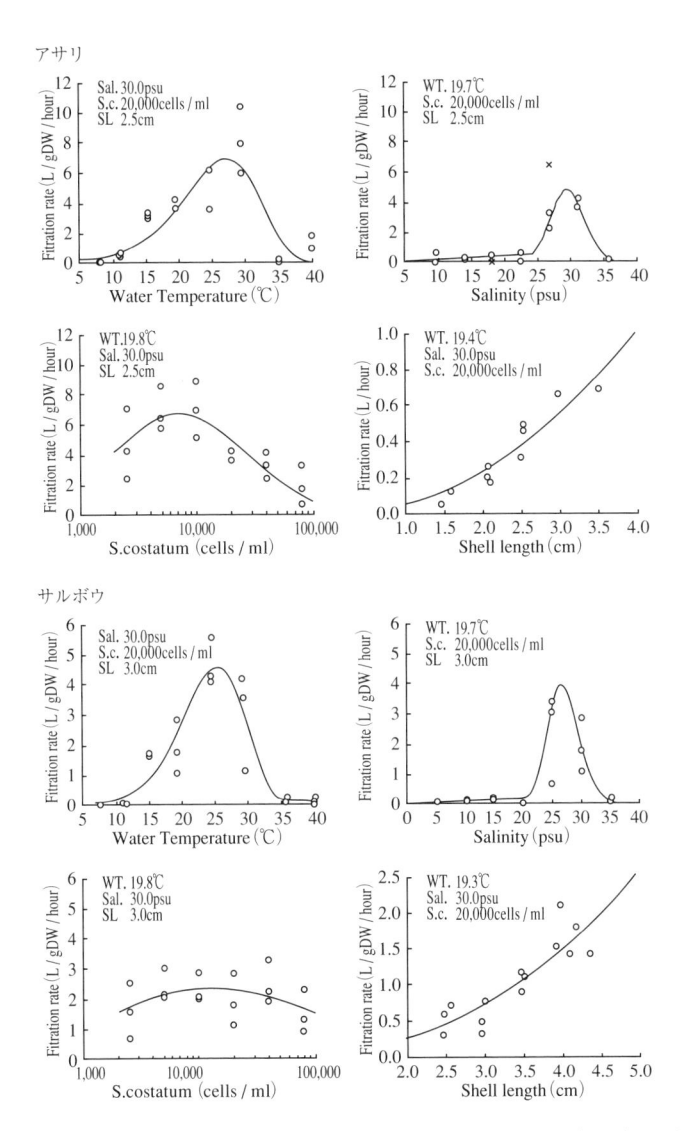

図 4.43 アサリ,サルボウの濾水速度と水温,塩分,餌密度,殻長の関係(関係式は本文参照)

表4.15 ユリメの種類とアサリの単価（熊本県資料）

網目	3分(9mm)	4分(12mm)	4.5分(14mm)	5分(15mm)
12kgネット	3,000 円	3,519 円	4,228 円	5,350 円
単価	(250 円/kg)	(293 円/kg)	(361 円/kg)	(446 円/kg)

$$f(P) = 6.7025 \exp\left(-\frac{(\ln(P)-8.8677)^2}{3.6122}\right)$$

$$g(L) = 0.05451 L^{2.1173}, \quad DW = 0.005201 L^{3.2068}$$

$$\therefore f(L) = 10.4795 L^{-1.0896}$$

○サルボウ

$$F = 0.1530 f(T)^{1.3211} f(S)^{0.7308} f(P)^{0.9713} f(L)^{-0.2031}$$

$$F(T) = \begin{cases} 4.5572 \exp\left(-\dfrac{(\ln(48.0725-T)-3.1202)^2}{0.08580}\right) & for \quad T < 35 \\ -0.003974 T + 0.2917 & for \quad T \geq 35 \end{cases}$$

$$F(S) = \begin{cases} 0.0084 S & for \quad S < 21 \\ 3.944 \exp\left(-\dfrac{(\ln(S)-3.2843)^2}{0.01969}\right) & for \quad S \geq 21 \end{cases}$$

$$f(P) = 2.3293 \exp\left(-\frac{(\ln(P)-9.4871)^2}{8.9458}\right)$$

$$g(L) = 0.05041 L^{2.4453}, \quad DW = 0.01287 L^{2.8221}$$

$$\therefore f(L) = 3.9182 L^{-0.3768}$$

ここで，F は軟体部乾質量当たりの濾水速度 [l/gdry/hour]，$f(T)$, $f(S)$, $f(P)$, $f(L)$ は水温，塩分，餌密度，殻長に依存する軟体部乾質量当たりの濾水速度 [l/gdry/hour]，$g(L)$ は体サイズ（殻長）に依存する濾水速度 [l/hour]，T は水温 [℃]，S は塩分 [psu]，P は餌密度（*Skeletonema costatum*）[cells/ml]，L は殻長 [cm]，DW は軟体部乾質量 [g dry] である．モデルでは，*Skeletonema costatum* の 1 細胞当たりの炭素量を 100 pg C/cell[111]，C/Chlorophyll a を 50 とし，$2 \cdot 10^{-6}$ μg Chl.a/cell として計算した．

2) 魚価

指標種は水産生物にしたので漁獲量だけでなく，生産額も算定し，再生後の経済評価も可能にしている．アサリはユリメでサイズ選別され出荷されており，ユリメごとの単価は表4.15のとおりである．サルボウは網目7.5分（23mm）で選別されたものを40円/kg，7分（21mm）を38円/kg，7分を通過したものを30円/kgとしている（佐賀県聞き取り）．スズキは一律1,748円/kgとしている．

4.2.8 シミュレーション方法

(1) サブモデル間の結合方法

低次生態系モデルでは，懸濁物輸送サブモデルおよび水質サブモデルはあらかじめ計算が完了している流動サブモデルの流動場および水温・塩分場を入力条件として与える手法を採用している（オフライン計算）．流動サブモデルの出力結果は任意の時間間隔（1時間ごと）の出力として与えられ，懸濁物輸送サブモデルおよび水質サブモデルにおいて流量および体積の収支が厳密に確保されるように，出力時間間隔の平均流量として整理されたものである．各サブモデル間の結合方法を図4.44に示す．

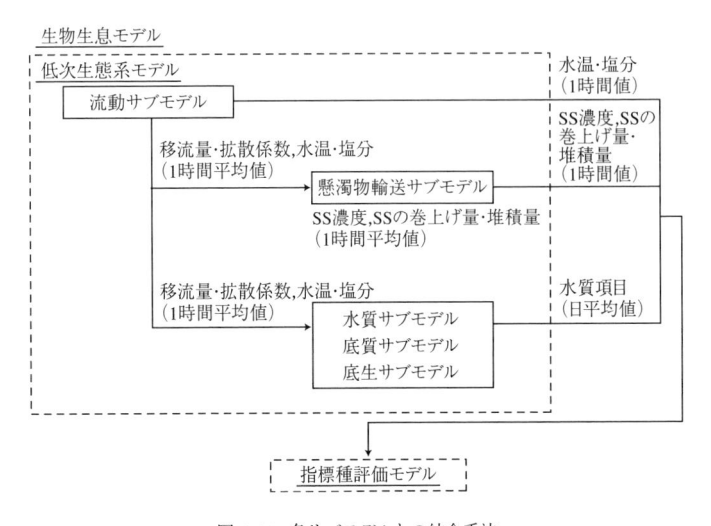

図4.44 各サブモデルとの結合手法

(2) 計算プログラム内での具体的な処理手続き

また水質−底質−底生生物サブモデルは,それぞれの計算項目の相互作用を毎ステップにおいて考慮したモデルである(オンライン計算).以下に,サブモデル間でのデータの受け取り手法について示す.

①懸濁物輸送サブモデルでのデータの受け取り

流動サブモデルで計算された各格子での移流量・拡散量・水温・塩分の1時間平均値を境界条件として計算する.

②水質−底質−底生生物サブモデルでのデータの受け取り

a) 流動サブモデルからのデータの受け取り

流動サブモデルで計算された各格子での移流量・拡散量・水温・塩分の1時間平均値を境界条件として計算する.

b) 懸濁物輸送サブモデルからのデータの受け取り

懸濁物輸送サブモデルで計算された各計算格子でのSS濃度を境界条件として計算する.SS濃度は水質サブモデルで予測される植物プランクトン濃度とあわせて,消散係数の算定や有機物の沈降速度の算定に用いる.

また,底泥からの有機物の巻き上げ量の推定は,懸濁物輸送サブモデルで計算された各計算格子での巻き上げフラックスをもとに以下に示すように行う.

【巻き上げによる粒子状物質の水中へのフラックス】

$$Flux\_solid = RF \times C_S \times 10^{-3}$$

ここで,$Flux\_solid$は巻き上げに伴う水中への粒子状物質のフラックス(kg/m²/s),RFは懸濁物輸送サブモデルで計算されたSSの巻き上げフラックス(kg-dry/m²/s),C_sは底泥第1層(表層)の粒子状物質濃度(g/kg-dry)である.

【巻き上げによる溶存物質の水中へのフラックス】

$$Flux\_liquid = \frac{RF}{\gamma_w \cdot W/100}(C_L - C_{L0})$$

ここで,$Flux\_liquid$は巻き上げに伴う水中への溶存物質のフラックス(kg/m²/s),RFは懸濁物輸送サブモデルで計算されたSSの巻き上げフラックス(kg-dry/m^2/s),C_L は底泥第 1 層の間隙水中の溶存物質（kg/m^3），C_{L0} は直上水中の溶存物質濃度（kg/m^3），γ_w は海水の密度（kg/m^3），W は含水比（％）である．

【巻き上げに伴う底泥内の物質交換量の表現方法】

底泥内は表層から泥深 10 cm を 10 層に分割し，それぞれの格子において物質濃度を計算している．巻き上げにともない，底泥表層の物質は底泥からは消失することになるが，その場合，第 1 層で消失した分が第 2 層より供給され，底泥表層を形成する．さらにそれ以深も第 2 層から第 1 層へ移動した質量分は第 3 層目から供給されるといった構造とした．すなわち，水－底泥境界面を常に第 1 層目の上端に定義し，巻き上げに伴う水－底泥境界位置の変化に応じて変化する濃度プロファイルの変化を層間の物質移流という形で表現している．堆積に関しても同様の手法である．なお，下端境界である 10 層目（最下層）に下層から供給される物質濃度の設定が必要となるが，このモデルではこの濃度を 10 層目と同一濃度を仮定している（10 層目以深では濃度勾配がないものと仮定）．

(3) 水質－底質－底生生物サブモデルの時間積分の手法

水質－底質－底生生物サブモデルは，3 つのサブモデルを結合して演算処理をしており，さらに流動サブモデルと懸濁物サブモデルの 2 つのサブモデルの計算結果を外部データとして読み込みながら時間積分を進めている．この時間積分の手続きの方法を図 4.45 に示す．

4.2.9　指標種評価モデルとの結合手法

指標種の評価モデルは低次生態系モデルの計算結果を外部データとして読み込みながら計算している．取り扱った低次生態系モデルの出力項目は表 4.16 のとおりである．後述するアサリの稚貝掃流の計算に用いた水深，流速，海水密度は 1 時間値を用いて［底層のせん断応力／稚貝の限界せん断応力］を計算し，その日最大値を採用している．その他は日平均値を用いている．指標種の浮遊幼生の輸送・着底サブモデルは流動サブモデルにおいて粒子追跡計算を行い，各種の産卵場から発生させた粒子（卵）が一定の浮遊期間を経て漁場へ回帰した割合（有効分散率）を生活史モデルのパラメータとしている．

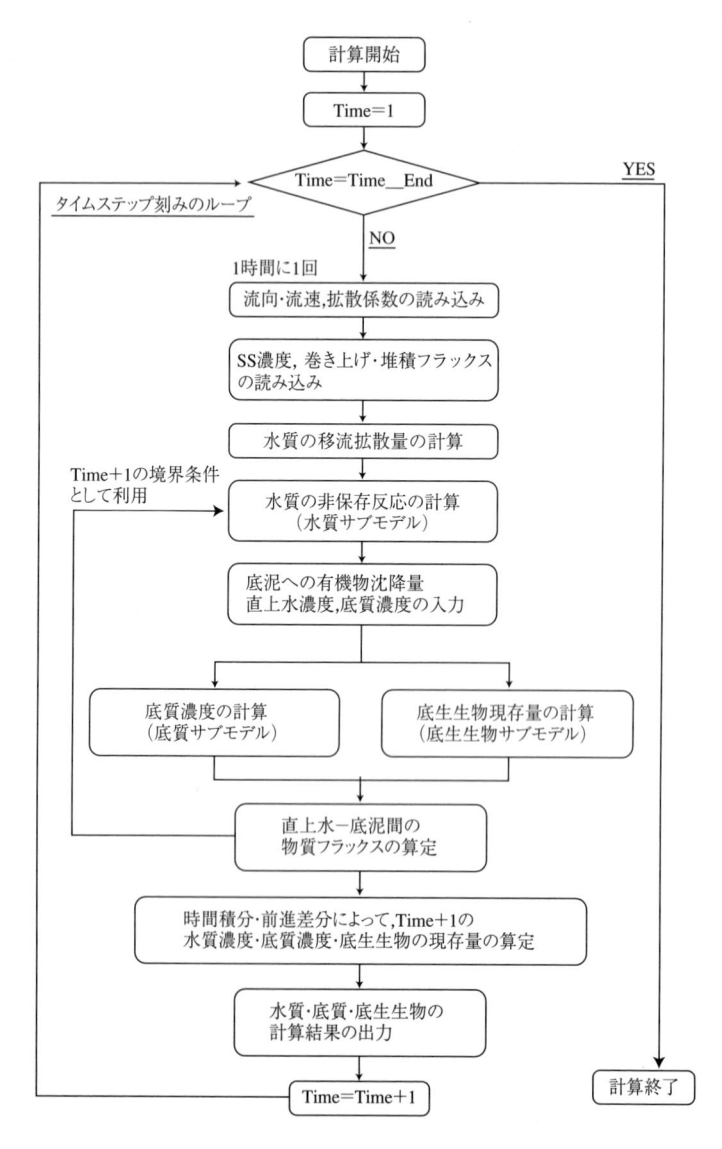

図 4.45　水質-底質―底生生物サブモデルの計算方法（時間積分の方法）

4.2.10 シミュレーション結果

(1) 現況再現計算によるモデルの精度検証

1) 検討の目的と方法

数値シミュレーションモデルを用いた予測・評価を行なう際には，そのモデルが現実の現象を表現できていることを検証する必要がある．通常モデルの検証に際しては，現実的な境界条件を与えた現況再現計算を行い，モデルによって得られた計算結果が，観測によって得られた観測値と一致しているか否かを検討する．本モデルでの検証も同様の手続きを経るために，2000～2006年の7カ年の現況再現計算を実施し，流動，水質などの観測データと比較することにより，モデルの妥当性を検証した．さらに，本モデルが有明海の再生施策の有効性を検証するためのツールとして機能することを念頭に置き，モデルで出力する計算結果が観測値を説明しているだけでなく，有明海での流動－水質－底質－底生生物などが複合的に関連しながら生じている水理・水質現象のメカニズム（内部機構）を表現されているかどうかも検証した．

2) 主な計算条件

a) 流動サブモデルの計算条件

流動モデルの主な計算条件およびパラメータを表4.17および表4.18に示す．いずれも実測値をもとにした設定条件であり，また，モデルに用いた地形条件および鉛直層分割を図4.46および図4.47に示す．また，淡水流入量および後述する負荷量を考慮する流域区分図は図1.2（カラー口絵）を参照．

b) 懸濁物サブモデルの計算条件

懸濁物サブモデルの主な計算条件を表4.19に示す．

c) 水質－底質－底生生物サブモデルの計算条件

水質サブモデルの主な計算条件を表4.20に示す．

底質サブモデルの主な計算条件を表4.21に示す．

底生生物サブモデルの主な計算条件を表4.22に示す．

3) 現況再現性の検証

a) 流動サブモデルの検証

図4.48および図4.49（カラー口絵）に，潮流楕円の観測値の比較と計算により得られた有明海の平均流分布を示す．潮流楕円は4分潮ともに観測値と計算

表4.16 低次生態系モデルから指標種評価モデルへの入力項目

サブモデル	アサリ	サルボウ	スズキ
流動サブモデル	流速,水温,塩分,σ_T,水深	水温,塩分	水温
懸濁物輸送サブモデル	SSフラックス	—	SS濃度
水質サブモデル	DO,POC,PON,POP,クロロフィルa	DO,POC,PON,POP,クロロフィルa	動物プランクトン

表4.17 流動サブモデルに設定した主な計算条件

項目	設定方法(出典など)
地形条件	最大2,700m格子から最小900mへの可変格子を設定した.橘湾および口之津より内側の有明海は900mの一様格子に設定した.
気象条件	有明海沿岸の観測データ(気象庁など)をもとに空間内挿した分布を1時間ごとに与え,風向・風速に関しては16地点,その他の気象要素に関しては最大で15地点のデータを用いた.
淡水流入量	一級河川(本明川,六角川,嘉瀬川,筑後川,矢部川,菊池川,白川,緑川)の観測値と塩田川(六角川比流量)の時間流量を用いた.直接流入14流域については年間降水量×流域面積で算定し,近傍の一級河川時間流量の時間変動を与え設定した.
湾口境界条件	湾口での潮汐境界条件は,13分潮の調和定数から,予測潮位を推算することにより設定した.また,熊本県実施の浅海定線調査により水温・塩分の境界条件を設定した.

表4.18 流動サブモデルに設定した主なパラメータ

項目	設定方法(出典など)
海面摩擦係数	本多・光易[112]による風速に応じた経験式を用いた.
底面摩擦係数	対数分布則を仮定することにより得られる値を設定した.
水平渦動粘性係数 水平渦動拡散係数	Smagorinsky[113]の方法により設定する.
鉛直渦動粘性係数 鉛直渦動拡散係数	Mellor and Yamada[114]による2方程式乱流クロージャーモデルにより算定した.

4章　有明海の環境解析　*183*

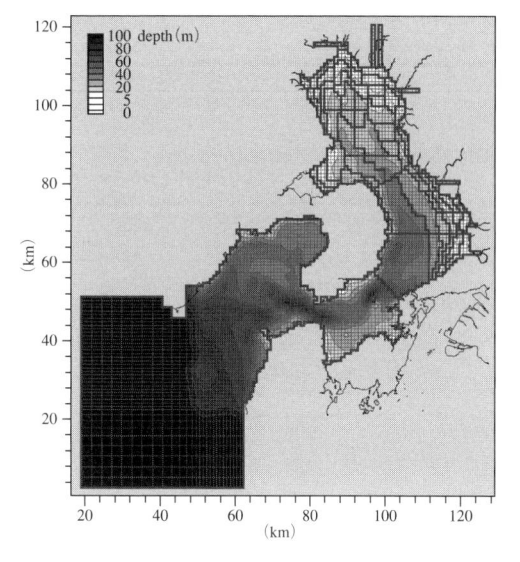

図 4.46　地形条件

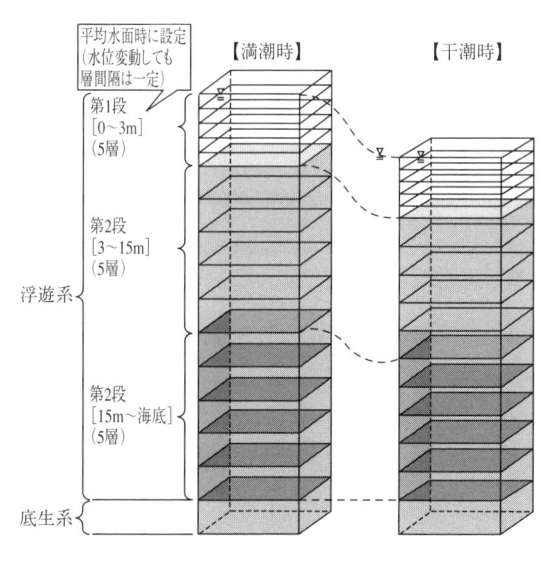

図 4.47　鉛直層分割

表4.19　懸濁物輸送サブモデルで設定した主な計算条件

項目	設定方法
地形条件	流動サブモデルと同一であるが，境界条件の設定位置を早崎瀬戸（有明海湾口部）に設定した．
流入負荷条件	既往調査において作成された本明川，六角川，嘉瀬川，筑後川，矢部川，菊池川，白川，緑川，塩田川でのSSのL-Q式を用いた．各河川感潮域および直接流入域は負荷量の流量比とした．
湾口境界条件	公共用水域水質調査結果のSSから設定した．
パラメータなど	既往の文献をもとにパラメータを以下のように設定した．

	砂	シルト	粘土
侵食速度係数 α (g/m²/s)	0.1	0.1	0.1
侵食速度係数 β (-)	1.7	1.7	1.7
限界せん断応力 τce (dyn/cm²)	19.37	0.85	0.65

表4.20　水質サブモデルに設定した主な計算条件

項目	設定方法（出典など）
地形条件	流動サブモデルと同一であるが，境界条件の設定位置を早崎瀬戸（有明海湾口部）に設定した．
気象条件	全天日射量として佐賀気象台と熊本気象台の平均値を用いた．
流入負荷条件	既往の調査において作成された本明川，六角川，嘉瀬川，筑後川，矢部川，菊池川，白川，緑川，塩田川でのCOD, TN, TPのL-Q式を用いた．各河川感潮域および直接流入域の負荷量は原単位法により算出し，近傍河川の負荷量の変動と同じにした．
湾口境界条件	境界格子において公共用水域水質調査結果を基に設定した．
ノリ養殖に関する設定	有明海沿岸に位置する各自治体より，ノリの共販枚数や酸処理剤・施肥の使用量の提供を受け，これらを基に海域への負荷量として設定した．
生物・化学パラメータ	既往の文献値およびモデルの再現性を考慮して設定した．
消散係数	2000～2006年における公共用水域調査結果において，透明度とSS，クロロフィルaが同時に観測されたデータを抽出し，SSおよびクロロフィルaと，透明度より推定した消散係数[1]の重回帰分析により得られた以下の推定式を用いた． k (1/m) = 0.0401×SS (mg/l) + 0.01240*Chl. a (μg/l) + 1.0015

表4.21 底質サブモデルに設定した主な計算条件

項目	設定方法
地形条件	図4.46の太線に示すようにに水質サブモデルの計算格子を任意に連結したボックス格子とした.
底泥層分割	底泥内を最大15層に区分した. 大きな濃度勾配が生じる水－底泥境界付近の格子分割を細分化した.
初期条件	底質サブモデルは, 計算項目が多岐に亘るため, 観測値からの設定が困難である. そのため, 計算期間中の計算条件において複数年, 繰り返し計算を実施し, 計算値が周期定常になった値を底質サブモデルの初期値として設定した.
沈降有機物の分解速度別の区分	底質サブモデルでは, 底泥内の有機物を分解速度別に易分解性有機物・難分解性有機物・不活性有機物の3種類に区分している. 底泥に沈降する際に一定の分画比により, 上記の分解速度別の有機物に区分するものとした. 底泥への沈降有機物の分画比率は, 既往の文献値[108,109]を参考に設定し, 全ボックスにおいて同一とした.
マンガン・鉄などの底泥への供給量の設定	マンガン・鉄・硫黄等の水－底泥間の交換量は境界条件（固定値）として, 既往の文献値[110]をもとに以下の値を設定し, 全ボックスにおいて同一の条件とした.

底泥直上濃度 (mg/l)				沈降フラックス (mg/m²/日)	
Fe^{2+}	Mn^{2+}	H_2S	SO_4^{2-}	MnO_2	$Fe(OH)_3$
0.0	0.0	0.0	2290.0	5.50	15.40

表4.22 底生生物サブモデルに設定した主な計算条件

項目	設定方法
地形条件	底質サブモデルと同一とした.
初期条件 漁獲による底生生物の取り上げ量の設定	初期条件は底質サブモデルと同様に複数年の繰り返し計算により得られた底生生物現存量を設定した. チューニングに当たっては, 既往調査[119]の底生生物現存量に近づくように試行計算を実施した. 有明海全域におけるアサリとサルボウの漁獲量の推移をもと取り上げ量を設定した. 設定の際には季節変化を考慮した. また, 漁獲が行われる水域の分布は現存量と対応させた.

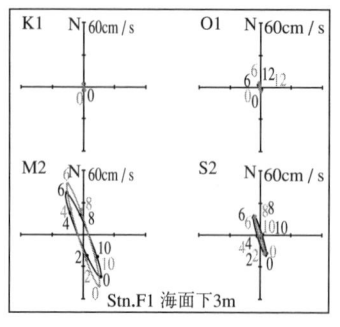

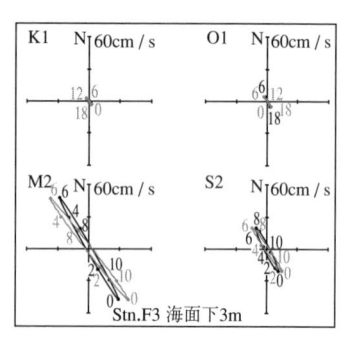

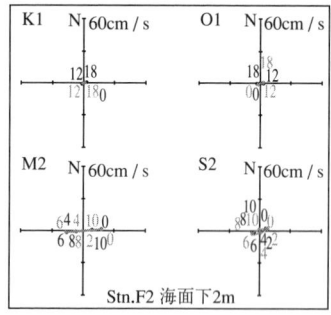

図4.48 潮流楕円の観測値との比較（Stn. は図4.49参照）

値はよく一致しており，モデルの再現性は良好である．

有明海奥部の平均流の水平構造の一般的な特徴としては反時計回りの循環流があり，諫早湾口から島原半島に沿った海域では強い南下流が，対岸の長洲沖では逆に北上流が認められている点である（例えば，海上保安庁水路部[120]）；小田巻ら[121] など）．また，湾奥部での淡水流入の存在によりエスチュアリー循環が形成される点も特徴である．これらの湾奥部での平均流の一般的な特徴は，計算値からも確認でき，特徴が再現されている．

b) 懸濁物サブモデルの検証

有明海内の（鹿島タワー・有明タワー）において2001年の10月～11月に観測されたSS濃度（農林水産省ら[16]）の観測値と計算値の比較を図4.50に示す．計算値は各観測地点において大潮・小潮周期で変動する観測値の濃度レベルをよく再現しており，有明海特有の懸濁物の輸送状況を概ね再現できているものと考えられる．

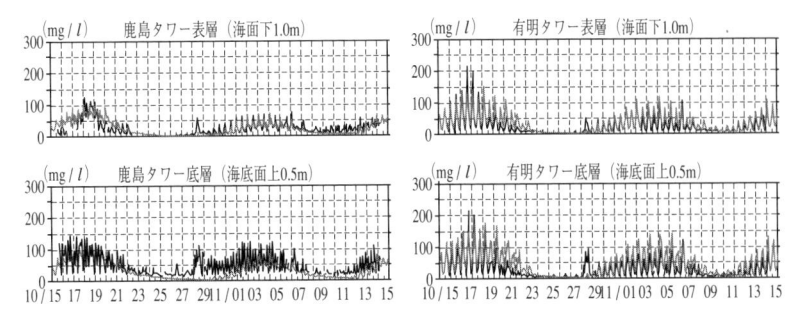

図 4.50　SS 濃度の観測値との比較図

c) 水質−底質−底生生物サブモデルの検証

　有明海湾奥部での溶存酸素濃度の実測値（浅海定線データ：底層）と，計算値との比較を図 4.51 に示す．夏季において貧酸素化が進行している様子が再現されている．また，2001 年および 2006 年において貧酸素化が顕著であり，2006 年が近年で最も貧酸素化が進行していたという観測による特徴とも一致している．

　なお，図 4.52（カラー口絵）には各年の貧酸素水塊（$DO < 2.1 mg/l$ 以下の水塊と定義）の継続時間を整理した．溶存酸素の濃度変化で見るよりも，継続時間で整理すると年ごとの違いが明瞭となり，2001 年と 2006 年の貧酸素化が深刻であったことがわかる．

　一方，水質−底質−底生生物サブモデルの中で，水質と底質の間の境界での溶存酸素の収支を検証するために，既存の底泥での酸素消費速度と，水質−底質−底生生物サブモデルで得られた酸素消費ポテンシャルとの比較を行っている（図 4.53）．この際，モデルでの酸素消費の評価によって得られた直接的な酸素消費速度（好気分解による）に加えて，嫌気状態での還元物質による酸素消費も加える必要がある．比較の結果，限られたデータではあるが，計算値と実測値のオーダは一致しており，水質−底質間での酸素消費を適切に評価できていると考えられる．

4) シミュレーションにより得られた貧酸素水塊の発生機構

a) 貧酸素化と密度成層の関係性

　ここではモデルによって得られた溶存酸素濃度（貧酸素水塊）の挙動を整理

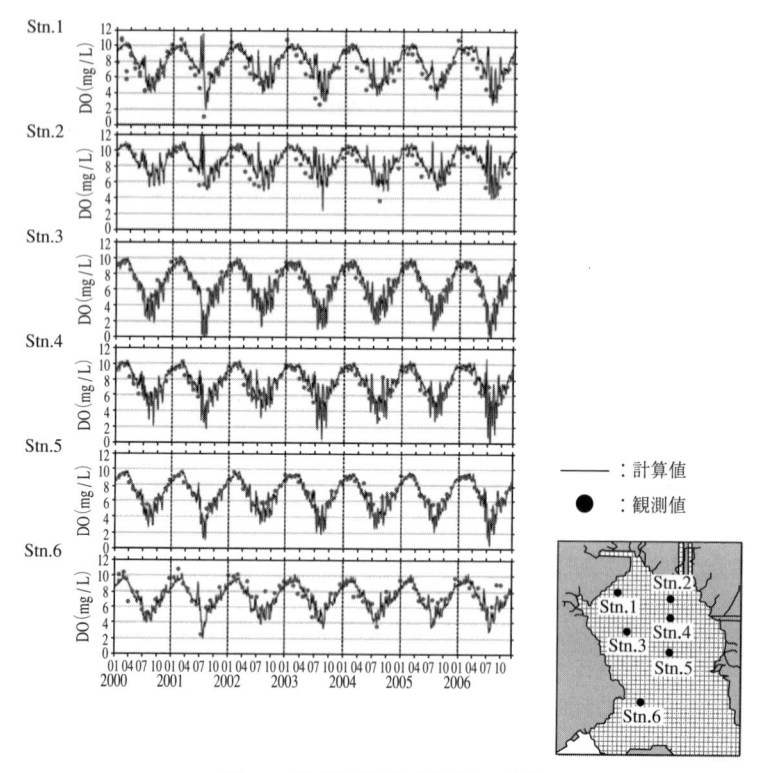

図 4.51　溶存酸素濃度の観測値との比較

する.

　図 4.54（カラー口絵）は貧酸素水塊の発生状況と成層状況の関係性を整理したものである. ここで計算によって得られた密度成層より成層パラメータ S1 および S2 を算定しているが, S1 は成層強度と呼ばれ, 水柱全体でのポテンシャルエネルギーに相当する. また, S2 は同様に成層に関するパラメータ（Simpson and Hunter[122]）であるが, 潮流の運動エネルギーにより水柱が混合される効果を表したものである.

　計算結果をみると, 潮汐の大潮−小潮の周期に対応して流れの強さと成層の強さが変化しており, 流れが弱い小潮期には底層での塩分が上昇している. これはエスチュアリー循環により塩分が沖合から貫入している現象を再現している

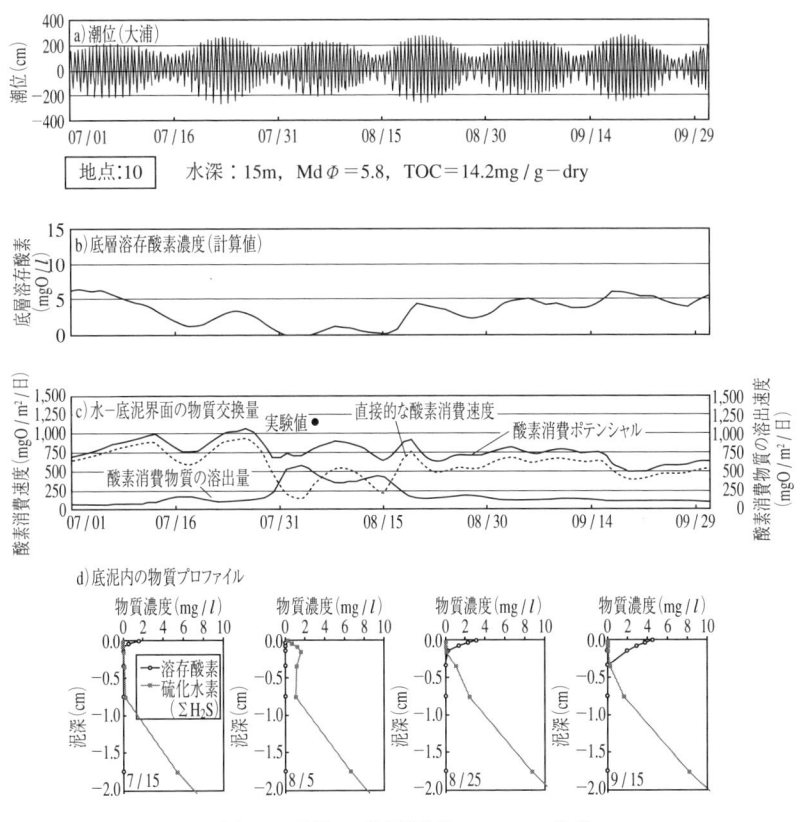

図 4.53　底泥での酸素消費ポテンシャルの比較

ものと考えられる．また，同時に溶存酸素濃度も低下している．また，この年（2001年）は7月上旬に出水があり，それに対応して表層に強固な塩分成層が形成されているが，成層が存在する7月〜8月にかけて底層で大規模な貧酸素水塊が形成されている．一般に，底層での高塩分水の貫入や出水に伴う成層の強化が，鉛直混合を通しての表層からの酸素供給を妨げることが，貧酸素水塊の発生機構として重要であるとされているが，これらのメカニズムがこのモデルでも再現されている．

b) 貧酸素水塊の発生域と酸素消費速度の空間分布

次に貧酸素水塊の発生海域について把握するために，モデルによって計算さ

れた底層溶存酸素濃度の分布を時系列的に整理したものが図4.55（カラー口絵）である．この図より，最初に湾奥西部と諫早湾奥部で溶存酸素濃度の低下が生じ，その後湾奥西部地区では，徐々に溶存酸素濃度の低下が湾の中央部に達し，最終的に貧酸素水塊は消滅している．湾奥西部地区では干潟縁辺部において貧酸素化が先行して生じているが，これらは速水ら[123)]などの既存の調査結果からの特徴とも一致している．

　干潟縁辺部から先行して貧酸素が生じる機構は，酸素消費速度の空間的な違いにより生じると考えられる．図4.56には溶存酸素の消費−供給速度の地点間での比較を示した．湾奥西部地区では，Stn.B，A および D の順に徐々に酸素消費／供給速度が高くなっており，干潟縁辺部に近づくほどに酸素の消費／供給速度がともに大きくなっている．酸素消費速度が大きくなる理由としては，湾奥への有機懸濁物の輸送があげられ，干潟縁辺部底層において有機物が蓄積しているものと考えられる．また，酸素消費に関しては干潟における干出・冠水により潮位差が大きくなるとともに急激に酸素供給がなされるものと考えられる．

c) 貧酸素水塊の発生の経年変化傾向

　図4.52に示したように，貧酸素水塊の発生状況は経年的に変化している．先に述べたように小潮期に湾奥西部地区および諫早湾などで生じるという共通した特徴はあるが，各年の出水，日射，気温などの状況によって，貧酸素水塊の発

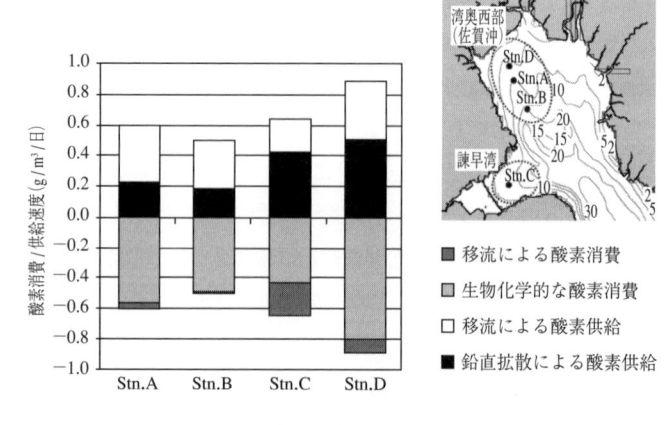

図4.56　酸素の消費−供給速度の比較

生規模は大きく変動している．表4.23 に，2000 年から2006 年の気象条件などの条件を整理している．貧酸素水塊の発生が大規模であった2001 年および2006 年は共通して河川流入量・負荷量が多く，先に述べた出水による成層強化を通して酸素供給量が低下したことが貧酸素化に繋がったと推測できる．しかしながら，同様に河川流入量が多かった2003 年は深刻な貧酸素水塊は生じていない．

これらの特徴を解析するために，各年の夏季における水中における酸素消費の内訳について整理したものが図4.57 である．この図から酸素消費はPOM，DOM の分解・無機化によるものが50%以上を占めており，一次生産を通して生じた有機物の分解が重要であることがわかる．ここでは示していないが，2003 年の一次生産量は低水温であるのにも関わらず2001 年と同じ高いレベルであった．これらのことから，出水による酸素供給・有機物の増加に加えて，水温による有機物の分解特性の変化も貧酸素水塊の発生状況の支配要因になりうることが示唆されている．

(2) 長期的な環境変化に伴う貧酸素水塊の発生状況の検討
1) 検討の目的と方法

有明海は地形改変や二枚貝類の激減など，とりまく環境が大きく変化した内湾のひとつであるが，近年，貧酸素水塊の発生が拡大・長期化していることが指

表4.23 2000 年～2006 年の諸条件（夏季平均値）

状況	対象年	2000	2001	2002	2003	2004	2005	2006
貧酸素水塊の容積 ($km^3×日$)	2.0mg/l 以下	0.1	38.9	0.0	3.1	0.0	4.4	33.5
	4.0mg/l 以下	99.8	257.4	24.5	174.2	46.4	207.9	355.3
降水量（佐賀地方気象台）(mm)		959	1,192	564	1,022	900	663	1,154
全河川流量（$10^3×m^3/s$）		1,697	2,151	1,037	2,812	1,666	1,571	3,418
全流入負荷量(COD)(kg/s)		13,336	22,038	7,536	21,417	12,039	16,942	30,923
気温（佐賀地方気象台）(℃)25.8日		25.8	26.0	26.0	25.4	26.5	26.6	26.1
照時間（佐賀地方気象台）(h)		708	781	799	611	719	715	668
M_2振幅に関するF値の2000 年比		1.00	0.988	0.976	0.965	0.956	0.950	0.948

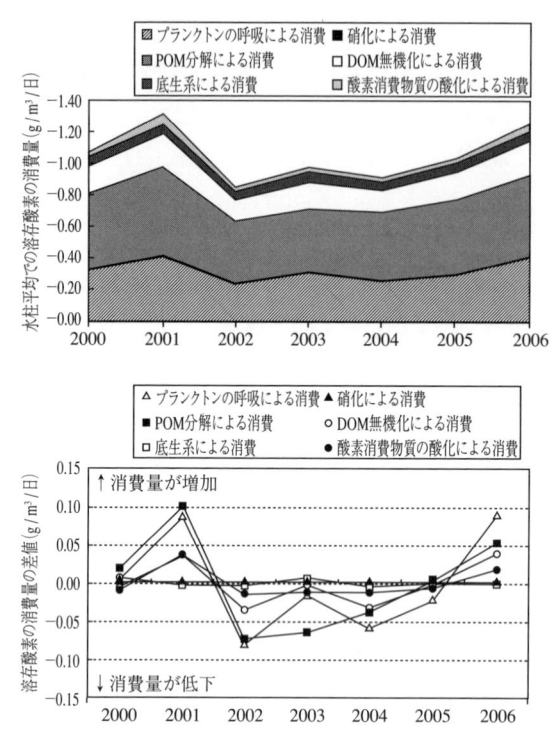

図 4.57　モデルにより計算された底層溶存酸素濃度の分布（2001 年 7 月）

摘されている．そこで，現況が再現されたモデルを用いて，過去の外力条件を想定した数値実験（感度解析）にて，長期的な環境変化の結果として貧酸素水塊の発生状況と重要な要因を推定した．さらに，必要な感度解析を行い，貧酸素水塊の発生に重要な役割を果たす要因の解析を行った．

2）主な計算条件

計算を実施したケースは，現況ケース（2001 年）に加えて，1930 年代，1977 年（1970 年代），1983 年（1980 年代），1990 年（1990 年代）とした．現況ケースについては，先に述べた現況再現計算の結果を用いている．また，各年代において現況ケースと異なる計算条件の概要を表 4.24 に示す．また，底生生物量および流入負荷量は漁獲量や既存データをもとに表 4.25 および図 4.58 に示す現況に対する比率を設定し，地形条件や外海潮汐の f 値についてはそれぞ

4 章 有明海の環境解析 193

表4.24 各年代で用いた計算条件の概要（■：現況ケースと同じ条件）

予測条件＼予測ケース	1930年代	1977年	1983年	1990年	2001年
計算年次	1930年代	1977年	1983年	1990年	2001年
地形	1930年代	1930年代後半	1970年代後半	1970年代後半	2000年代
平均水面	0.0cm	−8.2cm	−8.9cm	−5.9cm	0.0cm
気象条件	2001年	2001年	2001年	2001年	2001年
河川流量	2001年	2001年	2001年	2001年	2001年
潮位振幅	2001年	1977年	1983年	1990年	2001年
負荷量(L−Q)式	1930年代	1977年	1983年	1990年	2001年
ノリ養殖量なし	なし	1977年	1983年	1990年	2001年
底生生物	1930年代	1977年	1983年	1990年	2001年

表4.25 各年代で用いた底生生物量の現況に対する比

底生生物＼予測ケース	アサリ＋タイラギ（砂干潟表種）	サルボウ＋アゲマキ（泥干潟代表種）	カキ	その他の底生生物
1930年	8.9	2.5	6.3	1.0
1977年	14.8	0.7	8.3	1.0
1983年	15.7	0.7	4.1	1.0
1990年	1.5	2.5	1.5	1.0
2001年	1.0	1.0	1.0	1.0

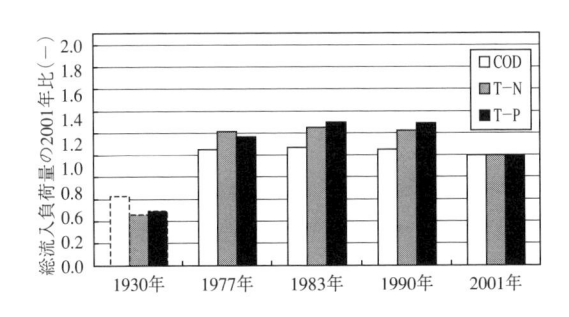

図4.58 各年代での流入負荷量

れの年の値を用いている．なお，気象条件などのその他の条件は現況（2001年）と同一としている．

3）貧酸素水塊の発生規模の変化

図4.59には，上述した各ケースでの貧酸素水塊の継続時間の比較を示す．1930年代の計算結果では有明海において貧酸素水塊が生じていない．1977年以降のケースでは，少なからず貧酸素水塊は生じ，湾奥西部エリアでは1990年のケースで，諫早湾エリアでは2001年のケースで発生量が大きくなっており，エリアにより変化傾向が異なっている．

4）貧酸素水塊の長期的な変動の要因解析

図4.60に各ケースでの鉛直拡散係数の比較を示している．1977年～1990年の地形条件は同一であることから，湾奥エリアでは1930年代以降での地形，諫早湾エリアでは1990年代以降の地形の影響を受けて酸素供給量が変化していることが示唆されている．また，同じ地形条件下での3ケース間の変動は外海潮汐のf値の変動によるものであり，湾奥西部エリアではその影響も無視できない結果となっている．

一方，酸素供給量の指標として一次生産量を整理すると（図4.61），負荷量の変化に応じて総生産量は変化するが，底生生物の現存量によっても二枚貝に摂餌されない余剰な有機物（酸化分解に回る）が大きく変化している．これは，酸素消費の多くを占める一次生産起源の有機物を二枚貝類が大きく浄化していた可能性を示すものである．

ここまでは各年代の条件を想定した感度解析結果である．図4.62に，各々1つの条件のみを変更した感度解析ケースを実施し，その結果を整理したものを示す．負荷量の変化により貧酸素水塊の規模は最も大きく変動していることがわかる．これは各年の出水状況に応じて貧酸素水塊の発生規模も変動することも示唆している．また，底生生物の現存量によっても大きく貧酸素水塊の規模が変化している．1977年から1990年の計算結果では，現況より多い負荷量に対して現況より多い底生生物の効果が相殺していたと考えることができる．また先に述べたが，湾奥西部エリアの貧酸素水塊については自然変動により外海潮汐の変動の効果も無視できない．

4章 有明海の環境解析　195

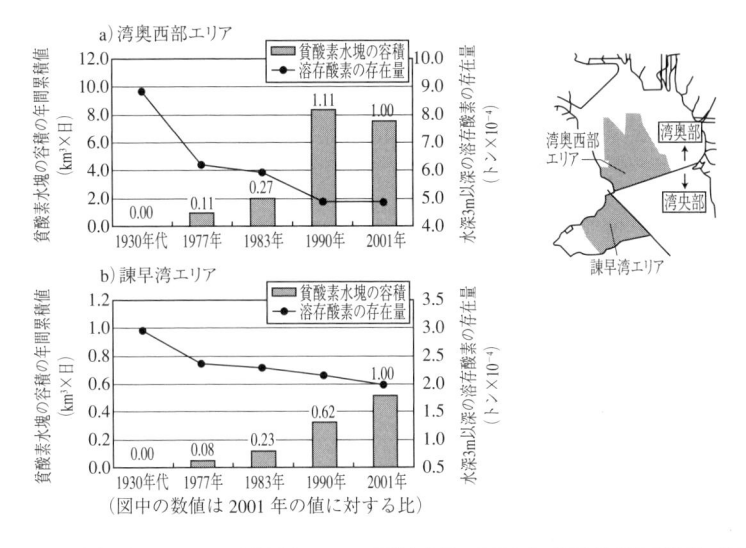

図4.59　湾奥西部エリアおよび諫早湾エリアの貧酸素水塊の容積および平均溶存酸素濃度の比較

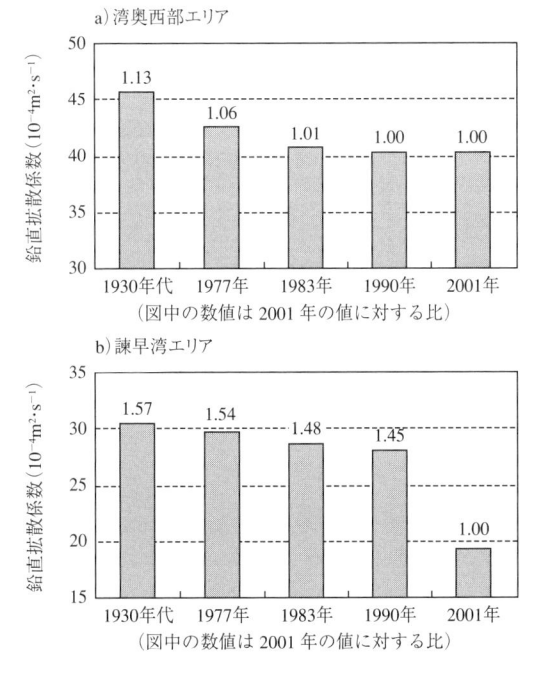

図4.60　酸素供給量の指標としての鉛直拡散係数の比較（8月平均）

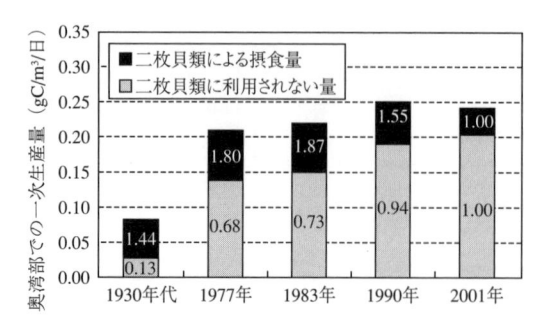

図 4.61　湾奥全体での一次生産量の各ケースでの比較

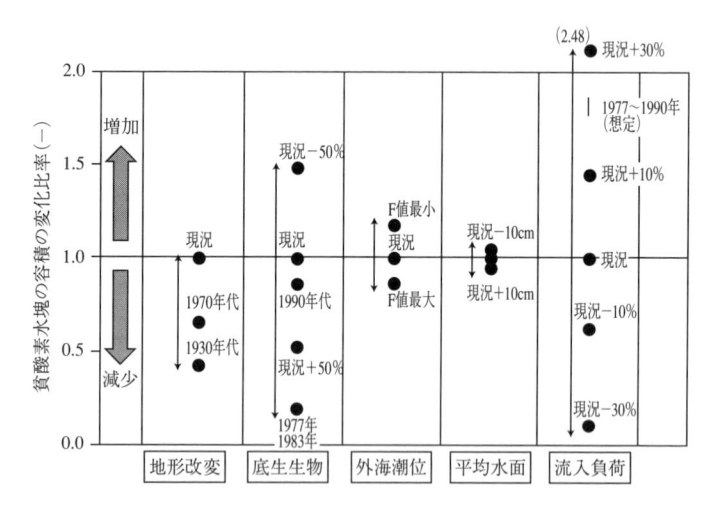

図 4.62　有明海全体での貧酸素水塊の容積の比較（DO < 2.1 mg/l の累積容積）

(3) 指標種評価モデルの結果

1) 漁場ごとの生息環境と漁獲量

2001年の基本ケースにおける漁場（計算格子）ごとの漁獲量の予測結果と主な環境要因を図4.63と4.64に示す．地点は図4.30に示している．アサリは3種の中では最も多い環境要因を考慮しているが，貧酸素水塊が発生する長崎地先（H），諫早湾（I）では生息が不適となっている．サルボウも貧酸素水塊が多発する大浦（A），鹿島沖（C），湾奥中央（F）では生息できないと予測されてい

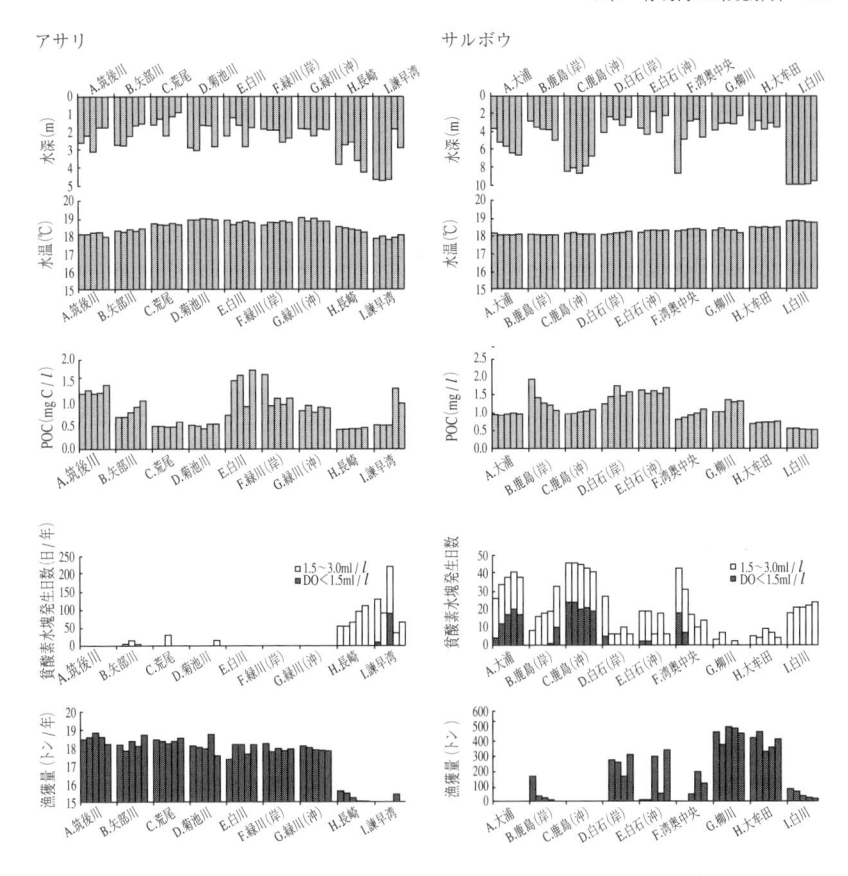

図4.63 アサリ，サルボウの漁場ごとの漁獲量の予測結果と主な環境要因（地点は図4.30）

る．図には水温と餌生物（POC）を示したが，複数の要因が複合しているのでこれだけでは漁獲量の多い少ないを説明できない．スズキの漁獲量は，アサリ，サルボウほど場所による変動は大きくないが，SSが低い三池（E），諫早湾（G），動物プランクトンが少ない緑川（F）で少なく，動物プランクトンが多く，SSが高い塩田川（A），六角川（B）で多くなっている．計算条件で示したように，スズキの各格子別漁獲量は稚魚期の環境変化が反映されている．

2）二枚貝の代謝特性

二枚貝は水中の懸濁物粒子を鰓で濾過して摂餌を行っている．干潟・浅海域

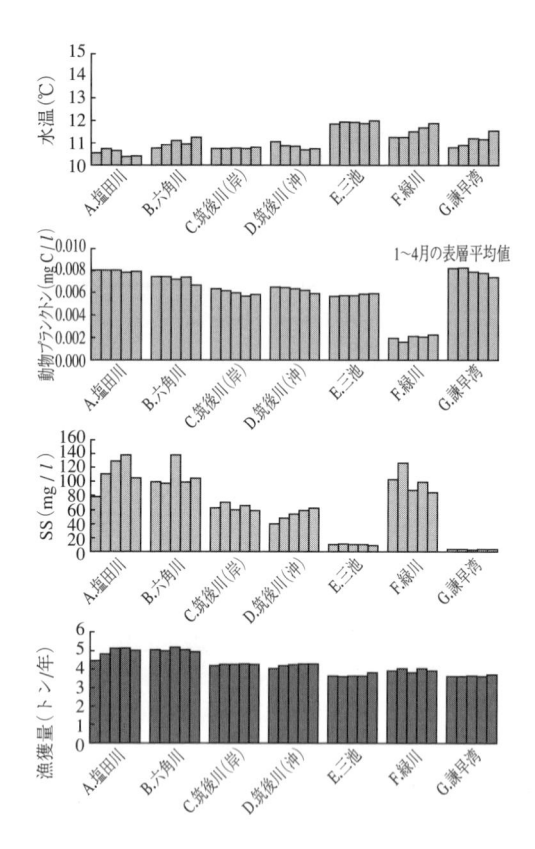

図4.64 スズキの漁場ごとの漁獲量の予測結果と主な環境要因(地点は図4.30)

に生息する大型二枚貝は,バイオマスの大きさと濾水速度の大きさから,富栄養化が進んだ内湾では水質浄化を行う環境エンジンとなり,摂餌,排泄,呼吸などの生物活動を通して内湾生態系の物質収支に重要な役割を果たしている.有明海のアサリ,サルボウも同様であり,生活史モデルでは個体レベルでの濾水速度算定により,ある年級群の生涯の炭素収支は図4.65のように推定されている.なお,アサリは殻長13 mm以上,サルボウは殻長15 mm以上を対象としたものであり,それ以下の稚貝の機能は含まれていない.図には摂餌量を100としたときの相対値が示されており,アサリ,サルボウとも20数％を同化し,80％弱を排泄している.同化量のうち呼吸量はアサリの80％に対して,サルボウでは20％と

4 章　有明海の環境解析　*199*

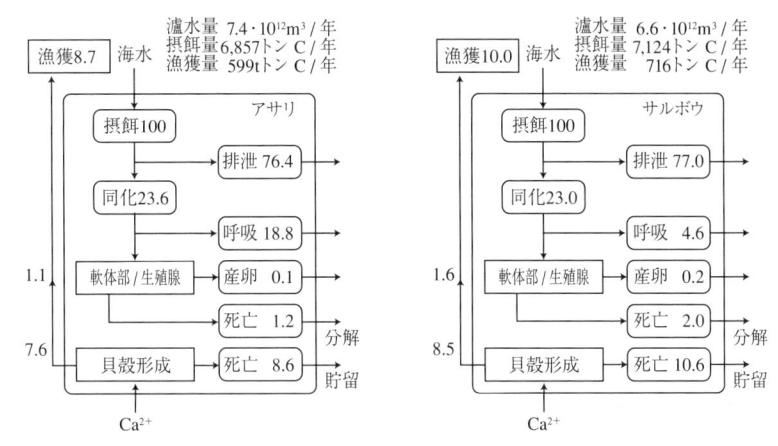

```
漁獲8.7  海水  濾水量 7.4・10^12 m^3/年
              摂餌量 6,857トン C/年
              漁獲量 599トン C/年
```
アサリ
- 摂餌100
- 同化23.6
- 排泄 76.4
- 呼吸 18.8
- 軟体部/生殖腺
- 産卵 0.1
- 死亡 1.2
- 1.1
- 7.6
- 貝殻形成
- 死亡 8.6
- 分解
- 貯留
- Ca^{2+}

```
漁獲10.0  海水  濾水量 6.6・10^12 m^3/年
               摂餌量 7,124トン C/年
               漁獲量 716トン C/年
```
サルボウ
- 摂餌100
- 同化23.0
- 排泄 77.0
- 呼吸 4.6
- 軟体部/生殖腺
- 産卵 0.2
- 死亡 2.0
- 1.6
- 8.5
- 貝殻形成
- 死亡 10.6
- 分解
- 貯留
- Ca^{2+}

注) 摂餌量を100としたときの相対値で示す.

図4.65　アサリ，サルボウの代謝特性（基本ケース）

少なく，両種の呼吸量/同化量の違いは生息環境の酸素濃度と関係していると推察される.

　年間の濾水量および摂餌量を表4.26に示す．アサリとサルボウは1年間に有明海の容積（340億 m^3）の40％以上，淡水流入量のほぼ同量を濾過していることになる．有明海全流域からの流入負荷量に対しても，炭素で67％，窒素で48％，リンで35％を体内に取り込んでいる．1960年以降の最大漁獲量は今よりアサリでは16倍，サルボウでは3.5倍あったので，かつての水質浄化量の大きさが推察される．

　炭素収支をみると，貝殻に固定された炭素は溶解速度が極めて遅いので，環境への回帰が遅く，貝殻形成量の大部分が貯留されると考えられる[112, 113]．炭素の固定量を［摂餌＋貝殻形成］，排出量を［排泄＋呼吸＋産卵＋分解］とすると，炭素固定量は17キロトン C/年（アサリ48％，サルボウ52％），炭素排出量は13キロトン C/年（アサリ53％，サルボウ47％）で，両種とも固定量が排出量を上回り，その差は4キロトン C/年（アサリ35％，サルボウ65％）であった．アサリの呼吸量がサルボウより大きいので，サルボウの炭素固定量が大きくなっている．真のCO_2排出は呼吸と貝殻形成によると考えられており，これによるとCO_2生成量は15キロトン CO_2/年（アサリ59％，サルボウ

表 4.26 アサリ,サルボウの濾水量,摂餌量(基本ケース)

項目	単位	濾水量,摂餌量			淡水流入量,流入負荷量対比		
		アサリ	サルボウ	(計)	アサリ	サルボウ	(計)
濾水量	$10^6 m^3$/年	7,377	6,639	14,016	0.54	0.49	1.03
摂餌量	トンC/年	6,857	7,128	13,985	0.33	0.34	0.67
	トンN/年	949	1,219	2,168	0.21	0.27	0.48
	トンP/年	194	183	377	0.18	0.17	0.35
漁獲量	トンC/年	599	716	1,315	−	−	−
	トン/年	5,600	7,000	12,600	−	−	−

注)アサリは殻長1.3cm以上,サルボウは殻長1.5cm以上
淡水流入量,流入負荷量(POC,PON,POP)は有明海流域の2000〜2006年の平均値

41%)と推定される.中村ら[113]は同様の方法で有明海のサルボウは12キロトン CO_2/年と推定しており,ここでの試算値より2倍大きい値を報告している.なお,同化効率,呼吸量算定式は中村ら[113]に準じている.森林総研[124]は,わが国の貝類総漁獲量の9割以上を占める上位8種について,炭素収支の解析などから生物活動が水域環境に果たす役割について全国評価を行っている.それによると,アサリは有機物除去機能が最も大きく,炭素収支(出入りの大きさ)ではホタテガイ,マガキに次いで3位となっている.サルボウはウバガイ,ヤマトシジミに次いで6位となっており,8種すべてにおいて炭素固定が排出をわずかに上回っている.陸水の影響が大きく漁業活動が盛んな有明海において,バイオマスが大きいアサリとサルボウが濾水による懸濁物除去,漁獲による系外除去,炭素の固定と貯留などの生物機能を通して環境に果たす役割が大きいことから,これらの資源動態は生態系サービスを通して有明海再生の要となることを示唆している.

代謝諸量の季節変化を図4.66に示す.サルボウの資源量が7月に増加しているのは,この時期に加入群が多かったことを示している.アサリ,サルボウと

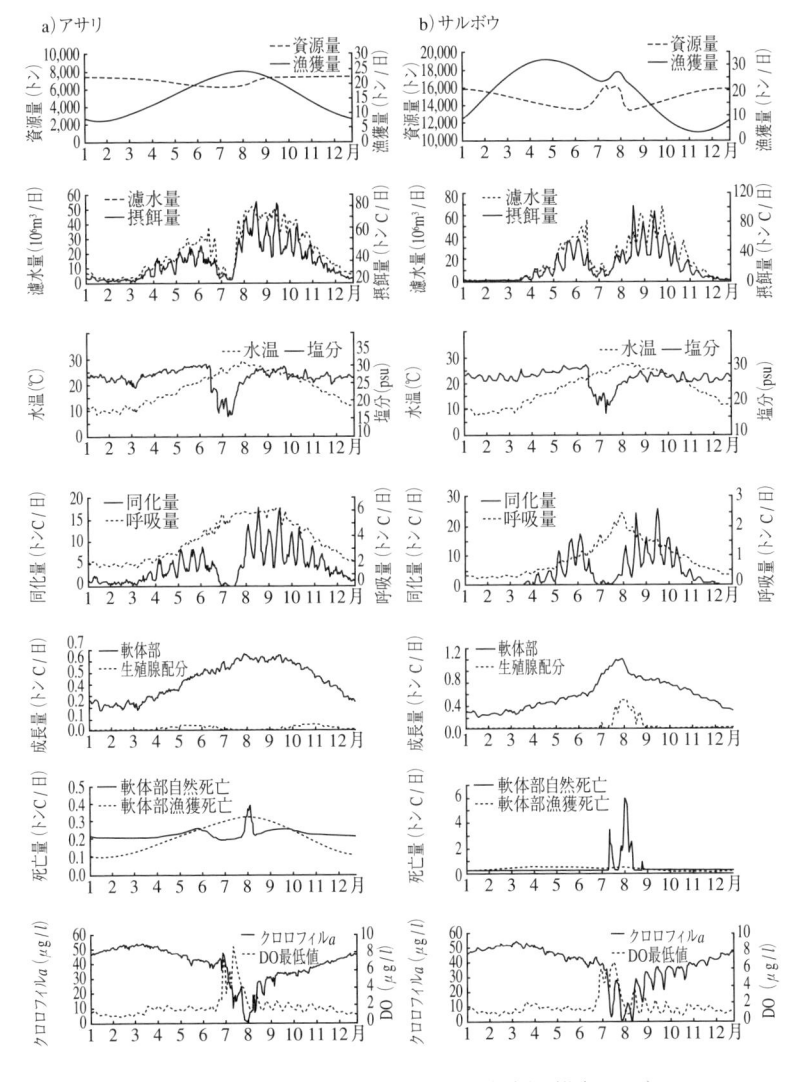

図 4.66 アサリ，サルボウの代謝特性の季節変化（基本ケース）

も6月から7月にかけて濾水量が急激に低下しているのは，25psu以下の低塩分が長期化したためである．また，7月から8月にかけて死亡量が大きいのは，貧酸素水塊の影響を受けたものであり，特にサルボウで顕著である．

3) 地形変化と着底率

　浮遊幼生の輸送・着底サブモデルでは，地形条件を変えた流動場を現況ケースも含めて5ケース設定している（図4.67）．1930年代および1970年代後半の地形と，有明海の海岸線の50％以上を占める人工海岸の陸側に水域を設けて，護岸に直交する流速を速める人工海岸開削ケース（次章の再生技術のなぎさ線の回復と同じ条件），諫早湾をすべて埋め立てたケースである．各種，各ケースとも産卵日の違いにより着底率は大きく変動したが，現況の着底率はアサリでは6.8％（8回平均），サルボウでは14.2％（6回平均），スズキでは0.41％（6回平均）であった．スズキは浮遊期間が長いので他の2種より着底率が低く，同程度の浮遊期間である二枚類ではサルボウの着底率がアサリより高かった．

　各ケースの着底率を無効分散係数(-ln（着底率）／浮遊日数)に変換して図4.68に示す（本文では着底率で記す）．アサリは塩分22 psu程度の上層を浮遊する期間が長いので，過去の地形ほど湾外へ流出しやすく，着底率が低くなると予測された．しかし，干拓などにより消滅した過去のアサリ生息場も含めると，着底率は1970年代と現況は変わらないが，1930年代では現況よりも高くなった．湾奥部などの干拓干潟では，かつてアサリ着底量が多かったことが予想される．サルボウは，湾奥で産卵し，上層の流れに乗り湾央から湾外に分散するが，10日目以降は底層に移行し，北上流に乗り湾奥に回帰してくる．したがって，アサリとは逆に過去の地形ほど着底率が高くなると予測されている．スズキもサルボウと同様であり，スズキなどの有明海の重要魚介類の多くが「湾央産卵－湾奥成育」型なので，サルボウの浮遊期後半の輸送機構と共通するところが多い．

　サルボウを例に，着底率だけを変化させたときの漁獲量を予測した結果は図4.69のようになる．着底稚貝が漁獲サイズになる3年目から漁獲量の変化が現れ，10年後の漁獲量は現況に対して，1970年代では2.0倍，1930年代では3.2倍，人工海岸開削では4.4倍と予測される．一方，諫早湾がなくなれば，サルボウ資源を維持できなくなり，流動変化が水産資源へ与える影響の大きさを伺える．海域面積と無効分散係数，無効分散係数と10年後の漁獲量の予測結果の関係は図4.70に示すとおりであり，それぞれの間で一定の関係が認められる．ただし，海域面積については同じ面積でもどこの地形が改変したかによって，無効分散係数は異なるので，あくまで目安である．

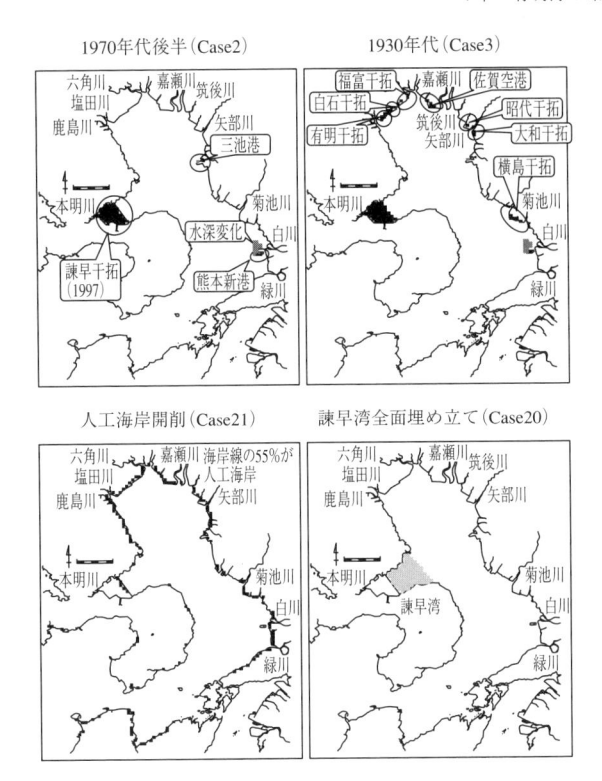

図 4.67 浮遊幼生の輸送・着底サブモデルの地形条件
　　　　（2000年代の地形と変わっているところを図示している．）

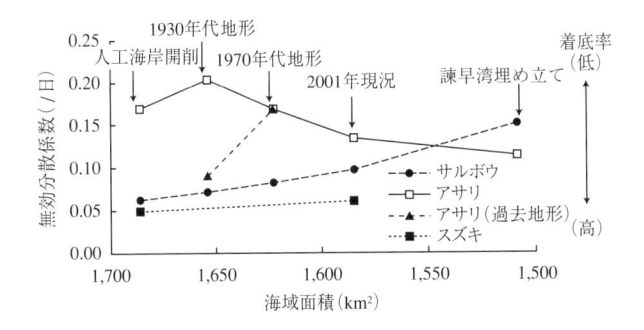

図 4.68 地形変化に伴う指標種の無効分散係数

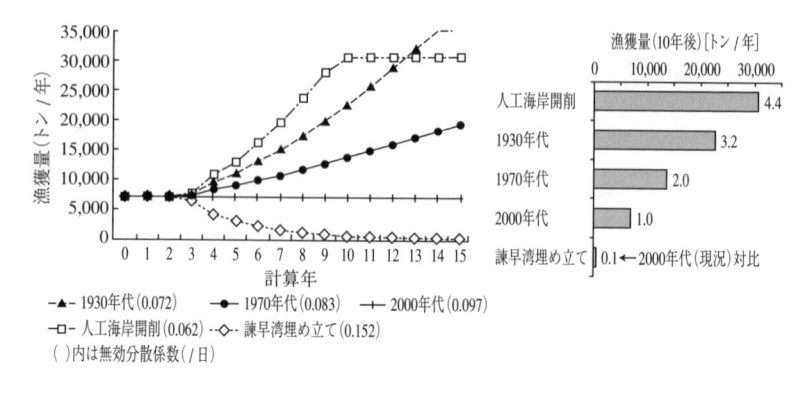

図 4.69 地形変化に伴う着底率の変化がサルボウ漁獲量に与える影響予測

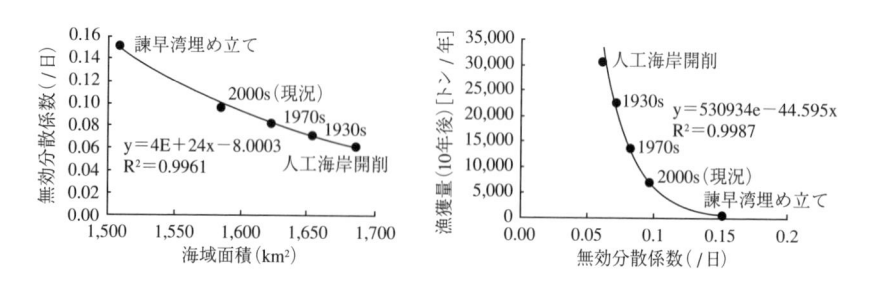

図 4.70 海域面積，サルボウの無効分散係数，10 年後の漁獲量の関係

4) 漁獲量の長期変動

　漁獲量および CPUE の再現性の確認は，基本ケースで設定したパラメータおよび環境との関数化をもとに，1960 年以降の境界条件を想定してなされている．低次生態系モデルにおいて過去の数値実験と 2000〜2006 年の再現計算の結果を用い，それぞれの年代（1960 年代は 1930 年代の結果を用いた）に当てはめている．無効分散係数は，浮遊幼生の輸送・着底サブモデルから地形変化による予測結果を各年代に当てはめている．1999 年以前の水温は，気温の長期変化も考慮している．ナルトビエイの現存量は 1995 年から増加したと仮定している．アサリの網目は過去に使用されていたと想定される組み合わせで変化させている．

　計算結果は図 4.71 のとおりである．アサリでは 1970 年代の急増は単価が上

昇したので多獲するようになった結果と考えられる．1980年代前半の減少は全国へ種苗供給するため，細かな網目（3分）で選別し小型個体を多獲したので，乱獲状態になった可能性が高い．網目を変えても減少しているのは，底質の平坦化（砂供給，流れなど）などの指摘があるが，これについてはモデル化されていない．網目を大きくする熊本県の指導により2000年代には回復の兆候がみられるが，ナルトビエイの影響もありかつてのレベルまでは増えていない．サルボウでは1970年代後半から1980年代前半の落ち込み（病気などによる大量斃死など）はモデルで説明できていない．1990年代後半からの減少は貧酸素の影響を受けていると推定される．スズキは動物プランクトンとSSの変動が相殺されているが，1980年代以降の減少は無効分散係数を大きくし結果である（スズキの無効分散係数はサルボウの無効分散係数の変化を増幅させて与えた）．

　以上の結果，漁獲量の変動は漁獲努力量の変化を反映しているところも多いが，過去の漁獲量の水準と一部を除いて変動パターンはある程度再現できたと考えられる．

（堀家健司・竹内一浩・木村奈保子・永尾謙太郎）

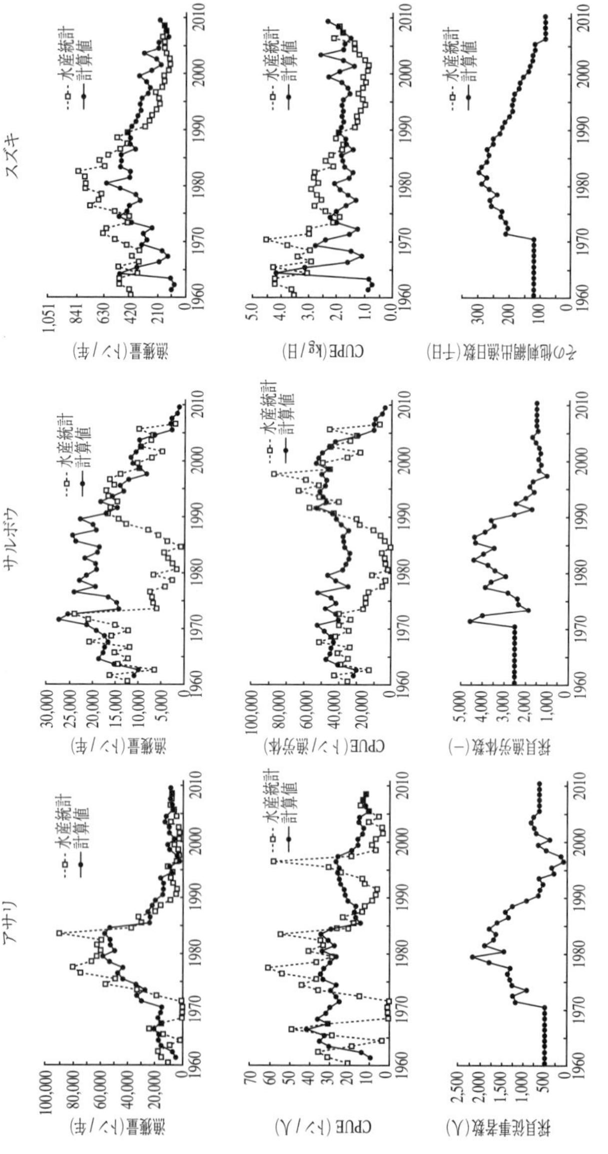
アサリ
サルボウ
スズキ
水産統計
計算値
漁獲量(トン/年)
CPUE(トン/人)
採貝従事者数(人)
CPUE(トン/漁労体)
採貝漁労体数(−)
CUPE(kg/日)
その他刺網出漁日数(千日)

4 章 有明海の環境解析　207

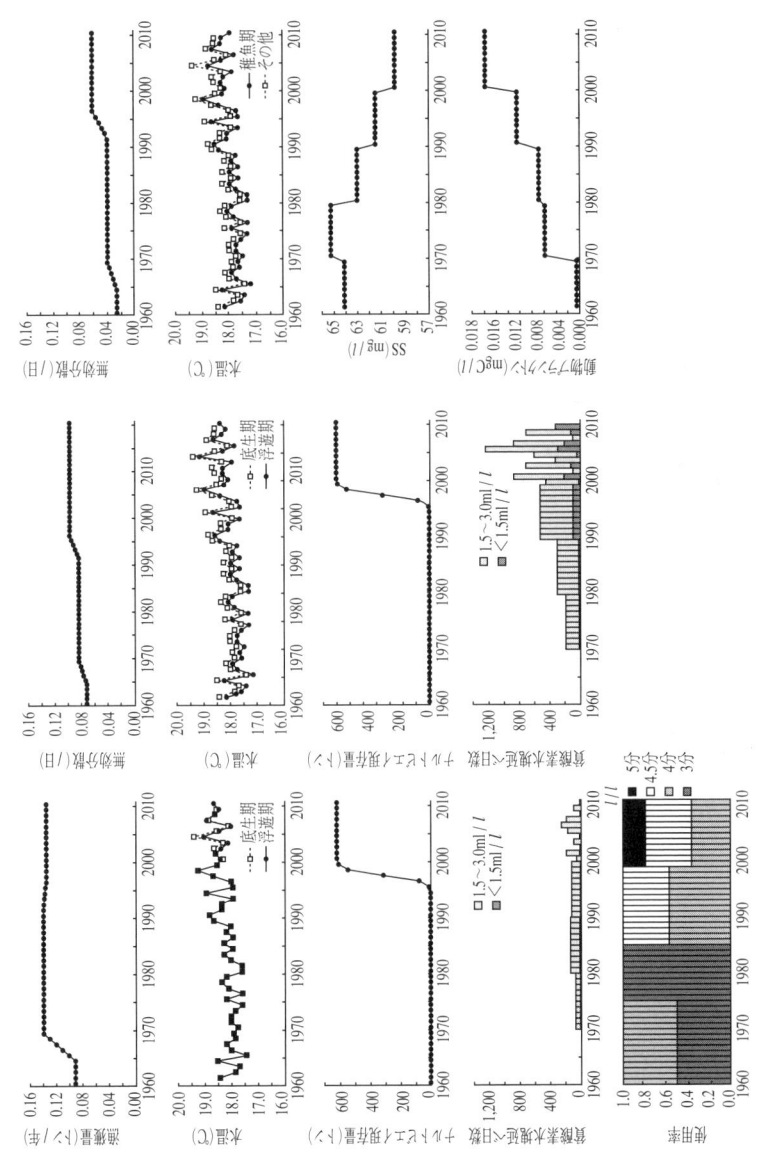

図 4.71　域面積，サ指標種の長期変化の再現結果

文 献

1) 農林水産省水産庁・農林水産省農村振興局・経済産業省資源エネルギー庁・国土交通省河川局・国土交通省港湾局・環境省環境管理局：平成14年度国土総合開発事業調整費 有明海海域環境調査報告書, 2003.
2) 環境省：有明海・八代海総合調査評価委員会 委員会報告書, 2006.
3) 横山勝英：河川の土砂動態が有明海沿岸に及ぼす影響について―白川と筑後川の事例―. 応用生態工学, 8(1), 61-72 (2005).
4) 横山勝英：有明海への土砂流入と底質環境, 有明海の環境変化―環境からさぐるその実態, 海洋と生物, 1, 571-576 (2007).
5) 日本海洋学会編：有明海の生態系再生をめざして, 恒星社厚生閣, p12, 2005.
6) Caroline, P. Slomp et. Al : Nutrient inputs to the coastal ocean through submarine groundwater discharge, controls and potential impact, *Journal of Hydrology*, 295, 64-86 (2004).
7) Lee, D.R. : A device for measuring seepage flux in lake and estuaries, *Limnology and Oceanography*, 22, 140-147 (1977).
8) 石飛智念・谷口真人・嶋田 純：沿岸海底湧出量測定による塩淡水境界変動と地下水流出の評価, 地下水学会誌, 49 (3), 191-204 (2007).
9) 堤 敦・神野健二・森 牧人・広城吉成：表流水-地下水系水循環機構の解析―九州大学新キャンパス建設地を対象として―, 土木学会論文集, 747 (2-65), 29-40 (2003).
10) 岩佐 庸：生態学で, 数理モデルはどのような役割を果たせるか, 日本生態学会誌, 45 (2), 163-166 (1995).
11) 桜本和美：漁業管理の ABC―TAC がよくわかる本―. 成山堂書店, pp.1-200, 1998.
12) 柳 哲雄・阿部良平：有明海における 1979年と1999年の窒素収支の変化, 海の研究, 15 (1), 67-75 (2005).
13) 瀬口昌洋・郡山益実・石谷哲寛：2層ボックスモデルによる有明海湾奥部西岸海域における貧酸素水塊発生機構の解析, 海岸工学論文集, 55, 1016-1020 (2008).
14) 磯部雅彦・鯉渕幸生：連続観測による有明海の水環境の現状把握, 沿岸海洋研究, 42 (1), 27-33 (2004).
15) 釘宮秀友・中田喜三郎：2000年度, 有明海に発生した赤潮発生機構に関する一考察, 海洋理工学会誌, 11 (2), 59-64 (2005).
16) 農林水産省, 水産庁, 農林水産省農村振興局, 経済産業省 資源エネルギー庁, 国土交通省 河川局, 国土交通省 港湾局, 国土交通省 海上保安庁, 環境省 環境管理局：平成13年度国土総合開発事業調整費有明海海域環境調査報告書, 2002
17) 農林水産省・水産庁・農林水産省 農村振興局・経済産業省資源エネルギー庁・国土交通省河川局・国土交通省港湾局・環境省環境管理局：平成14年度国土総合開発事業調整費有明海海域環境調査報告書, 2003.
18) Horiya,K., Hirano, Ta., Hosoda, M., and Hirano, T. : Evaluating Method of Marine Environmental Capacity for Coastal Fisheries and Its Application to Osaka Bay, Marine Pollution Bulletin, pp.253-257, 1991.
19) 堀家健司・平野拓郎・細田昌広・平野敏行：生活史モデル, 漁場環境容量（平野敏行編), 恒星社厚生閣, pp.104-118, 1992.
20) Kimura, S., Kishi, M.J., Nakata, H., and Yamashita, Y.:A numerial analysis of population dynamics of the sabd lance (Amnodytes personatus) an the eastern Seto Inland Sea, *Japan. Fish. Oceanogr.*, 1, 321-332 (1992).
21) 中村義治・平山信夫・秋元義正：動的モデルによるウバガイ資源変動の解析方法. 日本水産学会誌, 55 (3), 417-422 (1989).

22) 堀家健司：生活史モデル，月刊海洋，27（4），204-209（1995）．
23) 田　永軍・大島　巌・高橋美昭・都築　進・広松和親：ホッキガイ生活史モデルによる港湾施設設置の影響評価，海岸工学論文集，4（2），1066-1070（1996）．
24) 田　永軍・清水　誠：環境要因を考慮した生活史モデルによるトリガイ資源の動態解析，水産海洋研究，63（3），30-37（1999）．
25) Beverton, R.J.H. and Holt, S.J.:On the dynamics of exploited fish populations,Fish. Invest., Ser.2, U.K., 19, 1957
26) 立川康人・永谷言・宝馨：分布型洪水流出モデルにおける空間分布入力情報の有効性の評価．京都大学防災研究所年報，46（B-2），45-60（2003）．
27) 澤野真治：GIS 手法を用いた日本の森林における水資源賦存量の評価に関する研究，東京大学博士論文，2006
28) Mellor, G. L., Hakkinen, S., Ezer, T. and Patchen, R.:A generalization of a sigma coordinate ocean model and an intercomparison of model vertical grids,In: Ocean Forecasting: Conceptual Basis and Applications, N. Pinardi and J. D. Woods (Eds.), Springer, Berlin, pp.55-72, 2002.
29) Ezer, T. and Mellor, G. L.：A generalized coordinate ocean model and a comparison of the bottom boundary layer dynamics in terrain-following and in z-level grids, *Ocean Modeling*, 6, 379-403（2004）．
30) Mellor, G.L. and Blumberg, A.F.:Modeling vertical and horizontal diffusivities with the sigma coordinate system, *Mon. Wea. Rev.*, 113, 1380-1383（1985）．
31) Oey, L.-Y.：An OGCM with movable land-sea boundaries, *Ocean Modeling*, 13, 176-195, （2006）．
32) 日本海洋学会編：有明海の生態系再生をめざして，恒星社厚生閣，pp.94-104，2009．
33) 山本浩一・吉野健児・速水祐一・笠置尚史・原田浩幸・濱田孝治・大串浩一郎・山田文彦・山口創一・横山勝英：有明海湾奥部の底質に関する研究―細粒化の解明とモデル化にむけて―，佐賀大学有明海総合研究プロジェクト成果報告集，4, 2008.
34) 例えば，豊田政史・北村聡・富所五郎：諏訪湖における風波の影響を考慮した底泥の輸送解析，水工学論文集，47（2003）．
35) 田中仁・Aung, THU：すべての flow regime に適用可能な波・流れ共存場抵抗則，土木学会論文集，467（2-23），93-102（1993）．
36) 山本浩一・速水祐一・笠置尚史・濱田孝治・吉野健児・山口創一・片野俊也・吉田誠・大串浩一郎・山田文彦・横山勝英：有明海・諫早湾における底泥の再懸濁・沈降に関するマッピング，佐賀大学有明海総合研究プロジェクト成果報告書，5, 2009.
37) （社）土木学会：水理公式集［平成 11 年度版］，p.157，1999．
38) Soetaert, K., Herman P.M.J. and Middelburg J.J.: A Model of Early Diagenetic Processes from the Shelf to Abyssal Depths, Geochimica et Cosmochimica Acta, 1996.
39) 藤永太一郎（監修）：海と湖の化学，微量元素で探る，京都大学学術出版会，2005．
40) 田中健路・滝川　清・成松　明：有明海干潟上における大気-海面-陸面間のエネルギーフラックスに関する観測，海岸工学論文集，51，1131-1135（2004）．
41) 永尾謙太郎・滝川　清・森本剣太郎・田渕幹修・芳川　忍：干潟域における熱収支過程のモデル化と現地適用性の検討，海岸工学論文集，54，1141-1145（2007）．
42) 近藤純正：地表面に近い大気の科学，理解と応用，東京大学出版会，pp. 137-165, 2000.
43) Bristow, K.L. and Campbell, G.S.：Simulation of Heat and Moisture Transfer through a Surface Residue-Soil System,*Agricultural and Forest Meteorology*,

36, 193-214（1986）．

44) 二瓶泰雄・綱島康雄・佐藤正也・青木康哲・佐藤慶太・灘岡和夫：現地観測に基づくマングローブ域の水温・放射環境に関する研究, 海岸工学論文集, 49, 1206-1210（2002）．

45) 松永信博・児玉真史・福田和代・杉原祐司：干潟における熱収支の観測, 海岸工学論文集, 45, 1056-1060（1998）．

46) 伊藤史郎：有明海における二枚貝について「主要種の漁獲量減少要因の分析」, 第15回有明海・八代海総合調査評価委員会資料, 2005.

47) 青山恒夫：漁業振興の立場からみた湾内水の流動と問題点 I - 有明海の流動と漁業, 沿岸海洋研究ノート, 14（1・2）, 36-41（1977）．

48) 福岡県有明水試, 佐賀県有明水試, 長崎県水試, 熊本県水試, 鹿児島水試：スズキ, 東シナ海・有明海栽培漁業漁場資源生態調査とりまとめ報告書（昭和47・48年度総合版）B. 有明海域篇, pp.44-77, 1974.

49) 西日本海域栽培漁業事業化推進協議会：スズキ, 東シナ海・有明海栽培漁業漁場資源生態調査とりまとめ報告書（昭和47・48・49年度総合版）B. 有明海域篇, pp.21-38, 1975.

50) 熊本県：熊本県アサリ資源管理マニュアル, 2006.

51) 鳥羽光晴・深山義文：飼育アサリのサイズと成熟, 産卵の関係, 日本水産学会誌, 60（2）, 173-178（1994）．

52) 伊藤史郎・江口泰蔵・吉本宗央：有明海湾奥部におけるクマサルボウの成熟と産卵, 佐賀県有明水産試験場研究報告, 19, 17-24（1999）．

53) 日下部台次郎：サルボウの採苗とその育成に関する研究, 広島大学水畜産学部紀要, 2（2）, 183-239（1959）．

54) 畑中正吉・関野清：スズキの生態学的研究-II スズキの成長, 日本水産学会誌, 28（9）, 857-861（1962）．

55) Secor, D.K., and 田中 克：スズキ類の河口依存性と生活史の進化, スズキと生物多様性（田中 克・木下 泉編）, 恒星社厚生閣, pp.140-152, 2002.

56) 田中彌太郎：有明海産重要二枚貝の産卵期-I, サルボウについて, 日本水産学会誌, 19（12）, 1157-1160（1954）．

57) 相良順一郎：アサリ・ハマグリの形態, 生態, 生理ならびに増殖に関する基礎研究, 水産庁東海区水産研究所報告, 208p, 1961

58) 堤 裕昭・石沢紅子・冨重美穂・森山みどり・坂元香織・門谷 茂：緑川河口干潟における盛砂後のアサリ（Ruditapes philippinarum）の個体群動態, 日本ベントス学会誌, 57, 177-187（2002）．

59) (社)全国沿岸漁業振興開発協会：増殖場造成計画指針―ヒラメ・アサリ編（平成8年度版）, 1997.

60) 田中彌太郎：有明海産重要二枚貝の産卵期-III. アサリについて, 日本水産学会誌, 19（12）, 1165-1166（1954）．

61) 日比野学：有明海産スズキの初期生活史にみられる多様性, スズキと生物多様性（田中 克・木下 泉編）, 恒星社厚生閣, pp.65-78, 2002.

62) 日比野学・太田太郎・礒田能年・井関智明・中山耕至・田中 克：有明海におけるスズキ卵・浮遊稚魚の分布, 平成16年度日本水産学会大会要旨集, p.50, 2004.

63) 田中 克・松宮義晴：スズキの初期生活史, 栽培技研, 11（2）, 49-65（1982）．

64) 鳥羽光晴・深山義文：アサリ産卵誘発方法の比較, 水産増殖, 40（3）, 303-311（1992）．

65) Toba, D.R., Thompson, D.S., Chew, K.K., Anderson, G.J. and Miller, M.B.: Guide to Manila clam culture in Washington, Whashington Sea Grant Program, Wahington, USA, 1992.

66) 木下 泉：初期生活史の多様性, スズキと生物多様性（田中 克・木下 泉編）,

恒星社厚生閣，pp.79-90，2002.
67) 伏見　徹：養成スズキからの性腺刺激ホルモン処理による採卵，栽培漁業技術開発研究，5 (1)，29-34（1976）.
68) 水産庁・(社) 日本水産資源保護協会：平成17年度漁場環境評価メッシュ図—有明海・八代海—資料編（漁期カレンダー），2006.
69) 山口一岩：沿岸浅海域生態系の物質循環における底生微細藻類の役割，北海道大学（学位論文），2005.
70) 土井長之：水産資源力学入門，日本水産資源保護協会，1975
71) 柿野　純：アサリ漁業の動向と近年の調査結果，水産海洋学会，60 (3)，265-268（1996）.
72) 山本正昭・萩野静也・石田宏一：アサリ漁場造成計画のための物理環境調査，水工研研報，16，1-28（1995）.
73) 田北　徹，山口敦子：魚類の変化，有明海の生態系再生をめざして（日本海洋学会編），恒星社厚生閣，pp.128-131，2005.
74) 堤　裕昭：貝類漁業，有明海の生態系再生を目指して（日本海洋学会編），恒星社厚生閣，pp.136-151，2005.
75) 梶山　実・藤森常生・野尻節郎：鼻口地先アサリへい死調査（その1），昭和57年熊本県のり研究所事業報告書，pp.197-200，1983.
76) 藤森常生・堤　泰博・岩村征三郎：鼻口地先アサリへい死調査（その2），昭和57年熊本県のり研究所事業報告書，pp.201-205，1983.
77) 中原康智・那須博史：主要アサリ産地からの報告—有明海熊本県沿岸，日本ベントス学会誌，57，139-144（2002）.
78) 片岡千賀之：アサリ漁業の構造変化 - 熊本有明を事例として，地域漁業研究，42 (3)，27-46（2002）.
79) 山口敦子：有明海のエイ類について—二枚貝の食害に関連して—，有明海の環境と生物生産，月刊海洋，35(4)，241-245（2003）.
80) 川原逸朗・伊藤史郎・山口敦子：有明海のタイラギ資源に及ぼすナルトビエイの影響，佐賀県有明水産試験場研究報告，22，29-33（2004）.
81) 玉置昭夫：ベントスに関すること—とくにアサリ漁獲量激減に関連して，水環境学会誌，27 (5)，301-306（2004）.
82) Ishii,Ryo, Sekiguchi, H., Nakahara, Y., and Jinnai, Y.: Larval Recruitment of the Manila Clam Ruditapes philippinarum in Ariake Sound, *Southern Japan. Fish. Sci.*,67 (4),579-591 （2001）.
83) 石井　亮，関口秀夫：有明海におけるアサリの幼生加入過程と漁場形成，日本ベントス学会誌，57，151-157（2002）.
84) 関口秀夫・石井　亮：有明海の環境異変　有明海のアサリ漁獲量激減の原因について，海の研究，12 (1)，21-36（2003）.
85) Tsutsumi,H., Tsukuda, M., Yoshioka, M., Koga, M., Shinohara, R., Nomura, Y., Choi, K.S., Cho, H.S., and Hong, J.S.: Heavy Metal Contamination in the Sediment and its Effect on the Occurrence of the Most Dominant Bivalve, Ruditapes philippinarum, on the Tidal Flats of Ariake Bay in Kumamoto Prefecture,the West Coast of Kyushu, *Japan, Benthos Research*, 58 (2)，121-130（2003）.
86) 堤　裕昭：有明海に面する熊本県の干潟で起きたアサリ漁業の著しい衰退とその原因となる環境変化，応用生態工学，8(1)，83-102（2005）
87) (独) 水産総合研究センター：平成21年度環境省請負業務結果報告書—有明海貧酸素水塊発生機構実証調査，2010.
88) Yokogawa, K., Taniguchi,N., and Seki,S.:Morphological and genetic characteristics of sea bass, Lateolabrax japonicus, from the Ariake Sea, *Japan, Ichthyol Res*, 44 (1)，51-60（1997）.
89) 横川浩治：東アジアのスズキ属，スズキと生物多様性（田中　克・木下　泉編），恒星社厚生閣，pp.114-126，2002.

90) 中山耕至：有明海個体群の内部構造, スズキと生物多様性（田中　克・木下　泉編），恒星社厚生閣, pp.127-139, 2002.
91) 鈴木啓太：安定同位体比より見た筑後川河口域におけるスズキ当歳魚の回遊, 海洋と生物, 168, 40-46（2007）.
92) 日比野学・上田拓史・田中　克：筑後川河口域におけるカイアシ類群集とスズキ仔稚魚の摂餌, 日本水産学会誌, 65（6），1062-1068（1999）.
93) 小路　淳・鈴木啓太・田中　克：2005年春期の筑後川河口域高濁度水塊における物理・生物環境に対する潮汐および河川流量の影響—スズキ成育場としての評価, 水産海洋研究, 70（1），31-38（2006）.
94) 藤田真二・木下　泉・川村嘉応・青山大輔：有明海におけるスズキの初期生活史の多様性, 海洋と生物, 168, 47-54（2007）.
95) Richards, F.J.: A flexible growth function for emipirical use, *J. Exp. Bot.*, 10, 290-300（1959）.
96) 赤嶺達郎：水産資源解析の基礎, 恒星社厚生閣, pp.23-45, 2007.
97) (社)日本水産資源保護協会：漁場の適正溶存酸素濃度の検討—漁場環境容量策定事業報告書（第1分冊）, pp.931-1003, 1989.
98) 中村幹雄・品川　明・戸田顕史・中尾　繁：宍道湖および中海産二枚貝4種の環境耐性, 水産増殖, 45（2），179-185（1997）.
99) 坂本市太郎, 平井幸則：河口域の環境レベルに対するアサリ Tapes（Amyugdala）philippinarum（A.ADAMS et REEVE）の呼吸代謝応答と仔貝生残, 三重大学環境科学研究紀要, 9, 77-90（1984）.
100) 柿野　純・中田喜三郎・西沢　正・田口浩一：東京湾盤州干潟におけるアサリ稚貝の発生と過度との関係, 水産工学, 28（1），2-50（1991）.
101) 柿野　純・中田喜三郎・西沢　正・田口浩一：東京湾盤州干潟におけるアサリの生息と波浪との関係, 水産工学, 28（1），51-55（1991）.
102) 相良順一郎：アサリの増殖, 日本水産資源保護協会月報, 234, 10-17（1983）.
103) 相良順一郎：貝類養殖における干潟の利用について, 水産土木, 13（2），17-20（1997）.
104) 柳橋茂昭：アサリ幼生の着底場選択性と三河湾における分布量, 水産工学, 29（1），55-59（1992）.
105) 山本正昭：アサリ漁場内の底質環境とその特性, 水産総合研究センター研究報告, 別冊第3号, pp.17-26, 2005.
106) 山口敦子：有明海におけるエイ類の漁獲量変動について, 板鰓類研究会報, 41, 8-12（2005）.
107) Yamaguchi, A., Kawahara, I. and Ito, S.: Occurrence, growth and food of longheaded eagle ray, Aetobatus flagellum, in Ariake Sound, Kyushu, *Japan. Environmental Biology of Fishes*, 74, 229-238（2005）.
108) 石田基雄・小笠原桃子・村上知里・桃井幹夫・市川哲也・鈴木輝明：アサリ浮遊幼生の成長に伴う塩分選択行動特性の変化と鉛直移動様式再現モデル, 水産海洋学会, 69（2），73-82（2005）.
109) 金綱紀久恵・中村義治・上月康則・村上仁士・柴田輝和：炭素収支による東京湾アサリ個体群の生物機能評価, 海岸工学論文集, 50, 1291-1295（2003）.
110) 中村義治・深町孝子・真崎邦彦・関根幹男・三村信男：有明海奥部のサルボウガイ漁場における炭素固定量の評価, 海岸工学論文集, 50, 1111-1115（2003）.
111) 山本民次：植物プランクトンのC:Chl.a比, 沿岸の環境圏（平野敏行監修），フジテクノシステム, pp.156-161, 1998.
112) 本多忠夫・光易恒：水面に及ぼす風の作用に関する実験的研究, 第27回海講論文集, pp.90-93, 1980.
113) Smagorinsky, J.: General Circulation Experiments with the Primitive Equations Ⅰ, The Basic Experiment, *Monthly Weather*

Review, 91, 99-164 (1963).

114) Mellor, G. L. and Yamada T.: Development of a turbulence closure model for geophysical fluid problems, *Rev. Geophys. Space Phys.*, 20, 851-875 (1983).

115) 佐賀大学有明海総合研究プロジェクト：平成19年度干潟・浅海域における底質の物質循環に関する研究報告書, pp.24, 2008.

116) Westrich, J.T. and Berner, R.A.: The role of sedimentary organic matter in bacterial sulfate reduction: The G model tested, *Limnol. Oceanogr.*, 29 (2), 236-249 (1984).

117) 永尾謙太郎・日比野忠史・松本英雄：広島湾における有機物の変動解析と栄養塩生成形態の把握, 海岸工学論文集, 52, 916-920 (2005).

118) Wijsman, J.W.M., Herman, P.M.J., Middelburg, J.J. and Soetaert, K.:A model for Earl DiageneticProcesses in Sediments of the Continental Shelf of the Black Sea, EStnuarine, *CoaStnal and Shelf Science*, 54, 403-421 (2002).

119) 楠田哲也：「有明海生物生息環境の俯瞰型再生と実証試験」産官学連携による有明海を再生させる取り組み成果報告会講演要旨集, 2008.10.

120) 海上保安庁水路部：有明海, 八代海海象調査報告書, 1974.

121) 小田巻実・大庭幸広・柴田宣昭：有明海の潮流新旧比較観測結果について, 海洋情報部研究報告, 39, 33-61 (2003).

122) Simpson, J. H. and Hunter, J. R.: Fronts in the Irish Sea., *Nature*, 250, 404-406 (1974).

123) 速水祐一・山本浩一・大串浩一郎・濱田孝治・平川隆一・宮坂　仁・大森浩二：夏季の有明海奥域における懸濁物輸送とその水質への影響, 海岸工学論文集, 53, 956-960 (2006).

124) (独)森林総合研究所：森林, 海洋などにおけるCO_2収支の評価の高度化, 2004.

5章　有明海再生のための技術と評価

5.1　技術の体系

5.1.1　はじめに

海域の環境は「地圏・水圏・気圏」の3つの環境基盤と，これに人間を含めた「生態圏」の4圏より構成され，複雑系を構成している．したがって海域環境の再生に際しては，海域環境変化機構解明のための総合的な調査・研究は当然のこと，この3つの環境基盤と生態圏に対して，「何をどこまでできるか？」を科学的に検討することが重要である．

このような視点から，環境劣化の著しいこの海域の再生には，人が制御可能な事項として，

①底質環境（特に干潟環境）の改善技術，

②水質環境に関する改善技術，

③人為的負荷の削減技術と土砂輸送確保

の3つが適用可能技術となる．環境改善にはシステム的発想が欠かせず，これらの技術を自空間的に組み合わせて，よりよい効果を生み出すことも可能である．さらに，再生策に関する具体的な調査研究（環境変動の機構解明，環境観測システムの整備，要因分析・改善技術の開発など）や環境情報・学術知見の共有・交換が重要な支援情報となる．

海域環境の改善・再生に向けた対策技術の項目を，適応的管理の視点から体系化して，図5.1に示す．技術のレベル1に相当する目的は，「有明海の生物生息環境の改善・再生と維持」である．これを実現するためのレベル2に相当する個別目標が，「底質環境改善」，「水環境改善」，「負荷削減」の技術であり，これらは物理・化学・生物学的分野にわたる技術を含み，それぞれに陸域および海域における技術目標がシステム的発想に基づき設定される．レベル3は，個別目標における個々の技術の「改良と工夫」および「技術効果の評価」であって，

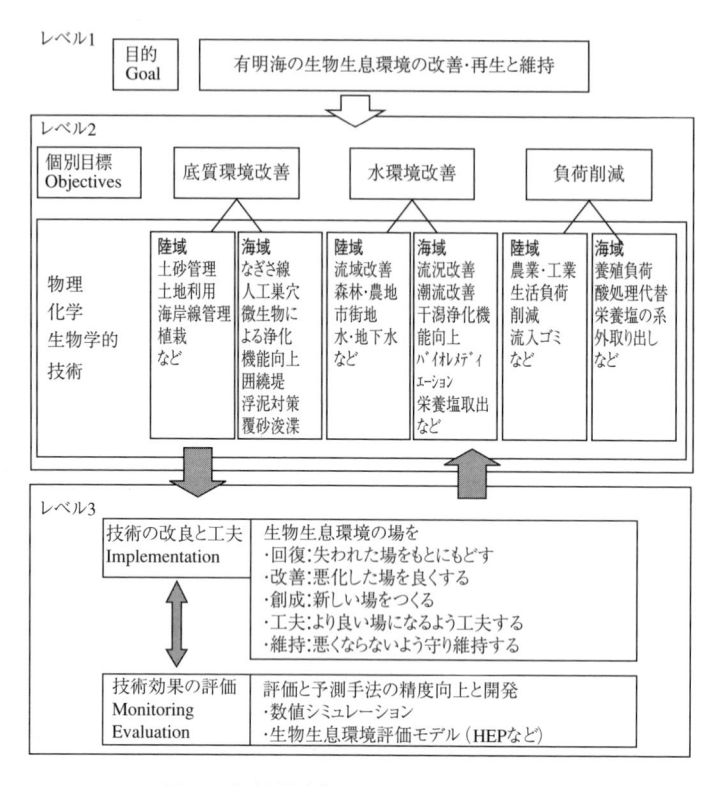

```
レベル1
目的 Goal : 有明海の生物生息環境の改善・再生と維持

レベル2
個別目標 Objectives : 底質環境改善 / 水環境改善 / 負荷削減

物理
化学
生物学的
技術

底質環境改善
  陸域:土砂管理／土地利用／海岸線管理／植栽 など
  海域:なぎさ線／人工巣穴／微生物による浄化機能向上／囲繞堤／浮泥対策／覆砂浚渫

水環境改善
  陸域:流域改善／森林・農地／市街地／水・地下水 など
  海域:流況改善／潮流改善／干潟浄化機能向上／バイオレメディエーション／栄養塩取出 など

負荷削減
  陸域:農業・工業／生活負荷削減／流入ゴミ など
  海域:養殖負荷／酸処理代替／栄養塩の系外取り出し など

レベル3
技術の改良と工夫 Implementation : 生物生息環境の場を
 ・回復:失われた場をもとにもどす
 ・改善:悪化した場を良くする
 ・創成:新しい場をつくる
 ・工夫:より良い場になるよう工夫する
 ・維持:悪くならないよう守り維持する

技術効果の評価 Monitoring Evaluation : 評価と予測手法の精度向上と開発
 ・数値シミュレーション
 ・生物生息環境評価モデル（HEPなど）
```

図 5.1　海域環境改善・再生の技術系と順応的管理

「技術の改良と工夫」では生物生息環境場の回復・改善・創成・工夫・維持の視点からの技術改良・工夫が重要となる．また，「技術効果の評価」では，生物生息環境の評価と予測手法が重要な技術であり，数値シミュレーションやHEPモデルなどの評価手法のより一層の精度向上と開発が必要である．レベル2とレベル3との間での技術検討を重ね，より効果的な技術の進展を図ることが肝要である．なお，個々の技術の実施に際しては，海域の特性に応じた適用技術を選定する必要があり，さらに，複数の技術の自空間的組み合わせによって，最も効果的な改善・再生策を生み出すことが可能である．

(滝川　清)

5.1.2 流域改善

(1) 森林

　森林が環境保全に果たす役割に対する期待は,国内外を問わず非常に高い[1,2]. 日本の場合, 2001年に林業基本法が森林・林業基本法に改正され,木材生産主体の政策から,森林の多面的機能の持続的発揮を図る政策へと転換された. 同法と森林法に基づく森林計画では,国土の67％を占める森林の70％が水土保全林に指定された[1]. また, 2008年では,森林の47％が公益的機能を発揮するために伐採や開発を制限する保安林(水源涵養：71％, 土砂流出防備：20％)に指定されている[1]. さらに, 2009年時点で, 31県が住民などから森林環境税などを徴収し, 森林の公益的機能低下を防ぐための森林整備を進めている. このように, 環境保全のための森林保全・整備が推進される背景には, 森林の環境保全に対する期待と裏腹に, 新しい形の森林荒廃が進行していることがある.

　日本では,古来,過剰伐採による森林荒廃により水害・土砂災害などが激化し,これに対処するために治山・治水事業が施されてきた. しかし, 第二次世界大戦後, 復興と高度経済成長に伴う木材需要により拡大造林が実施され, 森林構造は大きく変化した. 戦後, 森林面積はほとんど変化していないが(1951年2,475万ha, 2007年2,510万ha), 無立木地は約1/3に減少, 人工林は倍増し, 森林蓄積は約2.5倍に増加した[1]. このようにして, 日本では過剰伐採による森林荒廃の歴史は幕を閉じた. ところが, 近年, 林業不振などによって伐採が実施されない過密人工林が拡大し, 新たな森林荒廃を引き起こしている[1-3]. 日本の人工林は, 2007年時点で, 面積率で41％, 蓄積率で60％を占め, その多くは間伐が必要な育成段階にある[1]. また, 林齢50年以上の高齢人工林は人工林全体の35％を占め, 現状のままでは10年後には67％になると予測されている[1]. すなわち, 日本では, 古来過剰伐採による森林荒廃が環境悪化の元凶とされてきたが, 近年では伐採されないことによる人工林荒廃が環境悪化に繋がることが懸念されている. このような事態は歴史的にも世界的にも例がないため, 対策を立てるのが非常に難しい.

　森林管理による環境保全を複雑にしているのは, 森林の多面的機能に主眼が置かれるようになり, 課題が多様化したことにもよる. 紙面が限られているため, ここでは人工林管理によって森林からの水・土砂・栄養塩類・フミン質の流出

がどのように制御できるかに限って説明する．なお，森林からの水・土砂・栄養塩類・フミン質の流出は，過剰であっても過少であっても下流域に被害をもたらす．フミン質は，植物などが微生物によって分解される難分解性の最終生成物であり，鉄と錯体を形成することによって海域生産に影響を与える物質として近年着目されている．

　森林からの水・土砂・栄養塩類・フミン質の流出に影響を及ぼす要因には，気候，地質，地形，大気質，土壌，植生などがある．気候・地質・地形は実質的に制御不能であり，大気質，土壌を制御することも難しい．したがって，水・土砂・栄養塩類・フミン質の流出を制御できる森林管理は，基本的には植生の管理である．人工林における植生管理には，伐採（皆伐，間伐），樹種転換，長伐期施業，複層林施業などがある．

　a) 皆伐

　森林を皆伐すると流量が増加することはよく知られている[4]．ただし，地質によっては森林の有無が流量に与える影響が少ない場合がある[5]．皆伐によって森林が裸地化すると，表面流出が増え，侵食により土砂・栄養塩類流出が増加する．このようなこともあり，近年皆伐は抑制される傾向にある．

　b) 間伐

　過密人工林では，樹冠が過密になるため，①林床への日射透過が過少となり，下層植生が消失し，表面流出が増加するため，水・土砂・栄養塩類流出が増加する[2,3]，②遮断蒸発が増加し，蒸発損失が増加する[4]，また③樹木が細長になるため，風倒・流木被害を起こしやすくなることなどが問題になっている．このような森林荒廃を防止し，公益的機能を発揮させ，地球温暖化を防止するため，間伐が全国的に実施されている．

　過密人工林からの水・土砂・栄養塩類流出を減らすためには，林床を下層植生で覆う必要がある．樹冠通過雨は林内外雨に比べ雨滴が大きいため，地面に衝突するエネルギーが大きい[3]．したがって，林床が下層植生で覆われていない場合，大きい雨滴が直接土壌面に衝突するため土壌が侵食されやすくなり，その結果土壌クラスが形成され，表面流出も生じやすくなる[2,3]．一方，林床が下層植生や落葉・落枝で覆われていると，雨滴衝撃を緩和するだけでなく，浸透能が高くなるため，表面流出や土壌侵食の発生は抑制される[3]．下層植生を繁茂させる

ためには，間伐によって樹冠を開き，相対照度（厳密には相対光合成有効光量子フラックス密度）を理想的には20％以上，最低でも10％確保する必要があり，これを確保できる程度の間伐（本数で約50％）が必要であることが提案されている[3]．

立木密度と遮断率の関係から，間伐により遮断蒸発量が減少し，流量が増加することが見込まれている[6]．なお，間伐による蒸散量の変化や下層の蒸発散量の変化に関する研究はまだ十分に実施されていない．

c) 樹種転換

針葉樹より広葉樹の方が蒸発散量が少ないため，森林伐採による流量増加は針葉樹林の方が大きいことが通説となっている[4]．ただし，植生管理と流出に関する研究成果の多くは欧米のものであり，気候が異なる日本には必ずしも適応できない[2,4]．例えば，西日本では広葉樹の蒸発散量は，若齢針葉樹の蒸発散量とほぼ同等で，高齢針葉樹の蒸発散量より多く，前述の通説は成立しない[4]．また，地質・地形が渇水量に及ぼす影響は見られるが，樹種と渇水量の関係は明瞭ではないことも報告されている[7]．

d) 長伐期施業

人工林は一般に樹齢40～50年で伐採されるが，樹齢80～100年まで伐採時期を延す方法を長伐期施業という．スギ・ヒノキでは高齢になり樹高が高くなると蒸散量が減少することから，長伐期施業による流量制御の可能性が示唆されている[4]．長伐期施業では高齢樹が疎に配置されるため林床に光が届きやすく，下層植生が生育しやすい環境が形成される．したがって，長伐期施業による水・土砂・栄養塩類流出の抑制が期待されている．ただし，隣接する多様な林齢（1年～87年）の33流域の調査結果から，皆伐・再造林後の窒素・カチオンの流出は多いが，約9年後には安定すること，他のイオンの流出は林齢に依存しないことが報告されている[8]．

e) 複層林施業

人工林の間伐跡地に，苗木を植えたり，天然の稚樹を育成し，異なる高さの樹木から成る森林を育成することを複層林施業という．複層林施業は林床に植生が生育していることにより，水・土砂・栄養塩類流出が緩和されることが期待されている．しかし，樹下植栽木の生長に伴い，比較的早い段階で下層植生が消失

してしまい，期待するほどの効果が得られないこともある．

このように森林の植生管理による環境改善・保全に対する期待は大きいが，上述したように，期待される効果が得られない事例も散見される．その中でも，間伐による下層植生制御による環境改善・保全の有効性は広く認識されており，現在その科学的根拠の検証と，有効な間伐方法の試行が全国で実施されている．

九州大学福岡演習林の管理人工林流域（角閃岩を基岩とするスギ人工林で下層植生が繁茂）と非管理人工林流域（蛇紋岩を基岩とするヒノキ人工林で，下層植生は乏しく，土壌面が露出）では，栄養塩類（NO_3^- など）や蛍光特性解析に基づいて算出したフミン質の流出濃度には管理の有無による影響は見出せなかった．しかし，流量増加に対する栄養塩類やフミン質の流出増加が非管理人工林の方が鋭敏であることから，下層植生による栄養塩類やフミン質の流出制御の可能性が示唆された．また，九州大学宮崎演習林の隣接する二次林1流域（落葉広葉樹・常緑針葉樹混交林で下層植生が繁茂）とシカ害2流域（低木が散在する禿山状態）の物質流出をモニタリングした結果，いずれの流出 NO_3^- 濃度も福岡演習林流域の濃度より一桁小さいが，3者間で比較すると，高温多雨の夏季にシカ害流域の流出 NO_3^- 濃度が二次林流域の2倍程度高く，下層植生の有無が栄養塩類の流出に影響を及ぼすことが示唆された．

人工林の過密化による森林荒廃は新しい環境問題であるため，観測データや研究事例は著しく不足している．したがって，現段階の知見は未だに断片的な研究成果に基づいていることに留意し，今後，様々な気候・地質・地形・大気質・土壌・植生の森林でより多くの観測を行い，植生管理による環境改善・保全技術を確立していく必要がある．その際，立地によっては気候・地質・地形・大気質・土壌の影響が大きく，植生管理による水・土砂・栄養塩類・フミン質流出の制御は限定的であることにも留意しておく必要がある．

（大槻恭一・東　直子・智和正明・熊谷朝臣）

(2) 農地

a) 地域の農業

有明海の流域面積 8,420 km² の土地利用のうち約30％が農地であり，地目ではその約2/3が水田，残りが畑地である．2005年の農業センサスの結果では，農地全体の約55％にあたる約 1,400 km² に商用作物が作付けされ，低平地を中

心として稲や麦類の作付が多く，次いで果樹，豆類，野菜類となっている．

　有明海流域の農地は平地から中・山間地まで広域に存在している．なかでも，有明海周辺で特徴的なのは，有明海湾奥の沖積平野と干拓に広がる低平地クリーク地帯である．低平地一帯には古くからクリークと呼ばれる水路網が縦横に張り巡らされている．農業用水の水源により，白石平野地区，嘉瀬川地区，筑後川地区（左右岸）および矢部川地区の4つのクリーク農業地帯に区分できる（図5.2）．2005年では，面積比でクリーク地帯の約42％が商用農地として利用されており，稲作などの水田利用の他，麦，大豆などの畑作が盛んである．クリークは，常時湛水状態にあり，灌漑，排水，洪水の貯留など，多目的に利用され地域の生活と農業生産に不可欠な水利施設となっている[9]．

b) 農地からの負荷

　農地への施肥は，時として農地からの窒素やリンなどの栄養塩類の流出に繋がる．近年，農地が流域の主要な面源負荷源（ノンポイントソース）として指摘されており，その対策が求められている．

　しかしながら，農業地域の水環境中での栄養塩類の動態や供給・移動過程の定量的解明が遅れているため，その対策も遅々として進んでいないのが実状である．これは，農地からの負荷の発生が非常に複雑であることに起因する．窒素やリンの流出は，主に灌漑灌漑や降雨に伴い発生する農地排水とともに生じるが，

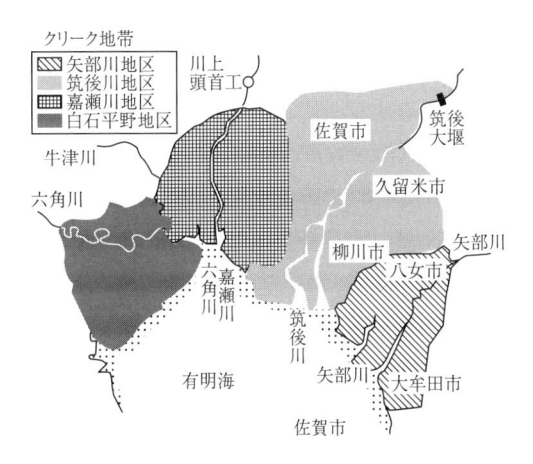

図5.2　クリーク地帯の位置

表5.1 作物ごとの施肥基準（佐賀県）

		N	PO_4	K
水稲	コシヒカリ（平坦地）	7	10	8
小麦	シロガネコムギ（平坦地）	14	8	10
豆	大豆（平坦肥沃地など）	0	6	6
芋	かんしょ	5	15	20
工芸	茶	50	20	24
野菜	たまねぎ	25	20	20
	いちご	25	21	18
花き	輪ぎく	25	20	22
果樹	みかん	21	13	13

単位：(kg/10a)
＊果樹は年間施肥量，それ以外は一作当たりの施肥量

　水田と畑地，灌漑期と非灌漑期とで水利用形態が異なるため，流出動態が複雑である．更に，流出は施肥量と施肥からの経過日数に強く影響される．表5.1に代表的な作物に対する施肥量の例を示す．表に示した例は佐賀県の施肥基準によるものであるが，施肥基準は都道府県ごとにその土地利用や条件にあわせて定められている[10]．表5.1に示したように作物ごとに施肥量が異なるだけでなく，作付（施肥）時期も異なるうえ，農地によっては多毛作であるなど，状況が多種多様であるため農地からの負荷の発生動態は複雑を極める．

　水田と畑地からの負荷の流出について述べる．水田は稲作期（灌漑期）には湛水している．水田からの表面排水は水尻（下流端）に設置された堰の越流が主である．表面排水は常に発生しているわけではなく，田植え前や中干し前の強制排水，強い降雨時にその多くが発生する．國松ら[11]は琵琶湖沿岸の慣行水田での調査で，表面排水の30%弱が田植え時期に発生していることを，人見ら[12]はクリーク地帯の水田を対象とした調査結果から，灌漑期間中の表面排水の約70%が降雨時に発生したことを報告している．表面排水以外には，地下浸透や横浸透（畦浸透）により水田外への排水がある．有明海沿岸のクリーク地帯にある水田は汎用水田として暗渠が埋設してある場合が多いが，灌漑期には暗渠は強制排水時を除き閉じられているため暗渠からの排水はほとんどない．

　次に，水田での窒素収支を考える．水田は，湛水することで好気的雰囲気と

嫌気的雰囲気が作られ,硝化および脱窒が進みやすい条件となる.このため,通常に施肥した場合でも,灌漑水の窒素濃度が一定以上の場合には,稲作期間内に流入する窒素より流出する窒素量が少なくなることがある.Shiratani et al.[13]は全国の試験圃場を対象に,5.0〜14.7 g/m^2 の窒素が施肥された稲作期の水田における灌漑水の窒素濃度と純排出窒素量(=[用水および降雨による供給窒素量]−[地表排水と地下浸透による窒素排出量])の関係が比例関係にあることを示した.また,灌漑水の窒素濃度が 1.5 mg/l 以上で純排出窒素量がマイナスになり,その場合,灌漑水と降水による窒素供給に対して,水田が窒素除去機能を果たす可能性があることを示している.リンに関しては,施肥により供給されたのち,土壌に吸着している場合が多く土壌と一緒に流出する場合が多い.代かき時や降雨時などに発生する濁水が表面流出される際に水田外に流出することが多く,通年では水田はリンに関しては負荷源となる場合が多い.

　畑地からの流出には,降雨時に表面流が発生して周辺の水路に流れ込む表面流出と,転換畑などの暗渠が埋設してある畑からは暗渠排水による負荷流出がある.転換畑とは,水田と畑地の両方に利用可能となるように暗渠を埋設して排水性を調節できるように整備した汎用水田を畑地として利用している地目では水田に属する農地のことである.水田が裏作として畑地利用される場合もこれにあたる.畑地からの表面流出は,土壌の含水率が影響するため先行干天日数の影響も大きい.転換畑では,降雨時においてもそのほとんどが暗渠排水である.暗渠排水に伴い,施肥や降雨により畑地に供給された窒素やリンが負荷として排出される.窒素の排出メカニズムは生育ステージとの関連性が解明されつつあるものの[14],リンの排出は,明確な傾向を確認できないため,そのメカニズムは未解明のままである.畑地は,窒素,リン両方に関して負荷源となる.

　有明海流域の農地から年間に排出される窒素負荷の算出を試みる.まず,図 5.3 に示す 2005 年農業センサスによる有明海流域での商用作物の作付(栽培)面積に,表 5.1 に示した代表的な作物の施肥基準をそれぞれ乗じて施肥量を算出した.次に,水田では年間の窒素収支が 0 であることと,畑地からの窒素排出量が施肥量の約 30 % であるとの報告を元に,施肥量から窒素排出量を算出する[13].この結果,有明海流域の農地から年間で約 3,900 トンの窒素が排出されると概算される.これは,2002 年度国土総合開発事業調整費の有明海海域調査報告書に示

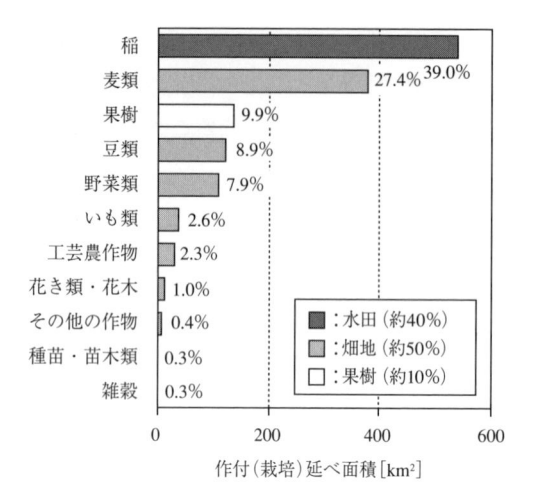

図 5.3 有明海流域の作付状況
(2005 年 農業センサス)

されている有明海流域からの全窒素負荷量 25,652.9 トンの約 15 ％に相当する値であり，無視できない値である．

c) クリーク農地流域の特性

有明海周辺に広がる低平地は感潮区間よりも下流側にあることも多い．感潮域より上流側では河川を経て有明海に流入するため，農地からの負荷が河川からの負荷に含まれるが，低平農地からの排水は河川を経ることなく排水路から感潮域や沿岸に直接排水される．

一般にわが国の河川は，急峻で流路が短いため，降雨時に流出する負荷量を考慮すると，有機物汚濁や富栄養化の指標である窒素，リン，化学的酸素要求量（COD）の流達率は，ほぼ 1 とされている．しかし，有明海沿岸のクリーク農業地帯は，地形勾配は 1/10,000 の低平地であり，排水や排水負荷量がクリークで貯留され，貯留水は灌漑に再利用される特異な水循環の環境であり一種の閉鎖系水域である．また，クリークに堆積している底質の移動や沿岸海域への排出についても重要な因子である．これらの河川・沿岸海域への排出特性は未解明な事項であり，現地調査やモデル解析などによりクリーク地帯から各種負荷量の実態を把握することが流域改善に必要である．

d) クリーク農業地域内での農地からの負荷

農地からの負荷調査には一区画の水田や畑地を対象とした精密調査が必要であるが，上述のようにメカニズムや管理が複雑であるため困難である．そこで，水田や畑地が混在しており，周囲の農地利用状況を代表する，ある程度の面積をもつ農地ブロックを対象として，ブロック単位での負荷発生量を評価することが有効である．この考え方にもとづき，クリーク地帯（福岡県柳川市西部）に位置する約11haの農地ブロック（図5.4，土地利用は2006）を対象とした水利・水質調査により，農地ブロックからの排出負荷特性を明らかにした事例を示す．排出負荷量は排水路の上流端（図5.4のA-1，A-3地点）と下流端（A-5地点）の通過負荷量の差である．

表5.2に示した期間の調査データから，降雨の影響を受けているデータを除外して，残ったデータから晴天時の排出負荷を算出した結果は表5.3のようである．この調査結果では，中干し前と中干し後での排水量とTOC負荷では有意な差は見られず，TN負荷とTP負荷は，中干し前のほうが高くなっている．こ

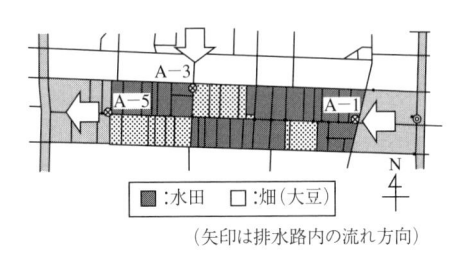

図5.4 農地ブロックの概要

表5.2 晴天時の排水量および物質負荷の平均値

	排水 (mm/d)	TN (kg/ha/d)	TP (kg/ha/d)	TOC (kg/ha/d)
灌漑期(中干し前) (2006.6.23~7.13)	3.9	0.049	0.050	0.21
灌漑期(中干し後) (2005.8.21~9.5)	4.2	0.037	0.037	0.18
非灌漑期 (2007.5.24~5.29)	0.6	0.009	0.005	0.14

れは，施肥（元肥）からの経過時間により負荷が減少することを示している．また，すべて畑地利用されている非灌漑期では，水田と畑地が混在する灌漑期比に比較して無降雨時の負荷が非常に小さい．限定された短期間のデータであるものの，結果は一定の傾向を示している．

灌漑期（中干し前）と非灌漑期の調査では，降雨が観測され，降雨に伴う排水の増加や負荷の増加が観測されている．表5.4は降雨に伴う流出が捕捉された9回の降雨流出の状況である．観測された降雨は大小様々で，降雨量が同程度であった降雨3（灌漑期，23 mm）と降雨9（非灌漑期，21 mm）を例に降雨ごとに整理した排水量と排出負荷の比較によると，灌漑期における排水量やTN，TP，TOCの排出負荷は非灌漑期に比較して非常に大きくなっている．これは農地からの降雨流出が，水田の場合では田面水の水位と排水口の堰高さ（欠口高）の差や営農状況など，畑地の場合では先行干天日数による含水率の変化，雨の降り方，雨量自体に大きく影響を受けることに起因する．また，降雨イベントごとの流出率もイベントごとに大きく異なり，農地からの負荷を降雨の特性のみで特徴づけることは困難である．今後とも，長期にわたる年間を通じた基礎デー

表5.3 観測時における対象農地ブロックの土地利用

			水田利用	畑利用	転作率	主要作物
灌漑期	中干し前	2006.6/15～7/13	7.6ha	3.6ha	32%	水稲＋大豆
	中干し後	2005.8/21～9/5	6.7ha	4.5ha	40%	
非灌漑期		2007.5/24～5/29	—	11.2ha	—	小麦

表5.4 降雨流出のまとめ

	降雨量 (mm)	排水量 (mm)	流出量 (%)	排出負荷 T-N (kg/ha)	T-P (kg/ha)	TOC (kg/ha)	備考
1	7	19.9	284	0.47	0.10	0.9	2006年代かき時
2	5	25.5	510	0.77	0.09	1.5	
3	23	8.0	35	0.28	0.24	1.5	2006年田植え時
4	32	39.3	123	0.82	0.58	3.9	
5	6	3.0	51	0.08	0.07	0.6	
6	11	0.1	1	0.00	0.00	0.0	2006年湛水時
7	36	16.8	47	0.35	0.40	2.6	
8	4	0.8	20	0.01	0.04	0.1	
9	21	1.7	8	0.02	0.01	0.3	2007年非灌漑期

タの収集が望まれる．

e) クリーク農業地帯の変化[15]

　クリーク農業地帯は，その面積に対して後背山地が小さいため水の確保が難しく，慢性的な水不足に陥り易い地域である．下流部は，従来アオ取水が行われ，その他は既存の中小河川やため池利用に依存していた．アオ取水とは有明海の大きな干満差により満潮時に河川下流側からの海水流入が河川水の表層を押し上げる現象を利用して，淡水を農地へ取水する灌漑方法である．しかし，この取水方法は潮位や塩分濃度の影響を受けやすく不安定であった．今日では，筑後川の筑後大堰，矢部川の瀬高堰，嘉瀬川の川上頭首工などの堰で河川水を取水して，パイプラインや開水路を通じて送水するため，より安定的にクリークに用水を供給できるようになった．また，低平地特有の排水不良による湛水被害にも苦慮していたため，1970 年代以降中小のクリークには，統廃合され断面が拡大され洪水の一時貯留効果を高める整備が農地の整備（ほ場整備事業）と一体となって実施された．現在，クリークは調整池の機能として雨水貯留の役割を担うとともに，反復用水利用による節水効果を生み出している．

f) 陸域と沿岸域の関係

　有明海には，緑川，白川，菊池川，矢部川，筑後川，嘉瀬川，六角川，本明川の 8 つの一級河川が流れ込んでおり，土砂などが絶え間なく湾内に供給されている．また，河口・沿岸浅海域の生物生産は，陸域から河川などを通じて供給される栄養塩，有機物および土砂などの各種物質の窒素やリンの養分供給に依存している．この陸域からの栄養塩類の供給は，海域での生物生産には不可欠である一方，過剰な供給は沿岸域の富栄養化の要因となる．このため，河口・沿岸浅海域での健全な生物生産と生態系の維持には陸域からの栄養塩供給のコントロールが重要となる．

　近年，このクリークの水質については，生活排水の流入や農地からの排水が影響を及ぼしていることが指摘されており，地域全体での負荷源を総合的に評価し，さらに，クリークから沿岸域への排出特性も把握しながら沿岸海域の生物生産への影響を物質収支の観点から検討していく必要がある．

〈中　達雄・濱田康治〉

(3) 市街地

流域の中で人間活動の盛んな都市部は，生活環境の改善，公共用水域の水質保全という視点から既に下水道整備などの取り組みがなされている．ここでは，市街地での水質環境保全技術の中核的施設である下廃水処理を中心に，有明海再生の視点から記述する．

a) 市街地からの負荷

有明海流域全体を網羅する負荷解析の調査研究は極めて少ないが，全体を捉えたものとして，有明海流域別下水道整備総合計画[16]（以下，有明流総）が策定された際の資料が存在する．これによる，有明流総の現状基準年である2000年における，COD，T-N，T-Pの流域内発生負荷量と有明海への流入負荷量を図5.5に示す．下水処理や河川の自然浄化機能により，域内で発生した汚濁

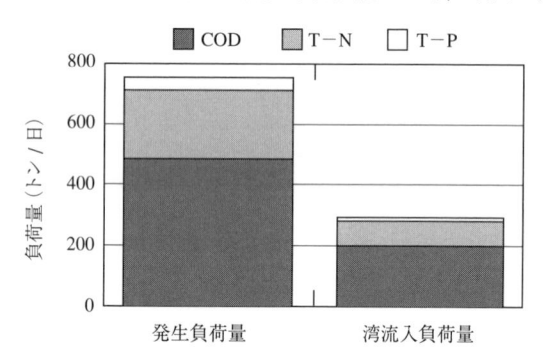

図5.5 発生負荷と流入負荷量

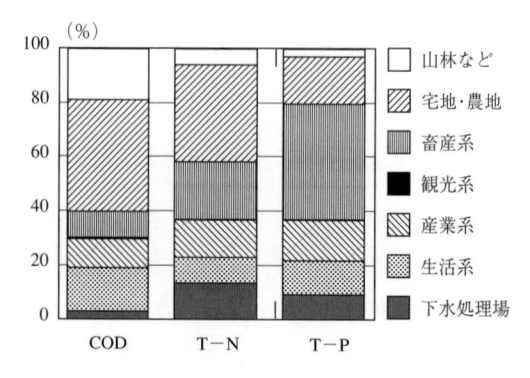

図5.6 湾流入負荷量の発生源別内訳

負荷は有明海に流入するまでにかなり減少することがわかる．図5.6は湾流入負荷量の発生源別の割合[16]を示したものである．このうち，市街地からの負荷量を下水処理場，生活系，産業系と考えると，CODが30％，T－N，T－Pが共に40％程度の割合であり，市街地における下廃水処理の効果がうかがえるとともに，相対的に農地や山林などからの面源負荷と畜産系の負荷の割合が大きくなっている．

面源汚濁は，その水域への寄与の大きさが認識されているものの，具体的な対策は遅れている．都市化の進行は，田畑の有していた雨水貯留浸透機能を失うことになるので，浸水被害などいわゆる都市型水害が多発しやすくなるという側面のほか，土地利用が変わることにより流出負荷の変化も生じることになる．都市域では道路などの面源負荷からの有害物質などの流出も今後の検討課題である．有明海の汚濁負荷削減対策においては，この面源汚濁負荷と畜産系負荷の削減が重要である．

このような汚濁の他に，有害化学物質，重金属，固形廃棄物も有明海では問題となることが多い．化学物質や重金属は，基本的に下排水処理での削減を期待できず，その製造，使用，廃棄の過程での適切な管理などを定める法律の遵守が当然のことであるとともに，有明海が浅海で閉鎖性の強い，すなわち蓄積性の高い海であり，それらが及ぼす影響は深刻である．肥料や農薬については，使用量の削減や従来に比べ自然界での分解速度の速いものの開発，使用が進んでいる．

ゴミの不法投棄などは心がけ次第であるが，風水害などの自然現象として倒木や流域の固形物が雨と共に大量に有明海に達しているのが実情である．

b) 下水道と陸水域直接浄化

市街地で発生した点源汚濁は，流域下水道，公共下水道，単独浄化槽，合併処理浄化槽，し尿処理施設，コミュニティープラントなどで処理され公共用水域に放流される．このうち，し尿を対象とする単独浄化槽とし尿処理施設では生活雑排水を受け入れないので，そのまま排出されている．

閉鎖性の強い湖沼と同様に有明海でも，SSやBOD（COD）だけではなくN，Pが赤潮発生や水産に及ぼす影響は大きい．その例として，珪藻類，緑藻類，藍藻類を含む水質・生態系シミュレーションの結果[17]を図5.7に示す．2000年におけるT－N，T－Pの河川からの負荷，底泥からの溶出，早崎瀬戸での流入

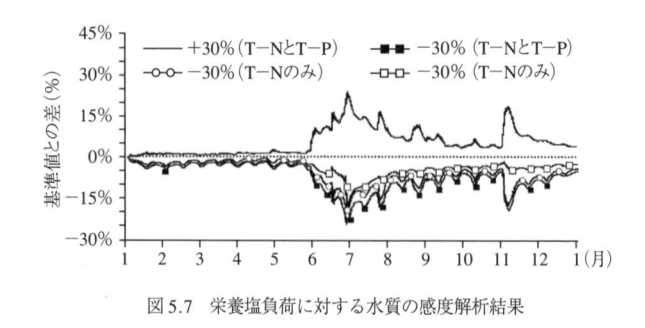

図5.7 栄養塩負荷に対する水質の感度解析結果

を単純に30%増減させた場合，湾奥部における全藻類量の指標としてのクロロフィルa濃度が現状値に対してどの程度変動するかを表したものである．この図からT-N，T-Pの増減に応じて，特に夏季にクロロフィルa濃度が大きく増減することがわかる．

このことから，有明海においてもノリ養殖期以外では，下水の高度処理による栄養塩の削減対策が求められる．図5.6からわかるように，面源負荷と畜産系負荷の削減対策を講じなければ，市街地からの負荷を高度処理するだけでは，大幅な汚濁負荷削減は困難である．そのための第5章で述べている，底泥浚渫，覆砂，ノリの施肥・酸処理剤の適正化など，海域における局所的対策も含めた一体的な対策が求められている．特に，施肥・酸処理など海域での直接負荷が赤潮発生に関与しているという指摘[18]もあり，上述したように，市街地からの負荷削減が着実に推進されていることを勘案すると，ノリ養殖業のあり方についても再考の余地がある．

下水道以外では，水域のもつ自然浄化能力を強化したり，接触材を用いたさまざまな水域直接浄化技術が存在する[19]．前述した有害重金属などの吸着特性に優れたゼオライト吸着材[20]や栄養塩の除去機能を有する水域直接浄化技術も開発されつつあり，従来から本技術が有する下水道整備の遅れの補完，生活雑排水由来の汚濁負荷の削減，面源汚濁負荷の削減だけではなく，流域全体の総合的な水質管理という観点からの適用性は高い．

c) 有明海の再生から見た市街地からの汚濁負荷制御

図5.8は底泥からの栄養塩溶出が水質に与える影響の検討結果例[21]であるが，底泥溶出の寄与が大きいことがわかる．

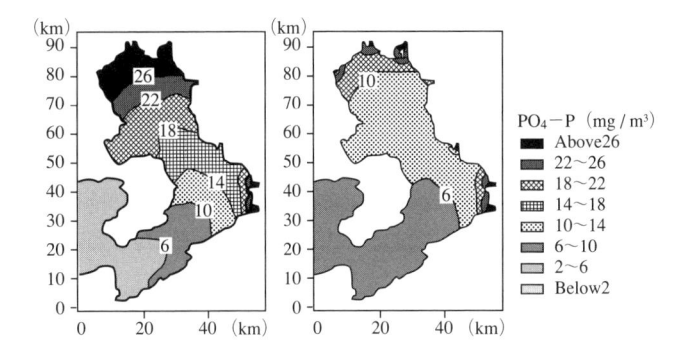

図5.8 底泥溶出が水質に及ぼす影響（左図：溶出あり，右図：溶出なし）

前述した河川負荷，底泥溶出，外海流入に分けて，T－N，T－P 負荷の水質への寄与をシミュレーションすると，湾口から湾奥に向かって外海負荷の影響は小さくなり，相対的に陸域負荷と底泥溶出が大きくなる．湾央，湾奥での底泥溶出の寄与率は全負荷の3～5割を占める．有明海では底泥からの栄養塩回帰が大きいという従来からの漁業者の感覚的な意見とも符合している．

また，干潟底泥の寄与という意味では，湾奥での干潟付着珪藻の活発な増殖とその潮汐流による巻き上げ，沖域への輸送に伴う栄養塩供給，無機SSと連動した栄養塩の挙動，給餌源としての意義なども指摘されている[22,23]．

このように底泥の寄与が大きいことを一つの特徴とする有明海においては，底泥や浮泥と栄養塩の複雑な関係・挙動を十分に解明し理解した上で，描かれる有明海の再生目標の姿に沿って，市街地からの汚濁負荷の制御方針を定める必要がある．

ノリ養殖における施肥や栄養塩・有機酸を含む酸処理剤の使用，2004年の渇水年に栄養塩供給を目的として筑後川上流のダムから貴重な水資源の緊急放流がなされたことなどを考えあわせれば，下廃水処理施設における栄養塩負荷の削減だけが，望ましい有明海の水質管理の方法とはいえない．既に，佐賀市や大牟田市で試行されているが，図5.7に示した栄養塩の制御による季節的な藻類の消長を考慮して，冬季には生産に必要な栄養塩を下廃水処理施設から放流（有明海への供給）し，夏季には赤潮を抑制するために削減するなどの柔軟な制御・管理手法も真剣に模索される価値はあろう．

また，有明海では，湾口，湾央，湾奥で陸域負荷と底泥溶出の寄与度が異なることから，前述の時間的な削減・供給の考え方に加えて，地域ごとに負荷を制御する空間的なシステムが実現されれば，効率的で効果的な有明海の管理のあり方となるかもしれない．ただし，市街地を中心とした下水処理だけでは達成不可能なことは前述の通りであり，有明海流域では面源汚濁と畜産系汚濁の制御，海域での改善対策などが不可欠である．まさに流域全体の総合水管理が必要とされる流域である．

(荒木宏之)

(4) 土砂の総合管理

a) はじめに

わが国は生物多様性条約に基づく国家戦略として，「生物多様性」や「持続可能性」といった生物全般の保全に関わる新しいキーワードのもとに，「自然と共生する社会」の実現に向けた戦略の策定を進めている．この中で，河川や沿岸域の目指すべき方向として，河川の上下流と流域をつなげた生態系のネットワークやこのつながりを通じた流域からの土砂や栄養塩類の輸送，そして沿岸部での砂浜や干潟の形成・維持が必要であると述べている．すなわち，森・里・川・海のつながりを確保し，これらを有機的につなぐネットワーク形成とともに，流域全体の生態系の保全や再生を謳っている．

「流域」とは，降雨などによって雨水が河川に流入する全域を指し，その境界を流域界という．生態系保全や水域保全を考える上で，なぜ流域（界）を対象としなければならないかは，先にも述べたように陸から海のつながりを考えた場合，水文学（水資源の分布や水の移動などを取り扱う学問）的に流域単位での管理の必要性が生じるからである．実際，アメリカやヨーロッパでは水文学的，地理学的な単位としての流域の水収支や連続性を重要な要素として掲げて，行動計画を立てている．

本節では，水系・流域を一体としてとらえた考え方の中で，特に有明海流域を対象に陸域から出される土砂の動態とこれらが有明海沿岸部の生態系に及ぼす影響について概説する．

b) 有明海流域における土砂動態の現状

有明海に流れ込む河川から有明海に流れ込む年間の河川総流量は，1992年から2001年の10ヵ年平均値として，12.7×10^9 m^3/年と報告されている[24]．

この値は，有明海の平均水深を約 20 m，面積を約 1,700 km^2 として換算した海域容量（約 34×10^9 m^3）の 37.4％に相当する．さらに，有明海の干潟はわが国が有する総干潟面積の約 4 割（207 km^2）を占めている．

一般に，干潟は陸域から河川によって運ばれてきた土砂の供給と河口沿岸部での土砂の流出のバランスによって形成・維持される．有明海湾奥部では，大きな干満差による強い潮汐流によって巻き上げと沈降を繰り返す懸濁粒子が，淡水と海水が出会う河口域で，水中の有機物やバクテリアなど様々な物質を取り込んだ凝集体として，流れの遅くなった静穏場に沈積することになる．有明海湾奥部は外海の影響を受けにくく，波浪などによる干潟域からの土砂流出もさほど大きくなく，また，有明海における恒流（周期的な潮流を除いた残差流の平均的な流れ）状況から，湾奥部には反時計回りの循環流の存在も知られており[例えば, 25, 26]，沿岸部に沿った干潟形成が保持され，さらに，有明海湾奥部西部水域に流れ込む中小河川の多くは，その河川流量も少なく，海側への流出を増大させず，泥干潟の形成・維持がなされているといえる．もともと，有明海沿岸の沖積平野は今から 6000 年前の縄文時代前期末頃から形成されはじめたといわれ，これも大きな潮位差によって生じた強い流れによって常に底泥の巻き上げや浮泥の輸送がなされたためで，その後は，人間の手による埋め立てや干拓により現在のような海岸線になっている（図 5.9）．

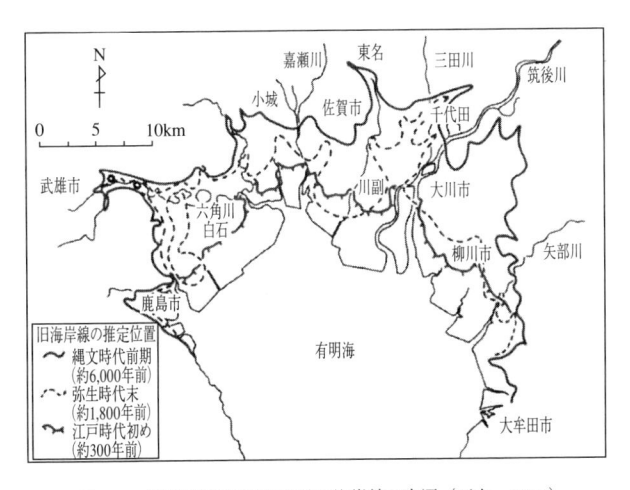

図 5.9 有明海湾奥部低平地域の海岸線の変遷（下山，1996）

以上のように，有明海特有の大きな干満差によって形成されてきた干潟域にとって，陸域からの水，土砂，懸濁物，栄養塩，その他これらに関わる流入物は，大きなインパクトとして受け入れられ，これらは水域内での物理・化学的反応とともに生物による内部生産や消費などの相互作用を受けながら，1つの大きな生態系を形成・維持しながら今日に至っている．土砂動態の一観点としては，佐賀県海域を中心とした湾奥部での透明度の上昇が報告[27]され，1980年代からの海面上昇やこれに伴う潮位差や潮流速の低下が一因との指摘もなされている[24]．有明海湾奥部の特徴である広大な干潟を支えてきた潮流速の低下は，底泥の巻き上げや沿岸水の攪拌を弱めることとなり，いままで浮泥として存在し得た懸濁物が海水中で保持されにくくなり，残差流の弱い地域に沈降・堆積することとなる．そうなると，干潟底泥表層部に比較的粒径の細かな粘土粒子の堆積が助長され，干潟底泥の細粒化とともに底質の質変化をもたらし，結果として干潟の物理環境を変化させ，そこに住む底生生物に大きな影響を及ぼすことになる．実際，底質の細粒化は，有明海の特産物であるアゲマキやタイラギの漁獲高激減の一因として考えられている．このように，有明海沿岸部の干潟形成を担う物理環境の変化が干潟生態系に大きな影響を及ぼしていることは明らかであり，この一原因である潮流変化や陸域からの土砂輸送を明確にし，その上で対策を講じる必要がある．

　国土交通省筑後川河川事務所によると，有明海湾奥部でもっとも大きな流域面積を有する筑後川の水の年間総流出量は，瀬ノ下地点のデータからおよそ34億トン（1998～2007年度の10年平均値）になるとしている．また，2000年度のノリの不作問題を契機に特別措置法第24条に基づき環境省に設置された「有明海・八代海総合調査評価委員会」の第13回有明海八代海総合調査評価委員会会議録によれば，筑後川からの流出土砂量として32万トンとの試算報告がなされている．さらに，横山ら[28]は，白川での詳細な調査結果から，洪水時に31万トンの土砂が流出し，24万トンが河口干潟域に堆積し，年間15万トンが河口～河道内を往復し，そのうちの7.5万トンが河道内に堆積することを示している（図5.10）．

　現状の干潟分布[29]を見ると，筑後川による土砂供給の影響は大きく，河口から沖側に向けて扇形に干潟が広がっていることからも容易にわかる．一方，河川からの流量の影響をさほど受けない他の干潟は，干満差に由来する潮流や沿岸流

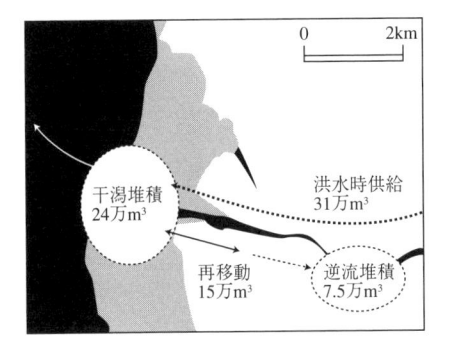

図5.10 白川感潮域におけるシルト粘土分の年間移動量[5]

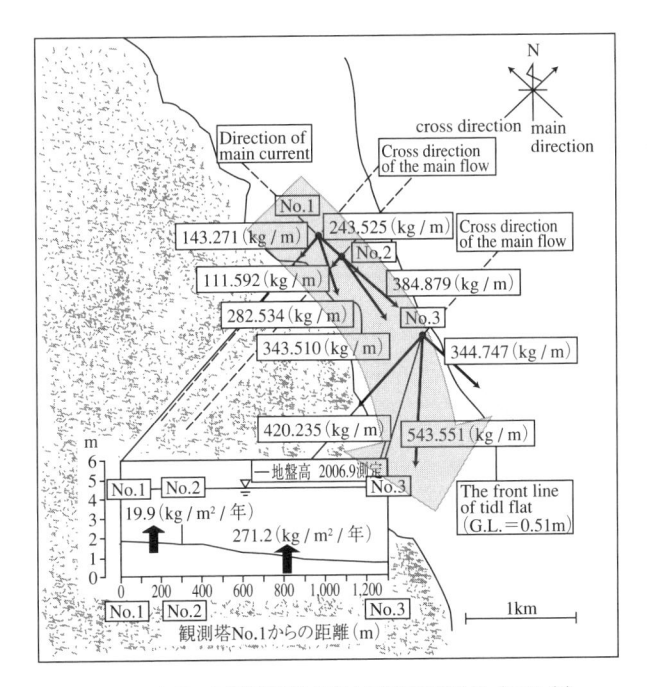

図5.11 年間に各観測塔間を通過する懸濁物輸送量（2006年）

の影響を受けて，海岸線に沿った形で形成されている．図5.11は干潟域の観測塔に設置した自動昇降型の水質測定装置とドップラー流速計による長期間の測定データから，1年間の懸濁物の輸送量とその輸送方向を示したものである[30]．これによると，2006年の1年間に干潟上の定点を通過した懸濁物の総輸送量が

約38万トンになると概算され，その輸送方向は海岸線に沿って南下することを明らかにしている．この結果は，現状の干潟が沿岸方向に沿って発達していることや，既往の研究成果例えば[25,26]が有明海湾奥部の反時計回りの流れを指摘していることと合致する．

いずれにせよ，現状で，海岸線や干潟面積の拡大につながるような陸域からの土砂流出や水の流出量が経年的に大きく変わっていないと仮定すれば，干潟堆積泥の質変化やこれに伴う底質悪化を引き起こす物理的な要因としては海側に起因する潮流変化などの影響が大きいといえる．しかし，潮流速の減少を引き起こす原因が自然破壊などの人為起源ではない場合，この自然がもたらす変化に対して我々人間がどこまで対応することができるかについては十分な科学的な検討とその情報についてステークホルダーとなる流域の関係者が知っておく必要があるといえる．

c) 干潟生態系の保全と管理に向けた土砂管理について

従来より，土砂管理に関する研究は，主として洪水対策としての河道維持や河道改修に伴う生態系への影響評価，あるいは河口閉塞や海岸浸食などの視点での研究が行われている．しかし，流域一貫の視野に立った調査研究となると未だ十分になされているとはいえず，また，俯瞰的な立場での問題解決を科学的根拠に基づいて示すことができていないのが実態である．近年，生物多様性は急速に失われつつあり，旧環境庁[31]（現，環境省）によると，1900年を1として比較した場合の種の絶滅速度が，1975～2000年の25年間平均では年40,000倍が絶滅していると試算している．このように生態系内の多様性が失われ，生物生産の再生機能の劣化が著しい場合，緊急避難的な対処療法を検討しなければならない．すなわち，問題が局所的かつ比較的単純な現象であれば，技術的な対策で対応が可能な場合もあり，これが誘因となって周辺環境の改善に役立つケースもあるからである．

一般に，生息生物の生息環境を修復するには，まず，対象生物の生息場の環境改善が図られる．例えば，流況をコントロールし，底質環境の改善と稚貝着底を期待した作澪工，波浪などの外的インパクトの低減と工作物内の底質改善環境の維持のための土留堤，あるいは干潟上の細粒分を積極的に沈積させるための湛泥工といったものがある[32,33]．

有明海の特産種としてかつて盛んに養殖されてきたアゲマキ（*Sinonovacula constricta*）は，1992年以降，その生息数が激減し，1993年以降は韓国産のアゲマキを移植するなどの処置がなされている[34]．このような中で，林ら[35]はアゲマキの生息数激減の一因として，底質の細粒化に起因した底環境の悪化を指摘し，底質改善によるアゲマキ漁の再生を目指した現地実証試験を行い，いくつかの有用な知見を得ている．ここでは，大型構造物を持ち込まず，自然材料の利活用を配慮し，干満差の大きい有明海で古来の干拓技術として用いられてきた粗朶搦工（そだがらみこう）を応用し，水中の細粒土砂を積極的に沈降促進させて，周辺の干潟底質の細粒化を軽減させる試みもなされた．また，同時に，このように人工的に形成された空間内の水・底質環境と底生生物の生息環境および浮遊幼生の着床地あるいは底生生物の生息場創出の可能性についても調査された．なお，粗朶搦工とは伐り取った樹の枝（粗朶）を搦めて束とし，これを数段重ねた工作物で，かつての干拓堤防を築く方法として用いられてきたものである．ちなみに，有明海沿岸域の多くの干拓地の地名が"〇〇搦（からみ）"となっているのはこの名残である．さて，干潟への懸濁物の沈降量は大潮や小潮によっても左右されるが，山西ら[36]は有明海湾奥部の泥干潟上で実施したセディメントトラップを用いた沈降量の実測値から，干潟面への沈降フラックス量を 1〜2 kg/m^2/日程度として概算している．これは沖合での沈降フラックス量（数 g〜数十 g/m^2/日）と比較して非常に大きな値であり，干潟上での懸濁物輸送量の活発さを物語っている．また一方でこれと同等量の巻き上げも存在するものの，結果として正味の堆積速度はおよそ年間で 10〜15 cm，1日当たりにして 0.3 mm ほどの堆積量になる．図 5.12, 5.13 は，佐賀県鹿島市七浦地区の泥干潟域で実験的に設置された粗朶搦工の配置とそれぞれの粗朶搦工内の干潟面の変化を経年的に示したものである[37]．図より一時的な時化などによる干潟面の洗掘はみられるものの，これらを除けば基本的に粗朶搦工内外での堆積傾向を示し，その堆積速度は 0.2〜0.38 mm/日となる．ただし，粗朶搦工内で一様に懸濁物が沈積促進されたわけでなく，局所性を有した懸濁物の堆積促進がなされ，底生生物の新たな生息場創出としても期待される（図 5.14 参照）．

b) でも述べたが，有明海のような潮位差の大きい河口・沿岸部では，これによって生じた潮流や波による底質移動と陸域からの土砂流入のバランスによって干

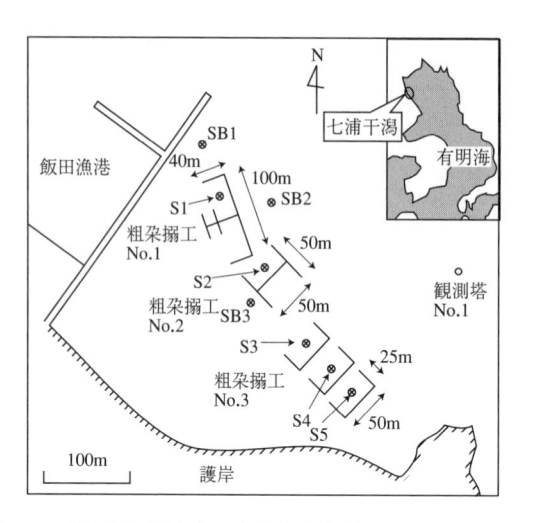

図5.12 粗朶搦工の配置（S：底生生物調査地点，SB：比較対照地点）

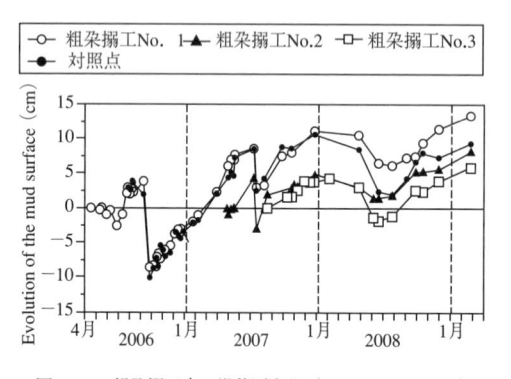

図5.13 粗朶搦工内の堆積厚変化（2006.4～2009.2）

潟が形成される．干潟の発達と消長に関しては，海岸線の移動に関わる因子の相互関係を示したSwift et al.[38]に基づく次式[39]を引用すれば，次のようになる．

$$T \sim \left(\frac{SG}{E} - \frac{R}{L} \right) \qquad (1)$$

ここに，T：干潟の移動指標（発達の場合（＋）値，消長の場合（－）値），S：陸域から供給される土砂量，G：土砂の特性長（粒径），E：水理エネルギー，R：海面水位の変動量（基準面からの上昇の場合（＋）値，下降の場合（－）値），L：

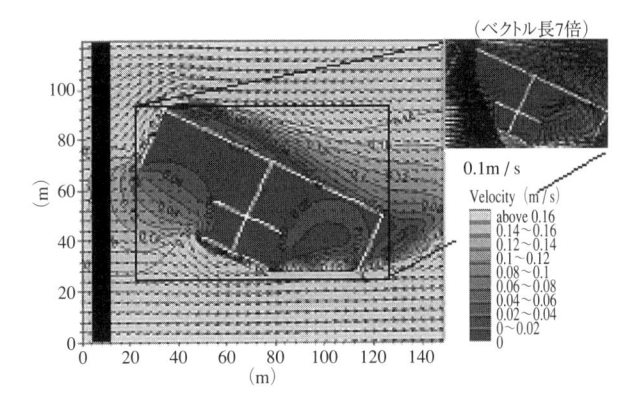

図5.14　粗朶搦工No.1周辺の流れ場の様子（下げ潮での数値計算結果）

地形勾配, である. 近年の傾向をもとに有明海湾奥部の泥干潟に特化してみれば, 陸域からの土砂流入量の大きな変化がなければ SG は一定, 潮流速の減少から E の減少, 水温上昇に伴う海水面の上昇から R の増加, 干潟の地形勾配は緩勾配であることから L は小さいことなどが類推される. また, 近年の海面水位の上昇率は年当たり 5.6 mm（大浦）[40]で, 干潟の地形勾配が 1/1,000 程度であることを考えると, R/L は無視できない大きさになることは要注意である. しかしながら, このような定性的評価では, 右辺第 1 項と第 2 項の値の大小関係を判定することはできないため, 干潟の移動傾向を決定づけることができない. ただし, この状態でひとたび陸域からの土砂流入量が減少すると, 干潟が消失する傾向に変わる. 逆に見れば, 地球規模的な気候変動がもたらす自然現象であっても, 人間の"生態系に配慮した"管理（ここでは, 土砂管理）によって干潟環境の保全を実現させうる可能性を示している.

〈山西博幸〉

(5) 水利用

有明海に流入する河川は, 各種物質の供給源であり流域内外の生活や流域内の農業, そして, 有明海の漁業などにとって非常に重要な環境資源である[41]. 特に, 有明海のような内湾ではその沿岸地形, 水質や底質および生物生産は, 河川から供給される土砂などの河川流水による物質供給に大きく依存している.

ここでは, 有明海と重要な関係にある筑後川を中心に関係する流域やクリー

表5.5 筑後川の水利使用許可の現況

区分	発電	上水道	鉱工業用水	灌漑用水	その他
使用数量または取水量 (m³/s)	97.767（常時）150.740（最大）	7.761	2.889	82.189	5.485

(出所:九州地方整備局)

ク農業地帯の水利用の時代変化について見るとともに，今後の流域の水利用や流域管理のあり方について述べる．

a) 筑後川流域の水利用の概要

筑後川流域では，全体的に降水量に恵まれているものの，度々，渇水に見舞われている．また，降雨が短期間で有明海へ流出してしまう地形のため水資源に決して恵まれていない．筑後川からの水利用の許可の現況を表5.5に示す．発電を除く取水量ベース（期別最大量）の最大は農業用水の約82 m³/sである．

b) 筑後川の水資源開発計画

筑後川水系では，北部九州の経済発展，中流部の農地や有明海沿岸の低平農地（クリーク）の農業生産の合理化および福岡市・久留米市・佐賀市などの都市部の人口増加に伴う用水の水需要に対応するために，流域を跨ぐ広域的な水利用対策を実施している．そして，本流域は1964年に水系指定され，1966年に決定された「筑後川水系における水資源開発基本計画」に基づき，総合的な水資源開発とその利用が図られてきた．現行計画は2005年4月（4次計画）に決定され，2007年3月末時点において完了した事業はダムなどの6事業および水路などの2事業である．これらの事業による開発水量は約15.2 m³/sであり，これは開発水量の約85％に相当する（目標年度：2015年）[42]．

特筆すべき事業を見ていくと1979年には福岡導水事業の水源として寺内ダムが建設され，その後，筑後大堰などの完成などにより事業の拡充整備が進展し，福岡市，太宰府市，筑紫野市などの9市9町村に生活用水を供給している．農業水利関係では筑後大堰を水源として国営筑後川下流土地改良事業が筑後川下流用水事業と共同で実施された．本事業は福岡・佐賀に跨る約35,000haのクリー

ク農業地帯に農業用水などを供給するもので，1997年に取水施設である筑後大堰と導水路などの基幹施設が完成し筑後川の両岸（左岸：筑後取水工，右岸：佐賀取水工）へ最大 28.08 m³/s の用水を送水している．

筑後川流域からの水利用は，自流域のみならず他の流域まで及んでおり北部九州の水利用にとって重要な位置にある．水資源機構による4事業では，約40,700 ha の農地への用水供給と約300万人の水道用水を確保している．

c) 筑後川の利水と流域の変化

筑後川の開発は，安土桃山時代末期の1,600年以降の中州開拓が始まりであり，江戸時代から本格的に中流において農業用水のための大規模な取水施設などが筑後川本川に構築された．その中流域の平野部では「筑後川四堰」といわれた大石堰，恵利堰，山田堰，袋野堰（現在は夜明ダムに水没）による水田への農業用水が中心であった．これらの用水の全体最大取水量は約 60 m³/s（ピーク）であり，水田などで利用されるがその約60～90％がもとの河川に環流し下流域で利用されている[43]．一方，中流域の台地では無秩序な地下ポンプによる水利用などによる地下水や湧水の減少などが生じた．このような既存の水源の枯渇に対処し用水補給を図るために右岸部では「国営両筑平野用水事業」が，左岸部の山麓高位部では「国営耳納山麓土地改良事業」などの用水事業が実施された．下流域はクリーク農業地帯である．有明海湾奥に面した福岡・佐賀両県には，古くからクリーク（creek）と呼ばれる水路網が縦横に張り巡らされている．

有明海沿岸地域のクリーク農業地帯の水利用システムと農地などからの面源負荷の流出過程の関係を図5.15に示す．発生負荷はクリークに囲まれた農地（水

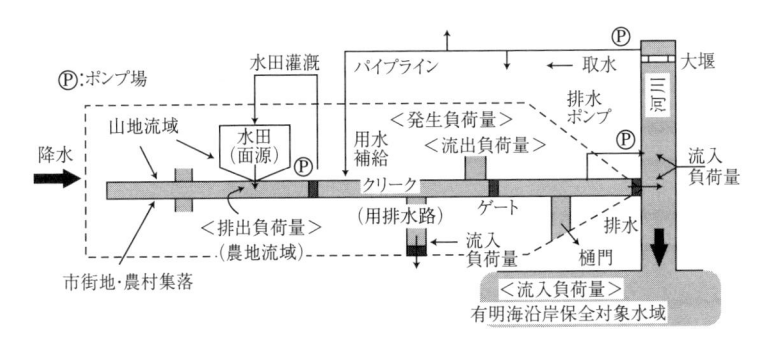

図5.15 有明海クリーク農業地帯の水利用システムと流出負荷状況

田,畑,農業集落など)で生じ,排出負荷としてクリークへ流入する.クリークの用水は筑後大堰からパイプラインによる補給水の他,雨水や地域からの自流で賄われている.用水はポンプとパイプラインにより農地へ循環灌漑される.クリーク内の流出負荷と水はゲートなどで貯留管理され降雨時や農地の排水の必要性が生じた時に排水樋門や排水機場から有明海沿岸に排出され流入負荷となる.

北部九州の地下水依存率を見ると都市用水では全国平均25.4%に対して北九州は16.3%,農業用水では全国平均6.0%に対して5.7%である[43].

d) 本流域の特性を踏まえた水利用と流域管理のあり方

陸域から河川や排水路を経て流入する各種物質は,河口・沿岸域の生物生産に大きな影響を及ぼしている[42].筑後川流域の上流,中流,下流ではそれぞれ特徴のある土地利用や人間活動が営まれている.この特性は,有明海沿岸の他の流域にも共通している.これらをもとに,筑後川の流域ブロックごとにその水利用と流域管理のあり方を述べる.上流域のブロックでは,水利用の源となる森林と貯水池が存在するため水利用に対する供給の保全や利活用が重要である.森林については水源涵養,土砂災害防止,土壌保全などの多面的機能の発揮が指摘されており,河川の流況調整や下流の水利用のための水資源などの多面的機能の適切な発揮のための保全管理がある.また,森林からの水以外の物質の供給についても河川や沿岸域に寄与する側面が重要視されている.したがって,森林についてはこの多面的機能を持続的に発揮されるよう保全管理や災害への耐性を向上される施業が必要と考えられる.行政では下流地域の都市側住民と上流地域の関係を意識した森林の流域管理システムの構築が図られている.

貯水池では,それぞれのダムの機能向上と効率的な運用を図るとともに複数の貯水池間における総合運用の仕組みと整備を図り,流域内外での供給の向上および渇水期の用水の利活用を図ることが有効である.現在,筑後川流域では中流域において江川ダムと寺内ダムの間で統合運用が実施されている.

中流域のブロックでは,水田を中心に河川からの取水により農業面での水利用が活発である.農業についても森林同様に多面的機能があるといわれている.筑後平野に広がる水田においては,水田の畔畔を使って雨水を一時湛水することにより洪水を防止する機能の発揮が期待できる.水利用面では水田から消費された排水が地下浸透により地下水を涵養し,これらの地下水流出は下流の河川の流

況を調整する働きがある．この働きにより下流の農地や生活用水，環境用水としての再利用が期待できる．なお，農地排水は水質浄化の面においては正と負の機能があり，今後は，環境保全型農業技術などの適用を図り水質の保全を推進する必要がある．

　下流域は低平のクリーク農地と市街化地域が存在し，農業用水や生活用水の大規模な需要先である．また，筑後大堰などから福岡などの大都市圏への流域外への導水システムも整備されている．クリーク農地については本研究プロジェクトの研究対象であり，その水利用の特性を踏まえた農業水利システム計画の実現が今後重要となる．都市，市街地地域においては節水型の水社会のさらなる構築と雑用水に雨水を利用するなどの水源を有効利用するシステムの技術開発と利用システムの構築が考えられる．また，都市部では雨水浸透ますや浸透性舗装などの導入により水利用の健全化を検討する必要がある．　　　　　　　　　　(中　達雄)

5.1.3　潮流改善
(1) 人工構造物を利用した流況改善について

　これまでに，人工的な構造物などを利用した沿岸域の流況改善技術が種々提案されてきた．それらは，外海域との海水交換を促進するために水平方向の流況を改善させる方法と，成層化したときに鉛直方向に水塊を交換（混合）する方法に大別される．前者としては，ポンプやため池などを活用して外海水を湾内に導入する方法や，対象海域内に人工的な澪筋や導流堤を設置するものがある．また，後者としては，湧昇流を生成させる大型海底構造物による工法[44]や底面からエアレーションを行う方法[45]などがある．しかしながら，これらの方法では，①大型構造物を利用する場合に予想外の影響が発生した際に構造物を簡単に撤去できない，②動力を必要とする方法では人工エネルギーを必要とする（環境改善のためにCO_2を排出することになる），③大型構造物の場合には景観上の問題がある，④大型の海底構造物を使用した場合に船舶の航行の安全性や漁業への悪影響がある，などの問題が指摘されている．

　これらの問題を回避し，なおかつ水平方向と鉛直方向の海水交換を促進する技術として，流況制御ブロックによる流況改善方法が提案されている[46]．この方法では，非対称3次元形状をもつ比較的小規模なブロックユニットを多数海

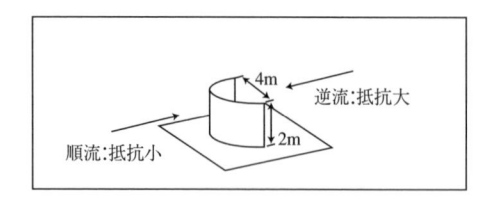

図 5.16 1/2 円筒型流況制御ブロック

底に配置する（一例として，1/2 円筒形状のブロックを図 5.16 に示す）．非対称な形状により潮流の上げ潮流と下げ潮流とで流れに与える抵抗力が異なることになり，一潮汐間で平均して得られる潮汐残差流がブロックの形状から決まる順流方向に生成される．ブロックの配置パターンを適切に行うことにより任意の潮汐残差流の循環流パターンが設置海域内に形成できる．この潮汐残差循環流をうまく作り出すことで水平方向の海水交換や物質輸送を促進する技術となっている．上述の問題点に関しては，まず，①については，比較的小型（高さ数 m 規模）であるため，並べ替えや追加設置，もしくは撤去が容易に行える．したがって，施工後に改善効果のモニタリングを行いながら，微調整できる技術となっている．②については，施工時以外には人工エネルギーを必要とせず，再生エネルギーである潮流エネルギーのみを駆動力としている．③については，小型で水没しているため海面下に隠れて見えず，景観を悪くすることはない．④は船舶の航行上必要な水深を確保できる高さのブロックを利用し，丸みを帯びた形状のタイプを使用すれば底引き網の引っかかりを防ぐことも期待できるので，影響は小さいと考えられている．それに加えて，魚礁としての効果も期待されることから漁業振興にも活用が期待される．

　流況制御ブロックについては，2001 年に東洋一の漁港といわれる長崎県の新長崎漁港において 60 基のブロック（高さ 4 m）を用いた試験施工により，想定した海水交換の促進が行われ，港内最深部における夏場の貧酸素傾向の解消などの水質改善効果があることが確認されている[47]．

　一方，2002 年には諫早湾内の小長井漁港地先において，図 5.17 に示すような高さ 2 m，幅 4 m の 1/2 円筒型のブロックなど 6 基を図 5.18 に示すような配置で試験施工された[48]．この試験の目的は，有明海に特有の軟弱地盤上に小

図5.17 諫早湾に設置された流況制御ブロック

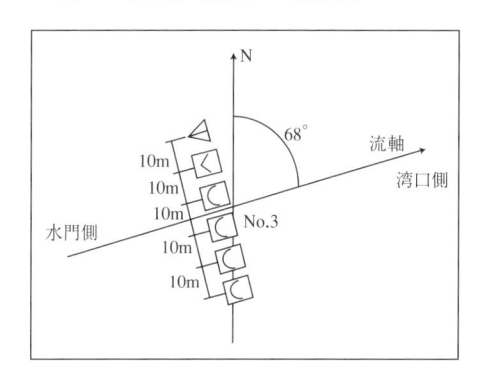

図5.18 小長井沖における流況制御ブロックの配置

型のブロックを設置した場合に地盤内に沈埋してしまう恐れがあったため，それを防ぐ工法を開発することであった．しかしながら，試験の結果から特別な工法を用いなくてもブロックは安定していることが確認された．また，この試験施工では鉛直方向の流れ（湧昇流と下降流）の発生が潮流の大きくなる大潮の時期に確認されている．この海域は大潮時の潮流が最大で 30 cm/s 程度であり，有明海の中では流れが弱い海域であったが，最大で 6 cm/s 程度の湧昇流と 3 cm/s 程度の下降流がブロックの前後で観測されている．この結果は，有明海の本体部分では潮流が 1 m/s を超える地点もあることから，単純に比率で考えると

20 cm/s 程度の湧昇流を生成することも可能であることを示している．有明海の中央より奥部では様々な要因で潮流速が減少し，それによる鉛直混合の抑制が密度成層化を助長し，底質の悪化に伴う貧酸素水塊の発生を促していると考えられている．したがって，流況制御ブロックは潮流自体が弱くなった現状の有明海においても，以前の潮流速が大きかったときの鉛直混合の状態に近づけることを可能とする技術といえるであろう．なお，有明海における水平方向の海水交換の促進については，矢野ら[49]により潮汐発生装置付き平面水槽を用いた室内実験と数値シミュレーションによる検討が行われており，有明海中央部の有明と長州を結ぶライン（有明海の狭窄部にあたる）上にブロックを設置した場合に，そのラインを挟んで北部と南部の海域間で海水交換と物質輸送が促進できることが確認されている．

(2) 諫早湾の成層化に対する改善

2.3.5 の考察から，干潟上ではこれまでの想像以上に潮流が速く，また干潟上に進行してくる波は静穏時の小さなさざ波程度でも浅水変形して波高が大きくなって砕波しており（図5.17），これらの波に生起された活発な海水の運動や撹乱は鉛直混合に大きく寄与していると思われる．

したがって，河川から流入する淡水は河口付近で干潟上を通過し，潮流や増幅された波の洗礼を受けることにより，海水との混合が促進させられているものと思われる．

一方，諫早湾においては，干拓前は奥部やその周辺に広大な干潟が拡がっており，諫早湾に流れ込む本明川をはじめとする中小河川からの河川水は，河口部に広がる干潟上で海水と強制的に混合させられた後，諫早湾中央部や湾口部へ流出して行ったものと推察される．しかるに1997年の潮受け堤防の締め切りにより，今は堤防より奥側に流入した河川水は真水のまま集められて調整池内を進み，潮受け堤防からポンプ排水，もしくは南北排水門からそのまま排水されている．堤防前面の海域は干潟上と全く異なり，堤防に遮られて潮流流速はほぼ零，水深もあるため波の浅水変形効果もなく，淡水と海水の混合能力はほとんど期待できない．これは別の言葉でいえば，従来干潟上で強制的に混合させられていた河川水は集められてバイパスで真水のまま潮受け堤防のところまで運ばれて，混合能力のない海域に排水させられているということができるであろう．この河川水の

流入機構の変化が諫早湾の成層化を大きく促進しているものと考えられる．

では諫早湾の成層化を防ぐにはどういう対策が考えられるだろうか．調整池から淡水が排水されても潮受け堤防前面は混合能力が極めて弱いため，これを補完するには混合能力の大きいところにもって行って排水するか，人工的に撹乱能力を与えるしか方法はない．

a) 海底パイプでの導水による排水

図 5.19 に示すように強い混合が期待できる諫早湾口部まで海底パイプで淡水を導水し，海底から密度プルームの形で排水する．この方法では，干満のどの時間帯に排水するかで，諫早湾への排水淡水の影響を調整することが可能である．例えば，下げ潮時だけ排水すると淡水のかなりの部分は再び諫早湾内に戻ることはないが，上げ潮時だけ排水すると淡水の大部分は諫早湾内に再流入することになる．自然界の様子を観察しながら調整することが可能である．

b) 淡水を海水と強制混合した後排水

図 5.20 に示すように調整池内の潮受け堤防側に沿って隔離水域を作り，そこに海水を導入して強制的に調整池内の淡水と海水を混合させてから排水する．この方法も諫早湾や有明海の様子をモニタリングしながら混合水の塩分濃度を決定できるため調整可能な手法となっている．

以上，筆者らが提案した二つの排水の改善手法は，いずれも自然界の状態を観察しながらその効果を調整できる簡便で低コストの方法となっている．まだまだ自然の生態系などは未知の部分も多いため，人間の側からの働きかけは慎重を期すことが必要であるが，この手法は自然界の反応に適応できる技術（Adaptive Technology）から成り，最悪の場合は後戻りして原状復帰すら容易に可能な「調整・後戻りできる技術」となっている．これからは，このような技術による自然界との折り合いの付け方が重要と思われる．

c) 排水時間帯の改善

また，潮流のような往復流の場の物質輸送は，流れのどの時間帯に物質が負荷されるかで，その後輸送される物質のたどる経路は大きく異なってくる．現在，調整池からの淡水は排水のために締め切り堤防の内外で水位差が必要なことから干潮時に南北水門から排水されているが，排水後上げ潮となって諫早湾口から海水が流入してくるため上層を占める淡水塊は締め切り堤北端の隅角部に追い

込まれ，その後の干満による流れに乗って次第に諫早湾内を移流・混合・拡散していくことになる．そのため，諫早湾内に淡水もしくは海水との混合水が滞留する時間が長くなる傾向にある．この排水方法も諫早湾内の成層化を助長していると思われる．排水のために動力が必要となるかもしれないが，潮流（往復流）の他の最適な時間帯での排水に変更することも諫早湾内の成層化抑制の有効な一方法であると思われる．

（小松利光・矢野真一郎）

図5.19　排水方法の改善策（強い鉛直混合が期待できる海域に排水）

図5.20　排水方法の改善策（排水を成層化し難い状態にして海域に排水）

5.1.4 水質改善
(1) 水田からの流出負荷削減方策
a) 環境保全型農業と負荷の削減

水田からの流出負荷を削減するには,環境保全型農業の実施による間接的な方法と農地排水の浄化による直接的な方法がある.まず,ここでは前者の方法のうち,営農的な技術である水管理による負荷削減法を紹介する.

水田では,負荷の排出は降雨流出,灌漑の余剰水,代かきや中干しなど営農作業に伴う落水によって生じる.一般に,排水中の負荷濃度は,肥料の溶出や田面土壌からの栄養塩の溶出と吸着,水稲による吸収などにより変化し,さらに窒素の場合は,微生物による脱窒や窒素固定反応により,湛水中の窒素濃度が変化する.よって,負荷濃度の変化は,肥料の種類や量,天候,土壌の酸化還元状態,微生物の生理活性などに左右される.また,代かきによる表層土壌の攪乱や肥料の散布は,湛水中の負荷濃度を急激に上昇させる.

水田では,灌漑水のT-N濃度が$2\sim3mg/l$を超えると,窒素浄化機能が発揮されて流入負荷量より排出負荷量の方が小さくなる[50].反対に,灌漑水の負荷物質濃度が低い場合は,肥料や田面土壌からの溶出量が浄化量を卓越し,水田が負荷の発生源となる場合もある.このため,水田からの負荷量を削減するには,排水量を減らすことがもっとも効果的な対策となる.

ここで,水田の負荷収支が水管理に大きく左右される例を示す.水田では,稲の生育段階に応じて田面水の管理を行う.慣行的には,中干し期を除いて水尻に堰板を入れ,湛水状態で田面の水位を管理する.そこで,水尻部の堰板の高さを高めに設定し,灌漑水を節水気味に与えることで水田の貯水機能を高め,表面排水の発生を抑える止め水灌漑を導入してみる.表5.6はこれらの水田における灌漑期間中の水と窒素負荷の収支である[51].圃場1が慣行的な水管理,圃場2

表5.6 水田の水管理と窒素負荷の収支

圃場	灌漑水量 (mm)	灌漑負荷量 (kgN/ha)	排水量 (mm)	排水負荷量 (kgN/ha)
1	913	12.5	532	2.8
2	673	9.3	145	1.3

が止め水灌漑を実施した圃場である．特に，圃場2では中干しのときも堰板を設置したままであった．表5.6のように，止め水灌漑では灌漑水量の節約とともに排水量が削減され，排出負荷も54%低下した．このように，水田から排出される負荷は，稲の生育に伴う水管理と密接な関係にある．水田では代かき後の濁水がよく問題視されてきたが，通期で見ると水管理の影響も大きいことがわかる．

b) 農業地域での水質浄化

農業地域を流れる水もいずれは海に注ぐ．有明海沿岸に広がるクリークでの水質悪化は有明海の水質悪化に繋がる恐れがあるため，有明海の水質保全のためにもクリークをはじめとした農業地域の水質保全は重要な課題である．

水質浄化技術は維持管理が容易であり安価で導入できることが重要である．水生植物の利用（ファイトレメディエーション）は高度な施設を必要としないため低コストであり，クリークでの水質浄化に有効と考えられる．これまでにエンサイ，シュロガヤツリ，ホテイアオイなどの水生植物を利用した水質浄化技術の有効性が確認されている．水生植物による水質浄化では植物を系外に持ち出すことで浄化が達成されるため，現場から取り去った後の植物の活用や処理方法を視野に入れて導入を計画する必要がある．

排出源が特定できる場合には水質浄化装置の設置も有効であろう．一例として，木炭を活用した水質浄化技術を紹介する．木炭による水質浄化は，木炭表面への吸着や木炭表面に付着した微生物による作用が主な効果であり，特に有機物の除去に適しているとされる．一般に利用される活性炭だけでなく，間伐材などから生産した再資源炭や，植物体から生産した炭化物も水質浄化能力をもつ．木炭には素材や作成法に応じて多種多様な種類があるため，目的によって木炭を選定する必要がある．農業地域での適用例として，再資源炭チップを利用して水田排水を浄化する装置が提案されている[52]（図5.21）．

c) 農業地域における負荷削減対策の評価法

有明海沿岸では，現在でも用排兼用水路であるクリークを介した循環・反復灌漑が行われている地域が多い．この方式は農業地域からの排出負荷削減には寄与するものの，水域の滞留性のため有機性汚濁や富栄養化が顕在化しやすく，近年の施肥量の減少や水質改善対策にもかかわらず，水質環境は横ばい，または悪化している[53]．よって，有明海沿岸の農業地域では，高度な生産性を維持しつつ，

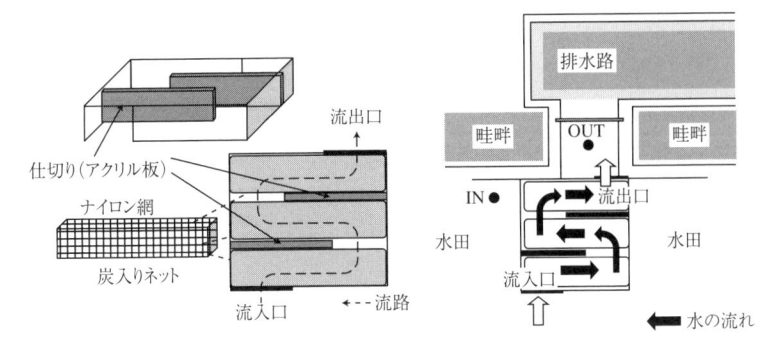

5章 有明海再生のための技術と評価 251

図 5.21 水田排水浄化装置の構造と設置方法[52]

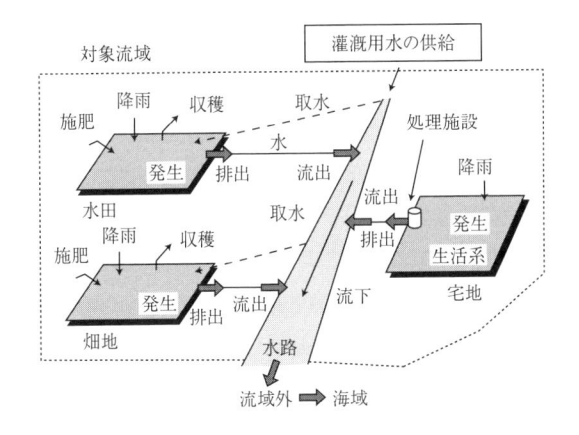

図 5.22 流域水質モデルの概念

農地から排出される負荷を削減すると同時に，地域内の水環境保全を図ることは喫緊の課題である．そこで，流域内の水・物質の発生と排出を表現するメッシュモデルと，それらの流達を担うクリークモデルを組み合わせた流域水質モデル[54]によって，先述のような負荷削減対策が流域水質，あるいは有明海へ排出される負荷変動に与える影響を定量的に評価してみる．

全体モデルの概念は図 5.22 のとおりである．メッシュモデルでは，水・土地利用情報に基づいて，水・物質の発生と排出過程が表現される．メッシュ単位の排水量と負荷量は，点源を原単位で，面源をタンクモデルと土地利用別の負荷流出モデルによって計算する．一方，クリークモデルでは，水・物質の流達過程を

一次元流れの差分モデルで表現する.

　ここで，流域水質の水・物質動態において，人為的な影響がもっとも大きく現れるのが水田灌漑の水管理である．水田の水管理は，その地域の作付け体系，当該年の気象条件や水資源の状況などにより異なるので，対象地区の実情を十分に調査の上，条件設定を行う必要がある．さらに，先述のような環境保全型の水管理を導入する場合，水田への灌水方法だけでなく，タンクモデルからの流出機構を実態の水管理に合わせる必要がある．水田への施肥についても，水管理と同様にその地域の実態を調査の上，投入量，投入時期を設定する．水田内の水質変化を考慮する場合は，窒素では脱窒など，リンでは吸着など，有機物では分解などの負荷減衰と土壌や肥料からの溶出の差し引きをモデル化する．

　水・物質動態は，その流域の降水，土壌などの自然的条件や水利用，土地利用，営農体系などの人為的条件によって大きく異なるので，流域水質モデルが現況を適切に表現するためにはモデルの調整が必要である．以下，図5.23に示す福岡県柳川市南東部に位置する有明海沿岸クリーク地帯を対象に，モデル化の具体例を示す．

　モデル地区は，北を国道443号，東を矢部川，西を塩塚川，南を有明海に囲まれている．モデルのメッシュは，国土数値情報の3次メッシュの1/10をもとに100m×100mの2,659個の正方メッシュとした．土地利用は農地と宅地とし，農地はモデル地区の84％を占め，その利用状況は，近年の転作率を参考に，灌漑期が水田56％，畑（大豆作）44％，非灌漑期が畑100％（麦作）とした．標高分布は1/10,000都市計画図から標高値を読み取り，内挿しにより求めた．クリークモデルは，国営事業の概要書および国土地理院の1/25,000地形図からデータを読み取り，これを約100mの長さに分割して作成した．クリークの各所に設けられたゲートは，現地踏査により位置を設定した．なお，構築された流域水質モデルの再現性を，現地観測された水文・水質データによって，検証した．

d) 水質浄化シナリオとその効果

　各種負荷削減対策の総合的な効果を評価するため，

1) 灌漑期の表面排水を大幅に削減するため，水田の欠口高を灌漑期間中一定に維持するとともに，湛水深が慣行管理水位の1/2を下回るまでは灌水を行なわず，水田への降雨の貯留を促進する，

2) 畑地からの降雨流出負荷を削減するために，畑地における化学肥料の削減目標を5割とし，L－Q式による排出負荷量を現況の1/2に見積もる．

3) 木炭を利用した水質浄化装置を水田に導入し，表面排水に対して見込まれる負荷削減率の最大値を考慮して，負荷の20％を削減する．

を組合せた総合対策シナリオについて検討した結果は以下のようである．

計算対象期間は，水田の灌漑期および降雨の多い季節を考慮して2006年4〜9月の6ヵ月とする．負荷濃度の出力点を図5.23の点Aとしたとき，全窒素（T－N)に関するシミュレーションの結果を図5.24に示す．図から明らかなように，負荷削減対策を施すことによって，灌漑期，非灌漑期ともに降雨流出に対する負

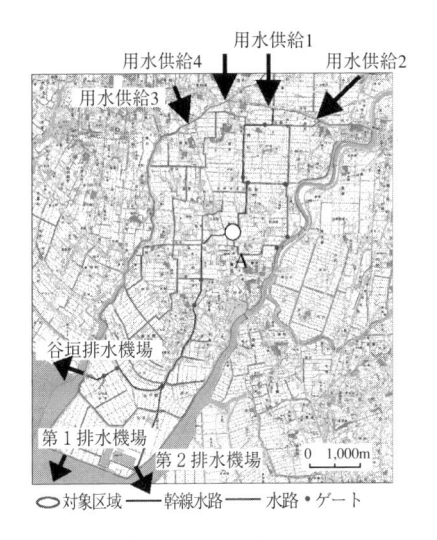

図5.23　モデル地区

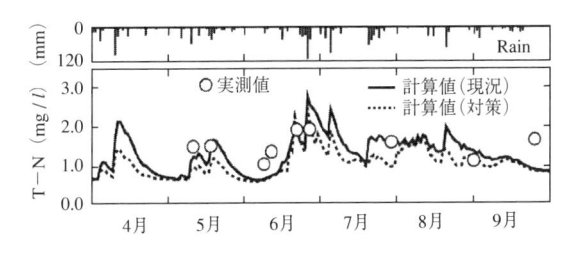

図5.24　負荷削減シミュレーションの結果

荷濃度のピークがかなり抑制されていることがわかる．

以上の結果から，モデル地区の水環境の改善には，水田の止め水灌漑などの節水型水管理，化学肥料の削減などの施肥法改善の組合せが効果的であることが示唆された．有明海沿岸クリーク農業地帯の水環境を改善するためには，対象地区の土地利用および水利用の特色を考慮し，環境用水の導入や各種の負荷削減対策を組合せた，総合的な取り組みが必要と思われる．　　　　（髙木強治・濵田康治）

(2) 干潟域の水質浄化機能促進方策

干潟環境の悪化が，有機物の流入量と干潟域の生態系による有機物分解能力の不均衡による貧酸素化を原因とする硫化水素の発生に起因する生物の死滅であると考えた場合，干潟域の水質および底質環境を好気的に変化させ，好気性微生物の働きを高めて有機物分解能力を向上させる浄化機能促進方策が有効であると考えられる．ここでは，干潟域の水質環境を好気的に変化させる方法のうち，耕耘と水圧利用型強制水循環について分子生物学的手法による微生物相の変化，つまり，干潟耕耘試験前後，あるいは強制水循環した試験区から直接抽出した total DNA に対して，微生物の全体像を知るための 16S rRNA 遺伝子の DGGE 解析およびクローン解析と，干潟域の嫌気・好気環境を反映する代謝反応系を知るための硫黄代謝および窒素代謝のカギとなる酵素をコードする機能性遺伝子に着目した微生物相の解析結果について述べる．

a) 耕耘による浄化機能の促進

耕耘を行った地点からサンプリングした試料から DNA を抽出し，真正細菌の 16S rRNA 遺伝子を標的とした PCR－DGGE 解析を行った結果を図 5.25 に示す．この結果によると，耕耘直後の試料とそれ以外の試料の間で，黒色の縞模様として見えている DNA 断片のバンドパターンに顕著な差が見られ，耕耘直後には微生物相が大きく変動すること，また，耕耘を終了して 3 日間後には，耕耘前の微生物相に再び戻ることが示唆されている．一方，上，中，下層の深度区分によるバンドパターンの違いは認められていない．

耕耘前および耕耘直後の DGGE 解析で得られた主要 DNA バンド（図 5.25 中の白線を付した DNA バンド）をゲルから切り出し，クローン解析を行った結果を図 5.26 に示す．耕耘前と耕耘直後では 16S rRNA 遺伝子の系統位置が大きく異なり，耕耘前の試料から得られたクローンは，紅色硫黄細菌の

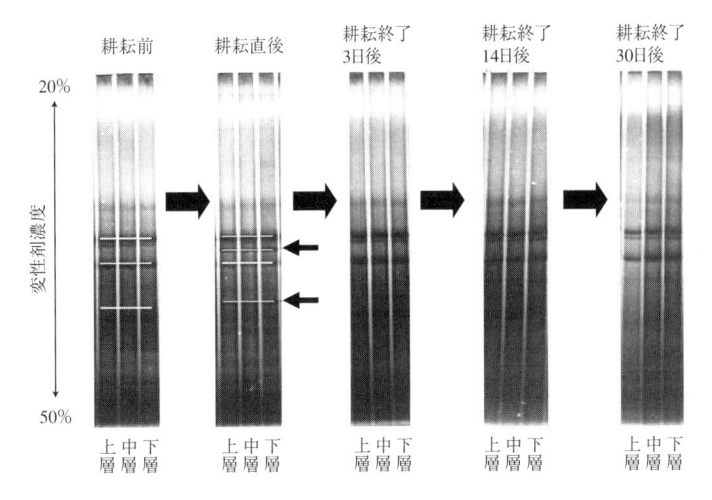

5 章 有明海再生のための技術と評価 255

図 5.25 耕耘試験における *Bacteria* の 16S rRNA 遺伝子を標的とした DGGE 解析結果

耕耘前 クラスター1
Gammaproteobacteria 綱
⇒紅色硫黄細菌 *Allochromarium* と近縁
（硫黄酸化能をもつ光合成細菌）

耕耘直後 クラスター1
Actinobacteria 綱
⇒好気性細菌 *Arthrobacter* と近縁

耕耘前 クラスター2
Deltaproteobacteria 綱
⇒硫酸塩還元細菌 *Desulfobacter* と近縁

耕耘直後 クラスター2
Bacillales 目
⇒好気性細菌 *Bacillus, Staphylococcus* と近縁

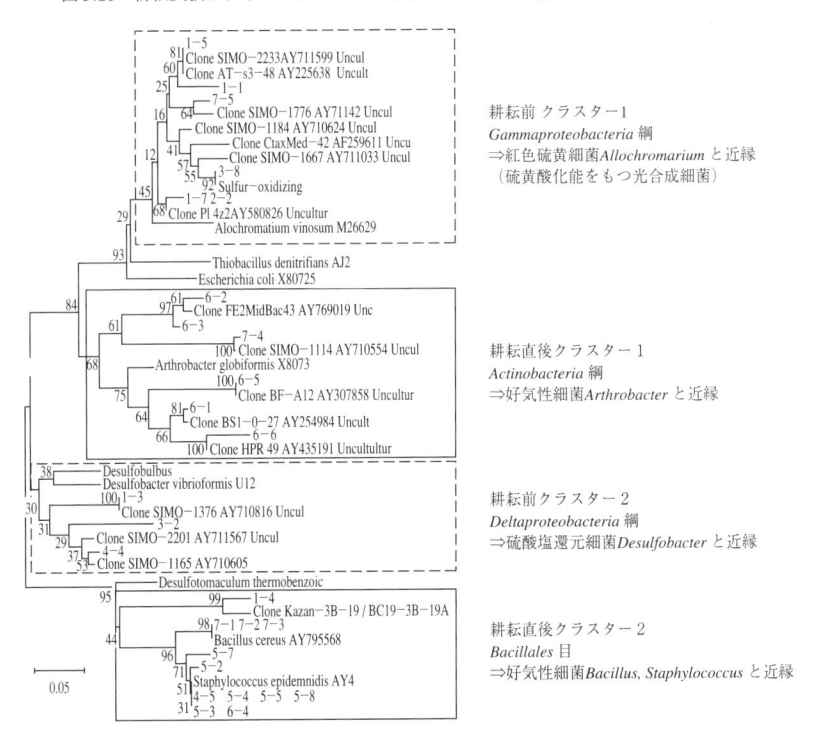

図 5.26 分子系統樹による 16S rDNA クローンの分類

Allochromatium 属に系統的に近縁なものと硫酸塩還元細菌 *Desulfobacter* 属に近縁なものが主であった．一方，耕耘直後の試料から得られたクローンは，*Arthrobacter* 属，*Bacillus* 属，*Staphylococcus* 属と，いずれも好気性の従属栄養細菌に近縁であった．したがって，耕耘を行うことで好気性細菌が優占し浄化機能が促進することが示唆されている．

また，硫黄代謝においてカギとなる酵素をコードする *apsA* 遺伝子に着目して硫黄代謝能をもつ細菌だけを特異的に検出し，その構成を調べた結果，耕耘前，耕耘直後，サンプリング位置の深さにかかわらず，すべての試料において，*Allochromatium vinosum* の *apsA* 遺伝子に近縁なクローンが得られ，また，クローン数は少ないながら，*Thiobacillus denitrificans* および *Desulfovibrio indonensis* に近縁な *apsA* クローンも検出された．さらに，窒素代謝に関係するアンモニア酸化細菌（硝化細菌）に特有な *amoA* 遺伝子と脱窒細菌に特有な *nirS*，*nirK* 遺伝子に着目し，窒素代謝に関与する細菌だけを特異的に解析した結果，*amoA* 遺伝子領域を標的としたクローン解析では，干潟底質中では層の深さや耕耘前後に関わらず，絶えずアンモニア酸化細菌によって NH_4^+ から NO_2^- への変換が行われていることを示していた．また，*nirS*，*nirK* 遺伝子領域を標的としたクローン解析の結果では，干潟などの海域底質における脱窒細菌は *nirS* 型の亜硝酸還元酵素を有するものが優占していた．さらに，耕耘直後のクローンには *Thiobacillus denitrificans* の *nirS* に近縁なものが多かったことから，*Thiobacillus* 属の細菌は，好気環境であれば硫黄酸化を，嫌気環境であれば硝酸や亜硝酸を電子受容体として硫化物を酸化し（硫黄脱窒），常に干潟底泥中に存在して主要な役割を果たしている可能性が示された．

以上のことから，耕耘前後の干潟における微生物相は図5.27のようにダイナミックに変化したものと推測された．したがって，干潟域の浄化機能を促進させるために好気化する方法として耕耘は優れた方法であるが，好気的環境を維持するためには頻繁に行う必要がある．

b）水圧利用型強制水循環による浄化機能の促進

有明海特有の潮汐の干満差による水位差や潮流を利用し，堆積物中に上層水を輸送する「人工巣穴」は，滝川ら[55]により開発された方法である．人工巣穴

による底質改善とは，土中部に多孔部を有する通水パイプ（巣穴）を人工的に再現し，干潮時に干出する干潟域では水位差，干出しない海域では潮流を利用し，底質内に上層水を輸送し人工巣穴周辺の底質を好気的環境へ改善する技術である．

回分式および連続式の水圧利用型強制水循環装置による人工巣穴周辺の環境の変化状態を検討した結果を述べる．下方10 cmほどのところから高さ25 mm間隔で穴を空けたアクリル製パイプにメッシュタイプの30 cmほどのジャバラを通し，下方40 cm地点で接着剤を用いて接着し，固定した後，回分式（図5.28）には天然海水を，連続式（図5.29）には人工海水を供給し，運転前，運転1日後，1週間後，2週間後，1ヵ月後，3ヵ月後，運転終了1ヵ月後に水層と泥質の上層（深さ10～15 cm）および中層（深さ20～25 cm）の底泥をサンプリングし，この試料中に生息する微生物からDNAを抽出し，dsr遺伝子のDGGE解析では，

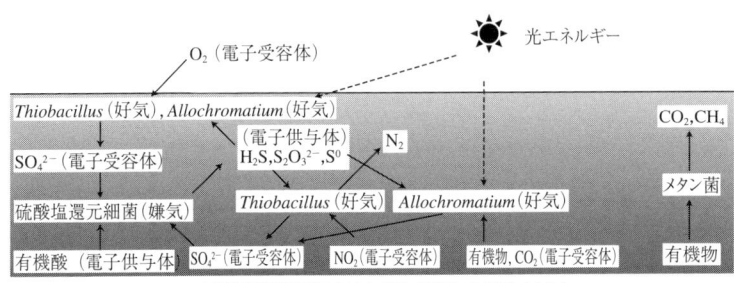

O_2（電子受容体）　　　　　　　　　　　光エネルギー

Thiobacillus（好気），*Allochromatium*（好気）　　　　　　　　CO_2, CH_4

SO_4^{2-}（電子受容体）　（電子供与体）　N_2
　　　　　　　　　　$H_2S, S_2O_3^{2-}, S^0$　　　　　　　　　　メタン菌

硫酸塩還元細菌（嫌気）　*Thiobacillus*（好気）　*Allochromatium*（好気）

有機酸（電子供与体）　SO_4^{2-}（電子受容体）　NO_2（電子受容体）　有機物, CO_2（電子受容体）　有機物

＜有明海干潟底泥中における有機物分解サイクル＞
干潟底質中には，硫黄酸化細菌と硫酸塩還元細菌が共存しており，
硫黄代謝を伴う有機物分解サイクルを形成している可能性が示唆された．

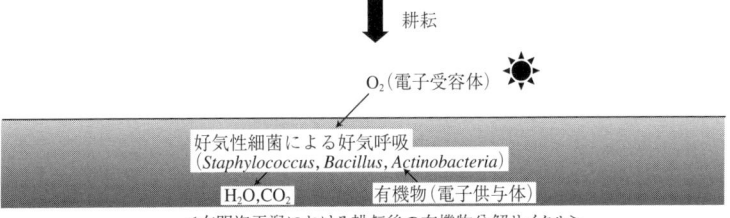

耕耘

O_2（電子受容体）

好気性細菌による好気呼吸
（*Staphylococcus*, *Bacillus*, *Actinobacteria*）
H_2O, CO_2　　有機物（電子供与体）

＜有明海干潟における耕耘後の有機物分解サイクル＞
耕耘することで，一旦好気性細菌が優占するが，硫黄代謝細菌がなくなるわけではなく，
耕耘14日後には元の状態に戻ることが示唆された．

図5.27　耕耘前後の干潟底質における有機物分解の変化（推定）

プライマー DSRp2060F と DSR4R を用いて PCR により dsr 遺伝子断片を増幅した[56)]結果においても，時系列あるいは各層の違いによる菌叢の差異は見られなかった．このことは，DGGE の酸素を含む海水を強制供給しても，底質における硫酸還元細菌群集が変わっていないことが示唆された．また，ORP が 200〜300 の海水を回分式と連続式に 3 ヵ月連続して供給した結果においても，誤差範囲と思われる ORP の変動はあるものの，明らかに底質の ORP が高くなったという結果は得られなかった．

しかし，後述するように人工巣穴を設置した現地テストでは硫酸塩還元細菌

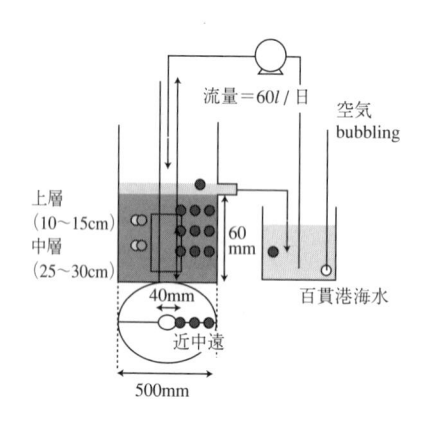

図 5.28　室内人工巣穴試験装置（回分式）

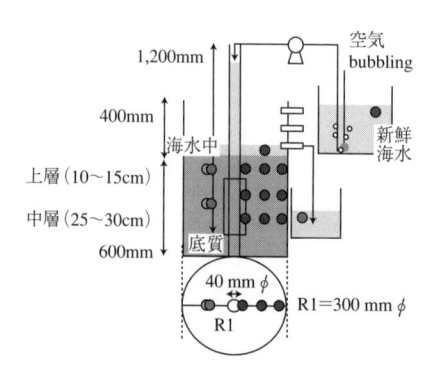

図 5.29　室内人工巣穴試験装置（連続式）

を指標とした評価において好気化したことが示唆されており，エネルギーやコストをあまりかけずに干潟域の浄化機能を促進する方法として期待できる技術であると思われる．

（森村　茂・木田建次）

(3) カキ利用水質改善
a) バイオレメディエーションの利用

沿岸域の環境劣化には通常複数の要因が関与しているが，農薬や有害な化学物質による海洋汚染の影響もその一つである．過去の有明海沿岸の環境調査によると，大牟田川河口の貝類から高濃度の化学物質が検出されている[57]．例えば，大牟田川に生息するトビハゼには，化学物質の影響を示唆する内分泌系の変化が報告されている[58]．一般に，水環境中から化学物質を回収，無害化するには，汚染堆積物を浚渫し，それを熱化学的に分解する方法が採られる．ところが，浚渫は処理費用が莫大でエネルギー消費も大きいことに加え，現場の生態系を破壊するなど，負の側面も少なくない．一方，生物を利用して環境を浄化するバイオレメディエーションは，処理に要する時間が長く，その能力にも一定の限界があるが，安価で環境に優しい．

貝類は，汚染水域において有害物質を蓄積・濃縮する一方，非汚染域ではそれを体外に排出することができる．貝類による汚染浄化の試みは，過去に栄養塩や重金属を対象にしたものがあるが[59]，環境中で分解され難く，生物に強い毒性を示す有機化学物質を研究対象にした例はない．

そこで，カキの特異な化学物質の蓄積性を利用して，水環境中の有害化学物質を回収，除去する新たな技術の開発を目指した実証試験結果を紹介する（図5.30）．

対象化学物質は，カネミ油症の原因物質でもあるポリ塩化ビフェニル（PCB）と，自動車の排ガスなどに含まれ，発ガン性が指摘される多環芳香族炭化水素（PAH）である．

b) 調査の内容

室内実験によるカキのPCB，PAHの蓄積・排出および底質浄化能力の推定と現地実証試験によるカキの底質浄化機能の評価を目的とした．

まず，冬季（10〜12月）と夏季（5〜8月）に有明海沿岸の汚染されていない水域（天草市）で採集されたカキ（160個）をプラスチック製のカゴに入れて，

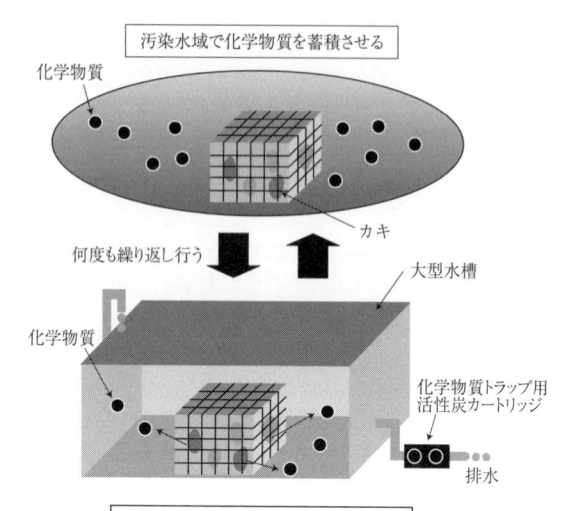

図 5.30 カキによる水環境浄化メカニズム

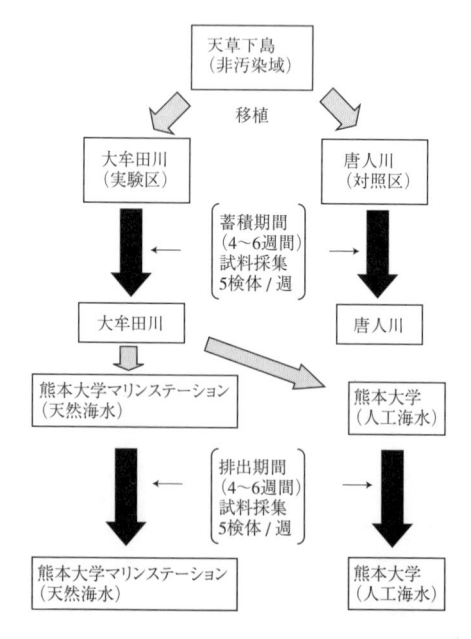

図 5.31 カキの汚染物質の蓄積・排出実験の概要

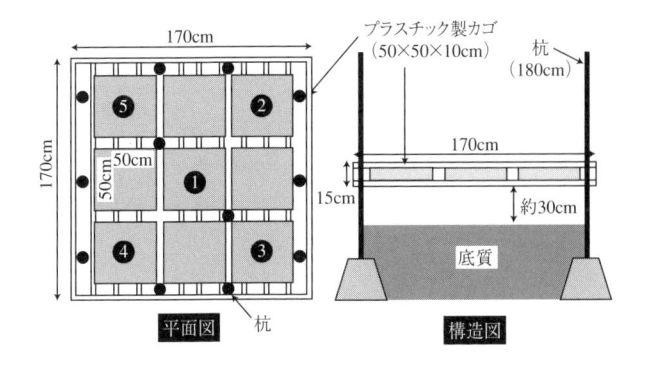

図 5.32 カキによる底質浄化機能の実証試験の概要

実験区（大牟田川河口）と対照区（熊本県唐人川河口）に移植し，それぞれ 4～6 週間飼育した（図 5.31）．このカキを 2 グループ（各 80 個）に分け，清浄な天然海水または人工海水を満たした水槽で 4～6 週間飼養して，体内の化学物質を排出させた．この間，1 週間ごとに 3 個のカキを用いて PCB と PAH の分析した．

別途，大牟田川の干潟底質上に 170 cm 四方の塩ビ製架台を設置し，非汚染水域より採集した約 1,500 個のカキを架台上で 1 ヵ月間飼育した．実験の実施前後に，カキ架台直下の 5 地点（図 5.32）から表層約 1 cm 以内の底質を採集して PAH 濃度を測定し，カキにおける底質浄化能力の定量評価を試みた．

c) 実験結果

分析の結果，全てのカキ試料から PCB が検出された．冬季に行った実験では，実験開始時に 4.3 ng/g（湿重当たり）であったカキの PCB 濃度が，大牟田川で 4 週間飼育後には 16 ng/g まで上昇した（図 5.33）．その後，大牟田川の飼育カキを清浄な天然海水と人工海水に移して 4 週間飼育したところ，PCB 濃度はそれぞれ 1.1 ng/g，3.2 ng/g まで低下した．蓄積と排出期間をそれぞれ 6 週間に延長して行なった夏季の実験でも類似の結果が得られた．

PAH も，分析した全てのカキから検出された．実験開始時に 19 ng/g であったカキの PAH 濃度は，大牟田川で 1 週間飼育後に 310 ng/g に上昇し，その後 4 週目までほぼ一定の値を示した．さらに，大牟田川の飼育カキを天然または人工海水で飼養したところ，1 週間後にはそれぞれ 36 ng/g，56 ng/g まで急速に

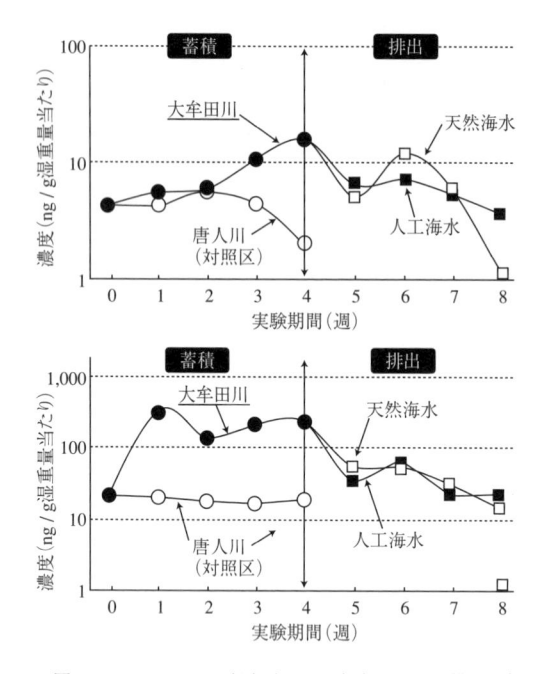

図 5.33 カキの PCB（上）と PAH（下）の蓄積・排出傾向

濃度が減少し，その後も緩やかに低下した．

　以上の結果は，カキが大牟田川の水環境中に存在する PCB と PAH を吸収・排出するポンプの役割を果たしたことを示している．また，人工海水でも飼育でき，海水の質の違いによる化学物質の排出速度に大きな差はないことも明らかになった．さらに，実験期間中のカキの生存率は 90％以上であることや，化学物質の蓄積・排出傾向は冬季と夏季でほぼ類似していることから，本技術は一年を通して利用可能である．

　カキは水中に浮遊する懸濁物質を体内で濾過して食物を摂取しているので，カキに蓄積される化学物質は，主に潮流で巻き上がった微細な底質粒子に吸着していると想定された．この点を確認するため，大牟田川の底質中 PAH を分析し，総濃度に占める各成分の存在割合（％）をカキのそれを比較したところ，両者の間に高い相関が見られた（図 5.34）．この結果は，カキが浄化する対象が底質粒子であることを示している．

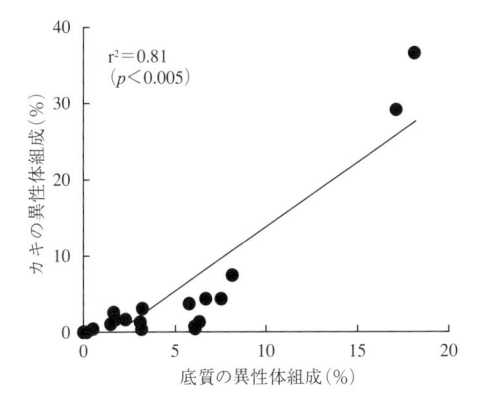

図 5.34　底質とカキの PAH 組成割合の関係

| 大牟田川で4週間飼育後のPAH濃度 | − | 天然海水または人工海水で4週間飼育後のPAH濃度 |

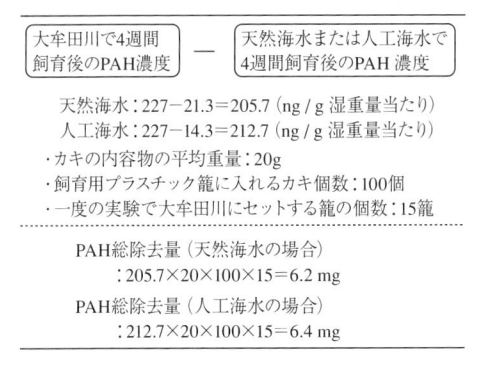

天然海水：227−21.3＝205.7 (ng / g 湿重量当たり)
人工海水：227−14.3＝212.7 (ng / g 湿重量当たり)
・カキの内容物の平均重量：20g
・飼育用プラスチック籠に入れるカキ個数：100個
・一度の実験で大牟田川にセットする籠の個数：15籠

PAH総除去量（天然海水の場合）
：205.7×20×100×15＝6.2 mg
PAH総除去量（人工海水の場合）
：212.7×20×100×15＝6.4 mg

図 5.35　カキが浄化可能な PAH 量の試算

　これらの実験で，カキは有害物質に汚染された水環境を浄化する能力があることが示された．そこで，カキの殻内湿質量を 20 g，一度に 1,500 個の検体を飼育することを条件に実証試験を拡大した場合のカキの化学物質除去能力を定量的に見積もった．

　計算の結果，1 ヶ月間でカキが浄化可能な PAH 量は 6.2〜6.4 mg と見積もられた（図 5.35）．PCB では，0.53〜0.56 mg の値となった．

　これらの試算値の確かさを確認するため，現地実証試験を行った．大牟田川の底質上に 170 cm 四方の塩ビ製架台を設置して，その上に非汚染域から採集した約 1,500 個のカキをセットした．1 ヵ月間飼育して，実験の実施前後で架台直

```
[実験前の底質中PAH濃度      [実験後の底質中PAH濃度
 (3,490ng/g湿重量当たり)] ー  (2,510ng/g湿重量当たり)]

3,490－2,510＝980ng/g(湿重量当たり)

カキカゴ直下の表層底質(深さ:1cm)の体積
150×150×1＝22,500 cm³

底質の密度(湿重量当たり):1.4 g/cm³
カキカゴ直下の底質重量:22,500×1.4＝31,500g

┌─────────────────────────┐
│ カキが蓄積・回収したPAH量(mg) │
│ 31,500×980＝30.8mg         │
└─────────────────────────┘
           ↓
    PAH除去の推定値:6.3 mg
           ↓
   ┌──────────────────┐
   │ 推定値の約5倍のPAHを回収 │
   └──────────────────┘
```

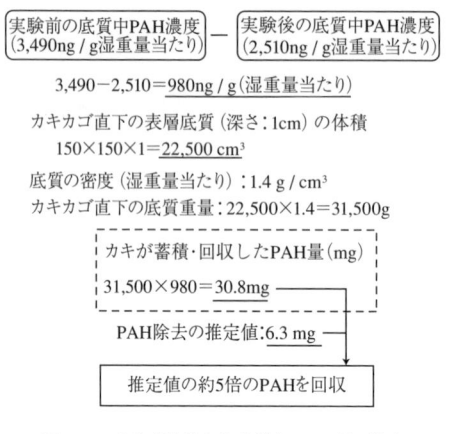

図5.36 カキが浄化した底質中PAH量の推定

下の5地点から表層底質を採集してPAHを分析したところ，平均濃度値は3,490 ng/g（湿重）から2,510 ng/gになり，約28％も減少していた．このことは，カキが架台直下の底質粒子に吸着したPAHを体内に蓄積・排出して，大牟田川の環境浄化に寄与したことを示している．さらに，大牟田川でカキが実際に浄化したPAH量を，実験前後の底質中PAHの濃度差と，カキ架台直下の表層底質質量の積から算出した（図5.36）．

実験前後の底質中PAH濃度（湿重当たり）の差は，980 ng/gであった．架台直下の表層底質の体積（22,500 cm³）と底質の密度（1.4 g/cm³）から底質質量を計算し，カキが回収したPAH量を算出したところ，30.8 mgの値が得られた．

図5.35において，1,500個のカキを用いて飼育実験を実施した場合のPAH回収量は，6.2～6.4 mgと見積もられた．一方，現地実証試験を行い，実際の底質のPAH濃度の変化を基に計算された値は30.8 mgであり，予想値に比べ約5倍高いことがわかった．カキは底質から予想を超えるPAHの回収能力をもっており，汚染環境の浄化に資する新手法として，今後実用化が期待できる．

〔中田晴彦〕

(4) 酸処理剤の代替

有明海の養殖ノリは，全国1位の生産高を誇り，佐賀県の基幹産業の一つとなっ

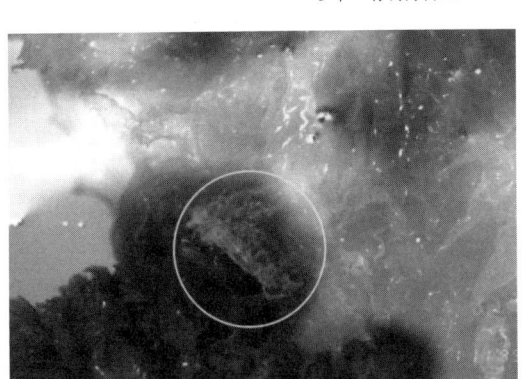

図 5.37 養殖ノリに発生する赤腐れ病

ている.しかしながら,例年養殖ノリの病害,赤腐れ病が発生して問題となっている(図 5.37).

ノリ赤腐れ病は,真菌類卵菌目に属する *Pythium porphyrae* により引き起こされる病気で,養殖現場ではその防除に酸処理が行われている.しかしながら,大量の酸処理による有明海の環境汚染が問題視され,近年の有明海ノリの色落ち現象や貝類の大量斃死などの異変は,この酸処理も原因の一つと考えられている.そのため,有明海異変の原因の一つと考えられている酸処理法に代わる新たな赤腐れ病防除対策が求められており,その代替法の一つとして,赤腐れ病原因真菌の構成多糖を分解する酵素を用いた防除方法が考えられ,このような酵素を用いれば,酸処理法に代わる有明海環境保全型の新規ノリ赤腐れ病防除法が確立できるものとして期待されている.

そこで,酸処理法に代わる効果的な赤腐れ病防除対策の一つとして,これまでに *Pythium porphyrae* に対する抗真菌性遺伝子を導入した耐病性ノリ種苗の確立,育種を目的に,*Pythium porphyrae* の細胞壁構成多糖に対する選択分解酵素の探索,並びに組換え体ノリ細胞壁分解酵素を用いた効率的なノリプロトプラスト作出する酵素の探索がなされてきた.これらの研究成果の中で,有明海ノリ養殖環境から *Pythium porphyrae* に対して,抗真菌活性を有する分離海洋細菌 *Streptomyces sp.* AP77 株が産生する抗真菌タンパクが見いだされた他,本タンパクの抗真菌活性の作用機序を明らかにするとともに,*Pythium porphyrae* の細胞壁構成多糖分解酵素である β-1, 3-グルカナーゼを産生する海洋細菌を多数見いだされてきている[60-64]. これらの研究の中で, 新たに抗真菌性のタンパクを探索した研究成果の一つとして, *Pythium porphyrae* の細胞壁構成多糖の一つである β-1, 3-グルカンを特異的に分解する酵素, β-1, 3-グルカナーゼを見いだされている. このことより, この β-1, 3-グルカナーゼを酸処理法に代わる強力なノリ赤腐れ病防除対策として応用を目指して, 1) 分離海洋細菌 *Streptomyces* sp. AP77 株が産生する *Pythium porphyrae* の細胞壁分解酵素 β-1, 3-グルカナーゼの産生に関する至適産生条件, 2) この培養条件によって培養上清から得た β-1, 3-グルカナーゼ粗酵素が, *P. porphyrae* の主要な細胞壁構成多糖 β-1, 3-グルカンを分解する至適反応時間ならびに至適反応温度, 3) *P. porphyrae* 菌糸に対する分解の様子の経時的観察結果をもとにした β-1, 3-グルカナーゼによるノリ赤腐れ病防除法について検討された結果を紹介する.

a) β-1, 3-グルカナーゼ生産の至適培養時間

Streptomyces sp. AP77 株を 0.1％カードラン（β-1, 3-グルカン）を含む $10l$ の低濃度ポリペプトン-ZoBell2216E 改変液体培地に接種し, $15l$-ジャーファーメンターにより 120 rpm 撹拌, $5l$/ml エアーレーションを行いながら, 25℃ で 10 日間培養した結果, 培養 4 日目に生菌数は最大に達し, 培養 10 日目でも生菌数の低下はほとんど観察されなかった（図 5.38）.

b) β-1, 3-グルカナーゼの至適反応時間

25℃ 培養での培養時間を 5 日間として, その培養上清から限外濾過などにより 100 倍に濃縮した粗酵素を調製し, $45\mu l$ の 0.5％カードランに対して $5\mu l$ の粗酵素を添加して, 5, 10, 15, および 25℃ で反応させたところ, 本酵素は, 25℃ での反応で, 反応時間 30 分で最も効率的に β-1, 3-グルカンを分解（図 5.39）し, わずか 1 分間の反応でも分解活性が確認された（図 5.40）.

c) β-1, 3-グルカナーゼの至適反応温度

さらに, 本酵素は反応温度 15℃ から順次 5℃ ずつ下げても分解活性は観察され, 反応温度の低下とともにやや分解活性は減少するものの, 5℃ の低温でも 5分以上の反応時間で分解活性が観察され, 低温酵素であることが明らかとなった（図 5.41）.

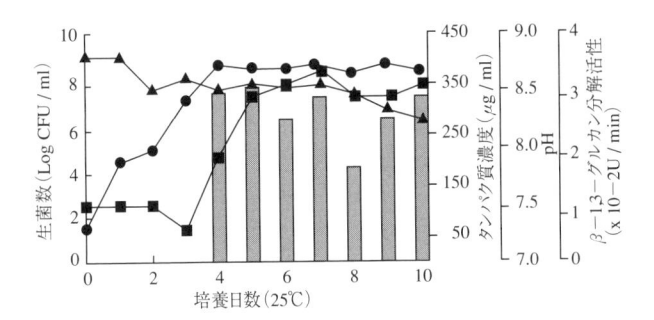

図 5.38 *Streptomyces* sp. AP77 株の 10L-ジャーファーメンターにおける増殖と酵素活性

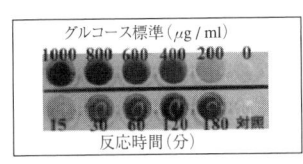

反応時間(分)	還元糖(μg/ml)	活性(U)
15	97	3.6×10^{-2}
30	484	9.0×10^{-2}
60	583	5.4×10^{-2}
180	676	2.1×10^{-2}

図 5.39 25℃におけるβ-1,3-グルカナーゼのβ-1,3-グルカンに対する3時間の分解活性

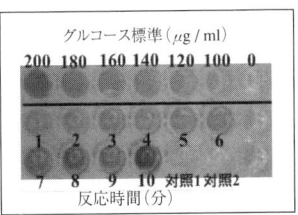

反応時間(分)	還元糖(μg/ml)	活性(U)
1	35	1.9×10^{-2}
3	69	1.9×10^{-2}
5	96	1.1×10^{-2}
8	185	1.3×10^{-2}

図 5.40 25℃におけるβ-1,3-グルカナーゼのβ-1,3-グルカンに対する1分ごとの分解活性

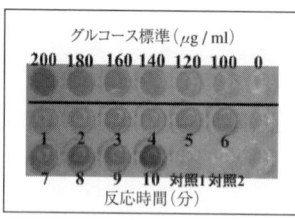

反応時間(分)	還元糖(μg/ml)	活性(U)
1	35	1.9×10^{-2}
3	69	1.9×10^{-2}
5	96	1.1×10^{-2}
8	185	1.3×10^{-2}

図5.41　5℃における$\beta-1,3-$グルカナーゼの$\beta-1,3-$グルカンに対する5分ごとの分解活性

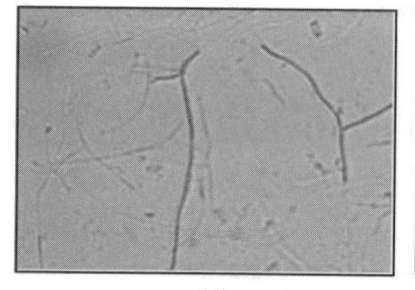

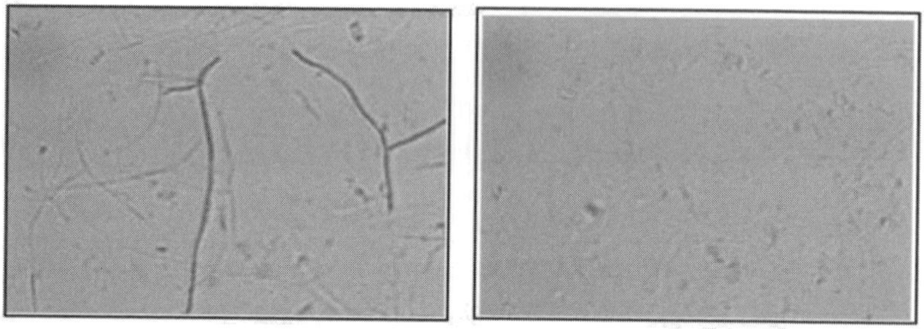

図5.42　25℃における$\beta-1,3-$グルカナーゼの*Pythium*菌糸に対する溶解活性

d) P. porphyrae 溶解活性の経時的顕微鏡観察

*P. porphyrae*を液体培養し，35μmメッシュ濾過により調製した菌糸懸濁液と等量の$\beta-1,3-$グルカナーゼ粗酵素を反応させ，高感度リアルタイムイメージングシステム（TMU-100K-U，ニコン）を用いて，25℃で経時的に*P.porphyrae*の菌糸の形態をモニタリングしたところ，30分という短時間でも*P. porphyrae*の菌糸を分解する様子が確認され，4時間もの反応では，ほぼ完全に菌糸を溶解した（図5.42）．

e) $\beta-1,3-$グルカン分解産物の解析

$\beta-1,3-$グルカンの分解物の解析は，45μlの0.5%カードランに対し，5

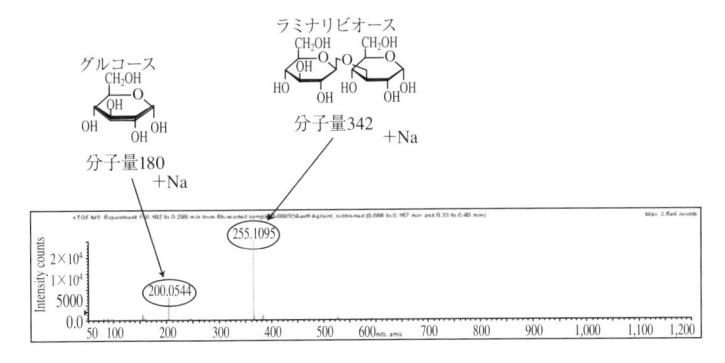

5章 有明海再生のための技術と評価　269

図5.43 β-1,3-グルカナーゼにより25℃で6時間処理した
β-1,3-グルカンの分解産物のTOF-MS解析

μl の粗酵素を添加して，25℃で経時的に反応後，LC/TOF-MS（シリーズ1100, アジレント）によるオリゴ糖の解析により行い，β-1,3-グルカナーゼがエンド型並びにエキソ型のどの分解様式によりβ-1,3-グルカンを分解するかを判定した．その結果，β-1,3-グルカナーゼによるβ-1,3-グルカンの3時間以上の分解後，単糖であるグルコースと二糖のラミナリビオースのみが検出された（図5.43）．このことから，β-1,3-グルカナーゼはβ-1,3-グルカンの内側からラミナリビオース間を次々に分解するエンド型の分解によりβ-1,3-グルカンを分解することが明らかとなった．

　以上の結果を取りまとめる．まず，*Streptomyces sp.* AP77株のβ-1,3-グルカナーゼ産生のための至適培養時間を検討するために，培養上清中のβ-1,3-グルカンに対する分解活性を指標に至適培養時間を検討したところ，25℃における5日間の培養でβ-1,3-グルカナーゼの活性が最大となった．そこで，至適培養時間を5日間として，その培養上清から限外濾過による濃縮，硫安塩析，さらには透析処理により100倍に濃縮したβ-1,3-グルカナーゼ粗酵素について，*P. porphyrae* の主要な細胞壁構成多糖β-1,3-グルカンに対する分解活性をソモギー＆ネルソン法による呈色反応によって評価して，β-1,3-グルカンに対する至適反応時間ならびに至適反応温度について検討したところ，本酵素は，25℃での反応で，反応時間30分で最も効率的にβ-1,3-グルカンを分解し，わずか1分間の反応でも分解活性が確認された．また，

本酵素は反応温度15℃から順次5℃ずつ下げても，分解活性は観察され，反応温度の低下とともにやや分解活性は減少するものの，5℃の低温においても5分以上の反応時間で分解活性が観察され，低温酵素であることが明らかとなった．さらに，β-1,3-グルカン分解産物の質量分析の結果，単糖であるグルコースと二糖のラミナリビオースのみが検出されたことから，β-1,3-グルカナーゼはβ-1,3-グルカンの内側から二糖ごとに分解するエンド型の分解によりβ-1,3-グルカンを分解することが明らかとなった．

　以上の結果から，*Streptomyces sp.* AP77 株が産生するβ-1,3-グルカナーゼは，低温下における短時間での処理でも *P. porphyrae* の細胞壁構成多糖であるβ-1,3-グルカンを二糖以下にまで分解できることから，有明海のような冬期にノリの養殖を行うような低温の環境下でも有効に抗-*Pythium* 活性を示すことが示唆されている．

(亀井勇統)

5.1.5　底質改善
(1) 物理的改善

　有明海における底質改善技術，特に，物理的改善を理解するためには，わが国の干潟面積の約4割にも達する有明海の干潟底質がどのようにして生成・発達してきたか，また，濁っていてこそ健全な海といわれる有明海の濁りの理由を知ることが必要である．1章と2章でも有明海流域の自然や環境について触れられているが，それらとは少し違った視点から，流域特性と底質・地盤の発達史ならびに濁った海の正体と底生生物の多様性について概説し，合わせて湾奥部底質の物理的変化の実態を紹介する．次に，従来考えられていた恒久的な底質改善策を紹介した後，新たな底質改善策の一つとして「粗朶搦工」について，その概要と実証実験の調査結果を説明する．

　底質の物理的変化と改善は化学的・生物的要因と不可分であり，総体としての改善策が検討実施されなければ，物理的改善の効果は環境的にも時間的にも極めて限定的になり，効果がないかの如く誤った評価をすることになる．

a) 有明海の流域特性と佐賀・筑紫平野の発達

　有明海の流域集水面積は約 8,400 km^2 と有明海面積のほぼ5倍で，この上流には，阿蘇山や雲仙岳など今も活動を続ける火山が数多く分布している．これら

の火山は比較的若く，大量の火山灰や溶岩を噴出し，それらは山間部・上流域に未固結・弱熔結の状態で堆積している．一方，九州北・中部では梅雨期や台風期に日雨量 200 mm を超えることも多く，度々豪雨災害をもたらすとともに，年間降水量は 1,800 mm～2,400 mm にも達する．流域に降った年間約 137 億 m^3 の降雨水は，地下に浸透するとともに筑後川を筆頭とする大小 108 の河川から有明海に流入する．この総降水量は約 2 年半で有明海の全量を入れ替える量に相当し，有明海が閉鎖性の高い湾海であることと相まって，外海に比べて塩濃度の薄い海域を形成している．また，未固結や風化した火山灰質土は，降雨水によって侵食・運搬され，豪雨時には河川水とともに大量の土砂として，有明海に流入してくる．佐賀低平地における縄文時代の貝塚分布線は，縄文海進・海退の影響もあって，最奥部で現在の海岸線から約 20 km の位置にある．また，流入土砂による自然の干陸化やすでに平安時代に始まった干拓などにより，佐賀・筑紫平野における陸地化のスピードは，平面距離で年間平均 4 m～10 m に達する程である．ある意味で，有明海は埋まっていく海域であり，干拓の必要な湾海であるということができる．

b) 有明海の濁りの正体と底生生物の多様性

火山質山地から流出した火山灰質細粒子・粘土鉱物やフミン質など腐植物質を含む微細粒子（特に～40μ程度以下）は，河川を流下し河口の汽水域で，Naイオンや Mg イオンと出会い"綿毛化"を生じる．さらに，40μm 程度以上の粗シルト・細砂・粗砂や礫分は，河川洪水流や潮汐流ならびに湾海流などの流水分級を受け，砂礫質底質・シルト質砂干潟および泥質干潟などの多様な干潟・底質を形成してきた．有明海では，このような流域の独特の地質・気象特性が，海域における火山灰質有機質微細粒子分の綿毛化と浮泥を生じ，濁った海・光が届かない海として，栄養塩の多い海にもかかわらず，植物プランクトンの増殖が抑制されてきたのである．そして，このような有明海の多種多様な底質に対応して，そこには約百種類を超す多種多様な底生生物が生息していた．有用な貝類だけでも，アサリ，タイラギ，アゲマキ，サルボウ貝など 10 種類を優に超えていた．これらは，砂質や礫質底質を好む貝もあれば，シルト質や細粒粘土質の底質にしか生息できない貝，また生きた化石といわれる貝や有明海にしか生息しない貝など，極めて独特の生物圏を形成してきた．したがって，多種多様な底質の構成と

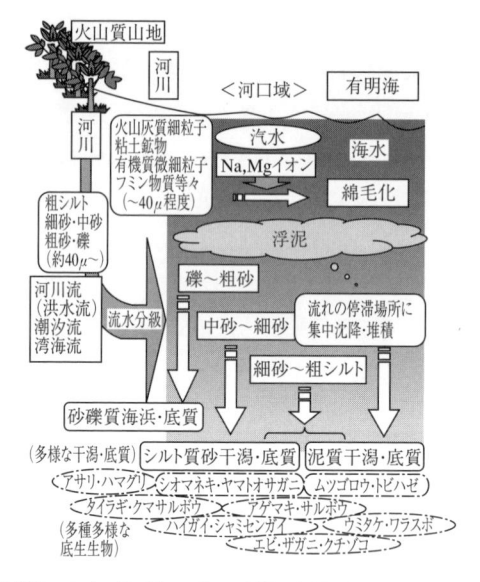

図5.44 有明海における綿毛化・浮泥、多様な底質と底生生物の概念図

分布などに変化が生じた場合でも，底生生物と貝類は，生息する場所を変え，生息数を変化させながら，生き残ってきた海域である．ある意味では，極めてタフな海域だということができる．このような"濁った海"の正体と底生生物の多様性の概念を，図5.44に示す．

c) 湾奥部の底質変化

図5.45には，有明海湾奥北西海域における底質の細粒化とタイラギ生息量の変化を，1988年と2000年の調査結果を対比して示している．この結果では，湾奥部における底質の細粒化，換言すると多様な底質の衰退と均質化が進行していることは明らかである．このことについて，流入土砂量にも少なからず変化が生じているが，流入土砂の海域における輸送能力が減少していることが大きな要因と考えられる．幾つかの酸処理剤に大量に含有されていた"リン酸ナトリウム"類は，綿毛化防止の分散剤として強い効果を発揮すること[65]が知られている．さらに，この流入土砂輸送の能力を減少させた主な原因としては，折々の豪雨時に有明海に土砂とともに流入する河川・洪水流を減少させ，わが国最大の干満差によってもたらされる湾海流ならびに潮汐流の勢いを弱めた人為的事業などが

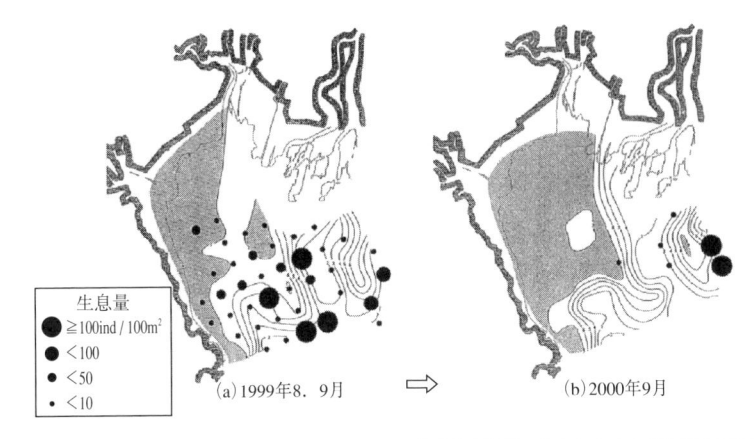

図5.45　1988年と2000年の湾奥北西海域における底質中央粒径の分布とタイラギ生息量の分布
(佐賀県有明水産振興センター提供)

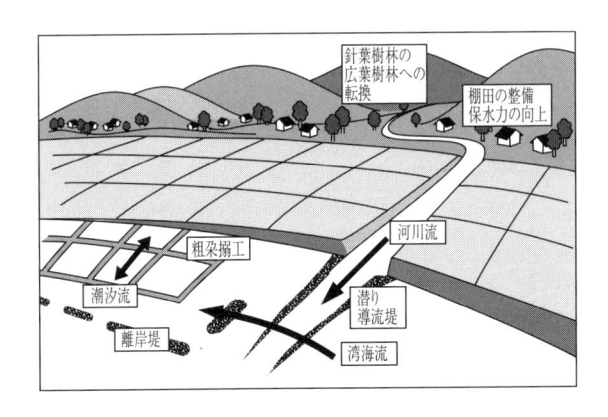

図5.46　恒久的な「底質改善策」のイラストレーション

考えられる．具体的には，①諫早干拓（湾の干拓と潮受け堤），②河川におけるダムや河口堰，③海岸線の単純化，④牡蠣礁破壊や海底地形の改変，⑤分水嶺を越えた水利用などがある．

d) 新たな恒久的な底質再生策

上述のような河川流，湾海流や潮汐流の減勢による，流入土砂の輸送能力を改善するために従来考えられていた恒久的な底質改善策を図5.46に示す．

「潜り導流堤」は洪水時に河川流の勢いを保ちながら，流入土砂の砂や砂礫な

どの粗粒子分を湾央へと送ることが期待される．「離岸堤」は湾海流や潮汐流による流れに強弱をつけ，流入土砂の細粒子分の沈降抑制と分級を促進するものである．「粗朶搦工」は"大授搦"や"昭和搦"などの地名として現存するように，干拓の最初に行われる技術を応用したものである．すなわち古来，干拓を実施する際には，干拓の予定位置に，最初に木杭と粗朶などを用いて"搦工"を設け，細粒子分が搦まり捕捉され，底生生物が移動した数年～十数年後に，捨石や胴木・敷粗朶ならびに木杭を打設して干拓本堤を築いてきたのである．

e) 新たな底質改善策－「粗朶搦工」

有明海を彷徨している細粒子分を捕捉し，湾奥部底質の細粒子化と均質化を抑制する物理的底質改善策の一つとして「粗朶搦工」を採用し，その材料や形状ならびに構造について，基本的なデータを得るための実証実験を行った結果を紹介する．この粗朶搦工の実施区域ではアゲマキ浮遊幼生の着床地となることを期待したものである．実際に設置された粗朶搦工は，最適条件を知るために平面形状と方向や構造ならびに材料などを変化させている．この粗朶搦工の使用材料ごとの写真ならびに平面形状の概要を図5.47に示す．

f) 「粗朶搦工」の調査結果

2005年夏季～2007年度に造成された粗朶搦工区（No.1～No.3）の内外における沈降フラックスおよび堆積底泥量の観測結果は，図5.48，5.49のようになっている[66]．当該地の干潟面への底泥堆積速度は0.3～0.5 mm/日程度であり，粗朶搦工の周辺部および形状による二次流によって生じる局所的な堆積促進が確認されている．

図5.50は粗朶搦工に見立てた単一の直立工作物（高さ0.5 m）周りの流速ベクトル，懸濁物（SS）の濃度分布，底面剪断力τ_bおよび沈降フラックスDの計算結果である[67]．なお，簡単化のため，一定水深（1.5 m）で定常状態を仮定している．計算結果は，粗朶搦工を模した突起部底面付近での濃度上昇や突起部前面での流速減衰効果および後背部での渦生成を示唆している．また図中の底面剪断応力τ_bは巻き上げ限界底面剪断強度τ_{ce}以下であるため，巻き上げは生じておらず，沈降が卓越する状況にあり，特に沈降フラックスDはモデル突起物前面1～2 m付近からその背面5 mあたりまで流入前のDよりも大きく，最大で約5.0％上昇している．これらは，粗朶搦工による流れ場改善と懸濁物の沈降

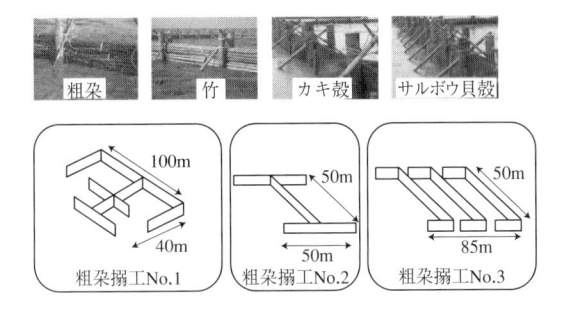

図5.47 粗朶搦工の使用材料と平面形状

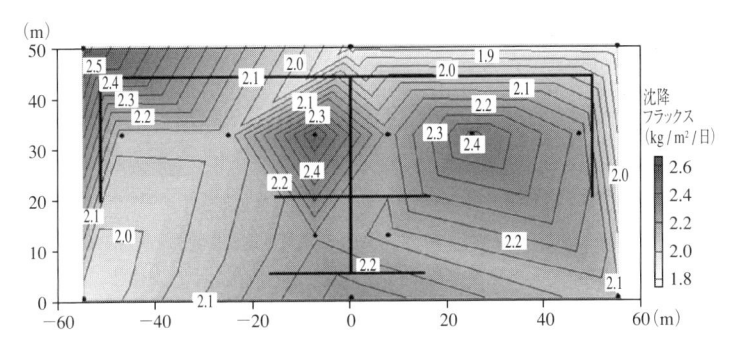

図5.48 粗朶搦工No.1の沈降フラックス（2008.11.28・29（大潮））

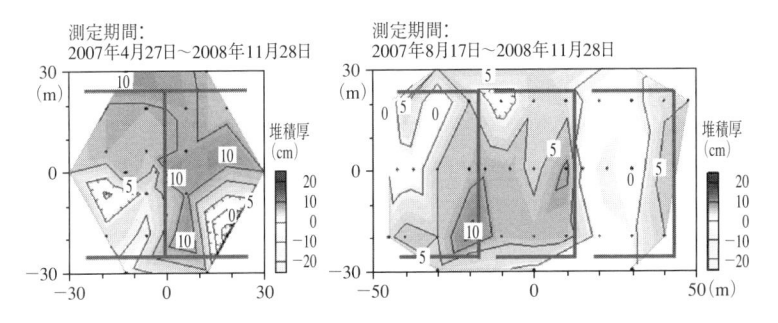

図5.49 粗朶搦工の堆積底泥層厚分布

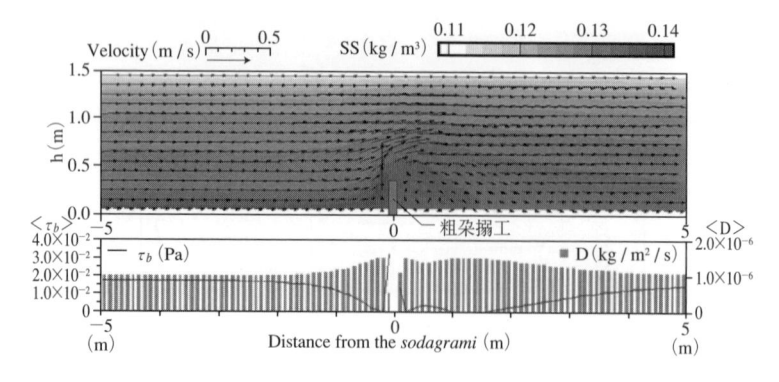

図5.50 粗朶捨工モデルと計算結果例

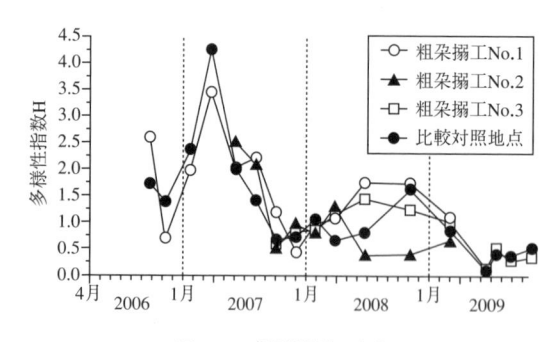

図5.52 多様性指数の変化

促進機能を示すものである．

次に，粗朶捨工設置にともなう物理環境変化が生息生物に与える影響についての調査結果の一例を示す．図5.51（カラー口絵）は，2006年9月から2008年10月に粗朶捨工内外で動物門別のマクロベントス個体数の時系列変化を示したものである．図より，粗朶捨工内および比較対照地点ともにマクロベントス個体数の季節変化はほぼ同様ではあるものの，粗朶捨工で囲われた区画の方がその変動幅が小さく，囲われることによる静穏場維持の結果といえる．また，動物門別では軟体動物門の個体数が多く，初秋から冬場にかけてその季節変動も大きくなる傾向にある．その他，粗朶捨工内は節足動物の割合が高い傾向にあった．マクロベントスの種類数については，5〜20種程度で変動し，場所による顕著な差は観察されていない．図5.52は約3年間にわたる粗朶捨工内での生息調査を

図5.53 粗朶搦工材料（竹）に付着する生物

通した各々の場所での多様性指数を示したものである．粗朶搦工設置にともなう多様性指数の顕著な増加は，設置後1年目に見られたものの，いずれも比較対照地点との比較では，さほどの効果とまではいえない．しかしながら，粗朶搦工撤去後（2009年8月以降）は撤去工事に伴う場の攪乱とともに粗朶搦工撤去による物理環境の再変化もあり，数値がやや低下する傾向にあった．3〜4年程度の干潟生物調査では，その間の変動も大きく，粗朶搦工の生息場改善の優位性を顕著に指し示す（半）定常的な変化を導き出すことは困難であった．一方で，粗朶搦工材料となった竹や枝および貝殻には工作物設置直後から多数の生物付着が見られ（図5.53参照），周辺部でのガタ土の堆積は目に見えて顕著であることは事実で，人工工作物による干潟生態系の反応についてはさらなる長期的かつ局所的なモニタリングの必要もある．なお，現場海域で"ムツ掛け漁"をやっていた漁師から「粗朶搦工や囲繞堤による底質改善区の周辺干潟域では，"ワラスボ"が獲れるようになった」との意見も聞かれ，周辺海域の底質環境の改善効果の傍証ともいえる．

このように粗朶搦工の設置と撤去を通した調査などにより，粗朶搦工には細粒子分の捕捉効果と底生生物生息環境の再生効果があることを演繹的に提示することができた．しかし一方で，粗朶搦工区とその周辺に堆積した底泥は非常に軟弱で，今回の実証実験の期間で自然のままに自重圧密するには時間的余裕がな

く,アゲマキ幼生の着床は確認できなかった.長期間(5年～年間程度)にわたって粗朶搦工内に浮泥を堆積させた後,大気圧密工法(5.1.5 (3))節参照)を適用して含水比を低下させれば,浮遊幼生の着床場を造成することは十分可能であろう.

(林重徳・山西博幸)

(2) 化学的改善

a) はじめに

5.1.3(2)に記載されているように,干潟域の環境改善方策として,水質や底質の好気化による微生物学的な浄化能力の促進は有効であると考えられる.本項では,5.1.3(2)で紹介されている耕耘と水圧利用型強制水循環のうち,水圧利用型強制水循環を利用した人工巣穴による底質改善効果の検討結果を紹介する.改善効果を評価する場合,酸化還元レベル(嫌気/好気状態)の変化を直接反映すると考えられる硫酸塩還元細菌を対象として底質中の微生物相を分子生物学的に解析する方法は,感度よく環境の変化を検知できると考えられる.また,培養法によらない手法を用いることで,干潟底泥中の複雑で多様な微生物相の変化を簡便かつ迅速にモニタリングでき,干潟の環境状態を把握するのに効果的である.

ここでは熊本市の百貫港で行われた人工巣穴現地試験のうち,ドレーンタイプ,MAX ドレーンタイプ,U字タイプの計3種類の人工巣穴を用いて実施した試験の解析結果を紹介する.

b) 微生物相の解析による人工巣穴設置効果の評価

人工巣穴[68]の設置効果を微生物学的に調べるために,サンプリングは,人工巣穴を設置した場所と設置していない比較区の両方で,表層(0～1 cm),上層(7～13 cm),中層(17～23 cm),下層(27～33 cm)の4深度に対して,人工巣穴設置前,人工巣穴設置直後,人工巣穴設置2週間後,3ヵ月後,6ヵ月後,8ヵ月後,9ヵ月後の時期に行われている.採取したサンプルからはDNAが抽出され,得られたDNAが鋳型としてPCR増幅に用いられる.分子生物学的な解析方法として,微生物相の分布を調べるクローン解析,微生物相の定性的な変化を調べるDGGE解析,微生物相の変化を定量的に調べる定量PCR解析の3通りの解析法が用いられている.

図5.54は,硫酸塩還元細菌に特有な機能性遺伝子の一つである$dsrB$を標的としたDGGE解析の結果を示している.黒色の縞模様として見えるDNAバン

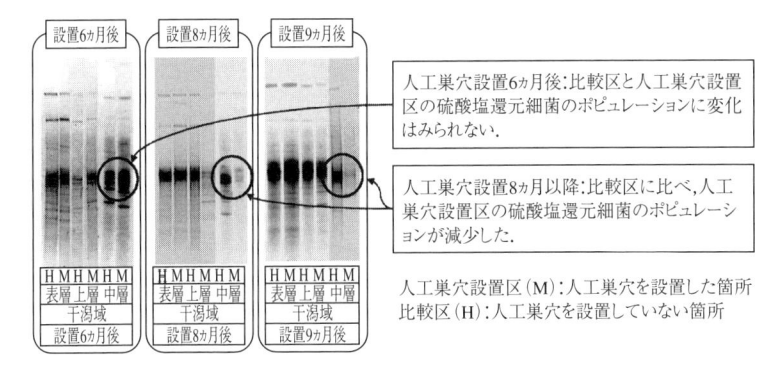

図5.54 人工巣穴設置6ヵ月後,8ヵ月後,9ヵ月後の $dsrB$-DGGE 解析結果

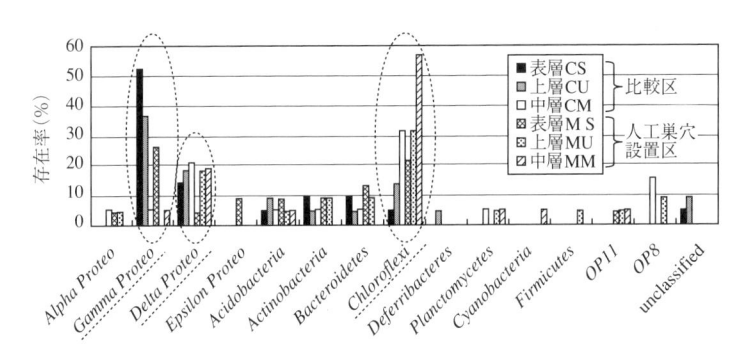

図5.55 人工巣穴設置8ヵ月後サンプルにおけるクローン解析結果

ドのパターンについて，人工巣穴設置6ヵ月後までは人工巣穴設置区と比較区で顕著な差は認められないが，設置8ヵ月後および9ヵ月後になるとDNAバンドの濃度が特に中層で薄くなり，人工巣穴設置区において硫酸塩還元細菌数が減少したと考えられる結果が得られている．図5.55は，設置8ヵ月後のMAXドレーンタイプの人工巣穴設置区および比較区の表層，上層，中層のサンプルを用いて，全Bacteriaに対する16S rRNA遺伝子を標的としたクローン解析を行った結果である．人工巣穴設置区と比較区の表層，上層，中層から抽出したDNAを用いて構築されたクローンライブラリーから約20クローンずつをランダムに選択して解析された図5.55の結果では，人工巣穴設置の有無と底質の深度に対して微生物相の違いが見られ，人工巣穴を設置していない比較区では

Gamma Proteobacteria 綱の微生物が優占しているのに対し，設置区では *Chloroflexi* 門の微生物が優占しており，微生物相が変化していることが示されている．好気または嫌気条件で有機物を分解する微生物が多く含まれている *Chloroflexi* 門に分類されたクローンの系統樹解析では，得られたクローンは *Chloroflexi* 門の 4 つの亜門に幅広く分布することが確認されており，人工巣穴の設置により好気・嫌気の両条件で底質の有機物分解能力が向上したことが示唆されている．また，*Delta Proteobacteria* の中で，嫌気性細菌である硫酸塩還元細菌に分類されたクローンの割合において，人工巣穴を設置していない比較区が 16.1 % であったのに対して設置区では 9.1 % に減少したという結果が得られている．さらに，比較区では酸素耐性のない硫酸塩還元細菌が主であるのに対し，人工巣穴設置区では酸素耐性のある硫酸塩還元細菌に変化していることも明らかになっている．*Gamma Proteobacteria* では，H_2O の代わりに H_2S を電子供与体として光合成を行うので O_2 を発生しない嫌気的な光合成細菌である光合成硫黄酸化細菌に近縁なクローンが比較区の表層と上層から検出されているのに対し，人工巣穴設置区ではほとんど検出されないという結果も得られている．以上のクローン解析の結果は，人工巣穴を設置してから 8 ヵ月以降では，設置区は比較区よりも好気的な環境に変化することを示唆している．

　さらに，人工巣穴設置効果の定量的解析が試みられている．干潟底泥から抽出した DNA サンプル中には PCR 反応を阻害する物質が多く存在することが知られており，定量 PCR 解析において定量性を損なう危険性がある．阻害物質を考慮しない通常の条件で PCR を行っても，16S rRNA を標的とした全 *Bacteria* のプライマーを用いた場合は目的とする DNA 断片の増幅がすべてのサンプルで確認されているが，硫酸塩還元細菌の 16S rRNA 遺伝子および *dsrA* 遺伝子のプライマー[69] を用いた場合は目的とする DNA 断片の増幅が確認できないサンプルが多く見られる．干潟底泥サンプル中に存在するフミン酸などの阻害物質が DNA の増幅を抑制すると考えられるので，フミン酸による PCR 阻害を緩和する効果があると報告されている T4gene32protein[70] を添加して *dsrA* 遺伝子を増幅するプライマーを用いて PCR を行うと，T4gene32protein を PCR 反応液中に添加することで，テンプレート DNA の濃度依存的に，目的とする DNA 断片を増幅できることが確認されている．

T4gene32protein を添加し，さまざまな条件検討により決定された最終条件で，比較区と人工巣穴設置区の設置 2 週間後から 9 ヵ月後までの中層サンプルから抽出した DNA を用いて，全 *Bacteria* と硫酸塩還元細菌の 16S rRNA 遺伝子および硫酸塩還元細菌の dsrA 遺伝子の定量 PCR を行い，細菌数の経日変化を調べた結果を図 5.56 に示している．全 *Bacteria* の 16S rRNA を標的とした定量 PCR では，人工巣穴設置区でも比較区でも，6 ヵ月，8 ヵ月，9 ヵ月の間に 1 オーダー以上の遺伝子数の変動は見られていないので，環境の変化によって微生物の種類に増減があったとしても，*Bacteria* の総数としては大きな違いは生じていない．一方，硫酸塩還元細菌の 16S rRNA を標的とした定量 PCR の結果においては，比較区と比べて人工巣穴設置区では設置 8 ヵ月後と 9 ヵ月後において硫酸塩還元細菌の減少が見られている．同様に，硫酸塩還元細菌特有の機能性遺伝子の一つである *dsrA* を標的とした定量 PCR 解析においても，比較区と比べて人工巣穴設置区では設置 8 ヵ月後から硫酸塩還元細菌が約 1/10 に減少している．これらの結果は，人工巣穴を設置した場所の底質が好気的に変化し，嫌気性細菌である硫酸塩還元細菌数が減少したことを示している．

c) おわりに

硫酸塩還元細菌の *dsrB* 遺伝子領域を標的とした DGGE 解析によると，人工巣穴設置 6 ヵ月後までは人工巣穴設置の有無や設置した巣穴のタイプを問わずバンドパターンとバンド強度に変化は見られないが，設置 8 ヵ月後以降では中層および下層においてドレーンタイプと MAX ドレーンタイプ設置区のバンドパターンが比較区に比べて薄くなり，硫酸塩還元細菌数が減少することが示唆されている．また，人工巣穴設置 8 ヵ月後のサンプルを用いたクローン解析においても，設置区の方が硫酸塩還元細菌の比率が減少するなど好気的な環境に変化したことが示唆されている．さらに，人工巣穴設置後 2 週間から 9 ヵ月までの定量 PCR 解析においても，硫酸塩還元細菌の機能性遺伝子である *dsrA* 遺伝子および硫酸塩還元細菌の 16S rRNA 遺伝子を標的として，設置 8 ヵ月以降においては，設置区の方が比較区よりも顕著に硫酸塩還元細菌のコピー数が減少することが示されている．

以上の知見から，人工巣穴設置により干潟底質環境が好気的環境へと移行したことが確認され，短期間では顕著な効果が現れないが長期間の設置を行うこと

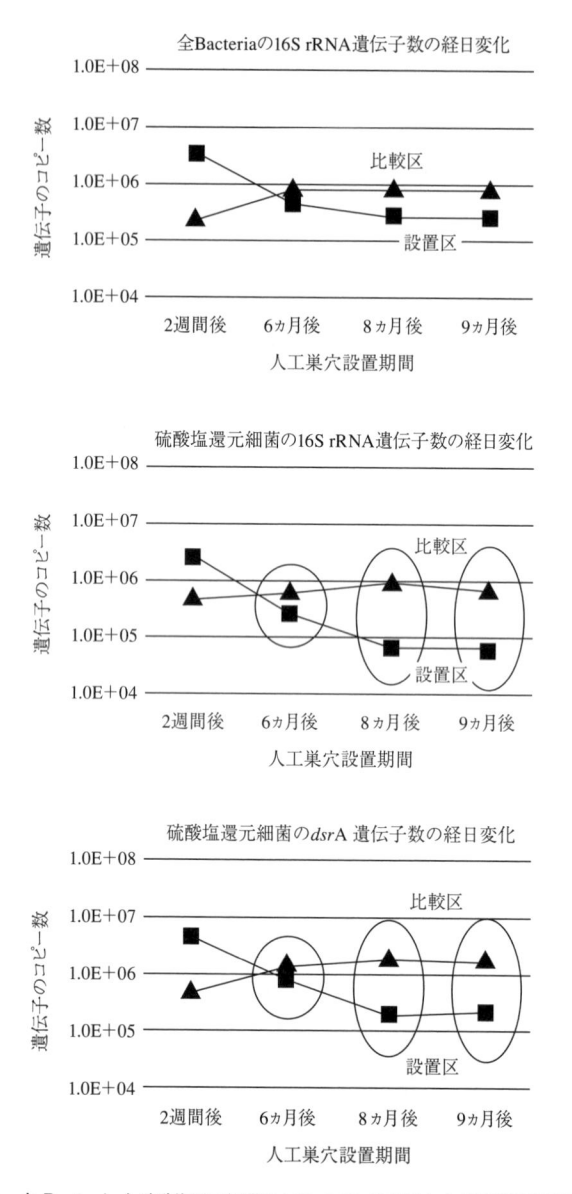

図 5.56 全 *Bacteria* と硫酸塩還元細菌の 16S rRNA 遺伝子および硫酸塩還元細菌の機能性遺伝子 *dsrA* の定量 PCR 解析による経日変化

で改善効果が発揮されることが示されている．また，その効果は一時的なものではなく，継続的であることも示されている．　　　　　　　　　　（森村　茂・木田建次）

(3) 生物的改善

a) はじめに

ゴカイやカニなどの底生生物の多くは，底泥中に巣穴を形成し，底泥表面と同様の固液接触界面を底泥内部まで拡大させ，バイオターベイション（生物撹乱）によってそれを維持している．この固液接触界面は，酸化層と還元層の境界面で，有機物の分解や硝化・脱窒に代表される物質循環が活発に行われていると考えられている（図5.57）．しかし，底質が悪化して生物が生息できない場所では，巣穴がないために自浄作用が衰え，慢性的に嫌気状態になるといった悪循環に陥っている．

本節で紹介する「人工巣穴」は，底生生物の巣穴を人工的に再現し，干潮時に干出する干潟域では水位差，干出しない海域では潮流を利用して底泥中に上層水を輸送し，好気的環境を創出することを目的としている（図5.58）．

b) 現地実証試験概要

人工巣穴の現地適用可能性を検証するために，滝川ら[71)]は2006年2月より熊本県百貫港地先の海域および干潟域において現地実証試験を行った．試験地は坪井川河口に位置しており，出水時などの泥分堆積が顕著であるため，慢性的に底質環境が悪化している．試験に用いた人工巣穴は，7種8タイプ（図5.59）で，50 cmないし100 cm間隔で現地に設置されている．

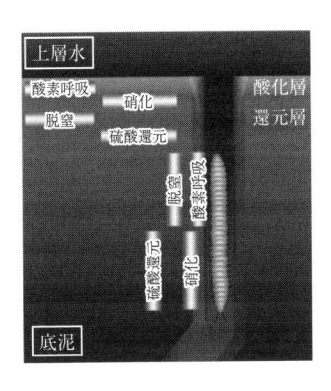

図5.57　巣穴の周りの酸化還元状況

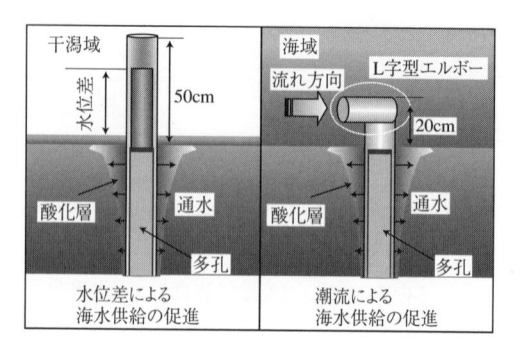

図 5.58　人工巣穴

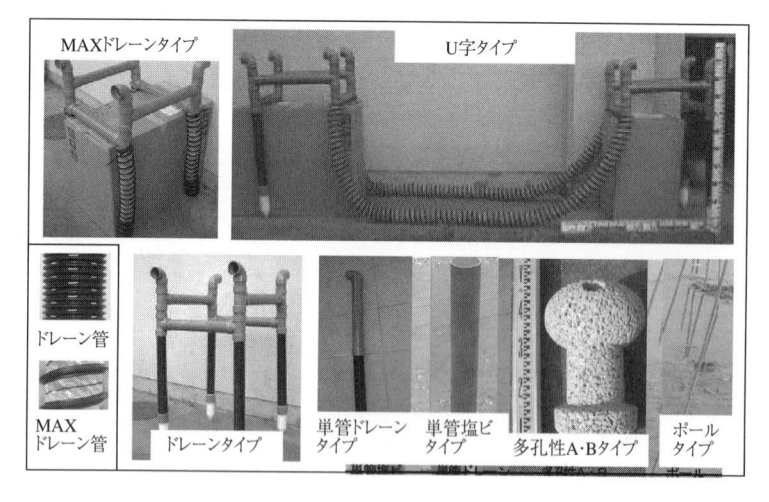

図 5.59　種々の人工巣穴

　人工巣穴の底質改善効果を把握するためになされた底質調査（粒度組成，含水率，硫化物，ORP，COD_{sed}・強熱減量，pH，泥温）および底生生物調査（マクロベントス種数，個体数，湿重量）は，泥深約 40 cm のコアサンプリングにより表層（0〜1 cm），上層（7〜13 cm），中層（17〜23 cm），下層（27〜33cm）の底質を分析・測定したもので，底生生物調査は，干潟域では 25cm × 25cm のコドラートで 2 回採泥（0.125 m^2），海域では 15 cm × 15 cm の港研式コドラートでダイバーを介し 6 回採泥（0.135 m^2）を行い，それらを 1 mm 目の篩いにかけ，残った底生生物を採取および同定したものである．

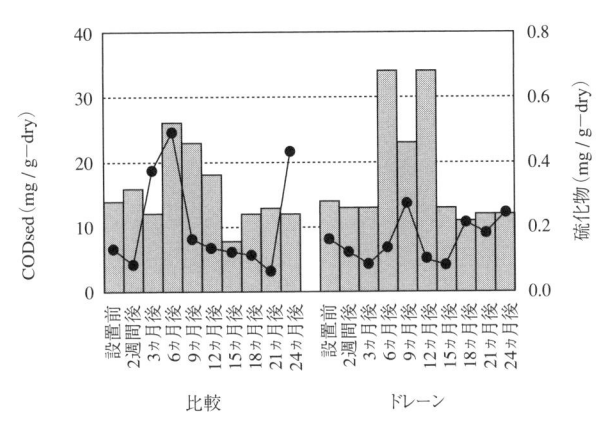

図 5.60　海域における人工巣穴（ドレーンタイプ）による底質変化

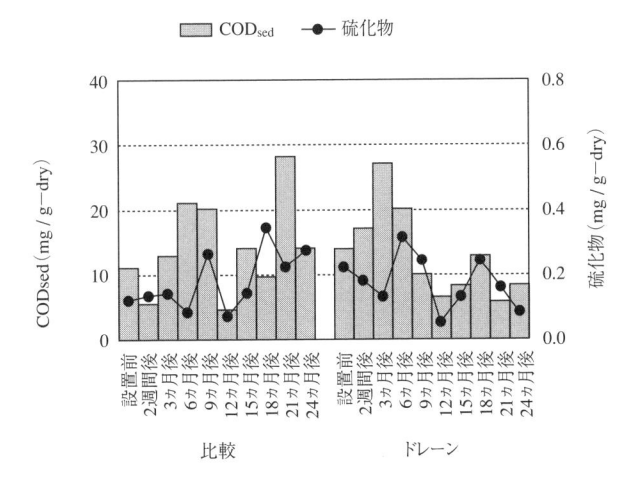

図 5.61　干潟域における人工巣穴（ドレーンタイプ）による底質変化

c）現地実証試験結果

岩尾ら[72]は，人工巣穴による底質改善効果の一例として，人工巣穴（ドレーンタイプ）の海域（図 5.60）および干潟域（図 5.61）の表層における硫化物と，その発生に起因するCOD_{sed}の経時変化を，対照地点（以下，比較地点）と比較

して示している．

　海域では，比較地点とドレーンタイプ設置地点のCOD_{sed}の間に明確な差は見られていない．しかし，硫化物は設置3ヵ月後，6ヵ月後および24ヵ月後に比較地点でそれぞれ0.37 mg/g－dry，0.49 mg/g－dry，0.43 mg/g－dryと高い値を示したのに対し，ドレーンタイプ設置地点ではそれぞれ0.08 mg/g－dry，0.13 mg/g－dry，0.24 mg/g－dryと低い値を示していた．

　干潟域では，COD_{sed}について設置21ヵ月後，24ヵ月後に比較地点でそれぞれ28.0mg/g－dry，14.0 mg/g－dryを示したのに対し，ドレーンタイプ設置地点ではそれぞれ5.8 mg/g－dry，8.3 mg/g－dryと比較地点より低い値で推移していた．硫化物は24ヵ月後に比較地点で0.27 mg/g－dryを示したのに対し，ドレーンタイプ設置地点で0.08 mg/g－dryと比較地点より低い値を示していた．

　これらの結果から，海域では人工巣穴（ドレーンタイプ）を設置することにより，3～6ヵ月後にその上層水浸透効果が発揮され，硫化物の低減に繋がったものとしている．しかしその後は，比較地点とドレーンタイプ設置地点で大きな差異がなかったことから，巣穴内部に浮泥が堆積し，その効果が薄れたものとしている．その一方で海域，干潟域ともに，人工巣穴設置地点において24ヵ月後に再び硫化物が低減されていた理由として，岩尾ら[72]は生物量，すなわち生物撹乱に着目して考察を行っている．

　海域では，生物個体数については比較地点とドレーンタイプ設置地点とで同程度の値もしくは比較地点がドレーンタイプ設置地点を上回っているのに対し，生物湿質量はドレーンタイプ設置地点が比較地点と同等もしくはそれを上回っていたのは（図5.62），比較地点でゴカイなど小型の底生生物が出現し，ドレーンタイプ設置地点ではサルボウガイ（設置9ヵ月後に稚貝を90個体/0.135 m²確認）や大型のゴカイなど大型の底生生物が出現したためとしている．

　干潟域では，生物個体数についてばらつきはあるものの，比較地点とドレーンタイプ設置地点とで概ね同程度の値を示し，生物湿質量には，ドレーンタイプ設置地点が6ヵ月後以降比較地点を上回った（図5.63）のは，ドレーンタイプ設置地点でアサリなど大型の底生生物が多く出現したためとしている．

　以上を踏まえ，海域および干潟域のドレーンタイプ設置地点で確認された設

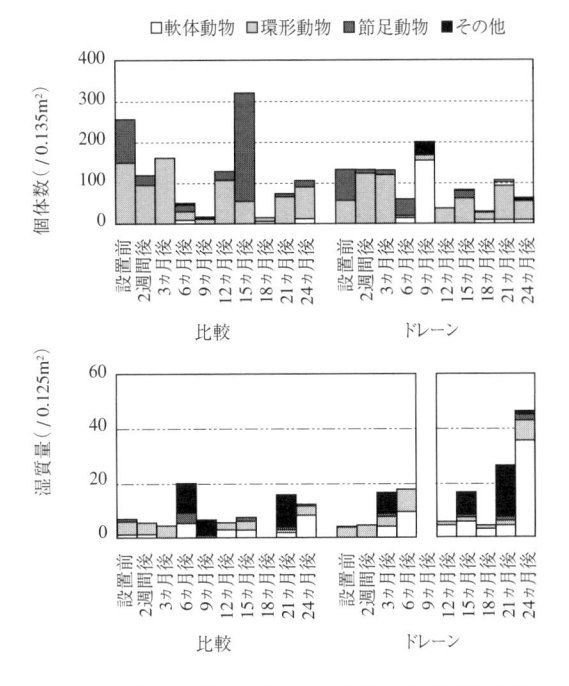

図5.62 海域の人工巣穴周辺の生物個体数と生物湿質量の変化

置24ヵ月後における硫化物の低減は，大型の底生生物の定着およびそれに伴う生物撹乱による底質改善効果によるものと報告している．

では，人工巣穴の設置地点において，比較地点ではほとんど出現しなかったアサリやサルボウガイなどの大型の生物が生息していた理由は何であろうか．これは，人工巣穴が生物の着床基盤としての機能を果たしていることによるものと考えられる．実際，人工巣穴設置6ヵ月後からは，サルボウガイやアサリに限らず様々な生物が設置地点に出現した．

増田ら[73]および丸山ら[74]は，海域の設置地点では海藻やアカニシガイ，干潟域の設置地点ではフジツボやカキなどの付着生物が確認され，付着生物の隙間にカニやゴカイなどの生息やその卵なども付着しており，海域においては設置地点内で稚仔魚の群れが確認されるなど，人工巣穴が魚介類の産卵・生息場になるといった波及的な効果が見られたと報告している．

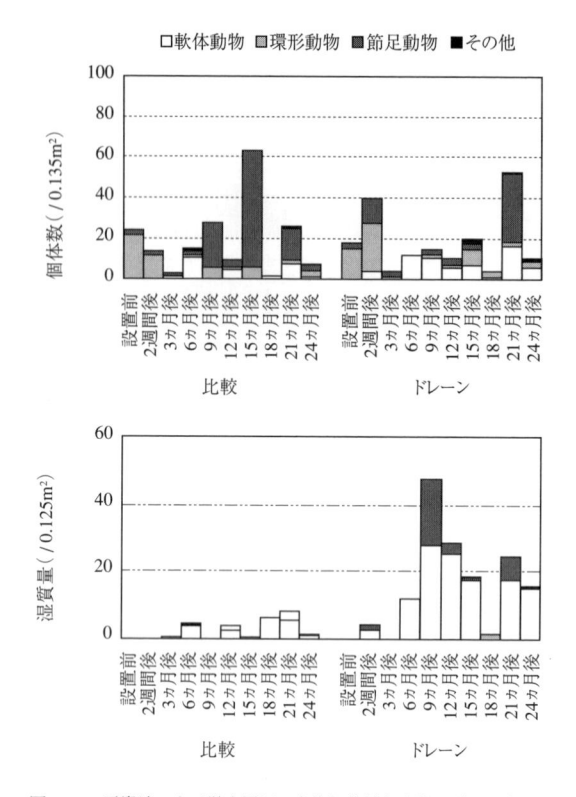

図5.63 干潟域の人工巣穴周辺の生物個体数と生物湿質量の変化

d) おわりに

人工巣穴による底質改善効果は，①上層水浸透による改善効果，②生物撹乱による改善効果によりもたらされることを示した．また，人工巣穴の設置地点近傍では，洗屈が生じていることも確認されており[74]，現地盤に対する浮泥堆積抑制効果も期待される．

一方，本技術における課題としては，①上層水浸透による改善効果の持続期間は，設置後3～6ヵ月までに限定されることから，長期間改善効果が持続するように人工巣穴内部への浮泥堆積抑制方法を検討する必要がある．②上層水浸透による改善効果の影響範囲は，人工巣穴の表層ごく近傍に限られることが示唆される[74]ため，定量的な影響範囲を把握し，より広範囲を改善可能な技術開発を継続していくことが望まれる．

(五十嵐学・森本剣太郎)

5.1.6 囲繞堤による浅海域の底質再生
(1) 湾奥部における底質再生研究

佐賀大学低平地研究センターでは，2001年7月より，(独)農業・生物系特定産業技術開発機構による競争的研究資金の「生物系産業創出のための異分野融合研究支援事業」のもとで，地域コンソーシアム"有明海における底質改善と底生生物回復のための技術開発"研究を，地元の産・官・学5機関で2006年3月までの5ヵ年間実施し，重要な知見と成果[75]を得た．これらの成果をもとに，2005年4月より2010年3月までの5ヵ年間，科学技術振興調整費・重要課題解決型研究の推進プログラムによる"有明海生物生息環境の俯瞰型再生と実証試験"を実施した．これらの研究の主要成果である湾奥部泥質干潟における「囲繞堤と覆砂・耕耘混合による底質再生実証実験」の結果を報告する．

a) 湾奥部の実験フィールド

地域コンソーシアムの研究を開始する際の予備調査として，湾奥部干潟の中でも当時底質悪化が最も激しかった飯田海岸干潟域において，底質改善の実証実験を行った．当時奇跡的にアゲマキの自然生息が確認され，漁業保護区に指定されている東与賀海岸においても底質調査を行い，それらの差違を比較検証することにした．さらに，飯田海岸から東与賀海岸にかけて4本の測線を設け，測線上の4・5測点において，定期的な調査を継続して9年間実施した．実証実験フィールドと測線・測点を，図5.64に示す．また，2002年11月時点の飯田海岸と東与賀海岸における干潟表面の状況を，図5.65 (A), (B) に示す．飯田海岸干潟 (A) には巣穴などの生物痕跡は全く見られず，掘削すると強い異臭（腐卵臭）があり，黒灰色の泥土はスコップや手にベットリと付着した．一方，東与賀干潟 (B) には，多くの巣穴とシオマネキやムツゴロウが見られ，それらを捕食にきた鳥の足跡も数多く確認された．写真に見られるように干潟にスコップを入れると異臭は全くなく，灰白〜灰青色の潟土は豆腐やプリンを切った時のように，形状を保っていた．

(2) 湾奥部における底質調査
a) 調査方法と2002年度の調査結果

底質調査の方法は，図5.66に示すように，ステンレス製モールド（$\phi 20$ cm $\times$ H20 cm）とシンウォールチューブサンプラー（$\phi 7.0$ cm $\times$ H90 cm）を底

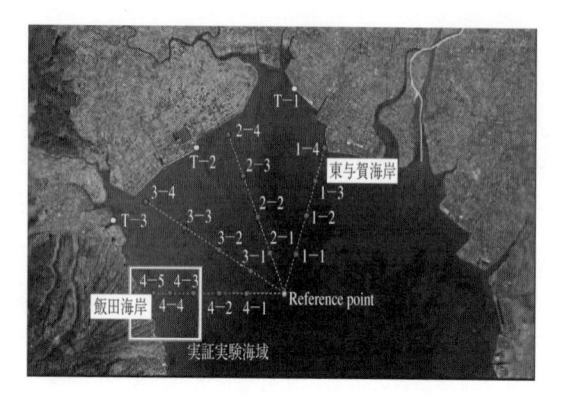

図 5.64 実証実験海域と調査測線・測点

図 5.65 2002 年の干潟底質状況の比較

泥に貫入して,それぞて深さ 20 cm と約 70 cm の不撹乱試料を採取し,現地および試験室において押し抜きながら所定の深さの測定と試験を実施した.

底質調査の結果は,地域コンソーシアム審査員(水産学専門家)のアドバイスにより,検知管を用いて測定する AVS 値(酸揮発性硫化物)を基軸として検討することにした.なお,この方法による AVS 値は,硫化水素とともに金属と緩く結合した硫化物も同時に測定していることになる.遊離の硫化物は,H_2S,

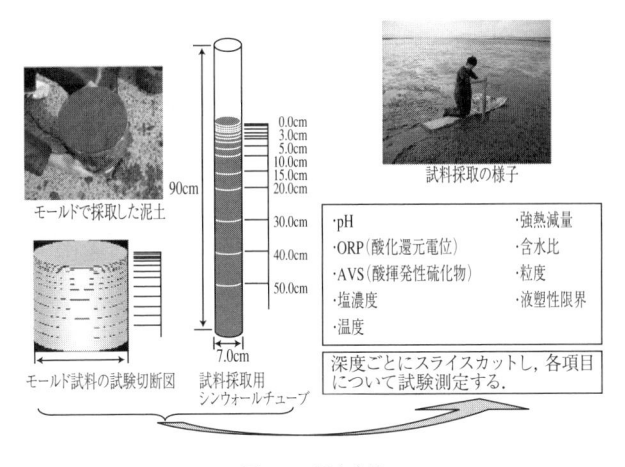

図 5.66　調査方法

HS$^-$，および S$_2^-$ の形態で存在するが，その割合は pH と密接に関連している．したがって，AVS の測定時には，常に pH および塩濃度を測定した．AVS 値は，0.2（mg/g dry‐mud）が水産生物の生息にとって良好な環境を示す水産基準値とされ，さらに，AVS 値 0.5（mg/g dry‐mud）が有用生物にとっての生息限界の目安値といわれている．

　湾奥部における 4 測線・18 測点における調査は，3 ヵ月ごとに年 4 回，ほぼ 9 年間にわたって継続して実施された．調査の結果，2002 年 5 月時点の湾奥部の底質は非常に悪化していた．特に，測点 4 の測点；4-2，4-3，4-4 における底質の AVS 値は，生物生息限界の 0.5（mg/g dry‐mud）をはるかに上回っており，当時の湾奥部底質は底生生物にとって極めて厳しい環境にあったことが，調査結果からも明らかになった．

　飯田海岸干潟において，2002 年 5 月から 2004 年 1 月までほぼ毎月測定した底質調査の結果（AVS）を，図 5.67 に示す．飯田海岸干潟の底質では AVS 値が，4 cm 程度から約 20 cm の深さまで 1 年を通して，生物生息限界値を大きく超えている．特に，夏場は干潟の表面近くまで非常に高い値を示し，月によっては深さ 40 cm まで生物が生息できる底質環境にないことを示している．これは，図 5.65（A）の状況を裏付けるものであるが同時に，飯田海岸干潟における底質改善は，最低でも約 50cm の深さまで実施しなければならないことを示している．

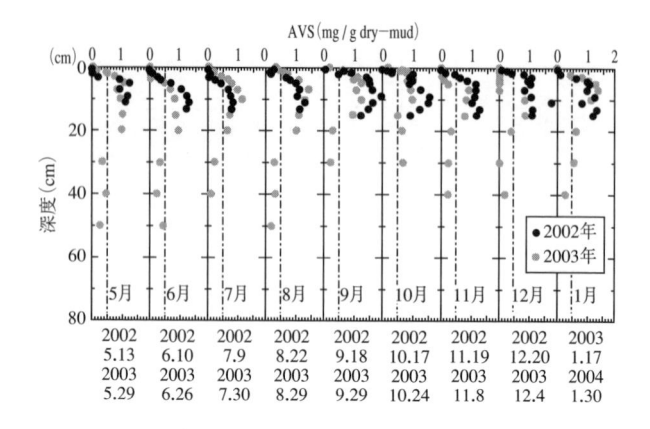

図 5.67　飯田海岸干潟の AVS 値の月毎深度分布

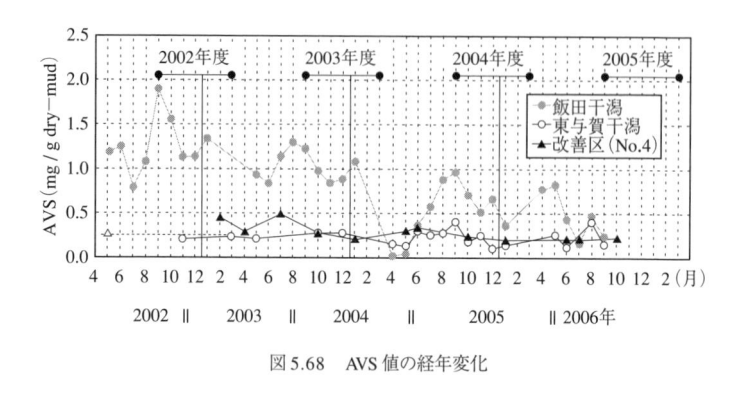

図 5.68　AVS 値の経年変化

一方，東与賀海岸干潟における底質の AVS 値は，深度 11 cm 程度まで水産基準値以下，それ以深でも十分生息限界値以下であり，生物生息のための良好な底質環境にあることが確認された．湾奥部の飯田海岸と東与賀海岸におけるこのような干潟底質調査は，ほぼ毎月 9 年間にわたって実施された．

b) 底質深度 10 cm における AVS の経年変化（2002.5～2005.10）

飯田海岸と東与賀海岸干潟および改善区において，2002 年 5 月から 2005 年 10 月まで毎月測定された底質深度 10 cm における AVS 値の経年変化を，図 5.68 に示す．底質調査における深度 10 cm の底泥は，通常の波浪や潮汐などの撹乱や降雨などの影響を比較的受けていないため，底質環境の長期的な変化を把握す

るのに適している．実測されたAVS値の経時変化から，飯田海岸干潟の底質は，生物生息環境として依然厳しい状況にあるものの，この観測期間（2005年10月）までは明らかな改善傾向が認められた．このような改善傾向が見られるようになった理由については，後節（5）において考察する．なお，東与賀海岸干潟の底質ならびに底質改善施工区においては，この期間を通して良好な環境が維持されていた．

(3) 囲繞堤と覆砂・耕耘混合による「底質改善システム工法」の開発

研究の具体的目標の一つは，底質悪化の著しい飯田海岸干潟域において「底質改善」を実施して，底生生物が生息できる環境に再生し，特に当該海域の特産品であった"アゲマキ"を復活させる技術を開発することであった．事前調査の結果，①飯田海岸干潟の底質は，数十センチの深さまで著しく嫌気化していること，②従前から実施されていた覆砂，耕耘，作澪などの効果が長続きしなくなっていること，③湾奥部干潟域においても底泥の細粒子化が進行していること，等々が明らかになった．したがって，当該干潟域で「底質改善」を実施するために，まず，悪化した底泥を詰めた大型土嚢で囲繞堤を構築し，次に囲繞堤の内部に底質改善材を覆設し，底質の悪化状況とアゲマキの潜泥深さを考慮した所定の深さまで底質と一緒に耕耘・混合し，周辺より若干高いマウンドを造成することにした．この「底質改善システム工法」の効果を検証するために，アゲマキを放流して生残率や成長・成熟度が，県有明水産センターによって調査された[76]．

a) 水質浄化機能をもつ底質改善材の開発

日本建設技術（株）は，ワイン瓶や色ガラスなど再利用の難しい廃ガラスを用いて比重0.4〜0.8程度の発泡ガラスを製造する技術を，既に開発していた．この発泡ガラス材は，水耕栽培や屋上緑化の土壌として使用されるとともに，金魚水槽に敷いて砂礫層で押さえておくと，通年でも水槽の水換えが全く不要な程，高い水質浄化機能を発揮することが明らかにされていた．しかし，海域で底質改善材として使用するためには，微生物の住処となる間隙構造をもち，かつ海水でも浮上しないように，比重1.5〜1.7の発泡ガラス材を製造する技術の開発が要請された．試行錯誤を重ねた結果，佐賀県下の窯元で発生する磁器廃材を活用し，比重1.5の発泡ガラス材を製造する技術が開発された．この研究開発の流れを，図5.69に示す．さらに，AVS値が1.2 mg/g dry－mudを示す程悪化した底泥

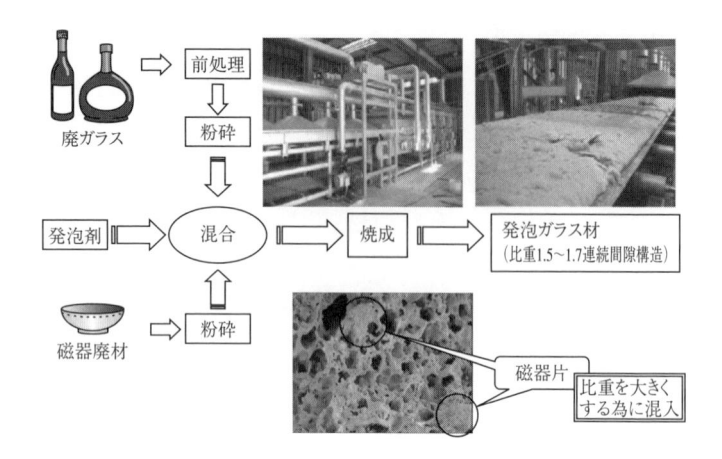

図 5.69　比重 1.5〜1.7 の底質改善材（発泡ガラス）製造工程

を，生息限界値以下に改善するため，改善材料（発泡ガラス＋砂）の配合割合が研究・選定された．

b) 固結底質層の耕耘混合機械の開発

前述したように底質悪化の著しい飯田海岸干潟では，季節によっては 30〜40 cm の深さまで，AVS 値が生息限界値以上になることが明らかになっていた．一方，それまで漁業関係者が干潟耕耘に用いてきたロータリー式耕耘機では，底質の表面 15〜20 cm 程度までしか耕耘できないので，耕耘した下に AVS 値の高い底質を残す状態になる．さらに，対象とするアゲマキの成貝（7〜9 cm）は，殻長の 10〜12 倍近い巣穴を掘るとのことから，約 1 m の深さまで底質を改善し，良好な環境に維持できなければならない．また，耕耘混合に際して，生息している貝やベントス類を極力傷付けない方法でなければならず，加えて粘土と砂を均質に混合することは容易なことではない．これらの課題を克服して考案・開発されたのが，図 5.70 に示す「穴開きオーガー」による耕耘・混合機械である．図中に示されるように，テストピットにおける混合実験でも，良好な混合状態が確認された．

c) 囲繞堤構築と覆砂・耕耘混合の施工技術

胴長を着ても 50 cm〜1 m 近く沈没し，潟スキーや干潟走行機でしか移動で

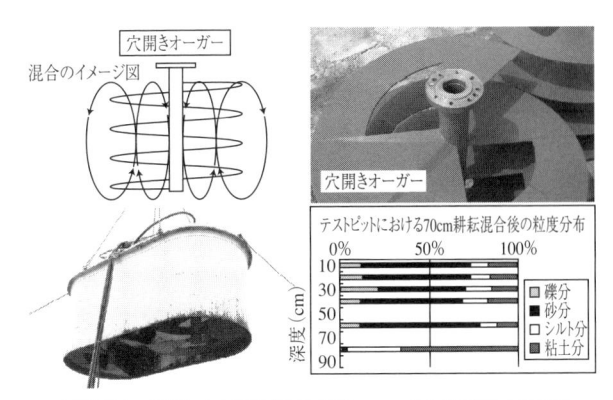

囲繞堤内に覆設した底質改善材と深度1.50 mまでの固結した底質層および粘土層を，効果的に耕耘混合することが可能である．

図 5.70　底質耕耘混合機械の開発

きない軟弱な干潟域での囲繞堤の構築と底質改善区の施工は，極めて困難であったが，囲繞堤構築ならびに開発された改善材覆設・覆砂と開発された機械を用いた耕耘混合の施工技術を確立することができた．干潟域における「底質改善区」の施工状況を，図 5.71 に示す．

d)「底質改善システム工法」と改善効果の持続性確認

「底質改善」施工 3 年後の AVS の深度分布を，囲繞堤の有無ならびに底質改善区と非改善（無処理）域とで比較した結果，底質改善区の材料の差異とともに，囲繞堤の有無による違いが明白で，囲繞堤ならびに底質改善材の効果が確認された．また，図 5.68 に示した底質深さ 10 cm における AVS 値の経年変化からも，わかるように，AVS 値が 1.2 mg/g Dry－mud を超える程底質悪化の著しい干潟域で施工した「底質改善区」の AVS 値は，施工後直ちに生息限界値以下に低下し，施工後 4 年半以上の長期にわたって，十分生息限界値以下に維持されていたことが確認された．このようにして開発した「底質改善システム工法」の基本構成ならびに囲繞堤の役割と効果などの概要を，図 5.72 に取りまとめている．

e) 底質改善区の更なる改良 ── 大気圧密工法による含水比低下

底質改善区では，図 5.68 に示したように，施工後 AVS 値が直ちに低下しかつ長期間にわたってその効果が持続することを確認した．また，覆砂・耕耘混合

(a) 囲繞堤の築造

(b) 改善材の覆設

(c) 耕耘混合の施工

図 5.71 底質改善の施工

<「底質改善システム工法」の基本構成>

○ 悪化した底泥を浚渫・脱水・袋詰めし,「土嚢」を作製する.
○ 底泥を袋詰めした土嚢を用いて「囲繞堤」を構築する.
○ 堤内に「改善材（海砂・シルト,発泡ガラスなど）」を覆設する.
○ 改善材と底泥・底質を,底質が悪化していない深度まで（深度約1.0 mまで）「オーガー式耕耘機」を用いて耕耘混合する.

<囲繞堤の役割と効果>

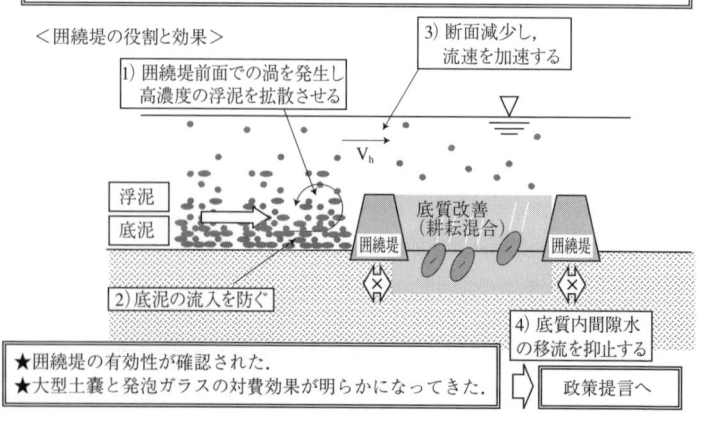

1) 囲繞堤前面での渦を発生し高濃度の浮泥を拡散させる
2) 底泥の流入を防ぐ
3) 断面減少し,流速を加速する
4) 底質内間隙水の移流を抑止する

浮泥
底泥
V_h
底質改善（耕耘混合）
囲繞堤
囲繞堤

★ 囲繞堤の有効性が確認された.
★ 大型土嚢と発泡ガラスの対費効果が明らかになってきた.

⇒ 政策提言へ

図 5.72 底質改善システム工法の総括

後の底質の粒度分布はアゲマキの生息場として良好な範囲にあることが確認された．しかし，耕耘混合により表層部付近の含水比は 350％～430％と高く，アゲマキ養殖場としてみた場合アゲマキ巣孔の孔壁維持に問題があること，ならびに台風や季節風に伴う波浪などによって，分級と細粒分の流失により砂層が形成され，アゲマキの潜泥に障害となることが判明した．しかし，大気圧密工法の適用により，表層部の含水比低下させることが可能となり，これらの課題を解決した．

(4) 放流アゲマキ稚貝の成長

2005 年と 2007 年の 3 月に，底質改善区放流したアゲマキ稚貝の生残率（発見率）を，図 5.73 に示す．当時の飯田海岸干潟における底質（非改善区）は，AVS 値も 1.0 mg/g dry−mud 前後と依然高い状況であったが，AVS 値の低下した改善区に放流され成貝は，4 ヵ月後の生残率が 40～50％を示し，9 月中旬には成熟と 11 月中頃に放卵したことが確認された．特に，2007 年度の大気圧密により改良をした改善区においては成長が早く，エイによる食害を受けたが，約 1 年経過後も 15％前後の生残が確認されている．底質悪化の最も著しい干潟海域において，放流したアゲマキ稚貝を成熟・産卵させ，さらに 1 年以上にわたって生残させる事のできる「改良した底質改善区」の意味は大きく，アゲマキ養殖場を造成する技術は実証された．

(5) 湾奥部干潟域における底質の長期モニタリングの結果

a) 2006 年 12 月以降の底質の再悪化

2002 年 5 月から 2010 年 1 月まで約 8 年間の飯田海岸と東与賀海岸の深さ 10cm における AVS 値と pH の経年変化を，図 5.74 に示す．調査開始時から 2006 年 1 月頃まで AVS 濃度は季節的な変動を繰り返しながら明らかな低下傾向を示し，2006 年 12 月頃まではほぼ横這い状況にあった．しかし，2007 年 1 月頃以降 AVS 値は上昇（再悪化）に転じている．

b) 底質再悪化の原因の考察

図 5.74 に示す AVS 値の経年変化の原因を，傍証論的に考察する．2002 年から 2005 年にかけての AVS 値の低下は，2001 年度当時は 10％を超すものもあった酸処理剤の T−P 含有率が，ノリ漁業関係者の自主規制により 2002 年度から 2006 年度まで，5％，4％，3％以下と順次削減されたことに符合する．また，2006 年 12 月頃からの底質・海域の再悪化は，"乳酸"を主成分とする新酸

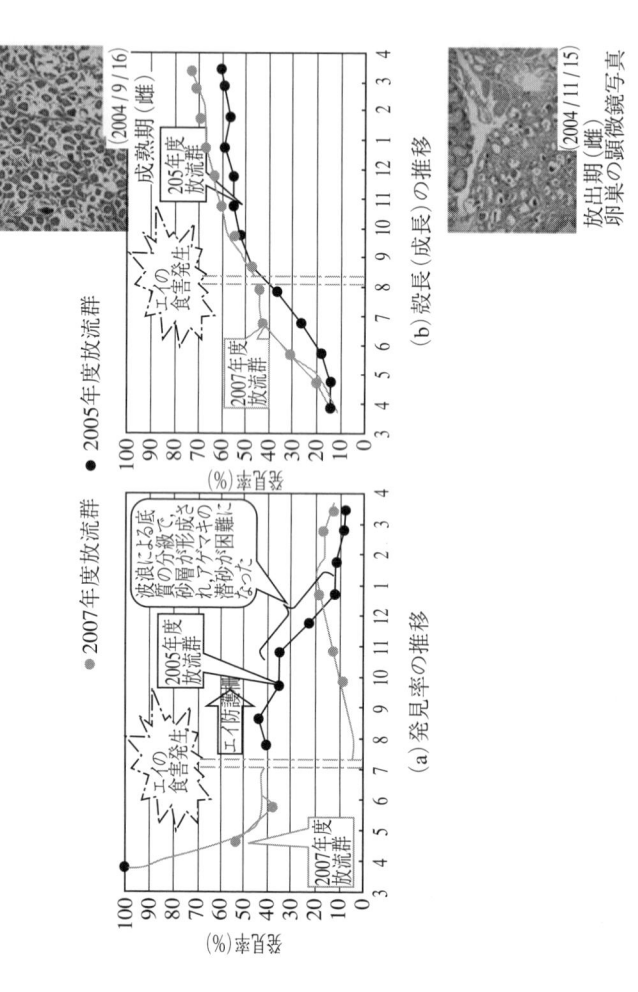

図 5.73 大気圧圧密の施工区（2007年度）ならびに非施工区（2005年度）に放流したアサリマキ稚貝の生残と成長の比較（2008.7.15：津城）

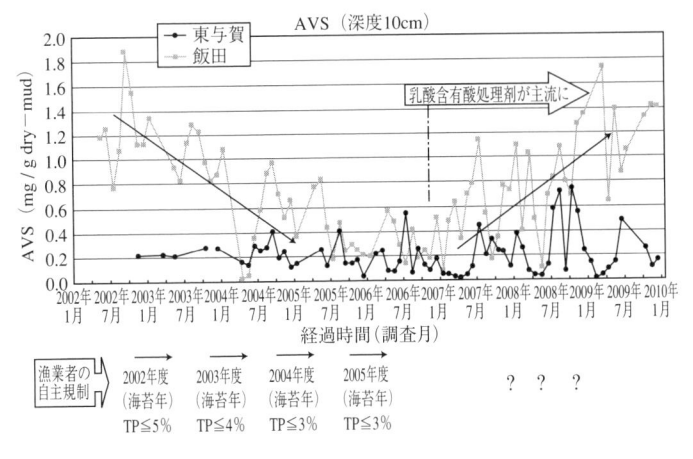

図 5.74 長期モニタリングの結果

処理剤が大量に使用されるようになった時期とほぼ一致する．"乳酸"を主成分とする酸処理剤については，環境科学の専門家によりその環境への影響の大きさが厳しく指摘されている．ノリの酸処理剤は，その使用方法の実態からわかるように，ほとんどが回収不可能であるので，注意が必要である．

(6) 浅海域の底質再生（有明海再生）のために何を為すべきか！

2002年当時の湾奥部浅海域で，底質悪化が最も激しい干潟において実施開発した「囲繞堤と覆砂・耕耘混合による底質再生技術」は，施工直後からAVS値の顕著な低下（底質改善）が見られ，その後約4年半にわたってその効果が維持されることが実証された．しかし，どんなによい底質改善技術・工法であっても，海域に赤潮（夏季のシャットネラならびに冬季の珪藻プランクトン）を増殖させ，底質を悪化させる原因行為が繰り返される限り，その効果は長続きすることなく失われ，"蘇る有明海"を望めないのは当然である．しかしまだ，有明海は，環境悪化の原因物質さえ数年間除去されれば，十分自癒し回復できる海域であると考える．

(林 重德・末次大輔)

5.1.7 なぎさ線の再生
(1) なぎさ線の定義とその役割
自然の干潟や塩性湿地は,陸域から供給される土砂が潮汐や潮流・波などによって,長い年月をかけて浸食や堆積を繰り返すことで形成される.また,陸と海をつなぐ境界であるため,陸と海の生態系が交わるエコトーンとして,生物多様性の高い貴重な場所となっている.この陸と海をつなぐ境界に存在する地盤標高の高い干潟から水辺までの連続した地形の存在する場所をなぎさ線という.

なぎさ線は多様な環境条件の下で高い一次生産をもつ場所であり,その一次生産に支えられて底生生物や魚類,鳥類といった多種多様な生物が生息・来訪し,産卵,摂餌,稚仔魚の生育の場としても利用されている.さらに,このような生物活動の下,食物連鎖を通じた物質循環がバランスよく効率的に行なわれることで高い浄化機能を有している.

(2) 現地実証試験結果 [77, 79]
干潟生態系が有している自己再生機能(浄化機能)を回復(復元)させるために,図 5.75 のように本来海岸線に存在していたなぎさ線を人工的に回復させる対策工法の現地実証試験が行われた.

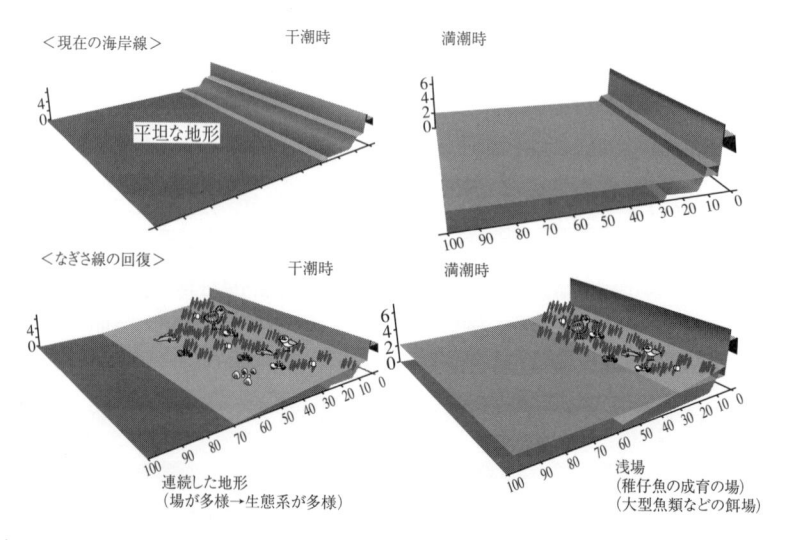

図 5.75 なぎさ線の再生イメージ

a) 現地実証試験地の位置

なぎさ線の回復技術実証実験場の有明海の湾中央部東側に位置する熊本港の東側に「東なぎさ線」，北側に「北なぎさ線」が造成された．また，熊本港の東側に位置する沖新海岸に「改良型なぎさ線（エコテラス護岸）」が造成された．造成されたなぎさ線の位置と写真を図5.76，構造・規模を表5.7に示す．次項でこれらの実証試験地における実証試験結果を紹介する．

図5.76 「なぎさ線の回復」現地実証試験地の位置と写真

表5.7 造成なぎさ線の構造・規模

名称	東なぎさ線	北なぎさ線	エコテラス護岸
造成完了年	2005年10月	2006年9月	2007年9月
底質	砂質	砂泥質	砂質・泥質
幅×奥行き	100m×100m	40m×60m	10m×20m
地盤高(T.P.)	±0.0m～+2.0m	−2.0m～+2.0m	−0.2m～+2.0m
勾配	1/30	1/12	−
特徴	自然干潟と連続した地形や生態系を創造するため，覆砂の流出を防ぐための潜堤をカデナリー曲線形に設定し，ちどり状に配置してある前浜干潟．	熊本港近傍の航路浚渫土砂を有効活用して造成した前浜干潟．波当りが強く，干潮時の汀線付近に造成するなど，東なぎさ線とは異なる条件となっている．	上段のテラス干潟は塩生植物の生息に適した高さに設定してあり，中段は潮溜りにして稚魚などが逃げ込めるように，下段は粒度組成の異なる土砂を入れている．

b) 熊本港「東なぎさ線」

東なぎさ線が造成された熊本港東護岸前面は，地盤高が約 T.P. ± 0.00 m，中央粒径が約 0.06 mm の泥質干潟で，対岸の干拓地まで平坦な干潟が広がっている．ここに，H.W.L. から現地盤の T.P. ± 0.00 m まで，幅 100 m × 奥行 100 m の範囲で潜堤がカテナリー曲線形に設定され，千鳥状に配置された．この場所が中央粒径約 0.79 mm の有明海産海砂で勾配約 1/30 に覆砂され，護岸の前面には潮上帯付近の覆砂の流出を防ぐための突堤が 2 本，中央部には生物の生息環境に多様性をもたせるための島堤が 3 ヵ所配置された．

東なぎさ線において確認された底生生物を，千鳥状潜堤の内側（東なぎさ線内），外側（東なぎさ線外），内側と外側で共通して確認された種数，調査区域で確認された総確認種および熊本県レッドリスト（2004）や環境省レッドデータブックなどに記載されている注目種の種数を図 5.77 に示す．造成前の 2005 年 8 月の調査ではアラムシロ，テリザクラガイ，ゴカイ綱の一種，ヤマトオサガニ，トビハゼなど 9 種が確認された．造成半年後の 2006 年 4 月の調査では，確認種数が 14 種で造成前の種数を大きく上回り，その後は造成 1 年後（2006 年 10 月）まで 15 種程度で推移した．造成 1 年半後の 2007 年 5 月の調査以降，強化された定量調査により，環境省レッドデータブックで準絶滅危惧種に指定されているクチバガイやウネナシトマヤガイなどの二枚貝綱といった内在性の種が新たに多数確認された．さらに，造成 2 年後の 2007 年 10 月の調査では東なぎさ線内で 29 種とその年の調査で最も多くの種が確認された．しかし，2008 年 1 月の調査では東なぎさ線内外ともに確認種数は減少した．これは，冬季による生物活

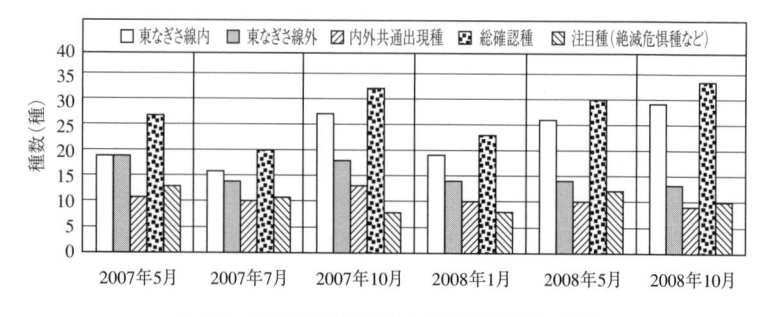

図 5.77　調査区域で確認された総種数や注目種の種数

動の低下が原因と考えられる．その後，2008年5月の調査では種数は2007年10月と同程度に戻り，造成3年後の2008年10月の調査では，東なぎさ線内で30種と全調査中最も多くの種が確認された．

東なぎさ線の造成から3年後までの調査で，巻貝綱13種，二枚貝綱18種，ゴカイ綱12種，軟甲綱33種，硬骨魚綱などその他11種の計87種が確認されている．その中には，熊本県レッドリストに記載されているイチョウシラトリやハクセンシオマネキなどの希少種も18種確認された．

c) 熊本港「北なぎさ線」

北なぎさ線が造成された熊本港北護岸前面は，地盤高が約T.P.−2.00 m，中央粒径が約0.04 mmの泥質干潟で，100 mほど沖に離岸堤が設置されている．ここに，H.W.L.から現地盤のT.P.−2.00 mまで，土砂流失を防ぐための長さ50 mの突堤を40 m間隔で2本配置し，そこの間を，中央粒径が約0.02 mmの熊本港近郊の航路浚渫土砂を下層（現地盤からT.P.−1.50 mまで），浚渫土と中央粒径約0.18 mmの海砂を50％ずつ混合した土砂を中層，海砂のみを表層（厚さ0.5 m）として3層構造としている．勾配は約1/12で，軟弱な浚渫土砂の流出を防ぐため，護岸から約40 m沖に中仕切堤が設置されている．

北なぎさ線においても東なぎさ線同様徐々に生物種数が増加し，造成から2年後までの調査で，巻貝綱13種，二枚貝綱15種，ゴカイ綱16種，軟甲綱27種，ナマコ綱などその他9種の計80種が確認され，その中には，熊本県レッドリストに記載されているマルテンスマツムシやサキグロタマツメタなどの希少種も12種確認された．また，北なぎさ線では東なぎさ線よりも現地盤の標高が2 mほど低いため，アサリなどの二枚貝が優占している[80]．さらに，造成1年半後の2008年4月には図5.78に示すリシケタイラギの生息が多いところでは9個体/m^2確認され，現在も成長を続けている．

d) エコテラス護岸

エコテラス護岸が造成された熊本港東側の沖新海岸は，飽託海岸の高潮対策として1958年より海岸保全施設整備事業が行なわれている場所で，約T.P.＋7.00 mの護岸堤防が構築されており，前面は地盤高が約T.P.−0.20 m，中央粒径が約0.06 mmの泥質干潟となっている．

この護岸堤防の前面に，生物生息場を再生するために，捨石でマウンドを設

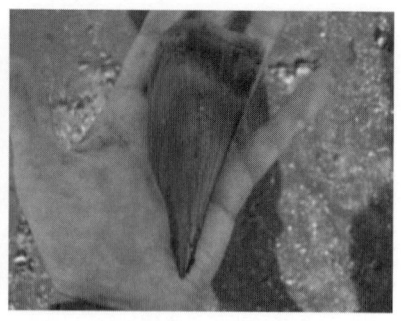

図 5.78 北なぎさ線で確認されたリシケタイラギ

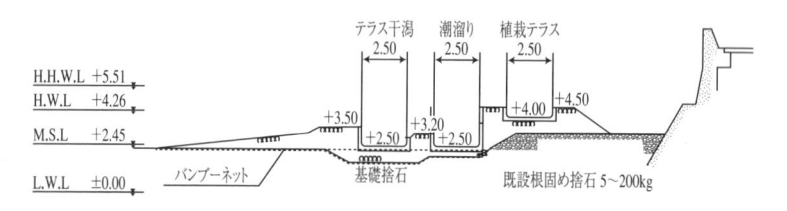

図 5.79 エコテラス護岸の横断面

けた後，幅 9.5 m，奥行き 2.5 m のコンクリート製側溝を階段状（テラス状）に 3 段並べ，2007 年 9 月に造成が完了している（図 5.79）．上段の天端を H.W.L.（T.P. ＋2.05 m）とし，前面の泥を入れた後，熊本県沿岸に自生しているハママツナ，ホソバノハマアカザ，ハマサジ，フクド，シオクグの 5 種類の塩生植物が植栽された．また，ハママツナやハマサジなどの一年草や二年草は種子によって繁殖し，潮汐などで種子が流されることにより分布を拡大することができるため，種子の留まりやすさが種の存続と大きく関わっている．そこで，種子を留めるために，植栽後に一部砕石を撒くという工夫がなされている．中段は天端を T.P. ＋0.75 m に設定した潮溜りとなっており，側溝の壁面に多孔質パネルを使用している．また，潮溜りには多孔質ブロックを入れることで，生物の隠れ処を作っている．下段は天端を T.P. ＋0.55 m に設定し，4 等分に仕切りをした後，前面の干潟底泥と中央粒径が約 0.17 mm の海砂をそれぞれ別区画に入れて，粒度組成が異なるテラス干潟となっている．

　植栽テラスの状況を図 5.80 に示す．植栽した塩生植物は一年草や二年草であ

図 5.80　植栽テラスの状況

るため，植栽 2 ヵ月後の 2007 年 12 月には全て枯れてしまった．ハマサジやフクドなどの二年草，地下茎で繁殖するシオクグが枯れてしまった理由として，標高や底泥が適していなかったためか，植栽時期の影響と考えられる．その後，植栽半年後の春に砕石を撒いた場所では撒かない場所に比べてハママツナの種子が多く留まり，植栽 1 年後の 2008 年 9 月には再繁茂させることができた．また，2009 年 2 月には砕石を撒いた場所で新たに新芽が出てきていた．

　潮溜りには造成直後からシラタエビやハゼ類の生息が確認され，その後も季節によって若干種組成は異なるものの年間を通じて生物が生息し，造成 1 年目までにボラの稚魚やシモフリシマハゼなどの魚類やガザミやシバエビなどのエビ・カニ類などの生物が計 20 種確認された．

　泥質のテラス干潟は前面の干潟底泥に生息していたヤマトオサガニやムツハアリアケガニが造成直後から生息しており，造成 1 年後も大きな変化はみられなかった．砂質のテラス干潟には造成半年後にコメツキガニやハクセンシオマネキの稚ガニが確認され，造成 1 年後には泥質・砂質テラス干潟合わせて計 18 種

の生物が確認された.

有明海の海岸堤防前面には,円弧すべりを防ぐために押え盛石が施してあり,生物の生息場が失われているが,植栽テラス・テラス干潟では生物生息場が回復され,潮溜りでは魚類やエビ類の新たな生物生息場が創成されている.

(3) 今後の展開

「なぎさ線の回復」効果や維持管理のタイミングなどを予測・評価するために,環境アセスメント手法の一つであるHEP (Habitat Evaluation Procedure) のHSI (Habitat Suitability Index) を応用することで,なぎさ線の再生による生息生物種および生物量の予測手法の考案・検証も進められている[81,82]. また,熊本県は,環境学習や潮干狩りなどの干潟交流機会の増大や海域環境の保全および改善を目的として,熊本港の北側に位置する百貫港においてなぎさ線の回復を進めている.

以上のように,なぎさ線の再生は,有明海における生物生息環境の再生技術として実用化されつつある.また,有明海は生物の生息場さえ存在すれば,それに応じた生物も生息し,豊な生態系が再生できる潜在能力を有していることが実証されていることから,今後も積極的になぎさ線の再生を行っていくことが望まれる.

(滝川 清・増田龍哉)

5.1.8 水産生物利用型栄養塩系外取り出し効果

(1) 栄養塩循環

河川から流入した窒素やリンをはじめとする栄養塩は,生産者としての植物プランクトンや海草を経て,一次消費者,二次消費者と順次食物連鎖に従って流れていく.河川から流入してきた栄養塩は,魚や貝や海草へと形を変え,人や鳥により有明海外へ取り出され,再び上流へと運ばれるという,サイクルを構成している.長い間「豊饒の海」として人々の生活を支えてきた有明海ではこの栄養塩の流入と生物生産および漁獲による有明海の外への取り出し(系外取り出し)が絶妙なバランスであったことがうかがえる.しかし,人間活動のための海岸線の改変や栄養塩濃度変化,自然現象による流れの変化は,有明海の生物生息環境に大きな影響を与えている[83].

(2) 漁業形態の変化による栄養塩循環への影響

現在，有明海で最もよく知られた水産物はノリである．このノリは，有明海の漁業生産の8割以上を占め，日本のノリ生産の4割を占めるほど大規模に行われている．このノリ養殖も有明海で長い歴史をもっているわけではなく，1970年代から急速に拡大してきたものである．一次生産者として位置づけられるノリは，成長のため栄養塩を吸収している．ノリ養殖の拡大は，植物プランクトン→動物プランクトン→高次生物へとつながる栄養塩の流れを第一段階で系外に取り出してしまうことから，当然のことながら本来の食物連鎖に歪みをもたらすことになる．また，有明海では，ノリの色落ち防止のために窒素肥料を散布したり，ノリの病気予防のために酸処理剤を使用したりしている．この酸処理剤が環境に影響を与える可能性が指摘され，環境保全と水産業の関係性が問われるまでになっている．

ノリ養殖が台頭してくる1980年代前までは，アサリ，アゲマキ，サルボウ，タイラギ，カキなどの二枚貝が有明海の漁獲のほとんどを占めていた．特にカキは佐賀県では，澪筋にそって竹ひびをたてて稚ガキを採取し，広大なカキ礁に稚ガキを散布というごく簡単な漁法によって県内漁業生産の漁業生産総額の60～80％を占めるほどの規模で盛んに養殖がおこなわれていた．加えて，カキは浮遊性のプランクトンや有機物を濾しとる濾過食者（Filter feeder）であるので，過去の有明海の生態系においても重要な役割をもっていたと考えられる．しかし，ほんの20～30年間のノリ養殖への移行により佐賀沖のカキ礁はほとんど破壊されて姿を消している．

(3) カキ礁におけるカキ生息状況

現在のカキの生息状況は過去のものと大きく異なってしまっている．現状として，現在もカキ漁が続けられている鹿島沖のカキ礁（Stn.1, 図5.81参照）とカキ漁の対象となってない手つかずのカキ礁（Stn.2, 図5.82参照）を示す．Stn.1ではナルトビエイなどの食害を避けるため，カキ礁周辺に竹や塩ビパイプを設置している．それぞれのカキ礁におけるカキの生息密度，鉛直分布を図5.83，図5.84に示す．Stn.1では分布の山が2つあり，生まれた時期の異なるカキが共存していることがわかる．しかしStn.2では分布の山は1つであり，これはStn.1と同時期に稚ガキの付着がなかったか，付着後から新たな付着までの間に死滅してしまったことを示している．Stn.1，Stn.2は調査区域もごく近く，漁

図5.81 Stn.1 管理されているカキ礁

図5.82 Stn.2 管理されていないカキ礁

協関係者によれば稚ガキの着床状況には,大きな違いはなかったということから,Stn.1 と Stn.2 の違いは,ナルトビエイなどの食害などよる影響が考えられる.また,カキ礁上に生存しているカキは表層から 5 cm までが 95％以上を占め,有明海の干潟上では鉛直方向の発達が見られない.これは,カキが鉛直方向に発達する前に,カキ礁表面の立体的構造により局所的に流速が下がり,微細懸濁物質がカキ礁の隙間に堆積し移動能力や水管をもたないカキが死滅するため

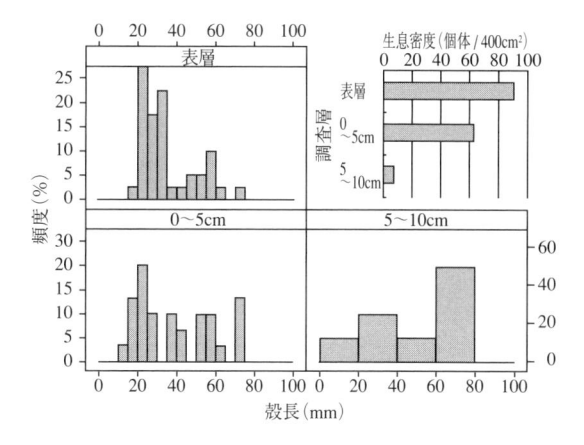

図 5.83 Stn.1 における殻長の分布

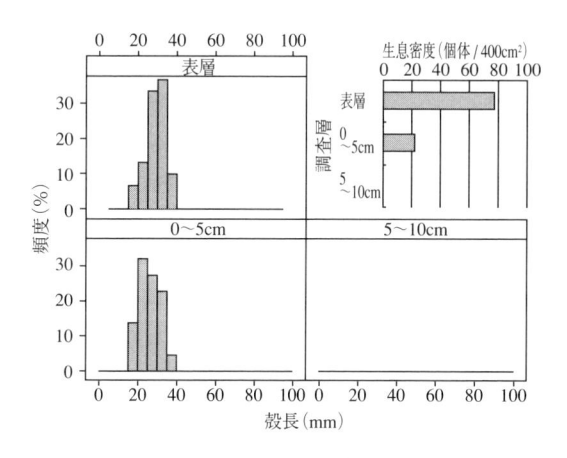

図 5.84 Stn.2 における殻長の分布

で，微細懸濁物の多い有明海特有のカキの分布形態となっている[84]．

(4) 航空写真による有明海湾奥部のカキ礁分布

2008年3月21日の航空写真によると，有明海湾奥部のカキ礁の面積は約416haで，1978年のカキ礁の面積約937haと比べて半分程度に減少している（図5.85）．鹿島川河口のカキ礁は，過去の分布とそれほどの相違は見られないが，六角川，嘉瀬川沖のノリ漁場と重なる海域のカキ礁の多くは1990年代の大規模

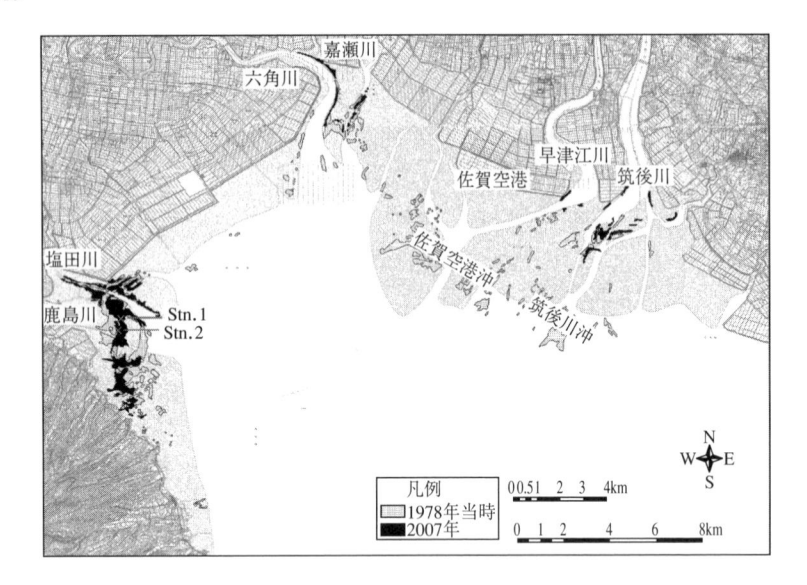

図 5.85　湾奥部カキ礁分布

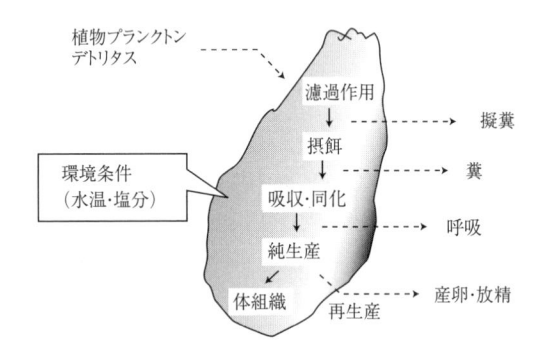

図 5.86　カキの代謝過程

漁場造成事業により撤去されており，ノリひびを立てやすい平坦な泥干潟へと姿を変えている．

(5) カキの成長のモデル化 [85-87)]

カキの生理的な特性（図 5.86）は，過去多くの研究者によって検討されており，地域や環境による差異がきわめて大きい．そのため，有明海湾奥を代表するもの

として佐賀県鹿島市浜川河口のカキを選びその濾水量(水を濾過する量),排泄量,呼吸による消費量(基礎代謝量)を求める実験結果とその結果を用いたカキの成長式を取りまとめると以下のようになる.

カキの可食部の重さ,呼吸量,摂餌量,排泄物量を炭素量で表現し,餌密度,および水温,塩分などの環境条件からカキの重さ(W_c)を算定するカキ成長モデル式は以下のようである.その際の仮定は,

①摂取された有機物(プランクトン)はすべて餌となる.

②摂取された餌は一部が擬糞,糞として排出され,残りが体に取り込まれる(同化量(A：assimilation)).

③摂取された有機物のうち呼吸による消費(R：respiration)を除いたものが,純生産(NP：net production)となり,体組織(T：tissue)および再生産組織(RP：reproduction)として卵や精子となる.

④純生産は体組織と再生産組織の増加および産卵・放精による消費に$(1-r)$：rの割合で分配される.

⑤濾水量は,水温,塩分,カキ自身の大きさ,餌の密度の関数となる.

以上の仮定のもとで,カキの純生産量を同化量と呼吸量の差とし,産卵・放精による消費をEとすると,(1)式を得る.

$$A-R=NP=(1-r)NP+rNP=dT/dt+dRP/dt+E$$
$$=dW_c/dt+E \qquad (1)$$

この式に,同化量,呼吸量,再生産への分配率,および産卵条件を与えることで,カキの成長が計算可能となる.

(a) 同化量について

カキが摂取する餌の量は,濾水速度Fと餌密度Cの積に糞や擬糞による排泄を考慮した同化効率eを乗じるとよい.単位時間当たりの同化量Aは(2)式のようになる.

$$A=e \cdot F \cdot C=e \cdot F(w) \cdot f(T) \cdot f(s) \cdot C \qquad (2)$$

ここで,$F(w)$は基準状態のもとでカキの組織量によって決まる濾水速度,$f(T)$と$f(s)$はそれぞれ水温と塩分の影響を表す無次元関数で基準状態で1と

なる．これら $F(w)$, $f(T)$, $f(s)$ について佐賀県鹿島市浜川河口で採取したカキを用いて以下のような実験より値が決定された．

　ⅰ）濾水速度に関する実験

　軟体部湿潤質量12.9～51.3 g（乾燥質量0.7～2.8 g）のカキ75個体を用いて，濃度既知の珪藻プランクトン入った実験水槽中（塩分25，水温25℃）にカキを1個体ずつ静置しプランクトンの濃度変化から濾水量を推定した．

　ⅱ）濾水速度に関する水温の影響について

　水温の影響については，一定の塩分（25）の元で，水温を10℃，15℃，20℃，25℃，30℃と段階的に変化させ，それぞれの濾水速度を測定した．得られた実験結果より，各水温条件における平均濾水速度を求め，25℃における平均濾水速度が1となるように，濾水速度への影響度への関係式を作成した（図5.87）．

　ⅲ）濾水速度に関する塩分の影響について

　一定の水温（25℃）のもとで，塩分を15，20，25，30，33と変化させて，それぞれの濾水量を測定し，各塩分条件における平均濾水速度を求め，塩分25のときの平均濾水速度が1となるように相対濾水速度の関係式が定められた（図5.88）．

　ⅳ）同化率について

　濾過食者である二枚貝は餌密度が高いと同化効率が低くなる傾向が報告されていることから，アコヤガイのモデル化に利用されている同化効率を餌密度の関数とする文献値が採用された．

　(b) 基礎代謝量について

　基礎代謝量については，水で満たされ密封された海水容器中の溶存酸素（DO）を測定し呼吸による炭素消費量に換算する方法にて，カキの大きさおよび水温別に，酸素消費速度－乾燥質量，酸素消費速度－塩分，酸素消費速度－水温についての関係式が求められた（図5.89，5.90）．

　(c) 再生産について

　産卵については，既存の報告をもとに，産卵期は20℃以上の時期であり積算水温が600℃・日に達した時点と以後生殖巣質量が全体重の20％を超え，積算水温が300℃・日以上経過するたびに，産卵および放精が起こるとした．

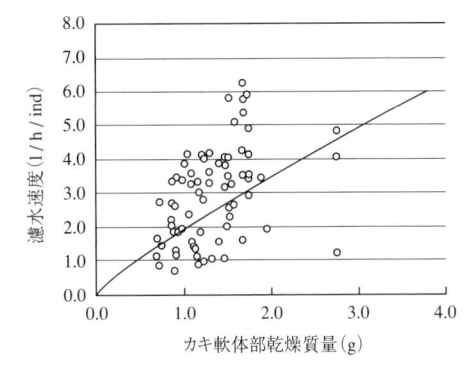

5章　有明海再生のための技術と評価　*313*

図5.87　カキ質量－濾水速度の関係

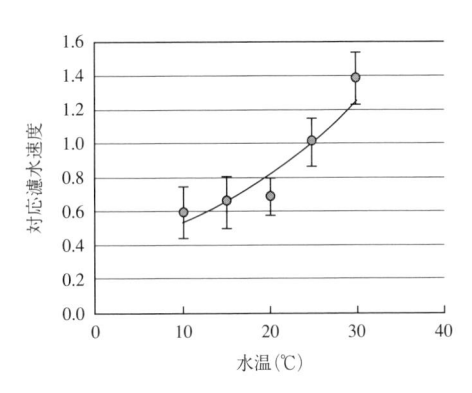

図5.88　水温－相対濾水速度の関係

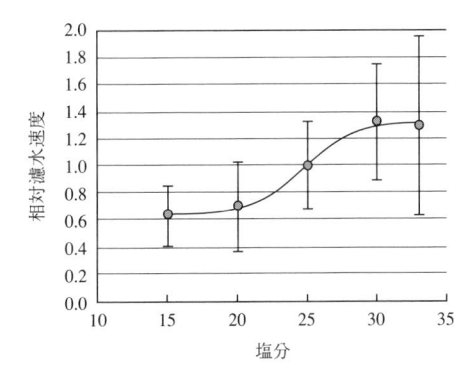

図5.89　塩分－相対濾水速度の関係

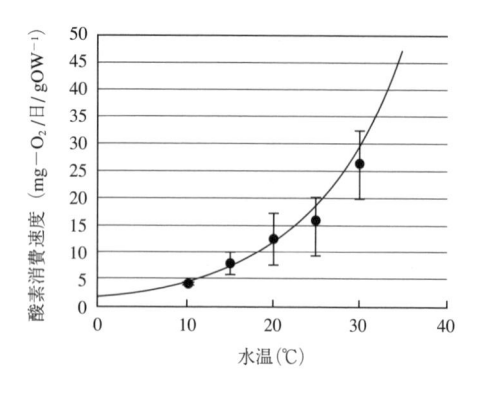

図 5.90 水温-酸素消費速度の関係

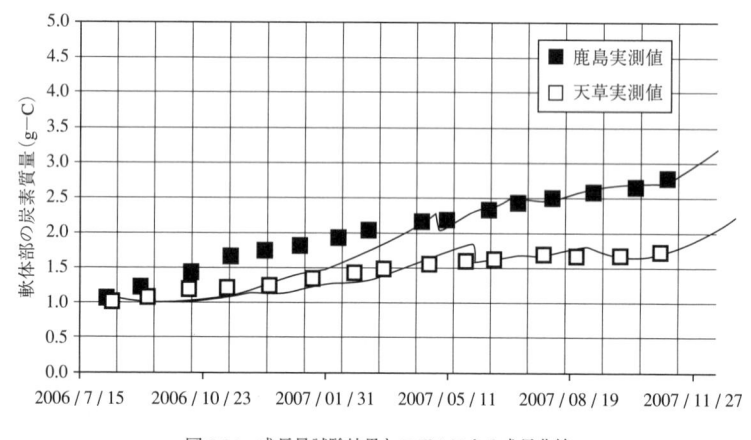

図 5.91 成長量試験結果とモデルによる成長曲線

(d) 有明海でのカキの成長に関する再現計算

上記 (1)~(3) の実験結果および文献によるカキの成長に関するモデル式を用い,鹿島および天草での水温,塩分,餌量 (Chl-a) のデータを利用して成長に関する再現計算された結果は,湾奥部(鹿島沖),湾口部(松島地区)の現地成長量試験の結果をいずれも概ね再現している(図 5.91).

(6) 有明海のカキ礁に生息するカキによる環境浄化能力

現在の有明海ではカキ礁を用いてカキを養殖している漁業者はごく少数で,管理されている Stn.1 のようなカキ礁は稀であるため,湾奥部のカキ礁のほとんど

表5.8 湾奥部におけるカキ礁に生息するカキによる濾水能力の概算

	仮定	単位面積当たりの濾水速度 ($m^3/日/m^2$)	湾奥部のカキ礁面積 (km^2)	湾奥部カキ礁内のカキによる濾過水量 ($km^3/日$)
1978年	すべてのカキ礁がStn.1と同様の状況	171.57	9.37	1.61
2008年	すべてのカキがStn.2と同様の状況	34.01	4.17	0.14

がStn.2のような状況にある．1978年当時にはナルトビエイなどによる食害が見られなかったということから，すべてのカキ礁がStn.1のような状況であるとして，有明海のカキのバイオマスと濾水能力の関係および殻長と乾燥質量の関係を用いて，カキによる濾過水量を概算するとStn.2の単位面積当たりのカキによる濾水速度はStn.1のものに比べ5分の1程度となる．2008年の湾奥部のカキ礁の面積が1978年と比べ約2分の1程度にまで減少していたことを考慮すると，湾奥部のカキ礁に生息するカキによる濾水能力は，表5.8のように1978年当時に比べ10分の1程度となり，カキ礁による懸濁物濾過能力が大幅に減少したことがわかる．

　有明海のカキをはじめとする二枚貝の減少は，有明海の懸濁物質除去能力を激的に減少させているので，カキ礁の再生が環境改善につながる可能性が高い．しかしながら，ノリ養殖が好調である現在，カキ養殖への漁業従事者の移行は容易ではない．環境改善からは，カキバイオマスを増加させることにより懸濁物質除去能力を増加させて，有明海の環境改善に資するには，ブランド化などによる有明海産のカキの価値を上げることが必要である．現在二枚貝の天敵として着目されているナルトビエイなどによる食害についても何らかの対策を行えば，二枚貝資源の回復につながり，有明海の懸濁物濾過能力を大幅に回復する可能性があることも示している．

〔伊豫岡宏樹〕

5.1.9 有害赤潮の制御

　ヘテロシグマの赤潮はこれまでに魚類斃死と数多く関係してきた．また，最近，サンギネアによる赤潮がノリ漁期に発生するようになり，色落ち被害への関与が懸念されている．しかし，有明海で魚貝類に大きな被害を与えているのはシャッ

トネラ赤潮である．有明海においてこれらの赤潮を制御することが肝要である．
これまでに瀬戸内海播磨灘におけるシャットネラ赤潮の発生予知と被害防除の
諸技術が開発されてきた．赤潮発生の予察は裏返せば発生の制御とも大きく関係
しており，積み重ねられた経験と多くのデータを基にして初めて開発される．こ
こでは有明海の調査や瀬戸内海で得られている情報を整理して，流速の低下と貧
酸素水塊の形成，播磨灘における中・長期赤潮発生予察，植物プランクトン種間
のアレロパシー，光を利用した珪藻類の増殖から導かれる赤潮の制御について述
べる．

(1) 流速の低下と貧酸素水塊の形成

　赤潮は赤潮生物の増殖速度が損失速度を上回る海域で発生する．そのため，流
れの速い海域において発生件数は非常に少ない．また，シャットネラが早い速度
で増殖するためには高い濃度の溶存態鉄を要求することは前述した（2 章 2.7 赤
潮参照）．海水中に溶存態鉄はほとんど含まれていないが，底泥の還元化が進行
すると鉄が溶存し，一部は直上の貧酸素水塊に溶出してくる．同様にアンモニア
やリンも溶出して，貧酸素水塊に貯留される．そのため，鉄を多く含む貧酸素水
塊の形成とその後の崩壊はシャットネラの増殖を促進し，窒素やリンも供給され
るため，赤潮の発生と強く関係していると考えられる．

　佐賀県によって収集された 1970 年代から 2006 年までのデータをもとにして，
大潮時の貧酸素水塊の形成を整理してみると，1970 年代後半に有明海最奥部に
おいて国営福富干拓が完成した直後から貧酸素水塊が形成され始めた．シャット
ネラの赤潮は貧酸素水塊が形成されるようになった数年後から発生し，その後連
続して発生するようになっている（図 5.92）．この傾向は干拓によってつくられ
た鉛直護岸のために潮流速が低下して増殖した細胞が停滞できるようになった
こと，貧酸素化によって底泥から溶出した窒素，リン，鉄などの栄養物質を直接
シャットネラが利用して赤潮が発生したことを強く示唆している．一方，諫早湾
では防潮堤の完成により海域が遮断され，潮汐流の流速が著しく低下した（図
5.93）．そして，諫早湾でも新たに貧酸素水塊が形成され始め，シャットネラ赤
潮が形成されるようになった．本種赤潮の制御には有明海奥部や諫早湾の潮流速
を早め，貧酸素水塊の形成を解消することが第一に必要であろう．

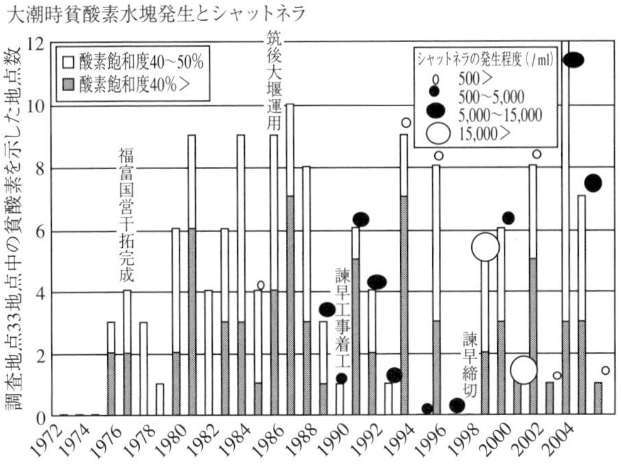

図5.92 有明海奥部における貧酸素水塊形成およびシャットネラ発生

(2) シャットネラの中・長期赤潮発生予察

播磨灘におけるシャットネラ赤潮の発生予察には5つの技術が開発され，これらの技術を総合して判断する,確率の非常に高い予察手法が確立されている(図5.94)．次に，5つの技術を以下に説明する．

西風指数と黒潮流露による予察：福岡と大阪の11月から1月までの月平均気圧差が1.6 hPa 未満であり，その年に11月から3月までの室戸岬と潮岬からの流軸の平均距離すなわち黒潮流路が離岸している時は発生年である．

明石の水温・塩分による判別：4月中旬から5月中旬までの水温・塩分が平年値に比較して高温・高塩分である時は発生年である．

瀬戸内海20 m 層塩分イソプレットパターン：1月から4月を通じて塩分が最も低い海域が香川県の播磨灘定点4より西側にある時は発生年である．

紀伊水道50 m 層水温の水平パターンによる判別：発生年には7月に紀伊水道の北緯33°付近に暖水塊域があり，非発生年には冷水域が出現する．

鉛直安定度・底層水温による判別：灘中央部における2月から7月の底層水温平均平年偏差と7月の鉛直密度差の関係から鉛直密度差が小さく底層水温が平年よりも高いか,あるいは3月の灘中央部の底層水温が9℃を超えるか8℃であってもその後急速に水温上昇する年には7月の鉛直安定度は小さくなるため発生年

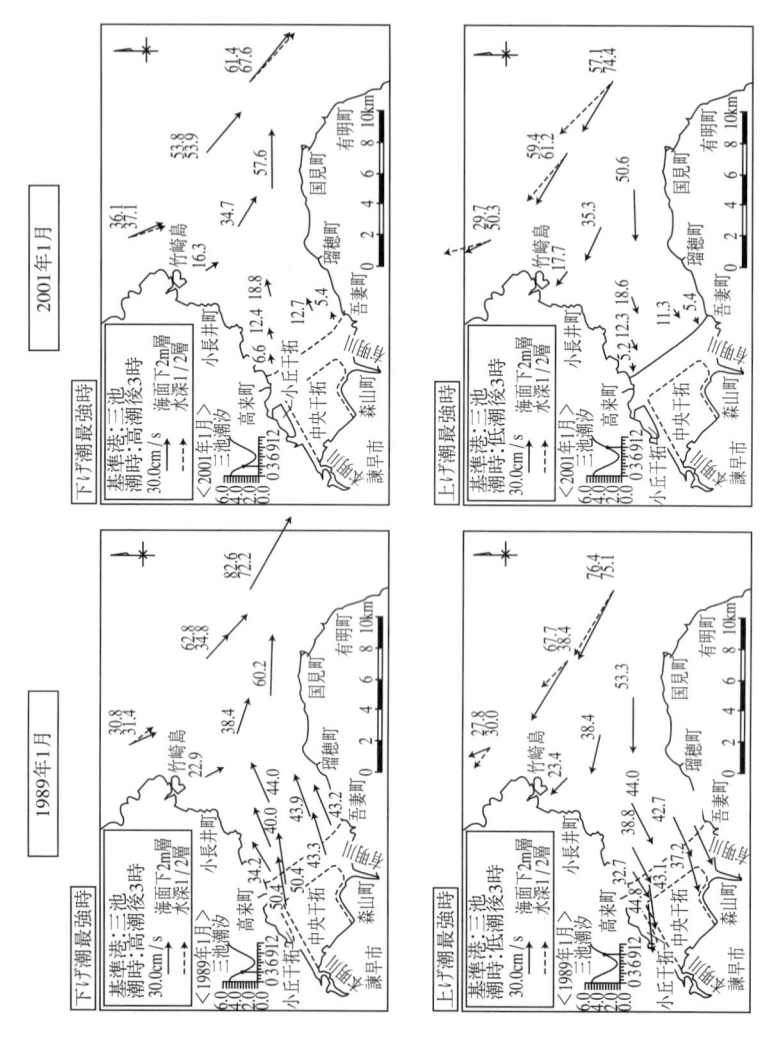

図 5.93 諫早湾における防潮堤の完成前後の潮流速の変化

	年 '71 '72 '73 '74 '75 '76 '77 '78 '79 '80 '81 '82 '83 '84 '85 '86	的中率 (%)
赤潮の発生	○ ● ○ ○ ○ ○ ● ● ● ○ ○ ● ● ○ ○ ○	
(手法)		
西風・黒潮流路	○ ● ● ○ ○ △ ● ● ● △ ○ ● △ ○ △ ○	81
イソプレットパターン	○ ● ● ○ ○ △ ● ● ● ○ ○ ● △ ○ ○ ○	88
明石の水温・塩分	○ ● ● ○ ○ ○ ● ● ● ○ ○ ● ● ○ ○ ○	94
鉛直安定度・底層水温	○ ● ● ○ ○ ● ● ● ● ○ ○ ● ● ○ ○ ○	88
紀伊水道水温分布	○ ● ● ○ ○ ● ● ● ● ○ ○ ● ● ○ ○ ○	94
発生指数	0 5 3 0 0 2 5 5 5 0.5 0 4 3 0 0.5 0	

●:赤潮発生年もしくは可能性大と予想　　的中1.0, 発生指数1.0
○:赤潮非発生年と予想　　　　　　　　　的中1.0, 発生指数0.0
△:赤潮発生の可能性小と予想　　　　　　的中0.5, 発生指数0.5

図5.94 播磨灘におけるシャットネラ赤潮の発生予察手法

となる．

　上記の各手法において発生年と高く判定された時は1点を，可能性がある時は0.5点を，非発生年の時は0点を与え，これら5つの技術の点数を合計して判定する．5点満点と判定された年には全て，本種の赤潮が播磨灘で発生しており，総合判定の的中率は9割以上と非常に高い．

　この5つの発生予察技術の示す内容を総合すると，「冬には風が弱くて黒潮暖水が流入し，暖冬で，初春までに低塩分水が混合せず，初夏までの水温と塩分が高く，7月に高塩分で暖かい外海水が流入し，7月に灘中央部の水温が高く鉛直密度差が小さい年に発生する」という，本種赤潮の発生前（1ヵ月から半年前）の海況条件の特徴が浮かび上がってくる．このような気象・海象の時に播磨灘ではシャットネラ赤潮が発生する環境が整い易いことを示しており，有明海における本種赤潮制御技術開発のヒントが隠されているように思われる．発生予察手法の多くは自然現象であるため直接制御することは困難であるとしても，播磨灘における研究成果をヒントにして有明海における環境を調べ，発生の制御技術の開発の糸口につなげることが望ましい．

(3) 植物プランクトン種間のアレロパシー

　アレロパシー（他感作用）の狭義の定義は，ある種の植物が水中に分泌した有機物によって他種の植物の生長が促進されるか抑制される現象である．発生機

構において前述したように珪藻類と鞭毛藻類間には密接なアレロパシー関係がある．そこで，珪藻スケレトネマの鞭毛藻ヘテロシグマに対する増殖抑制効果に着目し，スケレトネマが産生するアレロパシー物質の精製およびそれらの分子量の推定を試み，シャットネラと八代海で頻繁に発生し，有明海でも発生するようになってきたコクロディニウムの増殖抑制効果についての研究事例を以下に紹介する．

スケレトネマの培養濾液は培養時間が長くなるに従って，ヘテロシグマへの増殖抑制効果が強くなり，スケレトネマ死滅期の培養濾液はヘテロシグマの細胞を崩壊させる最強の増殖抑制効果を示すことが確認された．分子量 3,500 以下の物質を透析する膜で処理すると，抑制物質の分子量は 3,500 以下であった．次に，Oasis HLB Extraction Cartridge を用いた固相抽出では，固相吸着画分に強い増殖抑制効果が観察された（図 5.95）．固相吸着画分を液－液抽出によってさらに分画し，得られた画分をバイオアッセイに供した結果，クロロホルム層において，強い増殖抑制効果が認められた．液－液抽出によって得られたクロロホルム画分を薄層クロマトグラム（TLC）に供した結果，Rf 値が 0.60 であるバンドに有効成分が含まれていた（図 5.96）．このバンド成分を逆相高速液体クロマトグラム（HPLC）に供した結果，2 つの高いピークが検出され（図 5.97），37 分で溶離する画分でヘテロシグマに対する強い増殖抑制効果が得られた．

この物質をシャットネラとコクロディニウムに加えて増殖を調べたところ，ヘテロシグマとは異なり，元の培養濾液の濃度に希釈したサンプルで影響は現れなかったが，10 倍の濃度においてシャットネラとコクロディニウムの増殖は顕著に抑制された．HPLC によって得られた 37 分で溶離する画分を electrospray ionization－Mass Spectrometry（ESI－MS）に供した結果，少なくとも 2 種類の物質（分子量 268 および 514）の混合物であると推測された．この疎水性の高い物質はスケレトネマの赤潮が終息する時に海水中に大量放出されていることから，海水への散布に社会的あるいは厚生上の抵抗は生じないはずである．近い将来，化学構造を明らかにして，化学合成が可能になれば，有害赤潮の発生防除剤として有望である．

(4) 光を利用した植物プランクトンの増殖制御

小型珪藻類とサンギネアとの間には互いの細胞密度に依存した強いアレロパ

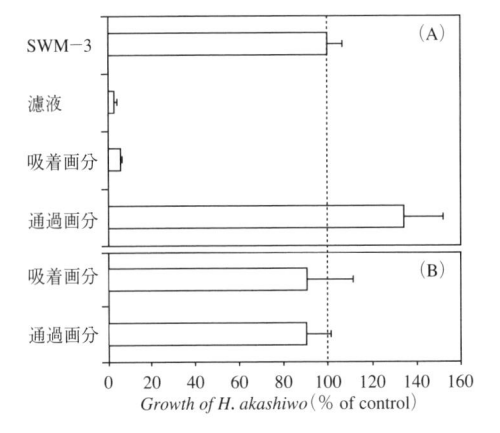

図 5.95　スケレトネマ培養液に含まれるヘテロシグマ増殖抑制物質の固相抽出

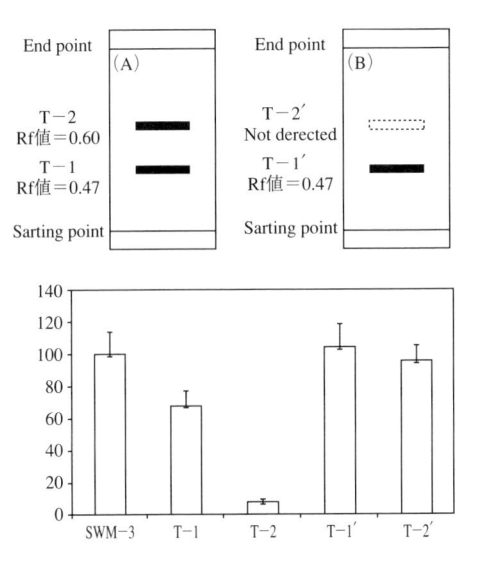

図 5.96　液-液抽出によって得られたクロロホルム画分の薄層クロマトグラム

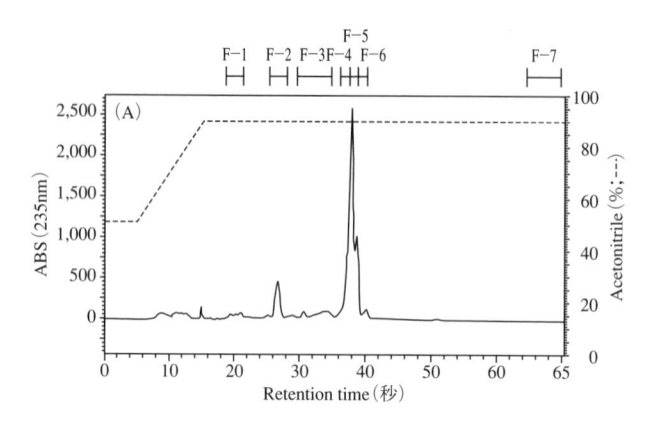

図5.97 ヘテロシグマの増殖抑制物質の逆相高速液体クロマトグラム

シー関係がある．また，底泥に沈積している珪藻類の休眠期細胞は発芽するのに光を要求する．底泥に光を供給することによって珪藻類の休眠期細胞を人為的に発芽させ，珪藻類の増殖を助長させることにより，魚貝類を斃死させるといわれるサンギネアの赤潮の発生頻度を低下させることが可能である．有明海や博多湾においてサンギネアはノリ漁の初期である晩秋に発生し，長期間赤潮は継続することがある．しかし，本種がノリの生育にどのような影響を与えるか，まだ，明らかにされていない．一方，小型珪藻類は魚貝類生産の一次餌料としての役割を果たしており，赤潮が発生しても短期間に終息し，一時的なノリの色落ちに影響を与える程度である．

最近，発光ダイオード（LED）によって種々の色の波長光による珪藻類や鞭毛藻類の増殖への影響を調べることができるようになった．博多湾の底泥試料に種々の色の波長光を照射したところ，スケレトネマ，キートセロスなど4種類の珪藻類が泥から発芽することが明らかになった（2章図2.27）．これら4種の珪藻類は紫色の波長光で圧倒的に休眠期細胞の発芽および発芽後の生残が良好であることがわかった．他の色の波長光での発芽生残は低い効率を示すにすぎなかった．また，発芽した後の栄養細胞は紫色波長光で最も速く増殖するが，休眠期細胞と異なって近赤外光以外の波長の可視光を全て利用できた．特に，青色波長光による増殖速度は紫色波長光とほぼ同じであった．サンギネアの増殖は紫色波長光で最もよく増殖し，青色波長光では半分以下の増殖率であった．紫色波長

光は海中に入ると非常に減衰し易い．また，休眠期細胞を発芽させるためには泥から海水に懸濁させる必要がある．そのため，珪藻の休眠期細胞が大量に沈積している海域において，泥を撹拌しながら紫色波長光を連続的に照射することで，効率よく休眠期細胞から小型珪藻類を発芽させ，栄養細胞を増殖させることができる．その結果，増殖速度の速い小型珪藻類が繁茂することによって，サンギネア赤潮の抑制につながると考える．

〈本城凡夫・島崎洋平・山崎康裕・松原　賢・紫加田知幸・川村嘉応・吉田幸史・久野勝利・長副　聡・大嶋雄治〉

5.2　改善技術の評価

5.2.1　生物生息モデルによる再生技術の評価手法

　有明海プロジェクトで現地実証されている再生技術を適用したときの生物生息環境の変化を予測し（低次生態系モデル），指標種の資源増大を評価した（生活史モデル）結果について述べる．検討対象技術は，底質改善のための囲繞堤の設置（アゲマキ放流）・覆砂・海底耕耘，なぎさ線の回復，微細懸濁物捕捉技術としての粗朶搦工，水産生物利用栄養塩系外取り出し技術としてのカキ礁の復元およびノリ養殖の適正管理であり，それぞれ施工規模の異なる2ケースを設定している．これらは主に湾奥部の環境改善を重視した施策である．囲繞堤，なぎさ線の回復（直立護岸の緩傾斜化），粗朶搦工，カキ礁およびノリ養殖は施設を設置あるいは削減したものであるが，覆砂と海底耕耘は2001年1月1日に施工した想定になっている．

　各技術の評価は，2001年の環境条件（非定常）において，貧酸素化の低減効果（底層DO），赤潮発生の低減効果（クロロフィルa），透明度上昇の抑制効果（SS）とし，これらを含む環境変化に伴う指標種への影響を漁獲量の変化で評価している．なお，指標種は2001年の環境変化を毎年与え15年間計算している．

5.2.2　設定した計算条件

　各施策の施工箇所を図5.98に，施工面積を表5.9に示し，個別の施策に対する計算条件設定上の仮定を以下に示す．

■囲繞堤1粗朶搦工1　■囲繞堤2粗朶搦工2　■覆砂（5m以浅）　■海底耕耘（5m以浅）

■なぎさ線の回復1　■なぎさ線の回復2　■カキ礁の復元　■ノリ養殖

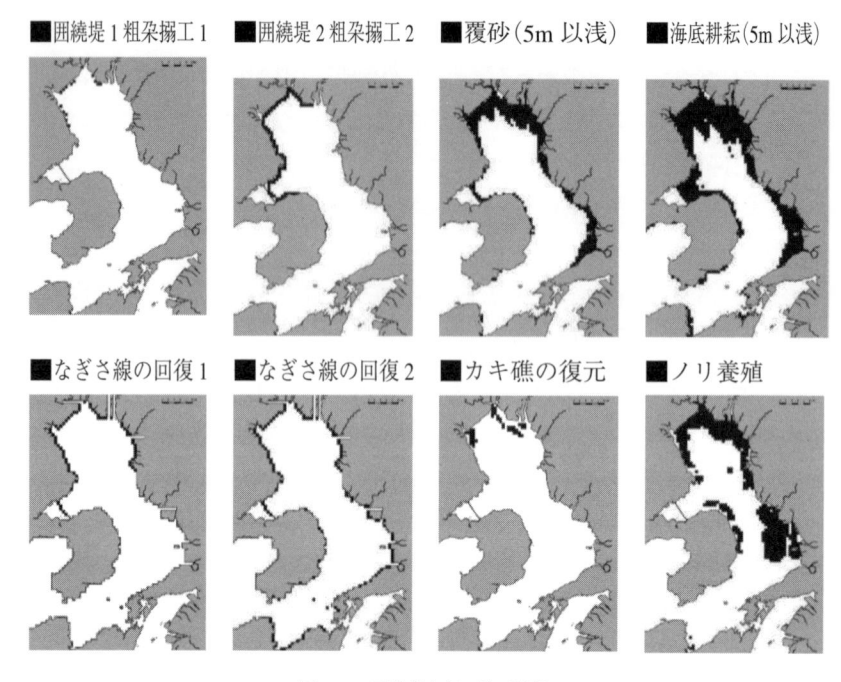

図5.98　再生策などの施工箇所

（1）囲繞堤の設置とアゲマキの増産

囲繞堤を設置し覆砂を行えばAVSが低下し，生物の種数・現存量が回復することが現地実証されていることから，底質サブモデルでAVS抑制効果を強制関数で与えている．また，アゲマキを放流すれば成長率，生残率とも良好であることが現地で確認されている．

【設定条件】

初期値を底泥有機物量0，間隙水濃度を直上水濃度に，アゲマキの放流密度を$0.25\ gC/m^2$とし，アゲマキによるバイオターベーションは泥深1mまで及ぶとした．計算ケース1ではかつてのアゲマキ漁場を施工対象とし，計算ケース2では湾奥から諫早湾の沿岸部全域を施工対象とした．

【影響伝達】

バイオターベーションによる堆積有機物の拡散促進，酸素消費の低減，底層DOの上昇．施工場所での底質浄化（覆砂を想定）により，底泥による酸素消費・

5章 有明海再生のための技術と評価 325

表5.9 再生策の対象海域と施工面積

No.	再生策	対象海域	格子数	面積 (km²)		備考
1	囲繞堤1	湾奥部のかつてのアゲマキ漁場	15	12	0.8%	
2	囲繞堤2	湾奥部および諫早湾沿岸全域	92	75	4.7%	
3	覆砂1	5m以浅海域	370	300	18.9%	
4	覆砂2	5m以浅海域	370	300	18.9%	アサリを5倍にした
5	海底耕耘1	10m以浅海域	676	548	34.5%	底泥の酸素消費量を3/4
6	海底耕耘2	10m以浅海域	676	548	34.5%	底泥の酸素消費量を1/2
7	なぎさ線の回復1	人工海岸(湾奥部,諫早湾のみ)	62	50	3.2%	
8	なぎさ線の回復2	人工海岸	123	100	6.3%	
9	粗朶搦工1	湾奥部沿岸の一部	15	12	0.8%	
10	粗朶搦工2	湾奥部と諫早湾の沿岸全域	92	75	4.7%	
11	カキ礁の復元1	1977年のカキ礁	48	39	2.5%	1977年のカキ現存量
12	カキ礁の復元2	1977年のカキ礁	48	39	2.5%	上記の5倍
13	ノリ養殖1	現況のノリ養殖場	493	399	25.2%	ノリ養殖を1/2
14	ノリ養殖2	現況のノリ養殖場	493	399	25.2%	ノリ養殖を0
		有明海	1,957	1,585	100.0%	

＊各施策とも2ケース設定し,ケース1よりケース2の再生規模が大きい.

栄養塩の溶出量が低減するとともに，巻き上げられる底質中の有機物濃度が低下するため水中での酸素消費量も低減する．またアゲマキが増産することにより，水中の懸濁有機物を除去能が増強されるともに，アゲマキによるバイオターベーション（底泥かく乱効果）によって底泥内に酸素が供給されることによる還元物質の溶出量の低減が期待できる．低次生態系モデルでは，これらの効果として貧酸素化の軽減や一次生産量の低下が想定される．

(2) 覆砂

アサリ漁場に覆砂すれば，アサリの初期減耗が低下し，ベントスの種数・現存量が多くなることが確認されていること[89,91]から，底質粒度の変化に関わる生物化学反応を強制関数で与えている．

【設定条件】

5 m 以浅海域において，初期値を底泥有機物量 0，間隙水濃度 0，増加した懸濁物食者の 80％を漁獲した．計算ケース 1 では懸濁物食者の現存量は現況から変化しないと仮定したのに対して，計算ケース 2 では覆砂によりアサリ資源が回復した場合を想定し，アサリ現存量を現況の 5 倍とし，80％を漁獲するとしている．

【影響伝達】

上記の囲繞堤の設置とアゲマキの増産と同様である．

(3) 海底耕耘

海底耕耘が可能な 10m 以浅海域において，底泥による酸素消費量が減少すると仮定し，持続期間を予測した．なお，耕耘後の生物量の回復は，回復機構が不明なため取り扱っていない．

【設定条件】

10 m 以浅海域において，底泥の酸素消費量を 3/4（計算ケース 1），1/2（計算ケース[2]）としている．

【影響伝達】

低次生態系モデルでは，底泥からの酸素消費量および還元物質の溶出量が低下することで，貧酸素化の軽減が想定される．

(4) なぎさ線の回復

有明海の人工海岸の割合は海岸線延長の 55％（海岸メッシュ数）で，湾奥と

東部海域に多い．本モデルが900 m格子であり，緩傾斜化による地形的条件を正確に表すのに限界があるが，緩傾斜にした場合，海岸に直交する流速成分が生じるとしている．具体的には，人工海岸の陸側に1格子増やしている．これによる水域面積の増加はモデル上120 km^{2}であり，1930年代の地形との差（53 km^2）の約2倍に相当する．また，自然海岸は人工海岸より生物が豊かになると予想され，人工なぎさ線においても生物量が多くなることが現地実証されているが，底質改善と重複するので，ここでは流動変化について述べる．

【設定条件】

人工海岸の陸側に1格子増やし，増やした格子の底質には覆砂（底泥有機物量0，間隙水濃度0）が施されるものとし，底生生物は前面格子と同じ現存量を初期値とする．計算ケース1では湾奥部と諫早湾に人工海岸を限定し，計算ケース2では有明海全域としている．

【影響伝達】

潮流速の増大に伴うM_2分潮振幅（大浦），振幅増幅率（大浦／口之津），断面通過流量，成層強度の変化．海域面積が増加することにより潮流に変化が生じる．この潮流の変化は，断面通過流量の増加や成層強度の低下を通じて，貧酸素化の顕著な海域への水平・鉛直方向の溶存酸素の供給量を増加させる．また，潮流速の増加により底泥の巻き上げ量が多くなることで水中のSS濃度が上昇し，植物プランクトンの生産に対する制限要因となる．さらには，湾奥部での滞留時間が短くなることによって，陸域から流入する栄養塩やそれを利用する植物プランクトンの湾奥部への集積量が小さくなるものと考えられる．これらの要因により，低次生態系モデルでは，湾奥部において貧酸素化の軽減することが想定される．

(5) 粗朶搦工

粗朶搦工は伝統的な干拓技術の一つである．粗朶搦で囲まれた水域は静穏化するので，上げ潮時に流入した懸濁物質が沈降し，下げ潮時には微細懸濁物が少なくなった海水が流出する．また，微細粒子が堆積した粗朶搦内は新たな生物生息場として機能する．ここでは，微細懸濁物の捕捉技術の一つとして，粗朶搦内の沈降速度を増大させて評価している．

【設定条件】

細粒分(粘土,シルト)の沈降速度を 1.56 倍 [92] にし,巻上げが生じないとしている.底質および底生生物は現況と同じである.計算ケース 1, 2 は施工場所を囲繞堤と同じにしている.

【影響伝達】

微細懸濁物の捕捉による懸濁物濃度(SS)の低下,それに伴う酸素消費の低下,底層 DO の上昇.水中に懸濁する有機物を海岸線付近に沈降させ,この沈降した有機物を底生生物に利用させることで,湾奥部での酸素消費形態を変化させる.粗朶搦工により,これまで貧酸素化に寄与していた一次生産量(デトリタス)を,底生生物の生息量が多く,さらには溶存酸素と触れ合う機会が多い海岸線付近に集積することによって,湾奥部での貧酸素化の軽減が想定される.

(6) カキ礁の復元

かつて有明海湾奥部の干潟や河口域ではシカメガキやスミノエガキの養殖が行われ,1970 年代には天然カキの漁獲も多かった(図 5.99).シカメガキは有明海の特産種で,スミノエガキは準特産種でもある.ここでは 1977 年当時のカキ礁を復元して,カキによる高い水質浄化能を期待する.ただし,カキ礁はノリ養殖の場に変更された経緯があるので,その復元にはノリ養殖との調整(合意)が必要であり,環境再生の効果や経済的な評価を含めて総合的に判断する必要がある.カキ礁は水質浄化だけでなく,積み重なった立体空間が魚介類の産卵場や仔稚魚の生息場を提供し,また濁りが発生しやすいので仔稚魚の被食シェルターとしての役割や,カキの擬糞が魚の餌となって食物連鎖を支えているなどの役割も期待できるが,本モデルではこれらの効果は取り扱っていない.

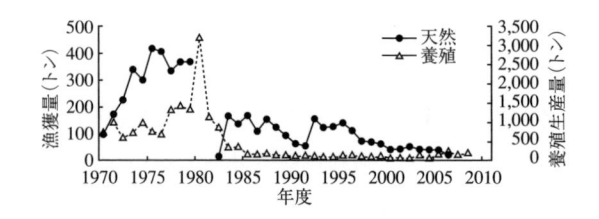

図 5.99 有明海のカキの漁獲量と養殖生産量の推移(水産統計より作成)

【設定条件】

1977年当時のカキ礁を復元する．計算ケース1では1977年のカキ現存量を，計算ケース2ではその5倍の現存量を設定している．

【影響伝達】

微細懸濁物の捕捉については粗朶搦工と同じであるが，カキの取り上げによる栄養塩や有機物の除去効果もある．低次生態系モデルでは，これまで貧酸素化に寄与していた一次生産量（デトリタス）をカキのバイオマスとして海域系外に除去することにより，貧酸素化の軽減が想定される．

(7) ノリの適正管理

有明海のノリ養殖は大正時代から始まるが，1960年代に急増し，共販数量は2000年代まで漸増している（図5.100）．水産統計によると，ノリの養殖生産量は2000年代（2000〜2008年）平均で年間144,000トンあり，漁船漁業の6.5倍に達している．この大きな基礎生産は本来の有明海の食物連鎖系を変容させていると考えられるので，ノリに吸収される栄養塩を植物プランクトン，動物プランクトン，魚類へ転送し，多様な食物連鎖系に戻すことが有明海本来の生態系を

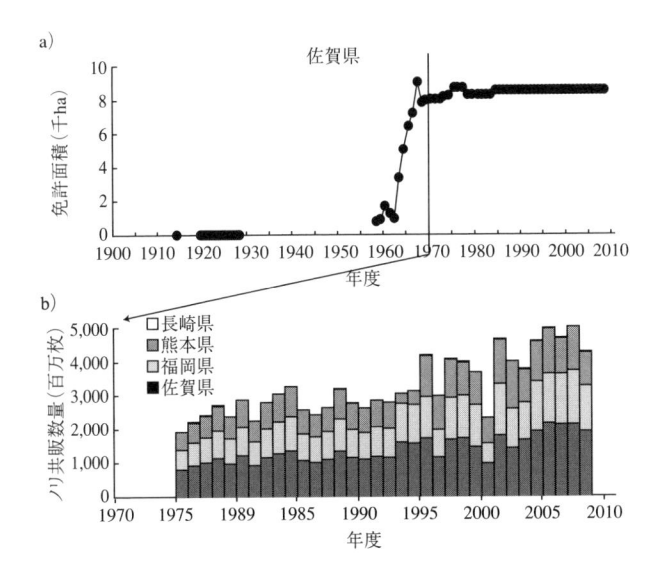

図5.100 佐賀県のノリ養殖免許面積と有明海のノリ共販数量の推移（免許面積は佐賀県漁業調整委員会史（1988），共販枚数は有明海4県資料より作成）

取り戻す一助となる可能性がある．また，ノリ養殖に伴って投与される酸処理剤や施肥がすべてノリに吸収され陸揚げされることがないので，局所的には過剰な負荷を与えていることにもなる．

【設定条件】

ノリ養殖を削減し，それに伴う養殖筏の流体抵抗，酸処理剤，施肥量も削減率に応じて変化させている．計算ケース1ではノリ養殖を現況の1/2に，計算ケース2では0としている．なお酸処理剤・施肥の使用量は各県から提供されたデータに基づき設定している．

【影響伝達】

ノリが摂取する栄養塩が植物プランクトン，動物プランクトンへ転送される．河口周辺海域での動物プランクトンが増加すれば，スズキ稚魚の成長・生残を促進し，漁業生産が高くなり，結果として有明海本来の食物連鎖系への復元，生物多様性の保全に役立つと仮定する．ノリ養殖実施時期（冬季）において，ノリ網による流れへの抵抗がなくなり湾内の海水交換がよくなることや，酸処理剤・施肥の使用量の低減により酸素消費量の低下，高濁度水の形成などが想定される．しかし，スズキ稚魚が河口域・浅海域で成育する冬～春に，動物プランクトンの増大やSSの増大を低次生態系モデルで表現できていない．

5.2.3 低次生態系モデルによる再生技術の予測結果

各技術の適用場所や規模が同じではないので単純に比較できないが，貧酸素容積の低減効果，湾奥部での一次生産量の低減効果を図5.101に示す．なお，これらは表5.9に示した計算条件下での予測結果である．

これによると，なぎさ線の回復の施策により湾奥部の地形が変化し（海域面積が増加），流動場の改善を通して，貧酸素化の解消や赤潮発生の抑制に一定の効果があると予測された．前述のように，流れ場の改善は底層への溶存酸素の供給量を増大させるとともに，水中での溶存酸素の消費に寄与する一次生産量を低減させる効果を有しており，もっとも効果的に貧酸素化を解消できる手法であると考えられる．流動場の改善により，貧酸素化の低減，サルボウなどの二枚貝資源の回復，水質浄化量の増大，貧酸素化の解消といった正のスパイラルを誘導することが期待できる．

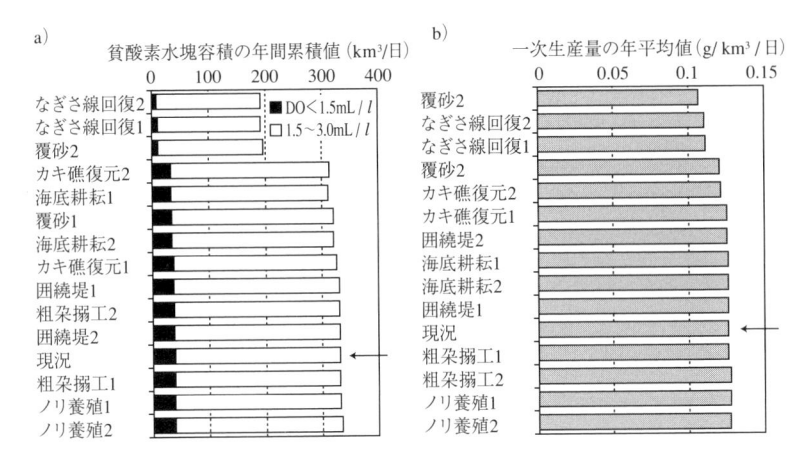

図 5.101 各再生策による a) 貧酸素水塊容積の年間累積値および
b) 湾奥部の年間平均一次生産量の予測結果

　一方,覆砂（ケース 2）やカキ礁の復元といった懸濁物食者の増加による水中の懸濁態有機物の除去を目的とした再生方策についても,貧酸素化の解消や赤潮発生の抑制に効果があると予測された.前述したとおり,一次生産起源の有機物分解による酸素消費が水柱全体の全酸素消費の約 50% を占めていることから,懸濁態有機物を効果的に除去できる技術が確立できれば,有効な再生方策となるものと考えられる.ただし,これら技術の適用にはノリ養殖との合意が必要である.また,これらの再生策の有効性は環境劣化の要因分析結果でも裏づけされている.この他の視点として,干潟覆砂域が非覆砂域よりアサリ着底稚貝の生残率が高いという事実から,流域からの健全な土砂供給の持続と応急措置的には覆砂が有効であると考えられる.

　低時生態系モデルで実施した再生方策の定量的な予測の前提およびその結果の概要を表 5.10 に整理した.

表 5.10(1) 再生方策の効果予測に当たって設定した主な条件と結果の概要

個別技術	施策名	予測にあたって設定した主な計算条件	予測結果
底質改善技術	覆砂	・有明海内の水深5m以浅の海域にて覆砂を実施 ・底質中の有機物・間隙水中溶存物質の初期濃度をゼロとした	・覆砂による改善効果としては，覆砂自体の底質浄化による効果と底生生物の発現による浄化効果が想定されるが，予測結果からは後者の浄化効果が貧酸素化の改善効果が大きかった．
		・覆砂を実施した場所では懸濁物食者が増加すると仮定し，設定する懸濁物食者の初期現存量を増加させた	・覆砂自体の底質浄化による効果としては，貧酸素水塊の容積が現況より約10%縮小するものと考えられる．
		・増加した懸濁物食者の8割が漁獲等により系外に持ち出されると仮定した	・上記の底生生物の発現による浄化効果に加え，懸濁物食者が覆砂により現況の5倍の生息量となると仮定した場合，約70%の貧酸素水塊の縮小が見られた．
	海底耕耘	・有明海内の10m以浅の海域にて海底耕耘を実施 ・底泥からの酸素消費量還元物質の溶出量が常時，低減すると仮定した	・底泥からの酸素消費量・還元物質の溶出量が現況の半分になると仮定した場合，貧酸素水塊の容積は約12%縮小するものと予測された． ・酸素消費に対して水中での酸素消費が支配的であるため，底質改善施策が有する貧酸素化の直接的な改善効果は相対的には小さいと考えられる．
	囲繞提の造成 ＋ アゲマキの増産	・有明海湾奥沿岸部において囲繞提の造成を実施 ・底質中の粒子状有機物・間隙水中溶存物質の初期濃度をゼロとした	・囲繞提の造成・アゲマキの増産が，直接的に貧酸素水塊の発生規模に与える影響は小さく，貧酸素水塊の容積の変化として約2%の縮小があると予測された．
		・囲繞提の造成場所ではアゲマキを増産させるものとして，設定する懸濁物食者の初期現存量を増加させた	・予測にあたって想定した造成規模によって改善効果は変化するが，他の予測条件と比較して，今回想定した囲繞提の造成規模は小さいことに留意する必要がある．

表5.10(2) 再生方策の効果予測に当たって設定した主な条件と結果の概要

個別技術	施策名	予測にあたって設定した主な計算条件	予測結果
細粒分捕捉技術	粗朶搦工	・有明海湾奥部沿岸部において粗朶搦工を実施 ・粗朶搦工の実施場所では懸濁物(SS・有機物・植物プランクトン)の沈降速度が周辺海域の1.56倍となると仮定した	・粗朶搦工実施場所では,表層SS濃度が年平均値として10mg/L程度低減することができると予測された. ・粗朶搦工による直接的な貧酸素化の改善効果は小さく,貧酸素水塊の容積の変化として約1%の縮小があると予測された.
なぎさ線の回復技術	人工海岸(直立護岸)の緩傾斜化および半自然海岸化	・有明海の海岸線においてなぎさ線の回復技術を実施 ・なぎさ線の回復技術により,陸域であった900m×900mの格子が新たに海域となると仮定した ・新たに海域となる格子では,底質中の有機物・間隙水中溶存物質の初期濃度をゼロとした ・新たに海域となる格子では,その隣接する格子と同等の底生生物量が生息すると仮定した	・本検討で想定したなぎさ線の回復に伴い改善する貧酸素水塊の容積は大きく,約75%が縮小するものと予測された. ・年平均の表層SS濃度は湾奥部で約20mg/L程度上昇するものと考えられる. ・表層SS濃度の上昇,海水交換性の向上等により湾奥部での一次生産量が現況より約10%低下するものと考えられる. ・当然ながら,貧酸素化の発生が顕著な湾奥部での施工(地形変化)が貧酸素化の改善には効果的であり,熊本県沿岸での施工は貧酸素化の改善効果として直接的には効果が小さかった.
水産生物利用栄養塩系外取り出し技術	カキ礁の復元	・有明海湾奥の海域にてカキ礁を復元させた ・カキ礁の復元を想定する格子ではカキの初期現存量を増加させた ・増産したカキはすべて漁獲により系外に持ち出されるものとした	・湾奥部での一次生産起源の有機物のカキを通した系外除去効果として,貧酸素水塊の容積が約4~15%縮小するものと予測された. ・予測にあたって想定したカキ礁の造成規模によって改善効果は大きく変化することが想定される.他の予測条件と比較して,今回想定したカキ礁の復元規模は小さいことに留意する必要がある. ・1977年当時のカキ礁を復元した場合には,貧酸素水塊の容積が約4%縮小するものと予測された.
漁業管理	ノリ養殖量の制御	・ノリの養殖量を制限した ・ノリの養殖場は変化しないと仮定し,養殖場でのノリ網による流れの抵抗やノリ養殖量,酸処理・施肥の使用量を変化させた	・冬季に実施されるノリ養殖量の変化が,直接的に貧酸素水塊の発生規模に与える影響は小さいものと予測された ・一次生産量はノリ養殖の縮小に伴い,現況より約1%上昇するものと予測された. ・今回用いた酸処理剤の使用量および濃度は関係各県の資料に基づくものであるが,必ずしも実際の濃度を正確に表現したものではなく,酸処理剤による海域負荷量を過少に設定している可能性があることに留意する必要がある(佐賀大学林教授私信)

5.2.4 指標種評価モデルによる再生技術の予測結果

各技術を施行したときの環境への影響は貧酸素化の低減だけでなく，流動，水温・塩分，SSフラックス，一次生産量，懸濁有機物などの生物生息環境を変化させている．ここでは生活史モデルで取り扱った指標種の環境変化を介して増減する漁獲量を指標にし，各施策による生物生息環境の再生効果を総合的に評価した．なお，各再生策の適用場所や規模が同じでないので，単純には比較できないことを注意しておく必要がある．評価の手法は，2001年の環境条件下でアサリ5,600トン，サルボウ7,000トン，スズキ150トンの漁獲量を維持する基本ケースにおいて，低次生態系モデルで予測された対策後の環境変化（日変化）を毎年繰り返し15年間計算した．その結果は図5.102に示すとおりである．なお，7種類（14ケース）の再生策において，流動場（水温，塩分）を変化させたのは，地形変化を伴うなぎさ線の回復およびノリ養殖の削減であり，その他の再生策は流動場の変化はないと仮定した．なぎさ線の回復は計算条件として陸側に新たな海域を設けたので，浅水域の水温の影響を受け夏季に高く，冬季に低くなっている．このような水温変化は過大評価になるため，なぎさ線の回復では水温だけ現況値を用いたケースで取り扱った．ノリ養殖については流体抵抗を減少させたので流速が速くなり，水温も変化している．その差はスズキで大きく，アサリで小さかった．図5.102で漁獲量の変化が早く現れるのは，スズキ，サルボウ，アサリの順になっている．これは高温期にスズキの成長が他種より大きいことから，漁獲量が早期に増大したものである．また，サルボウでは7～8年目に漁獲量の増大が頭打ちになっている．これはこの付近に環境収容力（漁獲量で約32,000トン）があり，密度効果が発現していることを示している．

各種の再生効果をわかりやすくするため，10年目の漁獲量とその変動の主因となっている環境要因を図5.103に示す．なぎさ線の回復とノリ養殖の削減は水温が変化するが，その他の再生策は水温変化がないため，図5.103では水温の影響を区別した結果も示した（括弧内の再生策は水温だけ現況値を使用）．また，再生効果が大きかった覆砂，なぎさ線の回復，海底耕耘（アサリ，サルボウ）およびノリ養殖（スズキ）については，現況ケースにおいて主要な環境要因だけを変化させたときの10年後の漁獲量を図5.104に示した．

アサリは覆砂による効果が最も大きいと予測され，現地盤の底質粒度を砂に

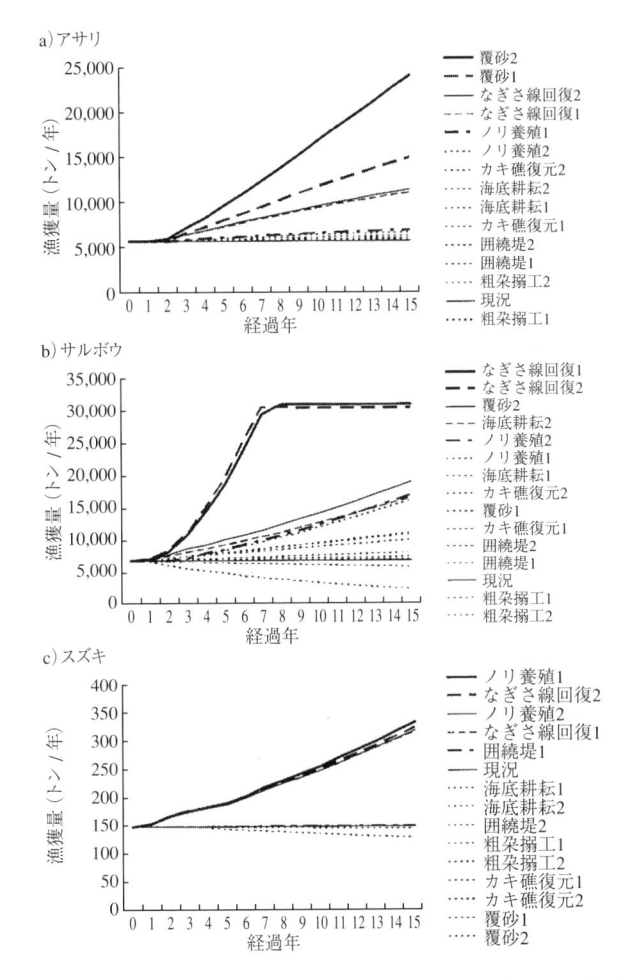

図5.102 各再生策による指標種の漁獲量の予測結果 2001年1月1日に施工し，1年間の環境変化を境界条件として毎年与えた．再生ケースの凡例は漁獲量の上位から示している．

置き換えたことにより細粒化による埋没死亡が小さくなったことが表現されている．また，低次生態系モデルで覆砂によるアサリ現存量の増大（5倍）を考慮したケース2では貧酸素水塊の発生頻度が低下することによって，アサリの漁獲量も増大している．生活史モデルで増大したアサリやサルボウが低次生態系モデルへ反映されていないので，環境と生物が自律した系になっていないが，貧酸

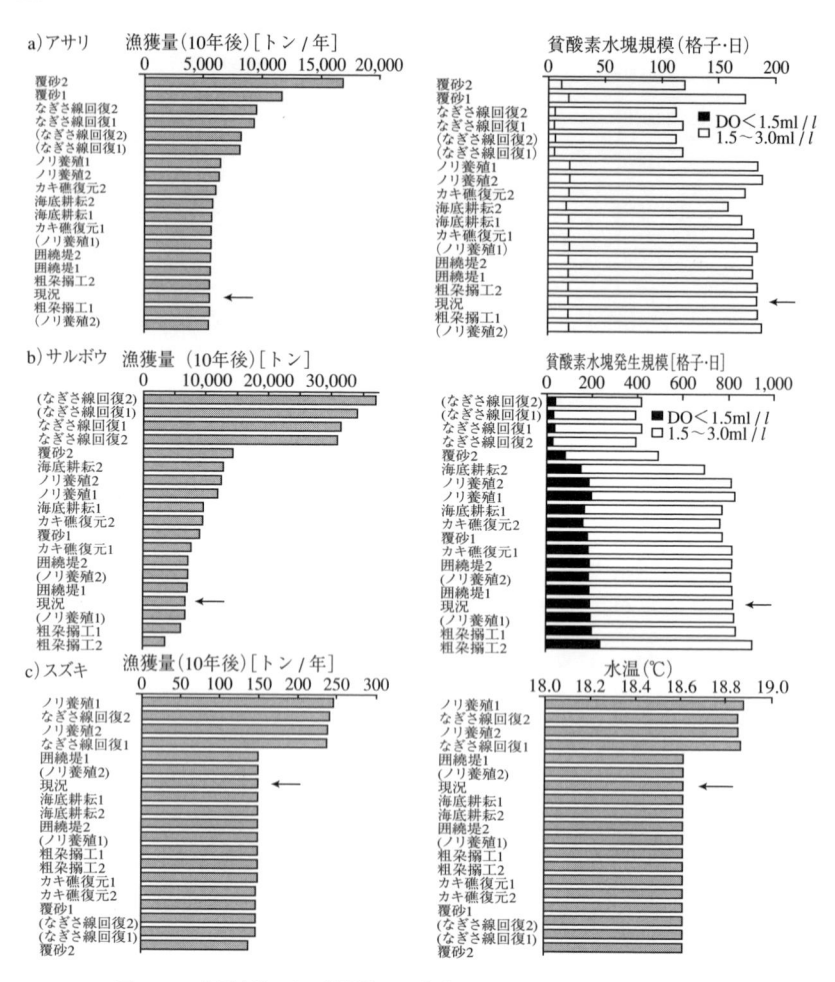

図 5.103 各再生策による指導種の 10 年後の漁獲量の予測結果と環境要因.
( ) 内の再生策は水温だけ現況値を用いて計算.

素化とアサリ・サルボウ資源の関係を図から読み取ることができる.一方,覆砂により底泥の酸素消費や栄養塩の溶出が抑制されるので一次生産量が低下し,浮遊期のクロロフィル a および底生期の POC を指標とした餌資源が減少し,飢餓死亡（浮遊期）の増大,成長（底生期）の低下により資源への負の効果もある（図 5.104）.しかし,稚貝の埋没死亡の低下や貧酸素化の解消が餌資源の減少を相

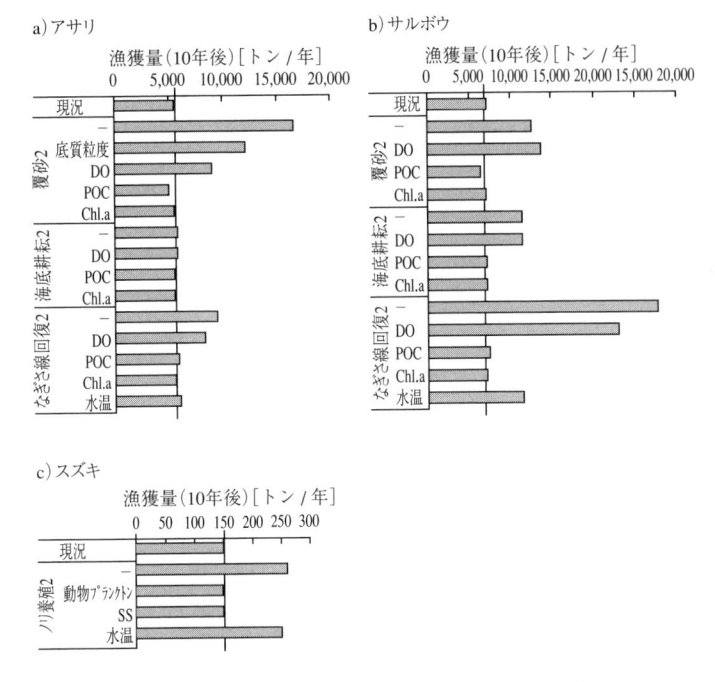

図 5.104 主要な再生策の感度解析結果．10 年後の漁獲量を示し，現況ケースに各環境要因だけを変化させた．

殺して資源が増大している．スズキの稚魚が多く生息する筑後川，六角川などの河口域では，動物プランクトンが多く，高濁度域が形成されることによって有明海の生物多様性が維持されている[89,90]．ノリ養殖を適度に削減し，ノリに摂取される栄養塩を高次に転送することによって，多様な食物連鎖系に戻すことを試みたが，予測結果では餌生物としての動物プランクトンや被食シェルターとしての SS は増加しなかった．しかし，養殖筏の撤去によって流れが変化し水温が上昇することによって，成長がよくなり漁獲量が増大する結果となった．

なぎさ線の回復はアサリでは覆砂に次いで効果があり，サルボウでは最も効果があると予測された．湾奥部に多い人工海岸を開削あるいは緩傾斜にすることを想定した地形変化が，流動場を回復させ，貧酸素化を解消させた結果，アサリ，サルボウの資源回復に寄与している．特に湾奥浅海域に生息するサルボウの回復効果が大きく，貧酸素化は底生魚介類の重要な生息環境の一つになっていること

を示唆している．また，なぎさ線の回復は底層 DO を高める効果に加え，底層の懸濁有機物（POC）も高くなり餌資源の増加に伴う資源増大の効果も予測された．アサリ，サルボウともノリ養殖の削減により漁獲量が増大しているが，これは水温上昇により成長がよくなった結果である．水温以外の両種の生息環境には大きな変化はなかった．なぎさ線の回復でも水温の影響が現れている．生活史モデルでは水温の影響が全生活史の成長を介して資源が変動するため，水温変化は重要な生息環境の一つになっていることを示唆している．

海底耕耘とカキ礁の復元もアサリ，サルボウの資源回復に一定の効果があると予測された．一方，囲繞堤および粗朶搦工の効果は限定的で，粗朶搦工では微細懸濁物の補足によりサルボウの餌資源（POC）が減少し，漁獲量が減少する結果も示された．

覆砂や海底耕耘による生物以外の直接的な環境改善効果について，その持続性には限界があると考えられる．海底耕耘によって底生生物量が増加し，底泥内の有機物濃度が減少するが，その効果は約 3 ヵ月程度であることが現地調査で明らかにされている[91]．また，低次生態系モデルで 1 月 1 日に底泥内へ酸素を供給して計算した結果，底泥内の DO および硫化水素濃度ともに約 1～3 ヵ月後に酸素供給前の濃度に戻っていることを確認している．すなわち，生物の回復を評価しなければ，底泥を攪拌してもその効果は数ヵ月程度であると推察される．覆砂は海底耕耘より持続期間が長いが，その場の砂供給や流動が変化しない限り，いずれは元の状態に戻ると推察される．覆砂と海底耕耘の計算条件は，2001 年 1 月 1 日に施工し，1 年間の環境変化を境界条件として生活史モデルへ毎年与えたものである．ここでは，覆砂・海底耕耘を 1 年，2 年，3 年継続し（1 年，2 年，3 年の 1 月 1 日に施工），その後は現況ケースの環境条件で計算した結果を図 5.105 に示す．再生後の漁獲量のピークはアサリでは 5～6 年後に現れ，サルボウでは 2～4 年とアサリより早く現れている．アサリでは稚貝の死亡係数の低下が資源に大きく影響するため，覆砂により稚貝が漁獲サイズまで成長して漁獲量が大きくなるのに対して，サルボウでは DO 上昇の影響が大きく，モデルでは成長に伴い貧酸素耐性を大きくしているが，底生期の各発育段階に及ぶため早期に漁獲量が増大している．両種とも年齢別の漁獲割合は 2 歳貝が最も大きく，次いでアサリでは 1 歳貝，サルボウでは 3 歳貝が大きくなっている．

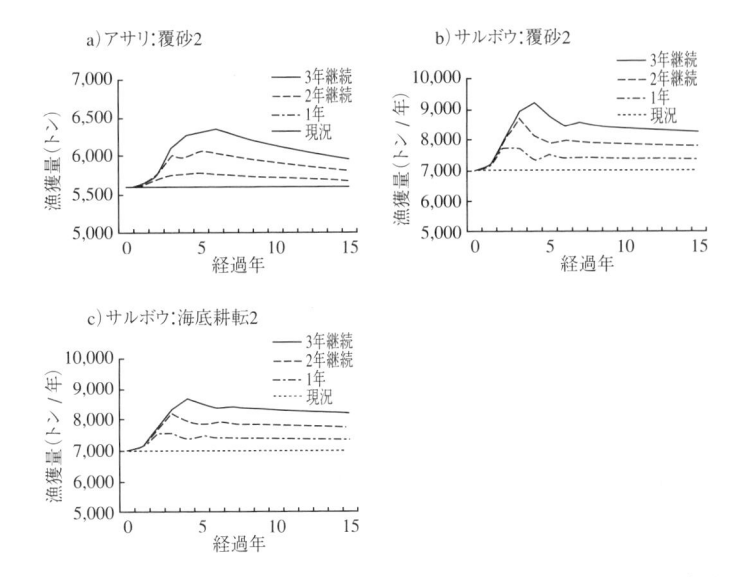

図5.105 覆砂・海底耕耘の持続性の予測結果．覆砂・海底耕耘（いずれもケース2）を1〜3年繰り返した後，現況の環境条件で計算．

　図5.105では覆砂・海底耕耘による1〜3年間の環境変化が元に戻っても，増大した資源が再生産し少なくとも15年経過しても生物の回復が持続している．生物の増大が環境に働きかける効果を勘案すれば，再生効果がより増幅することは十分に考えられる．それを裏づけるものとして，濾水量の変化を示したのが図5.106である．アサリ（殻長1.3 cm以上）とサルボウ（殻長1.5 cm以上）の濾水量を合計すると，現況で年間140億m^3と推定され，有明海全流域からの淡水流入量（2000〜2006年平均）にほぼ等しくなる．濾水量はなぎさ線の回復（ケース2）により現況の3.3倍，覆砂（ケース2）により2.3倍になると予測される．二枚貝による濾水量の増大は，呼吸による酸素消費を相殺して酸素消費物質の低下をもたらし貧酸素化の解消に大きな効果がある．これは過去の二枚貝の現存量を想定した貧酸素水塊の長期的な変動の要因解析でも示されている．図5.106には漁業生産の経済効果として生産額も示した．アサリはサルボウより単価が高いので，生産額は覆砂（ケース2）により現況の2.8倍，なぎさ線の回復（ケース2）により2.1倍になっている．
　以上では総漁獲量を比較したものであるが，どの海域で生息環境が再生され

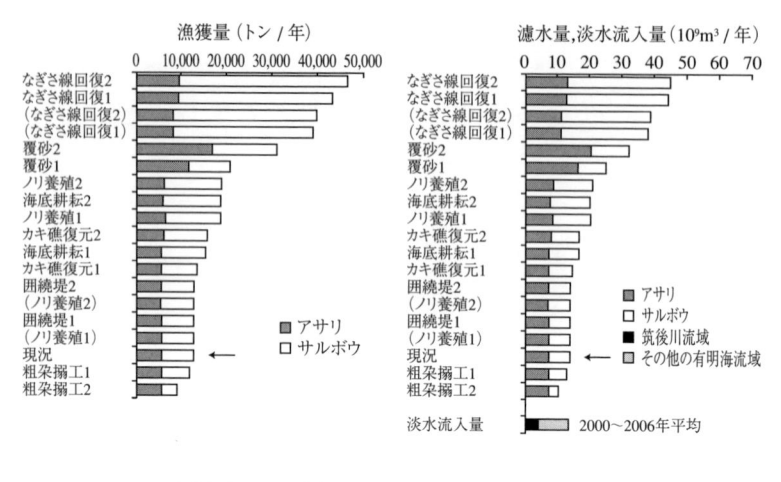

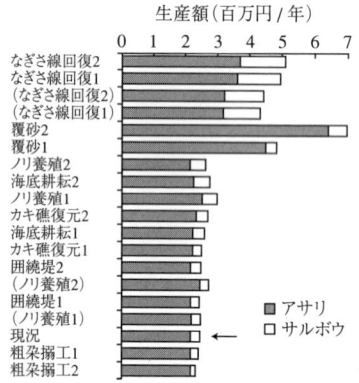

図 5.106 各再生策によるアサリ，サルボウの 10 年後の漁獲量，濾水量，生産額．
( ) 内の再生策は水温だけ現況値を用いて計算．(←は現況値)

資源増大に寄与したかをみるため，各計算格子（複数）の結果を図 5.107 に示す．サルボウでは多くの地点で貧酸素化の低減により漁獲量が増加しているが，諫早湾（アサリ），大浦・鹿島沖（サルボウ）ではなぎさ線の回復や覆砂を行っても貧酸素化が解消されていない．これらの海域の貧酸素化を解消するには，1930年代に貧酸素水塊が形成されていないことから，その当時の環境条件が一つのヒントになる．

　以上の環境改善に加え，漁業管理も資源回復の重要な手法の一つである．熊

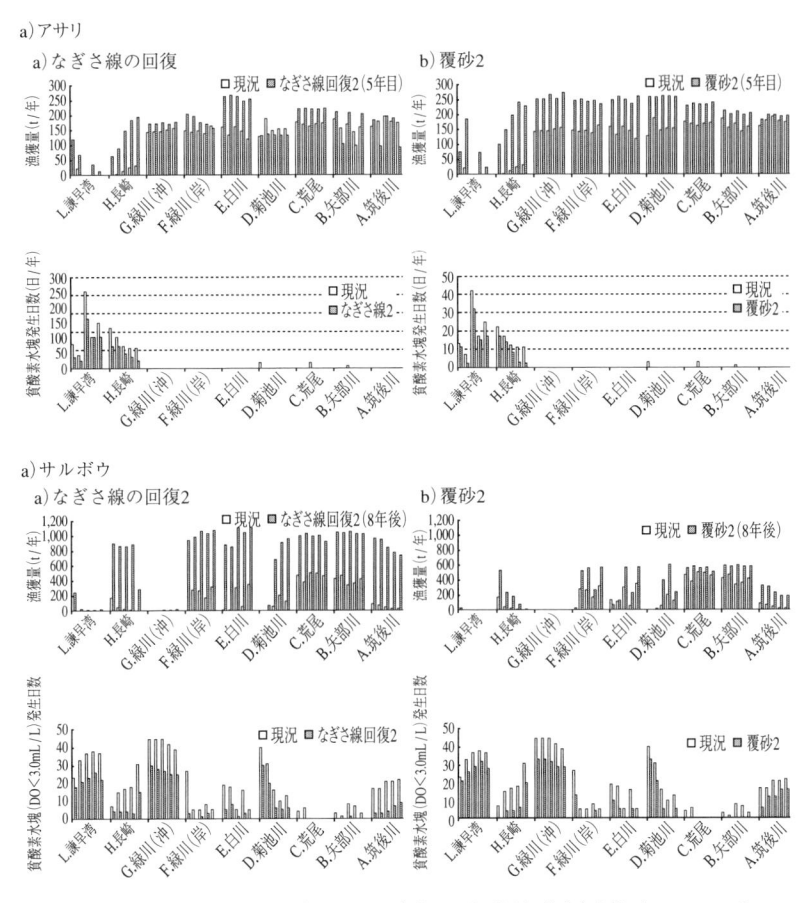

図 5.107 なぎさ線の回復および覆砂における各格子の漁獲量と貧酸素水塊（DO<3.0ml/l）の発生日数の現況との比較（地点は図 2.1 参照）

本県[93)]はアサリ資源の回復のために漁獲サイズの大型化の指導に取り組んでいる．網目は 3 分，4 分，4.5 分，5 分（1 分は 3.03 mm）が使用されており，現況ケースでは 3 分以外を使用し平均 13.1 mm（4.3 分）として計算している．3 分，4 分，4.5 分，4.5 分 + 5 分（それぞれ 1/2 使用），5 分を用いたときの漁獲量の変化と 10 年目の年齢組成を図 5.108 に示し，網目と 10 年後の漁獲量，濾水量，生産額の関係を図 5.109 に示す．現状より小さい網目を使うほど最初は多獲されるが，やがて漁獲量は減少する．網目が大きいほど高齢貝の割合が高く

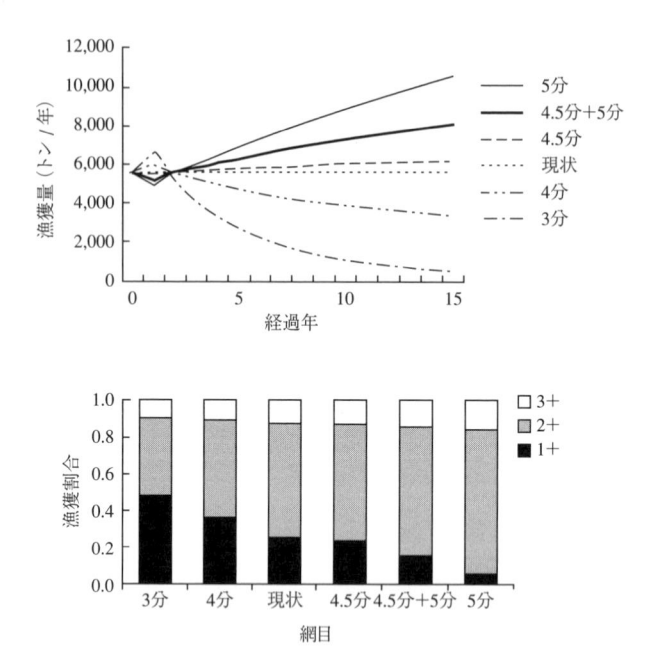

図 5.108 アサリの網目を変えたときの漁獲量の推移と年齢組成（10年後）．現状は 4.3 分に相当する

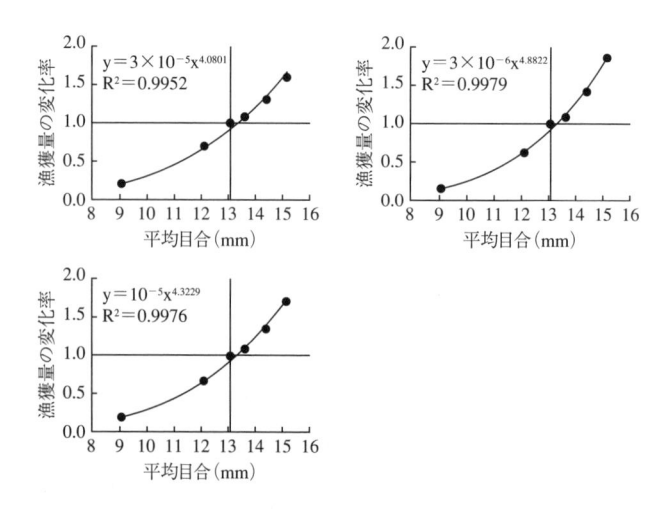

図 5.109 アサリの網目と漁獲量，濾水量，生産額の関係（10年後）

なり，たくさん産卵させてから獲ることになるので漁獲量が増大する．また，殻長別に単価を設定しているので，漁獲サイズが大きいほど生産額は高くなり経済的に有利になる．例えば4.5分と5分を1/2ずつにした場合，10年後には漁獲量で31％，生産額で36％，濾水量で43％増加すると予測された．一方，3分で獲り続けると資源水準はかなり低くなり，乱獲状態になる．したがって，大きく育てて獲るような賢明な漁業は，漁獲量以上に生産額が高くなるので漁業経営が安定し，さらに濾水量の増大が環境エンジンとしての機能をより発揮し，海域の環境保全機能の一翼を担っているといえる．

5.2.5 有明海再生に向けてのシステム的方策

有明海の生物生息環境として貧酸素水塊の発生・拡大，赤潮の発生（夏季の有毒赤潮，冬季の珪藻赤潮），透明度の上昇，底質変化（細粒化）が重要であると考えられている．現地実証された各再生策が有明海全体の貧酸素化の低減および指標種の資源増大に果たす効果の大きさを表5.11にまとめた．貧酸素以外の生物生息環境については指標種の評価モデルで取り扱われている．貧酸素化は"酸素供給＜酸素消費"の結果であり，流動場を回復させ酸素供給を増やすなぎさ線の回復と底泥や水中での酸素消費を減らす覆砂による効果が大きいことが定量的に示された．また，酸素消費を減らすカキ礁の復元や海底耕耘も有望な再生策であることが確認された．さらに重要なのは，これらの施策によってサルボウやアサリが増え，懸濁有機物を摂食することによって酸素消費の減少を助長していることである．見方を換えれば，貧酸素に暴露される漁場の存在が漁獲量に影響していることにもなる．図5.110は，再生策から生物生息環境および指標種への影響伝達の要点をまとめたものである．大型二枚貝の生息環境の再生と貧酸素化の解消は双方向の関係にあることから，これらの正のスパイラルを誘導するような再生技術の組み合わせが効果的であると考えられる．

有明海は湾奥部や諫早湾の泥質干潟・浅海域から東部沿岸の砂質干潟まで環境傾度が大きいため，環境再生もそれぞれの地域特性に応じたものでなければ持続しない．貧酸素水塊が発生しやすい湾奥部や諫早湾では，流動・密度成層の改善と酸素消費の大きなPOMを低減させることが重要である．かつて湾奥部の干潟にはアゲマキ，その前面にはカキ礁があり，両種とも水質浄化能が高いので，

表 5.11 再生策の効果予測（まとめ）

No.	再生策	有明海全体の貧酸素化の低減	アサリ	サルボウ	スズキ
1	囲繞堤1	△	−	△	−
2	囲繞堤2	△	−	△	−
3	覆砂1	○	◎	○	−
4	覆砂2	◎	◎	◎	×
5	海底耕耘1	○	△	○	−
6	海底耕耘2	○	△	○	−
7	なぎさ線回復1	◎	○	◎	−
8	なぎさ線回復2	◎	○	○	−
9	粗朶搦工1	−	−	−	−
10	粗朶搦工2	△	−	×	−
11	カキ礁復元1	○	△	○	−
12	カキ礁復元2	○	△	○	−
13	ノリ養殖2	−	○	○	○
14	ノリ養殖1	−	○	○	○

◎:効果が非常に大きい, ○:効果が大きい, △:一定の効果がみられる,
−:大きな変化はない, ×:再生の逆効果である.

これらを活用した再生策も有効である．東部沿岸域は全国一のアサリ漁場が形成されているが，この海域では貧酸素化していない．アサリ資源の回復対策として覆砂が多用され，覆砂はアサリの資源回復に一定の効果を発揮していることは数多く実証されている．覆砂の効果分析にはいくつかの説があるが，新鮮な砂が供給されること，地形が平坦でなく多様であることにより稚貝着床が促進されることなどは共通している．したがって，当該海域では緊急策として覆

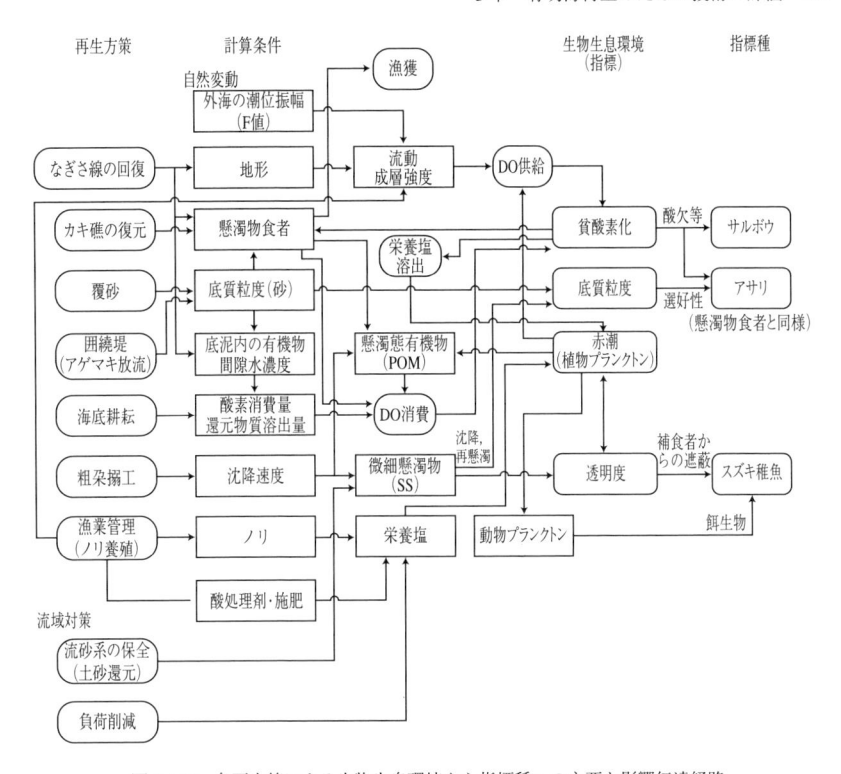

図 5.110 各再生策による生物生息環境から指標種への主要な影響伝達経路

砂や作澪が有効であり，持続的には流域からの健全な土砂供給が欠かせない．湾奥部や島原湾沿岸に形成されるアサリ漁場では貧酸素水に暴露されているので，貧酸素化の低減が重要な再生要件となる．また，アサリの資源回復には漁獲サイズを大きくする漁業管理やナルトビエイの駆除も併用すればより有効である．

(堀家健司・楠田哲也)

文　献

1) 林野庁：森林・林業白書，日本林業協会，2009.
2) 森林水文学編集委員会編：森林水文学，森北出版，2007.
3) 恩田裕一編：人工林荒廃と水・土砂流出の実態，岩波書店，2008.
4) 小松　光・久米朋宣・大槻恭一：流域水収支データの現代的意義—森林蒸発散を

考えるために一, 日本森林学会誌, 87, 346-359 (2007).

5) 藏本康平・篠原慶規・小松　光・大槻恭一：森林回復が流出に及ぼす影響—地質が異なる2流域における検討一, 水文・水資源学会誌, 23, 印刷中, 2010.

6) 小松　光・久米朋宣・大槻恭一：針葉樹人工林の間伐が年遮断蒸発量に与える影響—予測モデルの検証一, 日本森林学会誌, 91, 94-103 (2009).

7) 志水俊夫：山地流域における渇水量と表層地質・傾斜・植生との関係, 林試研報, 310, 109-128 (1980).

8) 福島慶太郎, 徳地直子：皆伐・再造林施業が渓流水質に与える影響, 日本森林学会誌, 90, 6-16 (2008).

9) 濱田康治・皆川明子・髙木強治・中　達雄：有明海沿岸クリーク地帯でのクリーク水質の年間変動および年次変動の解明, 農村工学研究所技報, 207, 63-80 (2008).

10) 國松孝男・杉本好崇・駒井幸雄：環境こだわり農業の評価と農林地研究の課題, 第9回日本水環境学会シンポジウム講演集, pp.123-124, 2006.

11) 人見忠良：水管理による水田からの排出負荷の削減方策, 平成19年度農村工学研究所研究会農村環境研究部会講演集, pp.33-38, 2008.

12) 農林水産省：都道府県施肥基準等, http://www.maff.go.jp/sehikijun/top.html

13) Shiratani, E., Yoshinaga, I. and Hitomi, T.: Water Environmental Roles of Cultivated Fields in the Coastal Area of Ariake Bay, *Ecology & Civil Engineering*, 8 (1), 73-81 (2005).

14) 原口暢朗：転換畑における栄養塩流出事例と流出削減方策について~, 平成19年度農村工学研究所研究会農村環境研究部会講演集, pp.41-49, 2008.

15) 正木裕美：佐賀平野における歴史的形態を留めるクリークの保全と活用, 農土誌, 65 (12), 1157-1163 (1997).

16) 国土交通省九州地方整備局：有明海流域別下水道整備総合計画, 2005.

17) Minh Hang N. T., Araki H., Cao Don N., Yamanishi H. and Koga K.: Hydrodynamics and Water Quality Modelling for the Ecosystem of the Ariake Sea, Kyushu, Japan, *Jour. of Coastal Research*, SI-50, 800-804 (2007).

18) 林　重徳：低平地研究センター16年間の回顧と反省（定年退職に際して）, 低平地研究, No.19, 2010.

19) 松尾保成・荒木宏之・田中健太：河川の直接浄化法の現況と経済的評価, 用水と廃水, 48 (12), 52-59 (2006).

20) 田中健太・荒木宏之・山西博幸・松尾保成・安高　進・松下　睦・三島悠一郎：機能性発泡璃ガラスの水質浄化特性に関する基礎的研究, 環境工学研究論文集, 43, 373-382 (2006).

21) Minh Hang N. T.: Development and Application of an Ecosystem Model for Water Environmental Management in the Ariake Sea of Japan, Ph. D. thesis, Saga University, 2007.

22) Koh C. H., Khim J. S., Araki H., Yamanishi H., Mogi H. and Koga K.: Tidal Resuspension of Microphytobenthic Chlorophyll-a in a Nanaura Mudflat, Saga, Ariake Sea, Japan; Flood-ebb and Spring-neap Variations, *Marine Ecology Progress Series*, 312, 85-100 (2006).

23) 山西博幸・荒木宏之・古賀康之・日村健一・大石京子：自動昇降型水質測定装置を用いた有明海湾奥部の干潟における懸濁物輸送と水質変動に関する現地調査, 環境工学研究論文集, 42, 297-304 (2005).

24) 楠田哲也・堀家健司：森・川・海の自然連鎖計を重視した有明海・八代海の再生, 応用生態工学, 8 (1), 41-49 (2005).

25) 海上保安庁水路部：有明海, 八代海海象調査報告書, p.39, 1974.

26) 灘岡和夫：有明海の潮汐・流動・水質変

化と諫早湾締め切りの影響，第 5 回ジョイントシンポジウム・有明海の環境システムを考える（第 51 回理論応用力学講演会別刷資料集），pp.27-30, 2002.
27) 伊藤史郎：有明海における水産資源の現状と再生，佐賀県有明水産振興センター研究報告，20, 69-80（2004）．
28) 横山勝英・宇野誠高・森下和志・河野史郎：超音波流速計による浮遊土砂量の推定方法，海岸工学論文集，49, 1486-1490（2002）．
29) 下山正一：有明海北岸低平地の成因と海岸線の変遷，文明のクロスワード Museum Kyshu, 14, 25-34（1996）．
30) 山西博幸・大田 孝：長期水質観測による有明海湾奥西部水域の水環境特性に関する研究，土木学会第 64 回年次学術講演会講演概要集，II-128, pp.255-256, 2009.
31) 環境庁編：図で見る環境白書（昭和 63 年），ウェブ版 http://www.env.go.jp/policy/hakusyo/zu/eav17/eav170000000000.html#1_1_1_1, 1990.
32) 中村 充：水産土木学—漁場造成・海岸環境エンジニアリング—，工業時事通信社，508p., 1979.
33) 中村 充：漁場工学（水産土木）入門，水産の研究 (6)，緑書房，pp.68-72, 1983.
34) 吉本宗央：アゲマキの生態 IX—国内産貝と韓国産の形態的比較—，佐有水研報，16, 15-24（1994）．
35) 林 重徳・末次大輔・杜延軍・田中 誠・牛原裕司：有明海における底生生物の生息環境改善を目的とした底質改善工法，第 7 回地盤改良シンポジウム論文集，pp.201-204, 2006.
36) 山西博幸・日村健一・古賀康之・前田 葵・大石京子・徳永貴久・荒木宏之：泥質干潟域における懸濁物質の沈降特性に関する研究，環境工学研究論文集，43, 527-534（2006）．
37) 山西博幸・黒木圭介・坂田智昭：粗朶搦工による懸濁物捕捉効果と底生生物の生息場創出に関する研究，海洋開発論文集，25, 347-352（2009）．
38) Swift, D.J.P., Kofoed, J.W., Saulsbury, F.P. and Sears, P.: Holocene evolution of the shelf surface, central and southern Atlantic shelf of north america. In: Swift, D.J.P, Duane, D.B., Pilkey, O.H. (Eds.), Shelf Sediment Transport: Process and Pattern, Dowden, Hutchinson & Ross, Stroudsburg, PA, Chapter 23, pp.499-574, 1972.
39) 大嶋和男：4.1 沿岸海域開発をめぐる諸問題，河口沿岸域の生態学とエコロジー（栗原 康編著），東海大学出版会，pp.175-182, 1988.
40) 福岡管区気象台・長崎海洋気象台：異常気象レポート 九州・山口県版 2006（概要），p.15, 2007.
41) 横山勝英・五十嵐麻美：有明海への土砂流出と海域環境，第 13 回ジョイントシンポジウム，海域環境から見た陸域流出の問題とその構造，沿岸環境関連学会連絡協議会，pp.14-20, 2005.
42) 国土交通省：平成 19 年版日本の水資源について，2007.
43) 山下 洋・田中 克編，恒星社厚生閣：森川海のつながりと河口・沿岸域の生物生産，日本水産学会監修，2008.
44) 高橋正征・鈴木達雄（編）：総特集 海底構造物による海域の肥沃化，月刊海洋，32 (7), 425-487（2000）．
45) 堀口孝男：空気混層流による水質改善の現地実験とその解析，海岸工学講演会論文集，29, 599-603（1982）．
46) 小松祐光・矢野真一郎・鞠承淇・小橋乃子：方向性を持つ底面粗度を用いた潮汐残差流の創造と制御，水工学論文集，41, 323-328（1997）．
47) Yano, S., Tada, A., Nakamura, T., Nonaka, H., Nishinokubi, H., Kohashi, N., Kouyama, Y., Yada, T., Todoroki, S. and Komatsu, T.: Improvement of Water Quality in a Small Port by Control of Tidal Current,

Proc. of 30th Congress of IAHR, A, pp.163-170, 2003.

48) 矢野真一郎・齋田倫範・大原正寛・石村忠昭・西ノ首英之・小松利光：現地試験による流況制御ブロックの湧昇流発生効果の検証，海洋開発論文集，20, 881-886 (2004).

49) 矢野真一郎・田井 明・千葉 賢・神山 泰・藤田和夫・小松利光：有明海における流況制御ブロックを用いた海水交換促進効果の検討，水工学論文集，49, 1273-1278 (2005).

50) 三好 洋：水質汚濁と農地，農業技術，33, 390-395 (1978).

51) 人見忠良・吉永育生・三浦 麻・濵田康治・髙木強治：水管理の異なる水田における表面排水量の調査事例，19年度農業農村工学会大会講要, pp.680-681, 2007.

52) 三浦 麻・吉永育生・人見忠良・濵田康治・髙木強治・白谷栄作：木炭による有機物除去機能について，平成18年度農業土木学会大会講演要旨集，pp.122-123, 2006.

53) 濵田康治・皆川明子・髙木強治・中 達雄：有明海沿岸クリーク地帯でのクリーク水質の年間変動および年次変動の解明，農村工学研究所技報，207, 2008.

54) 宗像義之・白谷栄作・髙橋順二・長谷部均・吉永育生・三浦 麻・人見忠良：農業水利の影響解析のための分布型水文水質モデルの開発，水環境学会誌，29 (12), 815-822 (2006).

55) 滝川 清・増田龍哉・森本剣太郎・松本安弘・大久保貴仁：有明海における干潟海域環境の回復・維持へ向けた対策工法の実証試験，海岸工学論文集，53, 1206-1210 (2006).

56) Joke, G., Brigitte, B., Ludo, D., Dirk, S., Jaco, V., Daniel, L., and Karolien V.: *DsrB* gene-based DGGE for community and diversity surveys of sulfate-reducing bacteria, *J. Microbiol. Methods*, 66, 194-205 (2006).

57) 中田晴彦ら：有明海沿岸の貝類を用いた有機塩素化合物，多環芳香族炭化水素および有機スズ化合物の汚染モニタリングとトリブチルスズによる巻貝生殖器官への影響，日本水産学会誌，70, 555-566 (2004).

58) 征矢野清ら：有明海の環境ホルモン汚染，月刊海洋，35, 276-281 (2003).

59) Gifford S., Dunstan R.D., O'Connor W., Koller C.E., MacFarlane G.R.: Aquatic zooremediation, developing animals to remediate contaminated aquatic environments Trends , *Biotechnology*, 25, 60-65 (2006).

60) Kitamura, E., H. Myouga, and Kamei Y. : Polysaccharolytic activities of bacterial enzymes which degrade the cell walls of *Pythium porphyrae*, a causative fungus of red rot disease in *Porphyra yezoensis*, *Fisheries Sci.*, 68, 436-445 (2002).

61) Woo, J. H., E. Kitamura, Myouga, H. and Kamei Y.: An antifungal protein from the marine bacterium *Streptomyces* sp. strain AP77 is specific for *Pythium porphyrae*, a causative agent of red rot disease in *Porphyra* spp., *Appl. Environ. Microbiol.*, 68, 2666-2675 (2002).

62) Kitamura, E. and Kamei Y. : Molecular cloning, sequencing and expression of the gene encoding a novel chitinase A from a marine bacterium, *Pseudomonas* sp. PE2 and its domain structure, *Appl. Microbiol. Biotechnol.*, 61, 140-149 (2003).

63) Woo, J. H. and Kamei Y. : Antifungal mechanism of an anti-*Pythium* protein (SAP) from the marine bacterium *Streptomyces* sp. strain AP77 is specific for *Pythium porphyrae*, a causative agent of red rot disease in *Porphyra* spp., *Appl. Microbiol. Biotechnol.*, 62, 407-413 (2003)

64) Kitamura, E. and Kamei Y.:Molecular cloning of the gene encoding β -1, 3 (4) -glucanase A, that is essential enzyme for degradation of *Pythium porphyrae* cell walls

from *Pseudomonas* sp. PE2., *Appl. Microbiol. Biotechnol.*, 71, 630-637 (2006).
65) 土質工学会編：土質試験法, 土質工学会, pp.92-95, 1979.
66) 佐賀大学低平地研究センター・佐賀県有明水産振興センター・日本建設技術(株)・(株)ワイビーエム・松尾建設(株)：(独)農業・生物系特定産業技術研究機構・生研センター異分野融合型研究・地域コンソーシアム「有明海における底質改善と底生生物回復のための技術開発」研究成果概要, pp.1-29, 2006.
67) 山西博幸・黒木圭介・坂田智昭：粗朶搦工による懸濁物捕捉効果と底生生物の生息場創出に関する研究, 海洋開発論文集, 25, 347-352 (2009).
68) 滝川　清・増田龍哉・森本剣太郎・松本安弘・大久保貴仁：有明海における干潟海域環境の回復・維持へ向けた対策工法の実証試験, 海岸工学論文集, 53, 1206-1210 (2006).
69) Webstar, G., Parkes, R. J., Cragg, B. A., Newberry, C. J., Weightman, A. J., and Fry, J. C.: Prokaryotic community composition and biogeochemical processes in deep subseafloor sediments from the Peru Margin, *FEMS Microbiol. Ecol.*, 58, 65-85 (2006).
70) Ioulia, R., Kiran, P., Richard, L. K., and Mark C. W.: Theory of electrostatically regulated binding of T4 gene 32 protein to single- and double-stranded DNA, *Biophys. J.*, 89, 1941-1956 (2005).
71) 滝川　清・増田龍哉・森本剣太郎・松本安弘・大久保貴仁：有明海における干潟海域環境の回復・維持へ向けた対策工法の実証試験, 海岸工学論文集, 53, 1206-1210 (2006).
72) 岩尾大輔・五十嵐学・増田龍哉・滝川　清・森本剣太郎：有明海における人工巣穴による干潟海域環境改善効果の評価, 海洋開発論文集, 25, 293-298 (2009).
73) 増田龍哉・滝川　清・森本剣太郎・丸山　繁・木田建次・大久保貴仁：有明海干潟海域環境改善へ向けた人工巣穴による底質改善技術の現地実証試験, 海岸工学論文集, 54, 1131-1135 (2007).
74) 丸山　繁・滝川　清・増田龍哉・森本剣太郎：有明海の再生に向けた人工巣穴による底質及び生物生息環境改善効果, 海洋開発論文集, 24, 711-716 (2008).
75) 佐賀大学低平地研究センター他：生物系産業創出のための異分野融合研究支援事業（異分野融合型研究開発型）「有明海における底質改善と底生生物回復のための技術開発」研究成果報告書, 2006.3.
76) 佐賀大学低平地研究センター他：佐賀グループ研究課題「湾奥部干潟域における生物生息環境の再生実証実験」研究成果報告書, 2010.3.
77) 増田龍哉・滝川　清・森本剣太郎・前田恭子・柏原裕彦・島田康光：有明海熊本港周辺における「なぎさ線の回復」現地試験による生態系構築過程に関する研究, 海洋開発論文集, 23, 525-530 (2007).
78) 増田龍哉・滝川　清・森本剣太郎・畑田紀和・新井雅士：熊本港に造成された「なぎさ線」における生物生息環境の空間分布特性, 海洋開発論文集, 24, 717-722 (2008).
79) 滝川　清・増田龍哉・五十嵐学・五明美智男・森本剣太郎：有明海沿岸干潟域における生物生息場の「回復」・「創成」・「工夫」による自然再生へ向けた取り組み, 海洋開発論文集, 25, 317-322 (2009).
80) 増田龍哉・五十嵐学・滝川　清・森田将任・甲斐秀就・森本剣太郎：熊本港の人工干潟におけるアサリの生息条件把握に向けた基礎的研究, 海洋開発論文集, 25, 305-310 (2009).
81) 倉原義之介・森本剣太郎・増田龍哉・鐘ヶ江潤也・古川恵太・滝川　清：干潟環境再生に向けた生物生息環境評価モデルの活用に関する検討, 海岸工学論文集, 54,

1401-1405（2007）.

82) 増田龍哉・倉原義之介・五十嵐学・五明美智男・滝川　清・森本剣太郎：有明海における「なぎさ線の回復」効果の予測手法に関する研究有明海における「なぎさ線の回復」効果の予測手法に関する研究, 海岸工学論文集, 56, 1206-1210（2009）.

83) 松田　治：有明海問題の所在とその歴史的経緯, 沿岸海洋研究, 42, 5-10（2004）.

84) 山口正市：佐賀県有明海に於ける「スミノエガキ」養殖事業について, 佐賀水産試験場資料.

85) Powell, E.N, Hoffman E.E., Klink J.M. and Ray S.M.：Modeling oyster populations I. A commentary on filtration rate. Is faster always better?, *J. Shellfish Res.*, 11, 387-398（1992）.

86) 阿保勝之：アコヤガイの生理と餌料環境に基づく養殖密度評価モデル, 水産海洋研究, 65（4）, 135-144（2001）.

87) 田中邦一・宮崎和生・沢村佳治：有明海におけるカキの分布調査, 写真測量とリモートセンシング, 特集号Ⅱ, 4-11（1981）.

88) Oh, S. J., Kim D. I., Sajima T., Shimasaki Y., Matsuyama Y., Oshima Y., Honjo T. and Yang H. S.: Effects of irradiance of various wavelengths from light-emitting diodes on the growth of the harmful dinoflagellate *Heterocapsa circularisquama* and the diatom *Skeletonema costatum*, *Fisheries Science*. 74, 137-145（2008）.

89) 小路　淳・鈴木啓太・田中　克：2005年春期の筑後川河口域高濁度水塊における物理・生物環境に対する潮汐および河川流量の影響―スズキ成育場としての評価, 水産海洋研究, 70（1）, 31-38（2006）.

90) 日比野学：有明海産スズキの初期生活史にみられる多様性, スズキと生物多様性（田中　克・木下　泉編）, 恒星社厚生閣, pp.65-78, 2002.

91) 滝川　清・秋元和實・吉武弘之・渡辺　枢：有明海大浦沖における海底攪拌の効果, 海岸工学論文集, 52, 1141-1145（2005）.

92) 山西博幸, 私信

93) 熊本県：熊本県アサリ資源管理マニュアルⅡ, 2007.

6章　有明海の再生のための方策
　　　──持続可能な社会の実現に向けて

6.1　調査・解析・研究体制

　有明海は自然環境においても水産業においても保全および有効利用対象として極めて価値が高いにもかかわらず，一体的に管理する主体が法的にも存在しないために，半ば放置の状態にある．有明海の環境保全に関わる知事会議は設置されているものの機能していない．そのため，単一目的の調査やデータ取得はありえても，有明海全体を俯瞰する統合的，計画的調査，および，データ取得は進んでいないし，調査結果の解析主体も存在しない．このことが，有明海の理解を遅らせている一因になっている．

　議員立法による有明海および八代海を再生させるための特別措置に関する法律が2002年に施行された．本法では，第4条「主務大臣は，有明海及び八代海の海域の特性に応じた当該海域の環境の保全及び改善並びに当該海域における水産資源の回復等による漁業の振興に関する施策を推進するため，有明海及び八代海の再生に関する基本方針を定めなければならない」，第5条で，「関係県は，基本方針に基づき，当該関係県の区域内の指定地域について，有明海及び八代海の海域の特性に応じた当該海域の環境の保全及び改善並びに当該海域における水産資源の回復等による漁業の振興に関し実施すべき施策に関する計画を定めるものとする」，および，「県計画においては，有明海及び八代海の海域の環境の保全及び改善並びに当該海域における水産資源の回復等による漁業の振興に関する方針，および，水質等の保全に関する事項，干潟等の浄化機能の維持及び向上に関する事項，河川における流況の調整及び土砂の適正な管理に関する事項，河川，海岸，港湾及び漁港の整備に関する事項，森林の機能の向上に関する事項，漁場の生産力の増進に関する事項，水産動植物の増殖及び養殖の推進に関する事項，有害動植物の駆除に関する事項，下水道，浄化槽その他排水処理施設の整備に関する事業，海域の環境の保全及び改善に関する事業，河川，

海岸,港湾,漁港及び森林の整備に関する事業,漁場の保全及び整備に関する事業,漁業関連施設の整備に関する事業」などがなされることになっている.しかし,附則にある「この法律は,この法律の施行の日から五年以内にこの法律の施行の状況及び総合的な調査の結果を踏まえ,必要な見直しを行うものとする」の規定により,2011年8月現在,機能不全の状態にある.(その後,法改正実施)

一方,有明海に関する調査研究は,2005年度から2009年度にかけてなされた統合的な研究で文部科学省による「有明海生物生息環境の俯瞰型再生と実証試験」が終了した後,大学独自の特別研究を除いて,類似の大型研究はなされていない.そのため,研究者の研究課題が有明海に関わるものから離れつつある.さらに,自然保護関係の研究や生物生息現場を対象とした研究は論文化が相対的に容易でないために,研究課題として研究者に与えるインセンティブは強くない.

さらに,大学においては業績を論文数で判断する傾向にあるために,論文になりにくい研究,長期を要する研究,困難に見える研究はなされない傾向にある.

このような制度上,学術研究上の課題を克服するために,有明海のような内湾・汽水域専門の研究所を設置し,長期研究を可能にする管理,創造性の高い研究やデータ取得のような基礎研究を正当に評価する制度のもとで,自然科学から社会科学までを網羅した研究実施と成果の活用が望まれる.

6.2 技術的方策と評価

海域の再生技術は数多く提案されている.また,海域の生態系を歪ませる人為的な行為の影響を緩和する代替技術も少なからず提案されている.しかしながら,さらなる技術開発と現地実証が必要である.そのための研究経費の確保がどうしても必要である.

技術の開発はそれ自体でなされるが,それを実際に適用することになると,生態系を含む環境との相互影響を推定し,その結果をもとに影響評価が必要になる.現時点において,これら技術の短期的,長期的副次的影響をシミュレーションにより推定できるまでには至っていない.現在は感度解析的な評価,つまり,変化させる項目以外を固定して,変化させる項目の影響のみを検討できる状況にある.このレベルをさらに向上させるには,コンピュータの性能の向上も必要であるが,

関係している生物の生活史と生活史の各段階の選好性，死亡率，捕食などを含む種々の特性について解明する必要がある．また，気象の影響を強く受ける沿岸域の生物生息環境を評価する際に，将来の気象を予測できないという基本的問題がある．有明海では台風が何度来るかにより海域の環境は大きく変化する．気象条件を確率密度関数あるいは周期関数として表し，多数回の計算結果から確率的に表現することも不可能ではないが，精度に問題が残る．

仮りに解を求めることができたとしても，5章5.2節で述べたように，いずれの事項を優先するかにより，受益者が異なることから，漁民全体の合意を得ることは容易でない．

6.3 社会的方策と評価

有明海の再生には，非水産対象生物の保全に加えて，漁業従事者の所得を確保できるようにすることが要である．現在の漁業従事者数は減少し続け，平均年齢も上昇し続けている．このような状況にある漁業を持続させるには，新規参入従事者を常時受け入れられるようにし，そして，常時希望者があるようにしなければならない．漁業従事者の収入は個人として会社員並みにする必要がある．この観点からみると，県レベルでの現在の漁業振興策は現状維持に留まっており，持続型漁業を目指しているように見えない．このような状況から脱却するために，漁業に魅力を与える一つの試みとして，個人の工夫が生きる漁業権の供与体制や販売体制も考えられる．そのために，漁獲物の市場調査，消費者の選好性の調査，輸入動向調査も欠かせないし，人口減少下における消費総量の動向調査も必須である．これらの事項を検討し，漁業従事者に伝えていくにも研究専門機関がどうしても必要とされる．

また，非水産対象生物のうちの貴重種は水族館を設け，市民に理解を深めてもらうことや市民参加型の催し物を積極的に開催することも考えられる．

6.4 今後の展開シナリオ

有明海の再生を目標に，国と県が一体となり，再生のための組織を構築し，

漁業従事者の参画と工夫のもとで，実施していけるようにすることを手始めに，研究機関も役割を分担し，継続して調査を続けていけるようにする工夫が要る．漁業者の顔が見える販売戦力による需要の喚起に始まり，高品質のものをより高い付加価値を付けて販売できる市場開拓に支えられた漁業展開を考えていく時代になっているし，さらに踏み込んで，会社組織による漁業も夢ではない．また，漁業従事者にとって大き過ぎるリスク負担を回避する仕組みも必要である．現在の仕組みは，あまりにも固定的であり，消費者と生産者の関係性が乏しいものになっている．さらに，わが国は国民の食料を確保する手段に想定外の事象が多すぎる．動物性タンパクの確保を確固たるものにする政策が実施されると、有明海再生の速度は劇的に変化するに違いない．

(楠田哲也)

終わりに

　本書では有明海の現状，有明海の再生に必要な技術，および適用可能技術の評価について述べた．これらの技術の評価は，それ自体ではなし得ず，環境に適用された時の影響を評価することにより定まるものである．環境に適用された時の影響は，環境をシステムとしてとらえ，要素間の相互作用を考慮してなされなければならない．しかも，希少生物の価値と漁獲物の価格を比較できる手法を私たちはまだ有していない．多岐にわたり再生技術は欠かせないが，再生技術だけでは再生は叶わない．漁獲高が増えたとしても販売額が増えないと経済的な価値は増えない．経済的な価値が増えても，従事者が持続しなければ水産業としての価値はなくなるし，持続型社会の構築は道が遠いことになる．気候や気象のような自然条件，人為が大きく作用する土砂輸送，水産業としての構造，魚介類の消費構造，輸入品との競合条件など，自然科学から社会科学にわたる領域の検討が必要である．本書では，これらのすべてを扱うことはできなかったので，今後の検討課題として，次の世代の研究者に託したい．

　謝辞
　本書は，日本科学技術推進機構JSTの重要問題解決型研究費による支援を受けてなされた研究「有明海の生物生息環境の俯瞰的再生」の成果をまとめたものである．5ヵ年にわたる研究を支えて下さったJSTの事務局の皆様方，プログラムオフィサーPOを5ヵ年勤めて下さった西嶋渉広島大学教授をはじめとするPOの皆様方に深甚なる謝意を表するとともに，研究面でも定められた目的に向かってご尽力を頂いた研究者の皆様方に心よりお礼申し上げます．

　　　平成23年8月
　　　　　　　　　　　プロジェクト「有明海の生物生息空間の俯瞰的再生と実証試験」代表
　　　　　　　　　　　　　　　　　　　楠　田　哲　也

索　引

〈あ行〉

アオ取水　227
赤潮原因種　65
赤潮発生予察　317
秋芽期　93
アゲマキ　237
アサリ　82
雨水貯留浸透機能　229
有明海モデル　118
有明海・八代海総合調査評価委員会　234
有明海流域　5
　　——別下水道整備総合計画　228
有明粘土層　59, 115
アリアケヒメシラウオ　5
アルキル水銀　68
アルベド　150, 152
アレロパシー　319
あんこう網　88
硫黄代謝　256
硫黄脱腟　256
囲繞堤　293, 324
諫早湾　39
　　——干拓事業　14, 45, 48
一次的自然　101
1級河川　1
一般成長式　166
移動指標　238
浮流し式　20
渦鞭毛藻　73
AVS　293
栄養塩溶出　230
栄養塩類　61, 221
江湖　1
エコテラス護岸　301
餌密度　311
SS　55
SGD　112

エスチュアリー循環　186
HEP　306
HIS　306
f 値　192
M_2 潮振幅　42
L-Q 式　108
鉛直移動モデル　173
鉛直循環流　62
塩分　53
ORP　114
大魚神社　30
ODU　139
沖の島詣り　28
踊り浮立　33
御髪信仰　26, 28
御田舞い　33

〈か行〉

海域面積　14
貝殻形成量　199
海水交換　37, 243
海水密度　54
海底耕耘　326, 338
海底地下水湧出　112
海底パイプ　247
海童信仰　26
海童神社　29, 30
開発水量　240
貝類漁獲量　82
化学物質除去能力　263
カキ　259, 307
　　——礁　307
ガザミ　92
嘉瀬川　2, 3
河川流量　53
ガタ土　2, 3
加入　156

過密人工林　218
可溶鉄　78
搦　25
川上頭首工　227
灌漑期　226
環境エンジン　198
環境保全型農業　249
還元反応　114
灌水方法　252
干拓　13, 24
　——累積面積　13
感潮域　224
感度解析　194
干満差　37
管理主体　103
環流　53
飢餓死亡　166
擬河道網　126
菊池川　2, 3
　——沖　60, 65
Kinematic Wave モデル　126
揮発性硫化物　62
擬糞　311
強熱減量　60, 66
漁獲係数　163
漁獲努力量　161
漁業就業者数　12
漁業生産額　10
極限殻長　163
金立神社　29
熊本港　17
熊本新港　17
クリーク　5, 241, 250
　——モデル　251
クルマエビ　92
群成熟度　157
珪藻　53, 73
　——赤潮　65
　——化石　65
懸濁物輸送サブモデル　121
原単位法　108
顕熱輸送量　150

降雨量　116
耕耘　293
硬骨魚類　88
降水量　53
古賀　24
小型珪藻　320
呼吸量　311
国営筑後川下流土地改良事業　240
国営耳納山麓土地改良事業　241
国営両筑平野用水事業　241
国調費モデル　121
琴平神社　26
籠　25
固有周期　41
金比羅神社　26
ゴンペルツの式　166

〈さ行〉

再生産　123, 156
再生指標　102
細粒化　87
佐賀取水口　241
砂泥質　39
里海　20, 01
ザル田　6
サルボウ　82
サンギネア　75, 320
酸処理剤　297
酸素供給量　194
酸素消費速度　187, 190
酸素消費物質　139
CO_2生成量　199
COD 汚濁負荷量　71
潮受け堤防　59, 246
塩田川沖　60
シオマネキ　5
潮目　63
σ－座標モデル　128
資源パラメータ　156
自然海岸　18, 39
自然死亡係数　163
シチメンソウ　5

支柱式　20
実蒸発散量　116
指標種　118, 169, 179
島原海湾層　59
島原半島沖　89
シャットネラ　78, 316
樹冠通過雨　218
循環流　233
純生産　311
硝化能力　57
硝酸性窒素負荷量　117
鐘浮立　32
正味放射量　150
食害　85
食料自給率　23
白川　2, 3
　——沖　60, 65
シログチ　89
信仰　26
人工海岸　18, 39
人工巣穴　278, 283
人工林　219
森林管理　217
水圧利用型強制水循環装置　257
水質サブモデル　121
水質−底質−底生生物サブモデル　139
水田　222, 52
スケレトネマ　73, 320
スプリング型　114
生活史モデル　118, 122, 155
生残　156
成層化　52, 247
製造出荷額　9
成層度　54
成長　156
　——係数　163
成長・生残モデル　156
生物攪乱　283
生物生息モデル　118
積算水温　168
瀬高堰　227
摂餌量　199, 311

設定目標　102
絶滅速度　236
施肥量　222, 250
CELL分布型流出モデル　123
全減少係数　163
潜水漁業　84
全数死亡時間　169
全窒素負荷量　224
全天日射量　75
潜熱輸送量　150
全流出量　116
増殖促進効果　78
増殖抑制作用　76
粗朶搦工　237, 274, 327
ソモギー＆ネルソン法　269

〈た行〉

太鼓浮立　33
対策技術　215
帯水層　114
タイラギ　82, 272
多環芳香族炭化水素　259
竹崎観音　30
竹羽瀬　88
多ボックスモデル　144
タンク法　126
地下浸透　222
地下水涵養量　116
筑後大堰　2, 227
筑後川　2, 3
　——水系における水資源開発基本計画　240
筑後取水口　241
チスジノリ　5
窒素収支　223
窒素制限　56
着底　156, 172
　——率　202
中間流出　123
調整池　66
潮汐残差流　37
潮汐振幅　44, 45
潮流楕円　48

直接流出量　116
貯水量　14
貯熱量　150
津　24
ツメタガイ　165
DIN　56
DNA　254
TN 負荷　225
TOC 負荷　225
TBT　68
TP 負荷　225
低塩分域　53
低塩分水　54
泥化　65
低次生態系モデル　118, 177
底質　59
　——改善　293
　——サブモデル　122
泥質干潟　39
底生生物サブモデル　122
泥分率　61, 62
低平地クリーク地帯　221
寺内ダム　240
田園水　249
転換畑　223
天衝舞い　32, 34
同化量　311
透明度　54
土砂管理　236
泥干潟　233

〈な行〉

流し木　27
中干し期　249
なぎさ線　39, 300, 326, 337
ナルトビエイ　85, 165
二次的自然　101
滲み出し型　114
日射量　150
ニホンスナモグリ　165
入退潮量　50
熱環境特性　150

農業センサス　223
農作物収穫量　10
ノリ　53, 307
　——赤腐れ病　266
　——生産量　82
　——養殖　11, 39, 329

〈は行〉

バータランフィの3乗式　166
バイオターベイション　283
排出負荷量　108
排泄物量　311
畑地　222
発泡ガラス材　293
ハモン法　115
早崎瀬戸　37, 38
ハラグクレチゴガニ　5
半自然海岸　39
半数死亡時間　169
半日周期　41
PAH　259
PCB　259
干潟　13
　——分布　234
　——面積　18, 39, 40
　——モデル　118
非灌漑期　226
微生物相　254
表層水温　52
表面流出　123
開　25
ヒロハナツナ　5
貧酸素水塊　71, 169, 187, 189
ファイトレメディエーション　250
覆砂　87, 326, 331, 338
複層林施業　219
物質収支　198
物質負荷量　112
船霊信仰　27
浮遊期間　172
浮遊系－底生系結合生態系モデル　121
分子生物学的手法　254

361

平均水深　37
閉鎖性海域　40
閉鎖度指数　40
β-1, 3-グルカナーゼ　266
ヘテロシグマ　320
鞭毛藻類　73
ほ場整備事業　227
ポリ塩化ビフェニル　259
本明川　1, 3

〈ま行〉

巻き上げ量　136
三池港　15, 17
水落し　57
水管理　249
密度効果　171
密度成層　54
緑川　2, 3
　——沖　60, 65
無効分散係数　162, 202, 204
牟田　24
ムツゴロウ　5
メリアン式　41
面源汚濁　229
面浮立　32
毛管移動水　126
モード分割　132
木炭　250
藻場面席　18

〈や行〉

矢部川　2, 3
ヤマトシジミ　5
有機化学物質　68
有機物量　60
有孔虫　67
有効土層厚　126
輸送・着底サブモデル　162
ユリメ　177
養殖漁業　82
溶存態鉄　78, 316
横浸透　222

ヨナ　2

〈ら行〉

ライフサイクル解析法　162
ラジウム放射能比　67
ラフィド藻　73
陸域負荷　71
リシケタイラギ　303
流域　232
　——界　232
　——人口　6
　——面積　1
　——モデル　118
竜王神社　29
硫化水素　254
流況改善方法　243
流況制御ブロック　244
粒子追跡計算　179
流出形態　125
流達率　224
流動構造　46, 50
流動サブモデル　121
粒度組成　60
流入負荷量　108
林床　218
林内外雨　218
ルディー式　138
冷凍網期　56, 93
Redfield比　58
濾過食者　307
ロジスティック式　166
濾水阻害　170
濾水速度算定式　173
濾水量　199, 311
六角川　1, 3
　——沖　60

〈わ行〉

綿毛化　271
ワラスボ　5
湾流入負荷量　229

蘇る有明海―再生への道程―

2012年2月24日 初版発行

定価はカバーに表示

編著者 楠田哲也 ©

発行者 片岡一成

発行所 株式会社 恒星社厚生閣
〒160-0008 東京都新宿区三栄町8
Tel 03-3359-7371 Fax 03-3359-7375
http://www.kouseisha.com/

印刷・製本：シナノ

ISBN978-4-7699-1269-9 C3051

JCOPY ＜(社)出版者著作権管理機構 委託出版物＞

本書の無断複写は著作権上での例外を除き禁じられています．複写される場合は，その都度事前に，(社)出版社著作権管理機構（電話 03-3513-6969，FAX03-3513-6979，e-mail:info@jcopy.or.jp）の許諾を得て下さい．

海洋の実像

東京湾
人と自然のかかわりの再生

東京湾海洋環境研究委員会　編
B5判 / 上製 / 408頁 / 定価 10,500円

東京湾の過去，現在，未来を総括し学際的な知見でまとめた決定版．流域や海域のすがたから東京湾とのかかわりの歴史，そして過去から学ぶ東京湾再生への展望を様々な視点から解説する．東京湾の環境はどう変わり，これからどう向かうべきなのか，30名以上の執筆者によって現状の東京湾生態系のデータを集めた集大成ともいうべき充実の内容．

大阪湾　環境の変遷と創造

生態系工学研究会　編
B5判 / 並製 / 148頁 / 定価 3,150円

浜辺がほとんど無い大阪湾．市民の憩いの場として，また漁業の発展のためどう再生するかが鋭く問われている．本書は生態系工学研究会が主催してきた基礎講座の内容を基に，大阪湾の再生を考える上で必要な物理学的，化学的，生物学的，生態学的，工学的，かつ歴史的な基本的事柄を簡潔にまとめる．各章にQ＆Aを設け，核心的な事柄をわかりやすく説明．

瀬戸内海の海底環境

柳　哲雄　編
B5判 / 上製 / 150頁 / 定価 3,465円

瀬戸内海では高度経済成長期に大量の海砂が採取され，環境が悪化した．海砂採取は禁止されたが悪化した海底環境を修復する方策は現在も明らかではない．海砂はどこから供給され，どのように移動し変質するのか．現在までにわかっている瀬戸内海の底質移動の知見と最新研究成果を元に環境修復の指針を提言する．

瀬戸内海を里海に
新たな視点による再生方策

瀬戸内海研究会議　編
B5判 / 並製 / 120頁 / 定価 2,415円

かつて「瀕死の海」と言われた瀬戸内海をきれいで豊かな海に作りかえていくため，最新の基礎的知見と「里海」という理念に基づき，豊穣化の方策を包括的にまとめた書．「自然を保全しながら利用する，楽しみながら地元の海を再構築していく」という，能動的で新しい自然と人間の共生という視点から論じる．「里海」をキーワードに再生方法をわかりやすく解説．

環境配慮・地域特性を生かした
干潟造成法

中村　充・石川公敏　編
B5判 / 並製 / 146頁 / 定価 3,150円

消滅しつつある生物の宝庫干潟をいかに創り出すか．人工干潟の造成のしかたを，企画の立案・目標の設定・環境への配慮・住民との関係，具体的な造成の手順などと分かり易く解説したマニュアル書．本書では既に造成されている干潟造成の事例（東京湾・三河湾・英虞湾など）を紹介．重要な点をポイント欄で解説し使いやすくした．

有明海の生態系再生をめざして

日本海洋学会　編
B5判 / 並製 / 224頁 / 定価 3,990円

諫早湾締め切り・埋立は有明海生態系に如何なる影響を及ぼしたか．日本海洋学会海洋環境問題委員会の4年間にわたる調査・研究そしてシンポジウムでの議論を基礎に，有明海生態系の劣化を引き起こした環境要因を浮かび上がらせ，具体的な再生案を提案．環境要因と生態系変化の関連を因果関係の面から検討するとともに疫学的にも考察する．

表示定価は2012年2月現在の税込み価格です

恒星社厚生閣